特种设备检测机构质量管理

中国特种设备检验协会　组织编写

张　华　仇道太　主编

中国劳动社会保障出版社

图书在版编目（**CIP**）数据

特种设备检测机构质量管理 / 张华，仇道太主编 . 北京 : 中国劳动社会保障出版社，2024. -- ISBN 978-7-5167-6523-4

Ⅰ. X931

中国国家版本馆 CIP 数据核字第 20244TJ053 号

中国劳动社会保障出版社出版发行

（北京市惠新东街 1 号　邮政编码：100029）

*

北京市白帆印务有限公司印刷装订　　新华书店经销

787 毫米 ×1092 毫米　16 开本　29.5 印张　543 千字

2024 年 12 月第 1 版　　2024 年 12 月第 1 次印刷

定价：130.00 元

营销中心电话：400-606-6496

出版社网址：https://www.class.com.cn

编委会

前　言

《特种设备检测机构核准规则》（TSG Z7002—2022）于2022年发布施行，为使特种设备检测机构能够快速适应新的质量管理体系要求，使其检测过程、服务质量得到有效控制和监督，增强特种设备生产单位、使用单位及政府监督管理部门和社会公众对特种设备检测机构检测质量的信任，中国特种设备检验协会组织行业专家编写了《特种设备检测机构质量管理》一书。

本书除第一章外，共分21个专题，具体如下：质量管理体系建立策划，文件控制，记录和信息控制，管理职责，管理评审，人员管理，检测设备、设施和环境条件控制，合同控制，工作指令控制，检测过程控制，检测方法控制，服务和供应品控制，样品控制，检测工作安全控制，检测报告控制，检测质量监督控制，内部审核控制，不符合、纠正措施及预防措施控制，投诉控制，数据统计分析控制，与政府、行业和客户关系。在成稿过程中，编委会按分工进行了起草、初审和复审，统稿后又进行了多轮的交叉审核、会审。

全书由张华、仇道太整体策划，提出编写思路和研究框架，并负责最终审定。各章的编写成员与工作单位（按章节顺序）如下：

中国特种设备检验协会仇道太　前言、第一章、第二章、第十五章、第二十二章

湖南省特种设备检验检测研究院龚秋　第三章、第四章、第十六章

临沂市特种设备检验研究院王有良　第五章、第六章

烟台长城检测有限公司李鹏　第七章、第八章、第十七章、第十八章

液化空气（杭州）有限公司管敏红　第九章、第十章、第十一章

中国航发集团北京航空材料研究院徐可北、中国特种设备检验协会仇道太　第十二章、第十三章、第十四章

青岛泰捷焊接科技有限公司王维国　第十九章、第二十章、第二十一章

全书由山东省安泰化工压力容器检验中心有限公司李敞统稿，魏可、牛永吉、韩宇、潘麟、姚小虎、王强参与了本书部分章节的编写和统稿工作。由于时间关系和编者的水平所限，本书内容中，有些阐述尚不够确切，有些观点有待进一步商榷，有些分析未必透彻，有些应用也未必准确，有些案例不具有代表性，这些不足之处敬请谅解。

对编写组成员所在单位的大力支持一并表示衷心感谢！

本书编委会

2024 年 3 月

目 录

第一章　概述 ………… 1

第二章　质量管理体系建立策划 ………… 10

第一节　术语 ………… 11

第二节　质量管理体系基本要求 ………… 16

第三节　质量手册 ………… 20

第四节　程序文件 ………… 24

第五节　作业指导书 ………… 26

第六节　质量管理体系策划 ………… 28

第七节　多体系策划及建立 ………… 59

第三章　文件控制 ………… 66

第一节　规则简析 ………… 66

第二节　文件编制（含更改）与审批 ………… 70

第三节　文件评审 ………… 76

第四节　文件发放 ………… 82

第五节　文件使用管理 ………… 85

第六节　作废文件管理 ………… 89

第七节　外来文件管理 ………… 93

第四章　记录和信息控制 ………… 97

第一节　规则简析 ………… 97

第二节　记录格式 ………… 101

第三节　信息收集与管理 ………… 105

第四节　记录填写与更改 ………… 108

第五节　记录收集与使用管理 …… 112
第五章　管理职责 …… 117
第一节　质量方针 …… 117
第二节　质量目标 …… 123
第三节　组织结构及职责 …… 133
第四节　其他管理职责 …… 139
第六章　管理评审 …… 143
第一节　规则简析 …… 143
第二节　质量控制环节与质量控制点 …… 149
第三节　案例与分析 …… 157
第七章　人员管理 …… 163
第一节　规则简析 …… 163
第二节　人员配备 …… 167
第三节　岗位职责和任职条件 …… 173
第四节　人员培训 …… 180
第五节　人员考核评价 …… 188
第六节　人员执业档案 …… 194
第八章　检测设备、设施和环境条件控制 …… 198
第一节　规则简析 …… 198
第二节　检测设备配备 …… 201
第三节　检测设备使用 …… 208
第四节　检测设备量值溯源 …… 227
第五节　设施和环境条件 …… 235
第九章　合同控制 …… 242
第一节　规则简析 …… 242
第二节　客户沟通 …… 244
第三节　合同评审 …… 247
第四节　合同偏离 …… 249
第十章　工作指令控制 …… 250
第一节　规则简析 …… 250
第二节　工作指令下达 …… 252

第三节 项目部设立 …… 254
第十一章 检测过程控制 …… 257
第一节 规则简析 …… 257
第二节 检测过程 …… 259
第十二章 检测方法控制 …… 264
第一节 规则简析 …… 264
第二节 检测方法 …… 266
第十三章 服务和供应品控制 …… 272
第一节 规则简析 …… 272
第二节 服务方和供应方管理 …… 275
第三节 服务和供应品采购和验收 …… 280
第十四章 样品控制 …… 283
第一节 规则简析 …… 284
第二节 样品标识和管理 …… 285
第三节 案例与分析 …… 288
第十五章 检测工作安全控制 …… 292
第一节 规则简析 …… 292
第二节 危险源和风险的识别与评价 …… 297
第三节 风险控制与安全应急 …… 306
第四节 安全培训 …… 316
第五节 案例与分析 …… 318
第十六章 检测报告控制 …… 333
第一节 规则简析 …… 333
第二节 检测报告格式 …… 336
第三节 检测报告出具与更正 …… 341
第四节 检测报告管理 …… 347
第十七章 检测质量监督控制 …… 353
第一节 规则简析 …… 353
第二节 检测质量监督计划 …… 356
第三节 检测质量监督实施 …… 359

第四节 案例与分析 ······ 371
第十八章 内部审核控制 ······ 376
第一节 规则简析 ······ 376
第二节 内部审核策划 ······ 379
第三节 内部审核实施 ······ 388
第十九章 不符合、纠正措施及预防措施控制 ······ 399
第一节 规则简析 ······ 399
第二节 不符合控制 ······ 402
第三节 纠正措施控制 ······ 409
第四节 预防措施控制 ······ 415
第二十章 投诉控制 ······ 422
第一节 规则简析 ······ 422
第二节 投诉和抱怨 ······ 424
第二十一章 数据统计分析控制 ······ 431
第一节 规则简析 ······ 431
第二节 数据统计分析 ······ 432
第二十二章 与政府、行业和客户关系 ······ 444
第一节 规则简析 ······ 444
第二节 接受政府监督管理 ······ 448
第三节 与客户有关的过程管理 ······ 453
第四节 客观、公正和保密 ······ 455
第五节 行业自律与能力评价 ······ 459

第一章　概述

一、特种设备检测机构发展历程

特种设备检测机构的设立，旨在保障特种设备的安全运行，减少事故和风险，对于保障人员的生命财产安全、推动行业健康发展具有重要意义。随着检测技术的不断进步和应用范围的不断扩大，特种设备检测机构得到了广泛的认可和发展。2022 年，国家市场监督管理总局发布《特种设备检测机构核准规则》，将特种设备无损检测、电梯检测、安全阀校验统一划为特种设备检测的范畴，将从事特种设备无损检测、电梯检测、安全阀校验的机构统称为特种设备检测机构。

1. 特种设备无损检测机构发展历程

特种设备无损检测是保障特种设备安全和质量的重要手段。技术的进步和需求的增加，极大地推动了特种设备无损检测机构的发展。特种设备无损检测机构的发展可以追溯到 20 世纪 80 年代，主要经历了以下 3 个阶段：

（1）初期阶段（1980—2000 年）。随着对特种设备生产质量要求的逐步提高，无损检测在特种设备制造质量把关方面的作用越来越重要，越来越多的生产经营企业，如锅炉和压力容器制造企业以及锅炉和压力管道安装企业，陆续设立无损检测室，专门从事无损检测工作。企业内部无损检测室的设立，对于保障特种设备生产质量、提升特种设备本质安全起到了很好的推动作用。

（2）快速发展阶段（2000—2010 年）。随着对特种设备无损检测的深入认识和理解，为更好地发挥特种设备无损检测在特种设备质量把关方面的作用，各地要求将特种设备无损检测工作独立于特种设备生产活动。为此，国家质量监督检验检疫总局于 2003 年和 2004 年制定并颁布了《特种设备检验检测机构管理规定》《特种设备检验检测机构核准规则》《特种设备检验检测机构鉴定评审细则》《特种设备检验检测机构质量管理体系要求》，推动了特种设备无损检测机构的独立核准，无损检测机构进入快速发展阶段。在该阶段，无损检测机构数量迅速增加，无损检测机构作为第三方的公正性地位得到确立。

（3）规范提升阶段（2010 年至今）。特种设备无损检测机构设立之初，存在着规模小、恶性竞争、借证挂证、检测造假等问题。为了进一步规范特种设备无损检测机构的管理，提升无损检测市场竞争力和检测能力，2015 年国家质量监督检验检疫总局制定并发布了《特种设备无损检测机构核准规则》，提高了无损检测机构的核准门槛；同期，中国特种设备检验协会发布了《特种设备无损检测机构级别评定标准》，对无损检测机构开展核准和级别核定工作，规定了无损检测机构应具备的技术能力、设备设施和质量管理能力。另外，国家通过政策引导、支持特种设备无损检测机构加强技术研发，引进先进的无损检测设备和技术，与国际同行交流合作，参与标准制定与推广，多措并举，推动特种设备无损检测机构的规范化。

2. 电梯检测机构发展历程

2020 年，国家市场监督管理总局颁布了《市场监管总局关于进一步做好改进电梯维护保养模式和调整电梯检验检测方式试点工作的意见》，强化了电梯使用单位自行检测的责任，更好发挥自行检测对电梯安全状况的诊断作用，将电梯检验划分为电梯检测和检验。为落实好电梯检测工作，国家市场监督管理总局随即开展了电梯检测机构的核准工作。

3. 安全阀校验机构发展历程

2004 年，国家质量监督检验检疫总局颁布了《特种设备检验检测机构核准规则》，该规则未将从事安全阀校验的机构作为一类检验机构进行核准。2006 年，国家质量监督检验检疫总局颁布了《安全阀安全技术监察规程》，部分省市陆续出现专门从事安全阀校验的机构。为了对从事安全阀校验的机构进行规范管理，这些省市根据需要陆续颁布了各自的安全阀校验机构核准规则。

二、质量管理理论发展沿革

质量管理理论的发展经历了多个阶段和演变过程，在工业革命以前，产品质量主要由生产者个体来控制，所谓的质量检测实际是产品验收。

1911 年，美国管理学家弗雷德里克·温斯洛·泰勒的《科学管理原理》首次出版，阐述了科学管理的基本理念、基本内容以及具体方法，将检测活动与生产活动等其他活动分离，奠定了现代管理理论的基础。

20 世纪 20 年代，鉴于检测只能验证产品质量而不能控制产品质量，美国数理统计学家休哈特提出统计过程控制（SPC）理论，应用统计技术对过程中的各个阶段进行评估和监控，使过程处于受控状态，从而保证产品与服务符合规定的要求，以减少对检测的依赖。另外，休哈特还首先提出 PDCA（计划、执行、检查、处理）循环的概念。

20 世纪 30 年代，贝尔实验室的科学家提出统计抽样检测方法，解决了全数检验和破坏性检测在应用中的难题。

20 世纪 40 年代，美国军方应用统计质量控制技术取得成效，制定了质量管理战时标准（Z1.1《质量管理指南》、Z1.2《数据分析用控制图》和 Z1.3《生产过程中质量管理控制图法》），强制武器弹药生产商执行，并收到显著效果。

20 世纪 50 年代，美国质量管理学家威廉·爱德华兹·戴明提出质量管理“戴明十四法”，并修正休哈特的 PDCA 循环，使之在质量管理中得到普遍应用，影响巨大，因而 PDCA 循环又被称为“戴明环”。同时，美国军方制定了一系列军用品质量管理标准，提出“质量保证”的概念，在西方工业社会产生了广泛影响。

20 世纪 60 年代，科学技术发展迅猛，市场竞争日益激烈，各国越来越重视产品责任和质量保证，仅依赖质量检测和统计方法很难保证与提高质量。把质量职能完全交给专门的质量控制人员和技术人员，并且主要限于产品的制造过程，显然难以适应新形势的需要。美国管理学家约瑟夫·朱兰和阿曼德·费根堡姆等提出了“全面质量管理（TQM）”的概念，指出为了使产品具有合理的成本和较高的质量，以满足市场需求，需要策划覆盖所有职能部门的质量活动。

20 世纪 70 年代，全面质量管理理论应用在日本取得极大成功，日本企业在此基础上提出了全面质量控制（TQC）方法，大量日本产品成为高品质的代名词，并占领国际市场。20 世纪 70 年代末，英国制定了质量管理国家标准（BS 5750），将军方合同环境下使用的质量保证方法引入市场环境，对工业界产生重大影响。

20 世纪 80 年代，许多国家开展质量运动，纷纷设立国家质量管理奖，激励企业通过质量管理提高生产力和竞争力。除了在生产企业，在服务业甚至机关、医院和学校也广泛引入质量管理理念。美国管理学家菲利普·克罗斯比提出质量成本、“零缺陷”等概念，指出高品质将给企业带来高回报，引发全球工商界的质量革命。

1987 年，国际标准化组织（ISO）总结各国特别是发达国家质量管理体系经验，以 BS 5750 为基础，制定了 ISO 9000 质量管理和质量保证系列标准。ISO 9000 系列标准充分体现了现代质量管理理念，在此基础上，通过完善理论基础和总结实践经验，经多次修订，1994 版、2000 版、2008 版、2015 版先后出台，范围不断扩展，内容不断扩充。这些标准被称为 ISO 9000 族标准，成为全球各类企业、各种机构建立并实施质量管理体系的理论基础和工作指南。我国将 ISO 9000 系列标准等同采用为国家标准。

三、特种设备检测机构质量管理发展过程

特种设备检测机构通过质量管理体系和质量管理流程来提高检测服务的质量和效率，确保检测结果的准确性和可靠性。随着特种设备检测机构在质量管理方面的逐步完善和提升，可将其发展过程归纳为3个阶段，即质量管理意识萌芽阶段、统一质量要求规范发展阶段、精细化质量管理要求快速提升阶段。

1. 质量管理意识萌芽阶段（20世纪90年代至2003年）

在该阶段，根据行业发展需要，各特种设备生产企业设立的无损检测室纷纷独立出来，成立了专门从事无损检测工作的检测公司。为规范和指导无损检测公司的发展，国家质量监督检验检疫总局于2001年10月16日颁布了《锅炉压力容器压力管道特种设备无损检测单位监督管理办法》（以下简称《管理办法》），对特种设备无损检测机构的核准、监督管理等提出了明确的要求。为贯彻落实《管理办法》，国家质量监督检验检疫总局于2002年1月28日颁布了《锅炉压力容器压力管道特种设备无损检测单位资格审查实施指南（试行）》（以下简称《实施指南》），明确了特种设备无损检测机构的核准程序、核准要求、审核要点。

《管理办法》和《实施指南》仅要求特种设备无损检测机构依据其他标准建立与申请检测项目相适应的质量保证体系，编制管理程序性文件和检测作业指导书，未根据特种设备无损检测的行业特点、业务特点，给出系统、全面、细致的特种设备无损检测质量管理体系要求。《实施指南》仅以审查要点的方式，给出了诸如质量管理体系文件编制、文件和资料控制、记录控制、管理承诺等评审要求。《管理办法》和《实施指南》对我国规范特种设备无损检测机构的质量管理起到了一定的引导作用，使特种设备无损检测机构有了质量管理的意识，质量管理在特种设备无损检测机构中开始逐步建立并发展。

2. 统一质量要求规范发展阶段（2003—2022年）

2003年，国家质量监督检验检疫总局颁布了《特种设备检验检测机构管理规定》，对特种设备无损检测机构的核准、检测活动、监督管理提出了详细、系统的要求。2004年3月，国家质量监督检验检疫总局颁布了《特种设备检验检测机构核准规则》《特种设备检验检测机构鉴定评审细则》《特种设备检验检测机构质量管理体系要求》，对特种设备检测机构的核准条件、程序、要求、质量管理体系建立及实施等进行了细化，提出了更加系统、全面、细致和可操作性强的要求。特别是《特种设备检验检测机构质量管理体系要求》，第一次提出特种设备检测机构必须建立质量管理体系，并明确了详细的建立及实施要求。

在该阶段，各特种设备检测机构按照要求建立质量管理体系，同时配备专门

从事质量管理的人员，推动了自身的健康发展。但是，《特种设备检验检测机构质量管理体系要求》兼顾了特种设备检验机构和检测机构质量管理的要求，对检测机构的运作模式、业务特点识别不够深入，比如没有突出检测机构项目部管理的要求等，在一定程度上存在欠缺。在此阶段，各地陆续成立的安全阀校验机构和电梯检测机构，也依据《特种设备检验检测机构质量管理体系要求》建立和实施质量管理体系。

3. 精细化质量管理要求快速提升阶段（2022 年至今）

2022 年 5 月，国家市场监督管理总局发布了《特种设备检测机构核准规则》，以附件的形式明确了特种设备检测机构质量管理体系要求。该体系要求充分考虑了特种设备检测机构的特点，如市场化运作、项目部等，具有更强的针对性，对于规范特种设备检测机构质量管理体系的建立和实施起到了更好的强化作用。

四、特种设备检测机构质量管理体系的作用

1. 为实施核准提供支持

特种设备检测机构核准是行政许可行为，实施核准的管理部门必须对申请核准的特种设备检测机构是否具备法定条件、是否可以从事特种设备检测活动作出判断。《特种设备检测机构核准规则》是依据《中华人民共和国特种设备安全法》《特种设备安全监察条例》制定的安全技术规范，具有强制性和规范性。特种设备检测机构只有建立、实施、保持符合特种设备检测机构质量管理体系要求的质量管理体系，通过现场评审检查、核实，并得到核准机关的确认，才可能获得核准。

2. 获得服务对象的信任

与一般检测机构不同，特种设备检测机构的服务对象，既有特种设备的生产单位、使用单位，也有政府相关部门，并且与人们的生活有着直接的关系。特种设备检测机构的检测工作是由检测人员承担的，特种设备检测机构特有的组织文化、管理模式、服务质量通过检测人员呈现在服务对象面前。特种设备检测机构通过策划并建立规范、健全的质量管理体系，明确管理方针和管理目标，向社会作出承诺，并有效实施质量管理体系，树立服务意识，响应服务对象需求，规范服务流程，保障工作质量，向服务对象提供规范的高质量检测服务，获得服务对象的信任。

3. 为规范管理提供保障

特种设备检测具有法定性、专业性、技术性等特点，对检测工作质量的要求高。检测工作质量是特种设备检测机构的生命，是机构文化理念、价值导向、核心竞争力的综合体现，因此质量管理是特种设备检测机构最重要的基础管理工作。特种设备检测机构只有建立健全并有效实施质量管理体系，广泛宣传、充分沟通，让每

位检测人员了解机构自身的发展愿景、战略定位、方针目标，引导其树立“质量第一、服务至上”的理念，同时配置完善的资源，加强人员培训，明确职责，完善过程控制，实现持续改进，提高技术能力，才能规范管理，充分保证检测工作质量，从而以质量取胜，降低运行成本，提高工作绩效，增强特种设备检测机构的核心竞争力。

4. 有效降低潜在风险

特种设备检测工作应当遵守法律、法规、规章、安全技术规范的规定。特种设备检测机构及其检测人员应当依法提供安全、可靠、便捷、诚信的检测服务，客观、公正、及时地出具检测报告，并对检测结果负责。

特种设备可能发生事故，造成人员伤亡、财产损失、设备严重损坏等后果，所以特种设备检测机构、检测人员在检测过程中，将承担相应的责任风险。换言之，若特种设备检测机构和检测人员在检测过程中存在疏忽或过失，造成人员伤亡或财产损失，必须依法承担相应的责任。所承担的责任，可能是民事责任、行政责任，也可能是刑事责任。在《中华人民共和国特种设备安全法》《中华人民共和国安全生产法》《中华人民共和国产品质量法》《特种设备安全监察条例》等法律、法规中，均有相应的法律责任条款。

特种设备检测机构只有建立健全并有效实施质量管理体系，提高内部管理水平、执业人员技能、检测设备技术水平，加强检测人才队伍建设、行风建设，主动建立诚信服务体系，接受政府监察、行业管理和社会监督，切实做到检测行为制度化、规范化，才能有效降低和规避特种设备检测机构及其检测人员的责任风险。

五、质量管理原则及其在特种设备检测行业的应用

1. 质量管理原则

国际标准化组织根据多年质量管理实践经验及理论研究，总结质量管理的基本规律，提出了“以客户为关注焦点、领导作用、全员参与、过程方法、改进、循证决策、关系管理”7 项质量管理原则作为质量管理的理论基础，并将其纳入《质量管理体系　要求》（ISO 9001：2015）。

2. 质量管理原则在特种设备检测行业的应用

《质量管理体系　要求》（ISO 9001：2015）提出的质量管理原则是各行各业普遍适用、行之有效的基本管理原则。同时，《中华人民共和国特种设备安全法》对特种设备检测机构、检测人员和检测行为提出了明确要求，这就决定了特种设备检测的质量管理还应遵循行业标准、规范的要求。

特种设备检测应根据行业特点，满足《特种设备检测机构核准规则》中特种设备检测机构质量管理体系的要求，具备合规性、适用性、全面性、独立性等，才能保障特种设备检测机构向政府和社会公众提供客观、公正、科学、规范的检测服务。其中，合规性是指特种设备检测机构质量管理体系应当符合法律、法规、规章和安全技术规范的要求；适用性是指特种设备检测机构质量管理体系应当与机构自身特点及其检测活动相适应；全面性是指特种设备检测机构质量管理体系应当覆盖对检测质量有影响的所有过程、要素和领域；独立性是指特种设备检测机构质量管理体系应当能够独立进行质量管理、质量监督、质量控制，不受其他因素影响。

《特种设备检测机构核准规则》附件D“特种设备检测机构质量管理体系要求”规定，特种设备检测机构应当结合承担的检测项目特性和本单位实际情况，按照以下要求建立质量管理体系，并且得到有效实施：

（1）建立、实施、保持并且持续改进质量管理体系，与检测活动和自身特点相适应；

（2）符合相关法律、法规、规章和安全技术规范的要求；

（3）覆盖对特种设备检测质量有影响的所有过程、要素和领域；

（4）能够确保独立行使质量管理、质量监督、质量控制的权限；

（5）形成文件，并且在机构内得到贯彻和执行。

这些基本要求融合体现了质量管理原则，并在《特种设备检测机构核准规则》附件D中明确了具体的管理要求。

六、本书主要特点

本书适用于特种设备安全管理人员、特种设备鉴定评审人员以及特种设备检测机构从事质量管理的各类相关人员等。本书主要从国内特种设备检测机构实际情况出发，以问题为导向，以实践为准绳，以《特种设备检测机构核准规则》为基础，总结《特种设备检验检测机构质量管理体系要求》（TSG Z7003—2004）实施以来的经验，聚焦特种设备检测行业管理实践，针对特种设备检测机构质量管理体系建立及实施过程中存在的典型问题，借鉴采用现代先进质量管理理念，充分考虑特种设备检测行业的特点，并以前瞻性的眼光考虑行业发展的趋势，力求具有规范性、针对性和实用性。

本书对《特种设备检测机构核准规则》附件D的条文内容，并不逐条逐款、一字一句地解析，而是分专题进行重点介绍。在每个专题中，结合有关条文，介绍相关的术语和定义，特别是业界认识不准确、具有歧义或易于混淆的术语和定义；简析条文主题、控制目的和范围；分析相应要素的主要控制过程要求；结合相应的案例或应用分析，提出必要的对策或建议，旨在帮助特种设备检测机构和质量管理人员深入理解规范要求，并在实际工作中借鉴运用、持续改进。本书在以下 6 个方面形成了自身的鲜明特点。

1. 提出了与行业特点相适应的术语及其解析

本书明确了特种设备检测行业质量控制环节和质量控制点的本质，解析了“程序”“过程”“控制环节”以及“控制点”的关系，阐释了质量方针与质量目标的逻辑关系和要求，梳理了质量监督的方式与内涵等；首次规范化表述日常质量管理中经常使用而相关标准又未明确的术语或概念，如文件评审、符合性、适宜性、充分性、有效性、检测任务、工作指令、记录、检测报告、危险源与风险等。

2. 明确了“过程方法”是质量管理体系策划应用的核心方法

特别强调，“过程方法”是质量管理体系策划应用的核心方法。本书通过剖析“程序”“过程”“控制环节”和“控制点”的关系，给出了质量控制环节与质量控制点一览表和质量管理体系质量职能分配表，深刻地揭示了“过程控制”的内涵，体现了“过程方法”在识别服务过程和落实管理职责中的作用，实现了行业特色与国际标准和国家标准的有机衔接。

3. 确定了按过程解析质量控制点的要求

本书首次提出了特种设备检测行业“控制环节”和“控制点”的概念，实现了对“过程”的全面、细致解析，通过一一识别“过程”中的“质量控制环节”和“质量控制点”并加以控制，使过程控制的线条更加清晰，逻辑关系更加准确，质量控制更具有针对性。

4. 给出了多体系融合方法的实施技巧

基于特种设备检测机构的实际情况，多体系融合已经成为特种设备检测机构拓展业务能力、提升管理效率、降低质量成本的需求之一。多体系融合需要把多方面的需求融于一个体系，即识别出不同的需求的“最大项”并进行列表，阐述如何处理好质量管理体系不同层次的文件，以满足不同体系的评审或审核的要求。

5. 明确了质量管理薄弱环节的规范实施

在特种设备检测行业，过程控制不到位的主要原因是质量管理人员对过程的控制要求（如检测设备与设施管理、检测安全控制、检测工作监督控制、预防措施控制、数据统计分析控制、行业自律等）缺乏规范的指导。深入解析这些“薄弱环节”的控制过程，对照《特种设备检验检测机构质量管理体系要求》中的建立和实施要求进行过程控制，有利于规范特种设备检测机构相应过程的质量控制。

6. 较深入地解析了质量管理常见的问题

特种设备检测机构的规模、性质等存在差异，质量管理相关问题的数量和性质不尽相同。本书通过多样化案例和应用示例的解析，使质量过程控制和质量控制点的要求更加直观和容易理解，也使本书更具有针对性，能较好地体现行业特色。

第二章　质量管理体系建立策划

目前特种设备检测机构取得的各类资质中，除特种设备检测机构核准外，部分较大规模的检测机构，特别是从事特种设备无损检测的检测机构，通常还取得 CNAS[①] 认证（ISO/IEC[②] 17020、ISO/IEC 17025 认证）、CMA[③]（检测机构资质认证）、ISO 9001 认证（质量管理体系认证）、ISO 14001 认证（环境管理体系认证）、ISO 45001 认证（职业健康安全管理体系认证）、ISO 27001 认证（信息安全管理体系认证），满足《检验检测机构诚信基本要求》（GB/T 31880—2015）相关规定等。不同的资质所对应的管理体系要求也不同，这样就对管理人员的策划能力提出了更高的要求。

管理体系的策划是一项系统工程，策划工作除应基于客观需求以外，更要基于机构的现有资源、组织结构、业务特点和运作模式等。要融合“写我所做，做我所写”的文件编制原则，以实现管理体系文件的充分性、适宜性、有效性。策划者对规范、标准理解的深度，对机构组织结构理解的深度，对业务管理与运作模式理解的深度，对业务工作本身理解的深度，决定了策划的站位高度，决定了策划结果的充分性、适宜性、有效性。

特种设备检测机构的质量管理体系是其管理体系的重要组成部分，需妥善处理、有机融合多体系管理要求。这是机构管理者和质量管理人员面临的难点之一，更是他们关注的重点。本章重点阐述特种设备检测机构在策划建立质量管理体系时所运用的基本原理、基本方法、实施技巧、常见问题与对策，以及主要内容输出要求；结合检测行业特点与实际，对《特种设备检测机构核准规则》附件 D“特种设备检测机构质量管理体系要求”的主要术语进行解析。

① CNAS 指中国合格评定国家认可委员会。

② IEC 指国际电工委员会。

③ CMA 指中国计量认证。

第一节　术语

本书采用《质量管理体系　基础和术语》（GB/T 19000—2016/ISO 9000：2015）中的术语，同时为了便于读者更深入地理解“过程”，还引入了几个新的术语，如“控制环节”“控制点”等。本节对容易混淆的部分术语和定义进行解释与说明。

一、质量、体系、管理体系、质量管理和质量管理体系

1. 质量

质量是客体的一组固有特性满足要求的程度。质量可以被理解为产品、服务或过程是否符合既定的规格、标准和要求；质量还可以指产品、过程或服务的耐用性和可靠性；质量可以通过持续改进来提高；当产品、过程或服务能够满足客户的期望并达到预期效果时，可以说它具有高质量。

2. 体系

体系是相互关联或相互作用的一组要素。“体”强调的是“整体性”，是将对象作为整体来进行协调、研究；“系”强调的是“系统性”，即用系统的手段与方法对系统要素进行管理分析。体系是建立和运行管理体系的基础，它可以提供结构化的方法来组织和管理组织的活动和过程。体系强调将组织视为一个整体系统，要求以整体的方式来理解和管理组织，而不是孤立地看待各个部分或活动。体系基于过程方法，将工作视为一系列有序的活动和步骤，以获得预期结果。体系强调通过持续改进来提高组织的绩效和效率。

3. 管理体系

管理体系是组织建立并实现方针和目标的一组相互关联和作用的一组过程和要素。“管”针对的是人，“理”针对的是事，“管理”是指挥和控制组织活动的过程。管理体系是组织内部用于规划、组织、控制和改进工作的框架，它确定了组织的结构、岗位和职责、策划、运行、方针、惯例、规则、理念、目标以及实现这些目标的过程。管理体系提供系统性的方法，帮助组织实现其目标，满足利益相关方的需求，并不断提高绩效和效率。管理体系的建立和实施因组织的类型、所处行业和特定要求不同而有所不同。

4. 质量管理

质量管理包括制定质量方针和质量目标，以及通过质量策划、质量保证、质量控制和质量改进实现这些质量目标的过程。质量管理是组织为确保产品、过程或服务的质量而采取的一系列策略、方法和活动，它旨在实现质量目标。通过有效的质量管

理，组织能够提供高质量的产品、过程或服务，提高客户满意度，并在市场竞争中取得竞争优势。质量管理不仅是一个部门的职责，还是整个组织共同努力实现的目标。

5. 质量管理体系

质量管理体系是管理体系中关于质量的部分。质量管理体系是组织内部用于实施和管理质量活动的框架或系统。通过建立和实施质量管理体系，组织可以确保产品、过程或服务的质量，提高客户满意度，减少缺陷和问题，提高生产力和效率，并为持续改进提供框架。质量管理体系是一个灵活的框架，可以根据组织的特定需求和情况进行定制。它不仅有助于组织提供高质量的产品、过程或服务，还可以改进内部流程和提升组织的绩效，最终目标是满足客户需求、实现持续改进并取得商业成功。

二、质量策划和质量计划

1. 质量策划

质量策划是质量管理的重要组成部分，致力于制定质量目标并规定必要的运行过程和相关资源，以实现质量目标。质量策划是质量管理过程中的一项重要活动，旨在通过预先规划和确定质量目标、分析质量要求、制订质量计划、规定质量控制措施、确定所需资源，确保产品、过程或服务符合质量要求和客户期望。

2. 质量计划

质量计划是针对特定的客体，规定由何人及何时应用程序和相关资源的规范。质量计划是质量管理中的一项关键活动，它是在质量策划的基础上制订的具体实施计划，旨在通过明确目标和范围、规定质量活动和责任、确定质量方法和工具、满足资源需求以及制订时间计划，有序地指导和控制产品、过程或服务的质量管理过程，确保产品、过程或服务的质量符合要求。

质量策划和质量计划是质量管理中两个相关但不相同的概念，它们之间既有区别又有联系，详见表 2-1。

表 2-1　质量策划和质量计划的区别与联系

<table>
<tr><th colspan="3">区别</th><th rowspan="2">联系</th></tr>
<tr><th>项目</th><th>质量策划</th><th>质量计划</th></tr>
<tr><td>属性</td><td>针对质量管理的一种过程或活动，具有系统性</td><td>完成具体质量管理任务的方案，具有单一性</td><td rowspan="5">质量策划是确定质量方针、目标，并为实现方针、目标而进行的构思和决策的过程；质量计划是质量策划结果在具体产品、过程或服务上的一种表达方式，是为实现确定的质量目标而规定的具体作业指导文件</td></tr>
<tr><td>对象</td><td>分为针对整个质量管理体系、针对局部质量管理体系 2 种</td><td>针对一项确定的质量管理任务</td></tr>
<tr><td>实施时机</td><td>在建立、修订、换版质量管理体系前</td><td>属质量策划的结果之一，在质量策划后，属实施部分</td></tr>
<tr><td>输出成果</td><td>质量管理体系建立、修订、换版方案</td><td>管理任务结果</td></tr>
<tr><td>实施主体</td><td>组织管理者或质量负责人</td><td>任务负责人</td></tr>
</table>

三、质量方针和质量目标

1. 质量方针

质量方针由组织的高层管理者组织制定，由最高管理者正式发布，并在整个组织内传达和执行。质量方针表达了组织对质量的承诺、目标和价值观，用于指导和规范组织在质量管理方面的行为和决策，促进组织内部对质量的理解和实践，并确保与外部利益相关者的沟通和合作，推动组织在质量管理方面的持续改进和卓越表现。

2. 质量目标

质量目标是指为了实现质量方针而设定的具体的、可衡量的目标，它是组织在质量管理方面所追求的具体成果或改进方向。有效的质量目标能够定量地衡量质量绩效，促进持续改进，并与客户需求和组织挑战相匹配。具体的质量目标应该根据组织的特定需求和目标进行制定，并应明确、可量化、可衡量、可实现，与组织的战略目标和需求相一致。应当定期对是否实现质量目标进行评估和审查，并适时进行调整和优化，以确保与组织的发展方向和市场变化趋势相一致。

四、程序、过程、控制环节和控制点

1. 程序

程序是为进行某项活动或过程所规定的途径，也可以理解为按照一定步骤、规则或指导方针执行特定任务或实现特定目标的一系列有序活动的集合。制定程序的目的是为组织执行任务和实现目标提供有序和标准化的方法。在组织中，程序通常被用来规范和指导各种业务和运营活动，以确保其按照既定的要求和标准进行，从而提高工作效率、一致性和可追溯性，减少错误和风险，并为组织提供明确的指导和依据，使业务和运营活动顺利进行且质量可控。程序通常由一个或若干个过程组成。程序可以形成文件，也可以不形成文件。

2. 过程

过程是指利用输入实现预期结果的相互关联或相互作用的一组活动。过程也可以理解为一系列有序的活动、步骤或操作，这些活动、步骤或操作之间是相互关联或相互作用的，旨在实现特定的目标或产生特定的结果，具有目标性、有序性、流程性等特点。一个过程通常由一个或若干个控制环节组成。

3. 控制环节

控制环节是组成过程的单元。通常情况下，控制环节也可以解理为过程中的特定步骤或活动，具有相对的独立性。使用控制环节概念，有助于分解过程，深入理解过程中的活动、步骤和控制要求，帮助组织有效管理和优化过程，从而达到预期的结果并持续改进。一个控制环节可以由一个或若干个控制点组成。

4. 控制点

控制点是在控制环节中需要控制的对象或活动，可以理解为构成控制环节的基本单元。控制点也可以理解为在控制环节中，需要监控和管理的特定质量活动，是评估、控制和调整控制环节的执行和结果的关键点。通过识别控制点，可以准确、细致、到位地分解和剖析过程，提高过程的可控性、流程性和决策的准确性。

五、数据和信息

1. 数据

数据是有关客体的事实，是对事物进行观察、测量或记录并以可理解的形式表示的信息。它以数字、文字、图表、图形等形式存在，可以是定量或定性的，并且可以被记录、存储、传输和处理。它可以用来支持决策、分析、评估和推断。

2. 信息

信息是对数据进行加工、处理和解释后所获得的有意义的内容或知识。信息是对数据的解释、组织和关联，带有一定的知识性，能够为人们提供理解、决策和行动的依据。

六、适宜性、充分性和有效性

1. 适宜性

质量管理体系的适宜性是指该体系是否适合组织的特定目标、需求和条件。质量管理体系文件应当体现组织的不同特点、不同类型和不同规模。“适宜”是动态的，质量管理体系文件应当随组织内外部环境的改变而作出相应的调整或改进，以实现规定的质量方针和质量目标。一个适宜的质量管理体系能够帮助组织提高产品、过程或服务质量，满足客户需求，优化流程效率，同时降低质量风险和成本。为了评估适宜性，组织可以采取一系列的方法，如进行内部审核、外部审核、管理评审、监督检查、参考行业最佳实践等。通过有效的适宜性评估，组织可以选择和优化适合自身的质量管理体系，以提升整体的质量水平和竞争力。

2. 充分性

质量管理体系的充分性是指该体系是否在各个方面充分覆盖组织的质量管理需求和要求。充分性包括识别组织质量管理体系的所有“过程”，根据控制需要对已识别的“过程”予以展开表述。组织可以通过内部审核、外部审核、管理评审、监督检查等方式对质量管理体系的充分性进行评估，确认质量管理体系是否能够满足质量要求并实现质量目标，同时保证产品、过程或服务的可靠性和一致性，帮助组织提高客户满意度、降低质量风险、提升效率和竞争力。“充分”是动态的，质量管理体系文件应当能够持续适应客户和市场的需求变化。

3. 有效性

质量管理体系的有效性是指该体系是否能够实现其既定的质量目标，并持续改进和提升组织的质量绩效。有效的质量管理体系不仅能够提高产品、过程或服务的质量，还能够优化流程，降低成本，增强组织的竞争力和品牌形象。组织可以通过内部审核、外部审核、管理评审、监督检查等方式进行质量管理体系有效性评估，识别质量管理体系中存在的问题、改进机会和最佳实践，以持续提升组织的质量绩效。

第二节　质量管理体系基本要求

一、规则原文

D1　基本要求

特种设备检测机构质量管理体系是指特种设备检测机构为使检测过程、服务、结果达到质量要求所进行的全部有计划、有组织的监督和控制活动，确保特种设备使用单位、政府监督管理部门及社会等对其质量的信任。特种设备检测机构应当结合承担的检测项目特性和本单位实际情况，按照以下要求建立质量管理体系，并且得到有效实施：

（1）建立、实施、保持并且持续改进质量管理体系，与检测活动和自身特点相适应；

（2）符合有关法律、法规、规章和安全技术规范的要求；

（3）覆盖对特种设备检测质量有影响的所有过程、要素和领域；

（4）能够确保独立行使质量管理、质量监督、质量控制的权限；

（5）形成文件，并且在机构内得到贯彻和执行。

D2　质量管理体系

D2.1　一般要求

质量管理体系文件由以下文件构成：

（1）质量手册；

（2）程序文件；

（3）作业指导书；

（4）记录表格；

（5）与检测有关的法律、法规、规章、安全技术规范及相关标准、政府文函等外来文件。

二、条文简析

1. 条文主题

条文阐明了特种设备检测机构策划建立质量管理体系的基本要求、基本方法和文件构成。

2. 控制目的

通过策划并建立质量管理体系，达到以下目的：

（1）提高客户满意度。通过建立质量管理体系，特种设备检测机构能够更好地理解和满足客户的需求和期望，从而提高客户满意度。

（2）确保产品、过程或服务的质量。质量管理体系能够帮助特种设备检测机构建立一套标准和规范的流程，确保产品、过程或服务符合规定的质量标准和要求，避免产品缺陷或服务不合格。

（3）提高效率。质量管理体系鼓励特种设备检测机构持续改进、优化业务流程，消除浪费和低效率的环节，从而提高工作效率和生产效率。

（4）提升信誉和竞争力。质量管理体系能够提升特种设备检测机构的信誉及其在市场竞争中的地位，促使客户和合作伙伴对其更加信任。

（5）促进持续改进。质量管理体系要求特种设备检测机构进行持续改进，通过收集和分析质量数据，运用先进的管理方法和工具，不断提升其质量水平和绩效表现。

3. 内容简析

（1）建立、实施、保持并且持续改进质量管理体系，并与检测活动和自身特点相适应。特种设备检测机构应当依据《特种设备检测机构核准规则》附件D建立质量管理体系，且质量管理体系应当与特种设备检测机构的业务活动和自身实际情况相适应。例如，特种设备检测机构已取得或计划申请的核准项目是否与检验检测人员资格、数量和能力，以及仪器设备设施、管理模式、业务特点相适应等，只有充分考虑以上因素，建立的质量管理体系才切实可行，才能确保检测工作全过程处于受控状态，使检测质量符合国家有关法律、法规、规章、安全技术规范以及标准的要求，实现特种设备检测机构的质量方针和质量目标。

特种设备检测机构只有真正实施和保持质量管理体系，才能达到检测服务符合法律法规和标准要求、提高客户满意度、提高过程和服务质量、降低成本和提高效率、提升机构声誉的目的。

外部需求和客户期望在不断变化，只有持续改进质量管理体系才能满足新的需求和期望。持续改进能够帮助特种设备检测机构发现并解决质量管理体系中的问题和瓶颈，通过优化流程、减少浪费和提高效率，降低成本，提高资源利用率。持续改进有助于发现和纠正问题和不符合项，提高过程和服务的质量，营造积极的改进文化，激励人员不断创新。拥有一个不断完善和改进的质量管理体系，能够不断提升特种设备检测机构的竞争力，从而赢得客户和合作伙伴的信任，实现可持续发展。

（2）特种设备检测机构建立的质量管理体系应当符合法律、法规、规章、安全技术规范的要求。法律、法规、规章、安全技术规范是特种设备检测机构提供检测服务、保障特种设备安全的最重要依据。特种设备检测机构在建立和实施质量管理体系时，需要详细研究和学习适用于特种设备检测业务领域的法律、法规、规章和安全技术规范，将法律、法规、规章和安全技术规范的要求纳入质量管理体系文件，确保其要求得到落实和满足。

同时，特种设备检测机构还需要定期进行法律、法规、规章和安全技术规范的监测和收集，确保质量管理体系持续符合法律、法规、规章和安全技术规范的要求。在管理评审、外部审核、监督检查中，应当对是否遵守适用的法律、法规、规章、安全技术规范进行评审，以确保特种设备检测机构在质量管理体系中的合法性和合规性。

（3）特种设备检测机构建立的质量管理体系应当覆盖对特种设备检测质量有影响的所有过程、要素和领域。一是确保全过程的质量管理。特种设备检测是关乎公共安全和人身财产安全的重要活动，需要确保检测结果的准确性和可靠性。只有建立覆盖所有过程、要素和领域的质量管理体系，才可以确保检测前的准备、样品采集、检测实施、数据处理、报告编制和结果发布等环节都符合质量要求和标准。二是防范和减少质量风险。特种设备检测存在质量风险，通过建立质量管理体系，可以识别和评估潜在的质量风险，并采取预防措施来减少这些风险的发生，确保检测结果的准确性。三是强化质量控制和改进。通过制定合适的质量控制措施和监测机制，可以及时发现并纠正检测过程中的问题和偏差，提高检测的准确性和一致性。同时，质量管理体系还鼓励不断改进，通过数据分析和持续改进措施，提高检测过程的效率和质量。四是符合法律法规和标准要求。建立能够覆盖所有过程、要素和领域的质量管理体系，能够确保特种设备检测机构符合法律法规和标准要求，提高特种设备检测的合规性和可信度。

（4）特种设备检测机构应确保独立行使质量管理、质量监督和质量控制的权限。一是避免利益冲突。质量管理应当关注整个检测机构的利益和客户需求，而不受特定部门或个人的影响，独立行使权限可以确保决策的公正性和客观性。二是提高质量管理的专业性。质量管理需要有专业的知识和经验，通过独立行使权限，确保相关人员更好地进行质量管理、监督和控制工作，有助于提高质量管理的水平和有效性。三是保护利益相关方的权益。质量管理涉及特种设备检测机构和各利益相关方的权益，独立行使权限有助于确保质量管理工作的公正性和透明度，使利益相关方的权益得到保护。四是确保质量管理的效果。质量管理体系旨在实现持续改进和提高，独立行使权限可以更好地发现和解决质量问题，及时采取纠正和预防措施，提高质量管理的效果。

（5）特种设备检测机构应将质量管理体系文件化，并在机构内贯彻和执行。一是满足信息传递和沟通的需要。形成文件可以将质量管理体系的相关信息准确地记录下来，并进行传递和沟通。文件可以包括质量手册、程序文件、作业指导书、操作规程和记录表格等，有助于人员准确地理解质量管理体系的要求，明确各自的角色、责任和职责，确保质量管理理念和操作方法统一。二是指导和规范行为。质量管理体系文件具有指导和规范作用，通过文件明确要求和规定，确保在各个环节中遵循规定的流程、标准和方法，有助于提高工作的可靠性和效率。三是确保质量管理体系的一致性。质量管理体系的一致性是关键，特别是当检测机构的规模较大或者跨地域运营时，通过将质量管理体系要求明确地写入文件，可以确保不同部门和地点间质量管理实践的一致性，避免因个人因素或不确定性导致出现差异化结果和质量问题。四是便于审核和评估。质量管理体系需要经过内部审核、管理评审、外部审核和监督检查，形成文件便于审核和检查人员对检测机构的质量管理体系进行评估和审查，并提供必要的依据和参考，确定检测机构是否按照规定运作，以及有无改进的机会。五是利于知识保留和持续改进。质量管理体系文件是知识的载体，记录了检测经验、专业知识和最佳实践方法。形成文件并及时更新，可以确保这些知识得以保留和传承，避免人员流动等导致业务断层。此外，文件也可为检测机构持续改进提供依据和方向，促进质量管理体系不断优化和提升。

（6）特种设备检测机构质量管理体系文件包括质量手册、程序文件、作业指导书、记录表格，以及与检测有关的法律、法规、规章、安全技术规范、标准、政府文函等外来文件。

质量管理体系不同层次文件之间的关系通常是层层递进的。质量手册是质量管理体系的纲领性文件，规定了质量管理体系的原则要求；程序文件是对质量管理要素的具体阐述，其内容应当满足质量管理和质量控制的需要；作业指导书是对检测活动的具体描述，明确实际操作的详细步骤和要求，以帮助检测人员按照要求进行工作；记录表格用于规范记录行为，为质量管理体系有效运行提供证据。各层质量管理体系文件之间存在着密切的关系，它们在质量管理体系中起着不同的作用，从不同的侧面描述质量管理体系的要求。质量管理体系文件可有详有略，但不能缺少上述文件类型。质量管理体系文件的多少和详略程度主要取决于下列因素：

1）法律、法规、规章、安全技术规范和标准的要求；

2）特种设备检测机构的规模和性质；

3）特种设备检测机构的类型和级别；

4）过程或活动及其之间相互作用的复杂程度；

5）特种设备检测机构人员的能力等。

4. 值得关注的问题

应准确把握质量管理体系要求的内涵：一是系统性。质量管理体系本身就是将相互关联或相互作用的一组要素作为系统加以识别、理解和管理。质量管理体系文件要体现其系统性，层次分明、职责明确、互相协调是体系文件系统化的基本要求。二是实用性，通常也称为可操作性。体系文件要与特种设备检测机构的实际检测活动和自身特点相契合，不能照搬照抄，要真正使文件在体系实施中发挥作用，确保检测质量和检测过程的安全，实现可追溯的持续改进。三是有效性。有效性是指完成策划的活动和达到策划结果的程度。特种设备检测机构的检测服务和过程都需要体现有效性，以表明实现了策划的方针和目标。

第三节　质量手册

一、规则原文

D2.2　质量手册

质量手册应当包括以下内容：

（1）质量方针；

（2）质量目标；

（3）适用范围；

（4）机构概况；

（5）行政管理和质量管理的组织结构、职责和隶属关系描述；

（6）对检测工作质量有影响的相关岗位的职责和权限；

（7）各质量要素及其相互关系的原则性描述；

（8）支持性文件。

二、条文简析

1. 条文主题

条文阐明了质量手册的基本内容。

2. 控制目的

质量手册是特种设备检测机构开展质量管理活动应当长期遵循的纲领性文件，是描述检测机构质量管理体系的核心文件和指南。它用于总结和记录特种设备检测机构的质量管理方针、目标和规定，为质量管理体系的实施和运行提供框架和指导。质量手册在质量管理体系中发挥着以下关键作用：

（1）质量手册是描述和定义质量管理体系的核心文件。它明确了特种设备检测机构的质量方针和质量目标，以及质量管理体系的范围、适用性和组织结构。质量手册提供了一个总览，使内外部的利益相关方了解质量管理体系的基本框架和运作方式。

（2）质量手册为特种设备检测机构提供了质量管理的方向和指导。它概述了特种设备检测机构的质量目标和策略，明确了各级管理者的职责和义务。通过质量手册，管理者可以确保各级人员在质量管理理解和行动方面的一致性，推动整个检测机构朝着质量目标的方向前进。

（3）质量手册有助于确保质量管理活动的一致性和统一性。它明确了质量管理体系的定义，规范了关键要素，包括质量方针、质量目标、程序和操作规程等，以确保质量活动有效执行。

（4）获得质量信任。对于外部，质量手册是证明特种设备检测机构质量管理体系存在，并具有质量管理能力的文字表征和书面证据，是取得客户和第三方信任的手段。

（5）质量手册是内部审核、外部审核和监督检查的重要文件，包含了质量管理体系的核心要求。质量手册为审核和监督检查提供了基础，使特种设备检测机构能够证明其符合质量管理体系的要求，并展示质量管理实践的可行性和有效性。

（6）质量手册支持质量管理体系的持续改进和知识保留。通过记录质量管理体系的基本要素和运作方式，可以帮助特种设备检测机构识别问题，寻找改进机会和创新点。同时，记录检测经验和最佳实践，有利于知识的持续积累和传承。

3. 内容简析

条文规定了特种设备检测机构质量手册的基本构成，包括以下主要内容。

（1）质量方针。质量方针的内容一般涉及服务客户、持续改进、合法合规、全员参与、风险管理、技术创新等。质量方针应当经特种设备检测机构负责人批准，并将其编写在质量手册中。这样做的目的：一是便于使用和管理。质量方针和质量手册编写为一体化文件，有利于使用者查阅和使用，同时减少文件的数量和管理的复杂性。二是突出重要性和承诺。将质量方针与质量手册结合，可以突出其在质量管理体系中的重要性和检测机构的承诺。质量手册作为特种设备检测机构质量管理体系的核心文件，包含了检测机构对质量管理的规定和指导，通过将质量方针纳入其中，强调了质量方针作为检测机构核心价值观和目标的重要性。三是获得质量信任。将质量方针和质量手册编写为一体化文件提供给客户和第三方，有助于客户和第三方充分了解特种设备检测机构的质量宗旨和追求。

（2）质量目标。质量目标是根据质量方针设定的具体、可量化的目标，用于衡量和评估组织在质量方面的绩效。质量目标通常是可衡量、可达到的，并且具有一定的时间范围。质量目标的内容一般涉及客户满意度、质量绩效、合法合规、人员培训、合格率、优良率等。质量目标应当经特种设备检测机构负责人批准，并将其编写在质量手册中，除达到便于使用和管理、突出重要性和承诺、获取质量信任的目的外，还可以促进质量管理的持续改进，有助于检测机构激励全体人员积极参与质量改进活动，推动其不断追求质量目标和提升绩效等。

（3）适用范围。质量手册中应当有适用范围的描述，这样对内有助于特种设备检测机构识别其所建立的质量管理体系的范围和边界，提升体系的适宜性、充分性和有效性，也有利于使用者充分了解特种设备检测机构的实际情况，加强对质量管理体系的理解和把握；对外则有助于客户或第三方了解特种设备检测机构质量管理体系所覆盖的范围、特种设备检测机构的质量管理能力等。适用范围的内容一般包括编制质量手册的特种设备检测机构名称和地址、适用的服务范围（如核准项目）等。

（4）机构概况。质量手册中应当有特种设备检测机构的概况描述，对内有助于检测机构对自身的深入了解，有利于使用者充分了解机构的现状，加强学习，不断提升质量管理能力；对外则有助于客户或第三方了解检测机构的情况，提升客户或第三方的质量信任水平。机构概况的内容一般包括检测机构的名称、检测机构的性质、组织结构（如内部的层级结构和各个部门之间的关系）、检测机构定位（如检测机构的使命、愿景和价值观等）、检测机构历史（如成立时间、重要的里程碑和发展阶段等）、检测机构规模（如人员数量、业务范围、检测数量等）、地理位置（如主要办公地点和分支机构的位置等）、组织文化（如组织价值观、行为准则和工作氛围，以及对员工的关心和支持等）、荣誉和成就（如在质量管理、创新、市场竞争等方面获得的荣誉和成就）等。

（5）行政管理和质量管理的组织结构、职责和隶属关系描述。质量手册中应当有特种设备检测机构的行政管理组织结构图和质量管理组织结构图。其中，行政管理组织结构图一般包括最高管理者、管理层（不含最高管理者）、部门的上下级关系和协作关系等，质量管理组织结构图一般包括最高管理者、质量负责人、技术负责人、检测责任师（质量监督员）、检测人员等的管理和监督关系。两图（行政管理组织结构图、质量管理组织结构图）都有显示组织结构和层级，理顺职责和权限、权力结构和决策路径，支持沟通和协作的作用。

（6）对检测工作质量有影响的相关岗位的职责和权限。质量手册中应当描述两图中各岗位的岗位职责、权限、任职条件以及相互关系（如上下级关系、协作关系、监督与被监督的关系等），一般包括机构负责人、技术负责人、质量负责人、部门负责人、检测责任师、检测人员、校验人员、设备材料管理员、档案管理员、内审员、安全监督员、评片人员及其他管理层成员等。只有绘制清晰、明确、合理的两图，准确厘清各部门各岗位职责、权限之间的关系，才可能实现采用“过程方法”建立并有效实施质量管理体系。

（7）各质量要素及其相互关系的原则性描述。《特种设备检测机构核准规则》附件D涉及的质量要素包括文件控制、记录和信息控制、管理评审、人员管理、检测设备控制、设施和环境条件控制、合同控制、工作指令控制、检测过程控制、检测方法控制、服务和供应品控制、抽样及样品控制、检测工作安全控制、检测报告控制、检测质量监督控制、内部审核控制、不符合控制、纠正措施控制、预防措施控制、数据统计分析控制、与政府及行业和客户关系等。特种设备检测机构应在质量手册中，对每个要素进行基本描述，包括要素的控制目的、控制范围、管理或控制的主要内容和基本要求、引用的程序文件和管理制度等。

（8）支持性文件。质量手册中应当明确引用的程序文件和管理制度，程序文件和管理制度应当在质量手册相应要素的正文中予以引用。通过引用，帮助质量管理体系文件的起草者真正考虑是否需要引出程序文件，是否真正需要程序文件进行支持。引出程序文件可以实现质量管理体系各层次文件之间形成有机的整体，合理地安排质量管理体系结构和内容。

4. 值得关注的问题

行政管理和质量管理的组织结构、部门职责、岗位职责与权限的描述是建立质量管理体系的基础性工作，质量手册必须准确、清晰地描述特种设备检测机构行政管理组织结构和质量管理组织结构及其职责、权限和隶属关系，必须准确、清晰地描述各岗位的职责、权限和隶属关系。如果特种设备检测机构为母体组织的一部分，还应当描述检测机构在其母体组织中的地位，以及在质量管理、检测过程控制和支持服务方面与其母体组织的关系。

第四节　程序文件

一、规则原文

D2.3　程序文件

程序文件是对各质量要素的具体描述，其种类和内容应当满足质量管理和控制的需要。

二、条文简析

1. 条文主题

条文阐明了程序文件的性质和作用，以及其种类、数量和内容的基本要求。

2. 控制目的

程序文件是对各质量要素的具体阐述，它在质量管理体系中具有重要的地位和作用，是用于规定特定质量活动或过程的执行方式、操作步骤、指导要求而编写的文件。特种设备检测机构通过合理编写、审查和更新程序文件，可以有效管理和提升质量管理体系的绩效。

（1）程序文件在质量管理体系中扮演着指导和规范行为的角色。程序文件明确和详细描述具体任务的执行步骤、方法和要求，可以为检测人员提供开展工作的准确指导，规范操作行为。

（2）程序文件有助于确保质量管理体系的一致性。通过引用程序文件，特种设备检测机构可以规范检测人员的行为，确保各个部门和人员在工作中遵循相同的标准和程序，有助于提高工作质量，减少差异，确保服务的稳定性和一致性。

（3）程序文件支持质量管理体系持续改进。程序文件包含内部审核、管理评审、不符合、纠正措施、预防措施、投诉、数据分析等控制内容，为特种设备检测机构识别和解决问题、控制风险提供了指导和依据。特种设备检测机构通过执行程序文件进行改进和实施纠正措施，可以不断提高质量管理体系的绩效。

（4）程序文件在核准中起到关键作用。评审机构和评审人员通过审查程序文件来评估特种设备检测机构的合规性和质量管理体系的有效性。程序文件提供了评审的参考标准，确保质量管理体系符合相关法律、法规、标准和客户要求。

3. 内容简析

条文阐明了特种设备检测机构程序文件在质量管理体系中的地位和作用。程序文件是质量手册的支持性文件，是质量要素的具体阐述，与质量手册共同构成整个质量管理体系的基础描述文件。程序文件明确了特种设备检测机构建立质量管理体系的要求，程序文件的种类、数量、内容应当满足质量管理和质量控制的需要。程序文件规定了进行某项活动或过程所需要的工作流程、途径、方式、方法、要求、职责、资源、时机等，应当详略得当、清晰、准确，且具有可操作性。

根据《特种设备检测机构核准规则》附件 D 的要求，特种设备检测机构至少应当编制文件控制程序、记录 / 信息控制程序、管理评审控制程序、人员控制程序、检测设备控制程序、合同控制程序、工作指令控制程序、检测过程控制程序、检测方法控制程序、服务和供应品控制程序、抽样及样品控制程序、检测工作安全控制程序、检测报告控制程序、检测质量监督控制程序、内部审核控制程序、不符合控制程序、纠正措施控制程序、预防措施控制程序、投诉控制程序、数据统计分析控制程序等。

4. 程序文件的内容

程序文件一般包括如下 6 个方面的内容：

（1）目的。该项内容主要用于描述该程序文件在质量管理体系中的地位、作用，以及该程序文件应当达到的质量目的。

（2）适用范围。该项内容主要用于描述该程序文件管理和控制的对象、质量活动等。

（3）职责。该项内容主要用于描述该程序文件中涉及的主要岗位及人员的主要职责，涉及的一般岗位或职责可不列出。

（4）工作程序。工作程序是程序文件的核心部分，主要用于描述该程序文件所控制和管理的质量活动的工作流程、途径、方式、方法、要求、职责、资源、时机等，应当按照工作步骤，贯彻过程方法的思想，理顺整个工作流程，明确过程、控制环节和控制点，识别所需要的资源，制定岗位职责，提出工作要求与工作标准等，确保程序文件的可操作性。

（5）支持性文件。有些程序文件需要其他文件的支持，应当在程序文件的正文中予以引用，程序文件中应当有“支持性文件”的模块，在该模块中应当统一列出该程序文件所引用的所有支持性文件。例如，对于内部审核中发现的不符合项的处置，可以直接引用“不符合控制程序”和“纠正措施控制程序”，而不必再在“内部审核控制程序”中详细描述内部审核发现不符合项的处置要求。

（6）引用的记录表格。一般程序文件都会引用一个或若干个记录表格，以规范质量管理体系实施有效性的证据。记录表格应当在程序文件的正文中予以引用，程序文件中应当有“引用的记录表格”模块，在该模块中应当统一列出该程序文件所引用的所有记录表格。

5. 值得关注的问题

《特种设备检测机构核准规则》附件 D 明确要求的 20 个程序文件是特种设备质量管理的核心要求，至于其他过程是否需要建立程序文件，各特种设备检测机构可以根据本机构的实际情况、检测业务特点、业务管理模式等自行决定。但基本的原则是，对检测质量有影响的要素、因素、活动均应当予以识别、明确控制要求，并得到有效控制。另外，应当尽量避免程序文件的控制内容出现交叉，当可能出现交叉的内容时，特种设备检测机构应当予以识别和明确，给出各个程序文件清晰的控制边界。

第五节　作业指导书

一、规则原文

D2.4　作业指导书

作业指导书是对检测过程及相关质量活动的描述，是针对特定检测过程及相关质量活动的具体规定，以及完成此项工作或者活动必须使用的方法和达到的要求。通常包括检测工艺规程、操作指导书（工艺卡）、检测仪器设备操作规程、内部校准规程、安全措施、应急措施等，其种类和内容应当满足检测工作开展的需要。

检测机构应当依据有关法律、法规、规章、安全技术规范及相关标准，结合检测对象特点制定检测作业指导书。

二、条文简析

1. 条文主题

条文阐明了作业指导书的性质和作用，以及其种类、内容和制定的要求。

2. 控制目的

作业指导书是特种设备检测机构为确保检测过程的有效控制和实施而制定的文件，是针对某项具体活动或过程，规定具体要求或具体执行步骤与方法的文件，用于指导检测人员、专业技术人员或其他相关人员在特定的工作场景中进行操作和处理。作业指导书的编制应当确保操作的标准化，并提供清晰的指导，以保障操作的正确性、安全性和高效性。

（1）质量控制。作业指导书中包含检测项目、检测方法、检测要求、评定准则、检测步骤等内容，帮助检测人员及其他有关人员进行操作过程中的质量控制，检测和纠正偏差，以保障服务的质量符合规定的标准和要求。

（2）操作标准化。作业指导书提供了明确的操作步骤和程序，确保在特定场景下操作的一致性和标准化，这有助于减少误操作和避免作业混乱，提高操作的准确性、可靠性、一致性。

（3）提高工作效率。通过作业指导书，检测人员可以获得详细的操作指导，知道如何正确执行任务。这样可以节省时间和精力，提高工作效率，减少错误和重复劳动。

（4）保障安全。作业指导书中通常包含安全注意事项、风险评估结果和安全操作指导要求，帮助检测人员识别危险、有害因素，采取必要的防护措施确保作业安全，避免事故发生。

3. 内容简析

条文明确了作业指导书的性质和作用，以及应当编制的作业指导书的种类、内容和要求。检测作业指导书通常包括检测工艺规程、操作指导书（工艺卡）、检测仪器设备操作规程、内部校准规程、安全措施、应急措施等。另外，条文还对作业指导书的种类和内容提出了“应当满足检测工作开展的需要”的原则性要求。因此，特种设备检测机构应当根据承担的检测业务范围，以及检测业务范围内特种设备复杂程度的不同，结合检测机构自身的实际，编制满足检测工作要求的作业指导书。作业指导书的具体种类和具体内容应与检测机构申请的核准项目、开展的检测活动直接相关，其种类、内容的简繁程度应当根据检测机构的人员能力、管理状况而确定。

（1）检测工艺规程。检测工艺规程即针对某一类检测对象的检测作业指导文件，用于指导和规范检测人员的检测活动。检测工艺规程通常包括适用范围、检测人员、检测设备、检测设施、环境条件、检测项目、检测方法、检测步骤、检测标准和结果评价等内容。

（2）操作指导书（工艺卡）。操作指导书（工艺卡）是针对某一特定的个体对象编制的检测作业指导文件，用于指导和规范检测人员的检测活动，属于检测工艺规程的具体化。操作指导书（工艺卡）通常包括适用对象、检测人员、检测设备、检测设施、环境条件、检测项目、检测方法、检测参数、检测步骤等内容。

（3）检测仪器设备操作规程。检测仪器设备操作规程即针对某一台或某一种检测设备或仪器所编制的操作指导书，旨在指导操作人员正确、安全地操作和使用检测设备，确保检测结果的准确性和可靠性。检测仪器设备操作规程通常包括使用前准备、操作要求、操作步骤、测量过程、数据记录和分析、设备维护和保养、安全注意事项等内容。检测设备操作规程应当根据具体设备的特点和要求进行编制，确保操作人员能够正确、安全地操作设备，并获得准确的检测结果。操作简单的检测设备，可不编制操作规程。

（4）内部校准规程。针对有内部校准要求的设备，应当编制内部校准作业指导书。它旨在指导内部校准人员正确、安全地进行内部校准。内部校准规程通常包括适用范围、校准环境条件、标准试件、操作步骤、测量过程、数据记录与分析、结果处置、报告出具、标识等内容。

（5）安全措施。特种设备检测机构应当根据风险辨识、风险评估的结果，采取必要的安全措施，并且安全措施应当形成作业指导书，或者在相应的检测细则、检测工艺规程中明确。安全措施通常包括技术措施、管理措施、培训教育、个体防护等内容。

（6）应急措施。特种设备检测机构应当根据所承担检测业务的不同，制定应急措施。应急措施是在发生紧急情况或突发事件时采取的迅速、有效的措施，以保护人员的生命安全、减少财产损失和降低事故影响。这些措施旨在应对各种类型的紧急情况，如自然灾害、火灾事故、爆炸事故、化学品泄漏事故、恐怖袭击事件等。应急措施通常包括疏散、警报、通知、急救和医疗援助、应急设备和工具、领导和协调、通信和联络、恢复和评估等内容，应根据实际情况和紧急事件的性质进行制定和执行。持续的应急演练和培训可以提高人员的应急意识和应对能力，确保在紧急情况能保持冷静和正确有序应对。

4. 值得关注的问题

（1）与检测有关的法律、法规、规章、安全技术规范、标准、政府文函等外来文件，是检测实施的根本性依据和强制性要求。来自客户的要求一般体现在合同、图纸、技术协议等文件之中，也属于检测的依据和强制性要求之一。

（2）可以按照检测对象品种制定检测作业指导书，检测对象品种识别可依据《特种设备目录》和特种设备检测机构业务的实际情况确定。

第六节　质量管理体系策划

质量管理体系由相互关联、相互作用的一系列要素、过程所组成。对质量管理体系的建立及修订进行策划，有利于特种设备检测机构充分认识、理解、识别质量管理体系的各要素、过程是如何产生结果的，有助于检测机构优化其体系和绩效，是质量管理原则中“过程方法”的理论依据，更是质量管理体系建立的基础。质量管理体系策划是指制定和规划一套有效的方法和措施，以确保特种设备检测机构在关注客户和第三方需求的同时，能够持续提供符合质量标准要求的服务。

质量管理体系策划包括制定明确的质量方针，明确特种设备检测机构对质量的承诺和质量责任；确定质量目标，明确要达到的质量水平和标准；明确质量管理体系的适用范围和覆盖的业务过程，确保所有影响检测质量的要素都被涵盖在内；明确质量管理的各个环节和过程，建立一套符合法律法规和标准要求的质量管理体系；识别和评估质量管理中的潜在风险和问题，并采取相应的措施进行预防和应对；制订质量检查计划，明确检查和测试的方法、频率和标准；为人员提供必要的培训和教育，确保其具备实施质量管理体系的知识和技能；建立绩效评估机制，通过收集和分析数据，不断改进质量管理体系，提高检测机构整体的质量管理水平；制订详细且可操作的质量管理计划，包括资源、活动、时间表和责任分配等。

一、策划分类

质量管理体系策划按照策划覆盖的范围，可以分为系统策划和局部策划；按照策划输入方式，可以分为无蓝本策划和有蓝本策划。

1. 系统策划

系统策划是指特种设备检测机构依据相关法律、法规、规章、安全技术规范和标准的要求，对需要建立的质量管理体系的全要素、全过程、全业务领域、全部活动进行策划，确保质量管理体系的适宜性、充分性和有效性。系统策划主要适用于首次建立质量管理体系或换版质量管理体系。

2. 局部策划

局部策划是指特种设备检测机构依据相关法律、法规、规章、安全技术规范和标准的要求，对质量管理体系的部分要素、过程、业务领域、活动进行策划，持续改进和提升质量管理体系的适宜性、充分性和有效性。局部策划主要适用于修订质量管理体系。

3. 无蓝本策划

无蓝本策划是指特种设备检测机构在只有相关法律、法规、规章、安全技术规范和标准的情况下，不借鉴其他检测机构的质量管理体系，对质量管理体系的建立或修订进行策划并输出策划结果。这是质量管理体系策划的终极方式，更是检测机构质量管理能力的直接体现。

4. 有蓝本策划

有蓝本策划是指特种设备检测机构除依据相关法律、法规、规章、安全技术规范和标准外，还借鉴其他检测机构的质量管理体系，对质量管理体系的建立或修订进行策划并输出策划结果。这是基于一定的蓝本（已获取其他检测机构的质量管理体系文件），将其改造为符合机构自身实际的质量管理体系文件的策划方式。

二、策划依据

质量管理体系策划的主要依据如下：

（1）适用的体系要求，相关的法律、法规、规章、安全技术规范和标准；

（2）客户要求；

（3）检测机构的战略使命、愿景、规划；

（4）检测机构的发展目标；

（5）检测机构的资源；

（6）检测机构的服务特点与产品特性。

其中，法律、法规、规章、安全技术规范和标准方面的依据主要包括《中华人民共和国特种设备安全法》《特种设备安全监察条例》《特种设备检测机构核准规则》以及有关特种设备的安全技术规范和标准等。

三、策划方法

质量管理体系由要素组成，要素由程序组成，程序由过程组成，过程由控制环节组成，控制环节由控制点组成。过程是体系的基础，检测服务是过程的结果，采用过程方法策划建立质量管理体系是体系策划的基本思路。要系统地识别过程中的控制环节和控制点，进而明确过程职责和相关方的需求。可以使用乌龟图分析法、5W2H 分析法，贯彻 PDCA 循环管理思路，对过程进行分解和梳理，确保系统、准确地理解和分解过程。

1. 乌龟图分析法

乌龟图分析法（见图 2-1）是一种简单易懂的系统分析方法，是用来分析过程的一种有效工具。乌龟图分析法通过绘制乌龟图来帮助理解和分析复杂的问题和情况，识别过程的 6 个关键要素，即输入（要求是什么？）、输出（将要交付的是什么？）、使用资源（使用什么方式进行？如材料、设备、装置等）、负责人（由谁进行？如能力、技能、知识、培训等）、活动依据（如何做？如作业指导书、方法、程序、技术等）、评价活动的指标（使用的关键准则是什么？如测量、评估等），并分别以乌龟的头部、尾巴、四只脚表示 6 个关键要素。

（1）乌龟图内涵。

方框①：乌龟的身躯，主要描述过程名称。要求通过多方论证，识别过程并先后找出有关的支持过程、控制环节和控制点。将识别出来的过程名称填入，过程名称应当准确且与实际一致。

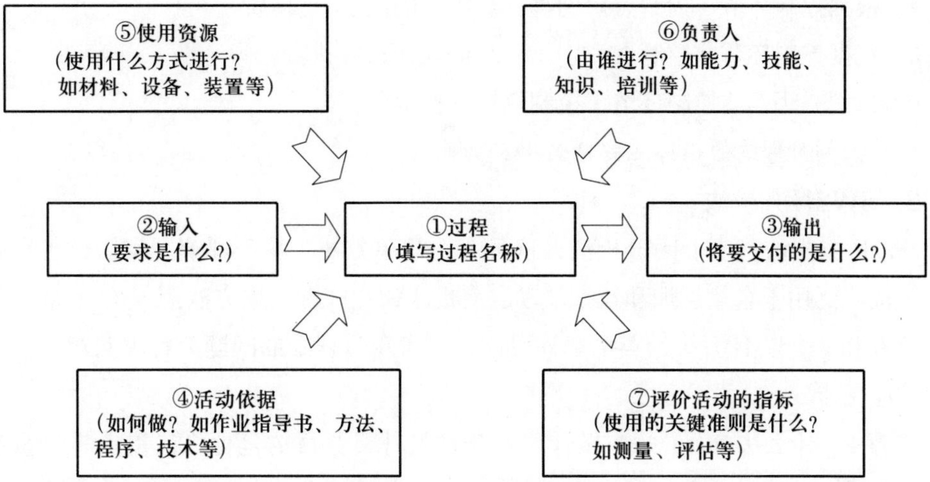

图2-1 乌龟图分析法

方框②：乌龟的头部，是对涉及过程输入的描述。输入也是要求，是分析的关键，应详细填写实际输入，如文件、要求、报告、样件、工具、计划或信息等，应当明确输入是从哪里来的，有多少，与其他过程的关系，以及相关法律法规的要求等。

方框③：乌龟的尾巴，是对涉及过程输出的描述。输出也是提供的证据，可能是具体的服务、产品、文件、计划、报告、信息等，应当与有效的评估测量相联系，详细填写实际的输出证据，并具有可追溯性。

方框④：乌龟的左前脚，是对活动依据的描述，应写清如何做。填写相关的过程控制程序，支持的指导文件、方法等，要求较详细填写，不要遗漏。

方框⑤：乌龟的右前脚，是对使用资源的描述。填写本过程使用的材料、设备、设施、计算机系统、软件等。

方框⑥：乌龟的右后脚，应描述由谁负责做及对资格的要求。特别注意人员的技能要求和能力培训等。

方框⑦：乌龟的左后脚，是对评价活动的指标的描述，如过程绩效指标、特征值、评估值、风险值等。

（2）乌龟图分析法的识别程序。可按以下步骤进行乌龟图分析法的识别程序：

1）识别过程和过程所有者（负责部门）；

2）识别基本的输入（客户要求）；

3）识别基本的输出（需求满足）；

4）识别控制环节、控制点，把输入转换为输出；

5）根据控制环节、控制点完善输入；

6）根据控制环节、控制点完善输出；

7）根据控制环节、控制点识别每一步需要的设备、设施；

8）根据控制环节、控制点识别每一步需要什么人执行；

9）识别方法，使控制环节、控制点控制标准化；

10）识别过程绩效指标、评估效果和效率等。

2. 5W2H 分析法

5W2H 分析法又叫七问分析法，这种方法简单方便、易于理解、实用，富有启发意义，被广泛用于企业管理和技术活动，有助于避免疏漏。该方法用 5 个以 W 开头的英语单词和 2 个以 H 开头的英语单词设问，以发现过程中的问题并解决问题，以下介绍具体应用步骤。

步骤 1：什么（what）——做什么？条件是什么？目的是什么？重点是什么？与什么有关系？功能是什么？规范是什么？工作对象是什么？

说明：描述任务、活动、问题、项目、目的。

步骤 2：怎样（how）——怎样做？怎样做省力？怎样做最快？怎样做效率最高？怎样改进？怎样得到？怎样避免失败？怎样求发展？

说明：确定进行的方式、步骤和采用的方法。

步骤 3：为什么（why）——为什么要做？为什么非做不可？为什么要这么做？

说明：描述工作方法背后的动机、目标、理由。

步骤 4：何时（when）——何时要完成？何时做？何时完成最为适宜？多少时间才算合理？

说明：确定情况发生或将发生的时间。

步骤 5：何地（where）——何地做？何处做？在什么地方做最合适？

说明：描述所涉及的地方或地点。

步骤 6：谁（who）——谁来做？谁可以办？谁是客户？谁是决策人？谁会受益？

说明：确定所涉及的利益相关者、负责者或受影响的人员。

步骤 7：多少（how much）——做到什么程度？数量如何？质量水平如何？费用产出如何？

说明：确定所需的资源、设备和费用等。

3. PDCA 循环

PDCA 循环的概念是美国数理统计学家休哈特首先提出的，由美国质量管理学家威廉·爱德华兹·戴明采纳、修正，获得普及，所以又被称“戴明环”。全面质量管理的思想基础和方法依据就是 PDCA 循环。PDCA 循环的含义是将质量管理分为 4 个阶段，即计划（plan）、执行（do）、检查（check）和处理（act），如图2-2所示。在质量管理活动中，要求把各项工作按照作出计划、计划执行、检查执行效果的步骤进行，然后将成功的纳入标准，不成功的留待下一循环去解决。这一工作方法是质量管理的基本方法，也是企业管理各项工作的一般规律。

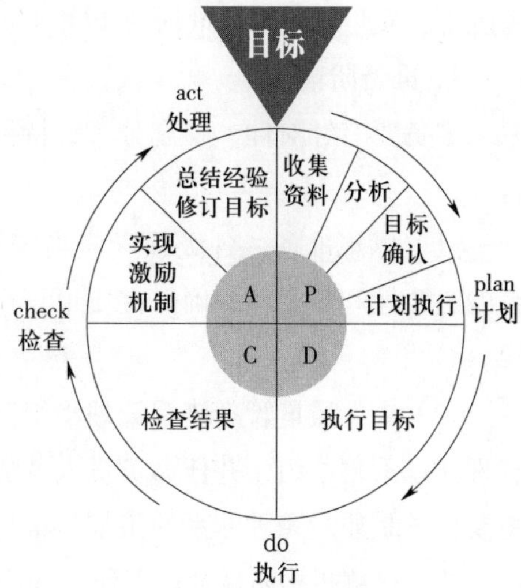

图2-2　PDCA循环

（1）计划（plan）。计划指确定方针和目标，确定活动计划。计划包括分析现状，找出问题；分析产生问题的原因，区分主要原因和次要原因；制订最佳方案和计划。

（2）执行（do）。执行指实地去做，实现计划中的内容。根据已知的信息和最佳计划，采取有效的行动。

（3）检查（check）。检查指总结执行计划的结果，注意效果，找出问题；分清哪些对了，哪些错了。检查包括效果检查、效果评估，如方案是否有效、目标是否完成等。

（4）处理（act）。处理指总结检查的结果并进行处理，对成功的经验加以肯定，并予以标准化和推广；对于失败的教训也要总结，以引起重视。对于没有解决的问题，应提交至下一个PDCA循环中去解决。处理包括将成绩固定下来，将操作要求标准化，对问题进行总结，处理遗留下来的问题等。

以上4个阶段不是运行一次就结束，而是周而复始地进行，一个循环结束，解决一些问题，未解决的问题进入下一个循环，实现阶梯式上升。

四、策划步骤

特种设备检测机构策划建立或修订质量管理体系，识别质量管理体系覆盖范围，在策划过程中应当贯彻过程方法和PDCA循环管理理念，运用乌龟图分析法和5W2H分析法，建立检测机构的行政管理组织结构和质量管理组织结构，制定质量方针和质量目标，识别需要控制的过程，并对过程进行分析和梳理，确保过程识别的准确性。需要特别强调的是，要对过程分析进行准确识别。识别出过程中的控制环节和控制点，是质量管理体系策划和质量管理体系文件编制的前提和基础。应准确识别和理解过程之间的相互关系与作用，通过分析确定过程之间的接口和联系，进而明确过程的控制要求，确定为满足控制要求所需要的各层次文件，从而保障质量管理体系文件编制的系统性。质量管理体系策划的步骤可以分为准备阶段和实施阶段。

1. 准备阶段

准备要有针对性，要充分考虑特种设备检测机构的发展战略和发展目标，按需进行。

（1）思想准备。各级领导应当统一思想认识，认清策划建立或修订质量管理体系的必要性和重要性，确保在质量管理体系策划及建立的过程中，能够提供充足的资源。

（2）成立质量管理体系策划小组。由特种设备检测机构负责人负责组织成立质量管理体系策划小组，并任命负责人及成员，明确职责权限。质量管理体系策划小组的主要任务是质量管理体系的策划。策划小组的人员应当有特种设备检测机构管理层成员，熟悉检测机构质量管理工作，有比较丰富的检测机构质量管理经验。

（3）组织培训。策划小组负责人应当组织质量管理体系策划小组成员进行必要的培训，使其了解质量管理体系知识、相关规范标准等，理解质量管理体系策划的思想和文件编写要求，掌握建立质量管理体系的方法和步骤以及必要的技巧。

（4）分析和评价现有质量管理体系。通过改造、整合、完善现有的质量管理体系，使之更加符合规范和标准要求。

2. 实施阶段

由策划小组负责人负责策划的具体实施。质量管理体系策划的内容主要如下：

（1）充分识别质量管理体系覆盖的范围，主要包括申请机构申请或取得的核准项目、本机构的业务范围等。

（2）准确识别法律、法规、规章、安全技术规范以及相关标准的要求。准确、完整地识别出建立质量管理体系应当遵循的法律、法规、规章、安全技术规范以及相关标准，是确保建立的质量管理体系满足符合性、有效性要求的前提。

（3）合理搭建行政管理组织结构和质量管理组织结构。搭建行政管理组织结构和质量管理组织结构，是质量管理体系建立的基础工作，也是质量管理体系正常实施的根本保证；搭建合理的行政管理组织结构和质量管理组织结构，对质量管理体系建立及实施至关重要。

（4）厘清部门、岗位职责。根据搭建的行政管理组织结构和质量管理组织结构，以及质量管理、技术管理的工作流程，合理地设置有关工作岗位，并明确岗位主要职责，才能确保建立的质量管理体系满足适宜性要求，保障质量管理体系的有效实施。

（5）根据特种设备检测机构确定的发展愿景和发展战略，制定质量方针和质量目标。

（6）确定特种设备检测机构质量管理体系的总体框架，对质量管理体系文件进行分类，明确各类文件在质量管理体系中的地位和作用，并制定基本的编写要求。

（7）根据法律、法规、规章、安全技术规范以及相关标准的要求，充分识别需要建立的过程，并对过程进行分解、细化，识别每个过程的控制环节和控制点。

五、策划输出内容及要求

1. 策划输出内容

质量管理体系策划的输出，通常包括以下几个方面的内容：

（1）质量管理体系覆盖的范围；

（2）建立质量管理体系所依据的法律、法规、规章、安全技术规范以及相关标准；

（3）搭建行政管理组织结构和质量管理组织结构；

（4）部门和岗位主要职责；

（5）制定质量方针和质量目标；

（6）确定质量管理体系结构；

（7）识别过程、控制环节和控制点；

（8）质量管理体系文件编制要求；

（9）编制工作计划安排；

（10）所需要的资源（人、设备、设施等）等。

2. 策划输出要求

（1）质量管理体系覆盖的范围。应当充分、准确识别建立的质量管理体系覆盖的范围，除包括所有申请或已核准的特种设备检测项目外，是否还包括其他的检测项目，如钢结构的无损检测、金属材料的理化检验等。

（2）建立质量管理体系所依据的法律、法规、规章、安全技术规范以及相关标准。特种设备检测机构应当编制所依据的法律、法规、规章、安全技术规范以及相关标准清单，作为编制质量管理体系文件的依据，通常包括：

1）《中华人民共和国特种设备安全法》（中华人民共和国主席令第四号）；

2）《特种设备安全监察条例》（中华人民共和国国务院令第 549 号）；

3）《特种设备安全监督检查办法》（国家市场监督管理总局令第 57 号）；

4）《特种设备检测机构核准规则》（TSG Z7002—2022）；

5）《特种设备无损检测人员考核规则》（TSG Z8001—2019）；

6）《特种设备检验人员考核规则》（TSG Z8002—2022）；

7）《特种设备作业人员考核规则》（TSG Z6001—2019）；

8）《电梯自行检测规则》（TSG Z7008—2023）；

9）《安全阀安全技术监察规程》（TSG ZF001—2006）；

10）《爆破片装置安全技术监察规程》（TSG ZF003—2011）等。

若特种设备检测机构建立的质量管理体系一并满足检测机构资质认证、CNAS认证、质量管理体系认证、职业健康安全管理体系认证、环境管理体系认证和检验检测机构诚信管理体系认证等，以下有关规范也应当作为建立质量管理体系的依据：

1）《检验检测机构资质认定管理办法》（国家市场监督管理总局令第38号）；

2）《检验检测机构资质认定能力评价　检验检测机构通用要求》（RB/T 214—2017）；

3）《检测和校准实验室能力认可准则》（CNAS—CL01）；

4）《检验机构能力认可准则》（CNAS—CI01）；

5）《质量管理体系　基础和术语》（GB/T 19000—2016）；

6）《质量管理体系　要求》（GB/T 19001—2016）；

7）《质量管理体系　GB/T 19001—2016应用指南》（GB/T 19002—2018）；

8）《职业健康安全管理体系　要求及使用指南》（GB/T 45001—2020/ISO 45001：2018）；

9）《环境管理体系　要求及使用指南》（GB/T 24001—2016）；

10）《检验检测机构诚信基本要求》（GB/T 31880—2015）；

11）《信用　基本术语》（GB/T 22117—2018）等。

（3）搭建行政管理组织结构和质量管理组织结构。

1）搭建行政管理组织结构。行政管理组织结构是指特种设备检测机构内部的行政管理系统和结构，旨在有效地组织、协调和监督各项行政工作。它涉及规划、组织、领导和控制各个层级、部门和岗位，以实现特种设备检测机构的目标和使命。行政管理组织的主要目标是确保特种设备检测机构的顺利运行和稳定发展，负责制定和实施战略规划，管理资源分配，制定政策和程序，招聘和培训人员，监督绩效评估等。特种设备检测机构应根据其规模、承担检测业务的范围、采取的管理模式等因素，合理地设置特种设备检测机构管理层、与检测业务有关的部门与支持部门。构建合理、行之有效的行政管理组织结构，是实现行政有效管理的根本保证。行政管理组织结构通常包括机构负责人、其他管理层岗位、部门、各岗位和基层人员。图2–3所示为检测机构建立的行政管理组织结构示例。

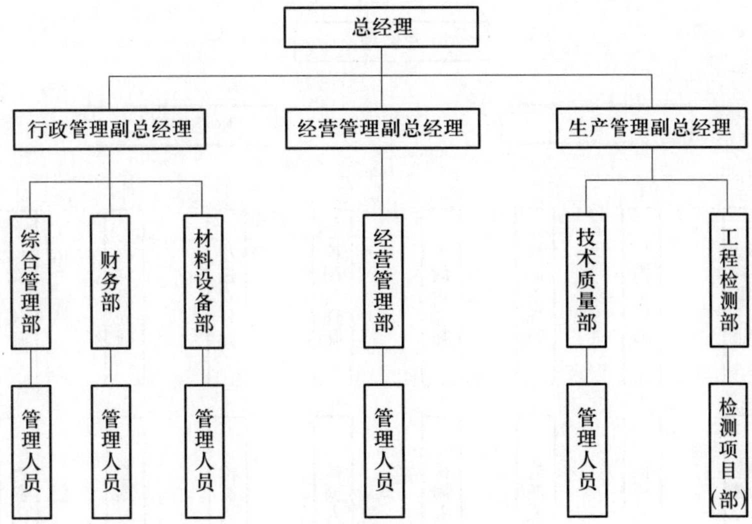

图 2-3　行政管理组织结构示例

2）搭建质量管理组织结构。质量管理组织结构是指特种设备检测机构内部质量管理的体系和结构，旨在确保服务和流程符合预定的质量标准，并持续改进质量表现。质量管理组织的主要目标是确保特种设备检测机构的质量管理体系有效运行，各项质量管理职责有确定的责任岗位并能得到有效的落实。特种设备检测机构应根据机构的规模、承担检测业务的范围、业务管理运作的模式等因素，合理地设置检测机构技术负责人、质量负责人、检测责任师、与检测有关的岗位。构建合理、行之有效的质量管理组织结构，是实现质量管理的根本保证。质量管理组织结构通常包括机构负责人、技术负责人、质量负责人、检测责任师、其他与检测质量有关的岗位等。图 2–4 所示为检测机构建立的质量管理组织结构示例（以无损检测为例）。

（4）部门和岗位主要职责。具体要求主要包括以下内容：

1）确定部门职责。部门职责是指特种设备检测机构内部各个部门的具体职责和任务。每个部门均应当有自己的职能和目标，为检测机构的有效运行和实现目标发挥作用。每个部门的职责根据特种设备检测机构的性质、规模、业务范围、管理模式的不同而有所不同，各部门之间存在着紧密的联系和协调关系。特种设备检测机构应明确行政管理组织结构中各部门的职责和业务范围的划分，包括业务部门（如工程检测部、技术质量部等）、支持部门（如综合管理部、财务部、材料设备部、经营管理部等）。明确各项工作的责任部门、领导与被领导的关系，是确保特种设备检测机构有序运行的重要保障。以技术质量部为例，其主要职责如下：

①负责质量管理体系的建立、完善、实施、修订和定期评审工作，以及质量管理体系文件的日常管理工作；

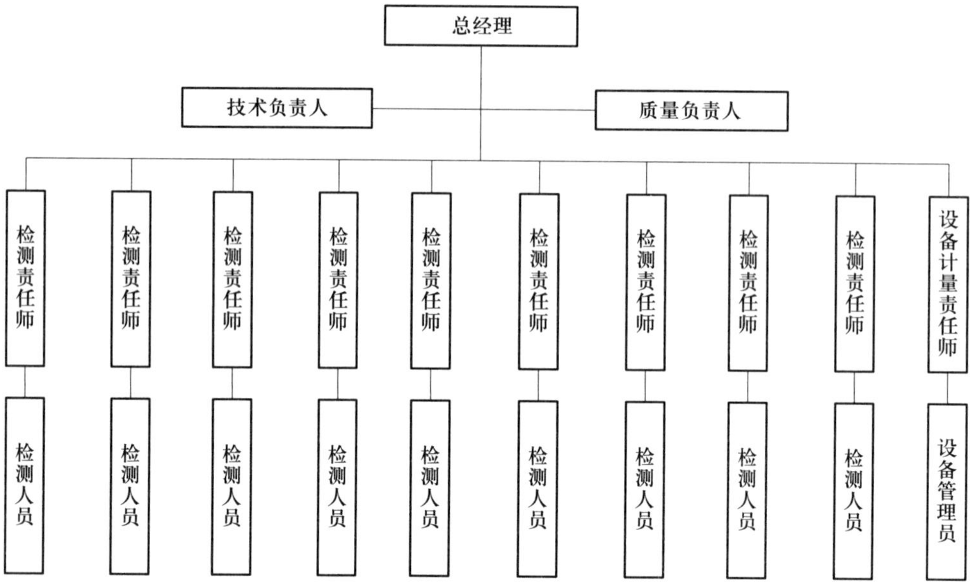

图2-4　质量管理组织结构示例

②协助质量负责人组织开展内部审核工作，协助总经理开展管理评审工作；

③负责组织制订年度质量工作计划，对各部门质量管理体系工作运行情况进行检查；

④负责组织年度质量目标考核、统计工作；

⑤负责组织检测工作质量的统计、分析；

⑥负责组织、协调特种设备检测机构资质的核准，以及外部审核、检查等工作；

⑦组织质量管理体系培训、考核等工作；

⑧负责组织检测报告质量抽查工作；

⑨负责特种设备检测机构相关检测责任师、批准人管理和调整工作；

⑩负责检测人员能力验证、确认工作；

⑪协助技术负责人组织编制科研、标准化发展规划；

⑫负责日常检测技术处理，组织重大技术问题处理；

⑬负责组织与检测相关法律、法规、安全技术规范、标准、检测作业指导文件、检测仪器操作等的培训、考核工作等。

2）确定岗位职责。岗位职责是指在特种设备检测机构内具体岗位承担的任务、责任和职能。它详细描述了人员在特定岗位上所要完成的工作内容和预期结果，通常包括工作任务、责任和权力、绩效指标、技能要求、目标与期望等。清晰、明确的岗位职责对于特种设备检测机构的有效运作至关重要，它为人员提供了明确的工作职责和期望，帮助特种设备检测机构实现目标，并提供评价和提升人员绩效的依据。特种设备检测机构应明确对检测质量有影响的所有岗位的主要职责，包括机构负责人（如总经理）、技术负责人、质量负责人、其他管理层岗位（行政管理副总经理、经营管理副总经理、生产管理副总经理）、检测责任师、检测人员、与检测质量有关的所有岗位人员，从而厘清行政管理、质量管理和技术管理的路径。明确各岗位的职责、领导与被领导关系，是确保特种设备检测机构行政管理、质量管理、技术管理有序运行的重要保障。以检测人员为例，其主要职责如下：

①做好工作指令的接收、返还工作，建立检测台账；

②严格按有关制度和检测操作指导书进行检测，及时、准确地填写检测记录，出具检测报告，并对报告的真实性、准确性负责；

③熟悉并掌握检测设备的使用方法及检测过程中应注意安全，防止事故的发生；

④工作中要做到坚持原则、廉洁奉公、实事求是、忠于职守等。

以《特种设备检测机构核准规则》附件 D 为依据，质量管理体系质量职能分配示例见表 2–2。

表 2–2　质量管理体系质量职能分配示例

条款号	要素	机构负责人	技术负责人	质量负责人	综合管理部	工程检测部	经营管理部	技术质量部	材料设备部
D2.1	质量管理体系一般要求	★	★	★	□	□	□	■	□
D2.2	质量手册	★	☆	★	□	□	□	■	□
D2.3	程序文件	★	☆	★	□	□	□	■	□
D2.4	作业指导书	☆	★	☆	□	■	□	□	□
D2.5	文件控制	★	★	★	□	■	□	■	□
D2.6	记录和信息控制	☆	★	★	□	■	□	■	□
D3.1	质量方针	★	☆	☆	■	■	■	■	■
D3.2	质量目标	★	☆	☆	■	■	■	■	■
D3.3	组织结构及职责	★	☆	☆	□	□	□	■	□
D3.4	管理评审	★	☆	☆	□	□	□	■	□
D3.5	其他职责	★	☆	☆	□	□	□	■	□
D4.1	人员管理	★	☆	☆	■	□	□	■	□
D4.2	检测设备控制	★	☆	☆	■	□	□	■	■
D4.3	设施和环境条件控制	★	☆	☆	□	■	□	□	■

续表

条款号	要素	机构负责人	技术负责人	质量负责人	综合管理部	工程检测部	经营管理部	技术质量部	材料设备部
D5.1	合同控制	★	☆	☆	□	□	■	□	□
D5.2	工作指令控制	★	☆	☆	□	■	■	□	□
D5.3	检测过程控制	☆	★	☆	□	■	□	□	□
D5.4	检测方法控制	☆	★	☆	□	■	□	□	□
D5.5	服务和供应品控制	★	☆	☆	□	□	□	■	□
D5.6	抽样及样品控制	□	★	☆	□	■	□	□	□
D5.7	检测工作安全控制	★	☆	☆	□	■	□	□	□
D5.8	检测报告控制	☆	★	☆	□	■	□	□	□
D5.9	检测质量监督控制	★	★	★	□	□	□	■	□
D6.1	内部审核控制	☆	☆	★	□	□	□	■	□
D6.2	不符合控制	★	★	★	□	□	□	■	□
D6.3	纠正措施控制	★	★	★	□	□	□	■	□
D6.4	预防措施控制	★	★	★	□	□	□	■	□
D6.5	投诉控制	★	★	★	□	□	□	■	□
D6.6	数据统计分析控制	★	★	★	□	□	□	■	□
D7.1	接受政府监督管理	★	☆	★	□	□	□	■	□
D7.2	客观、公正和保密	★	☆	☆	□	□	□	■	□
D7.3	行业自律	★	☆	★	□	□	□	■	□
D7.4	能力评价与验证	★	★	★	□	□	□	■	□

注：★为负责决策，☆为协助决策，■为主要执行，□为协助执行。

（5）制定质量方针和质量目标。具体要求主要包括以下内容：

1）制定质量方针。质量方针是特种设备检测机构的质量宗旨和方向，是质量目标制定和评审的框架，是评价质量管理体系有效性的基础，是对客户要求和法律法规要求以及持续改进质量管理体系有效性的承诺。特种设备检测机构的质量方针由机构负责人组织制定并发布，机构负责人对质量方针的实现负全责。制定质量方针时一般应考虑特种设备检测机构在服务能力与水平、服务质量、技术创新、遵守法规、严守安全、服务客户、持续改进方面的追求与承诺。质量方针的示例如下：

①精益求精、品质至上；

②严格管理、安全第一；

③诚信服务、客户满意；

④持续发展、追求卓越。

2）制定质量目标。质量目标是特种设备检测机构在质量方面所追求的目标，是检测机构各职能和层次上所追求并加以实现的主要工作任务，也是检测机构评价质量管理体系有效性的重要判定指标。特种设备检测机构的质量目标由机构负责人组织制定并发布。质量目标是依据特种设备检测机构的质量方针并结合特种设备检测机构的性质和检测的实际情况制定的，质量目标的制定应与特种设备检测机构的质量方针保持一致。注意在相关职能和层次上建立质量目标，质量目标应是可测量的、可分解的、可考核的。制定质量目标时，一般应当考虑履约情况、服务客户、客户满意度、检测合格率及优良率、投诉处理、重大检测质量事故、重大安全事故等事项。质量目标示例如下：

①合同（委托）履约率 100%；

②无损检测报告合格率≥ 98%；

③射线底片质量合格率≥ 95%，射线底片评定准确率≥ 98%；

④ TOFD[①]、PA[②]、MFL[③] 图谱质量合格率≥ 96%，TOFD、PA、MFL 图谱评定准确率≥ 98%；

⑤客户满意率≥ 95%；

⑥投诉处理率 100%；

⑦无重大无损检测质量事故；

⑧无重大无损检测安全事故。

（6）确定质量管理体系结构。根据各特种设备检测机构自身管理习惯的不同，可以将其质量管理体系文件分为质量手册（含质量方针、质量目标）、程序文件（含管理制度）、作业指导书、记录表格、外来文件 5 层进行管理；也可以将质量管理体系文件分为质量手册（含质量方针、质量目标）、程序文件（含管理制度、引用的记录表格）、作业指导书（含引用的记录表格，如检测记录格式、检测报告格式）、外来文件 4 层进行管理。质量管理体系文件的层次结构如图 2–5 所示（以 5 层管理为例）。

---

① TOFD 指超声波衍射时差法。

② PA 指相控阵超声检测。

③ MFL 指漏磁检测。

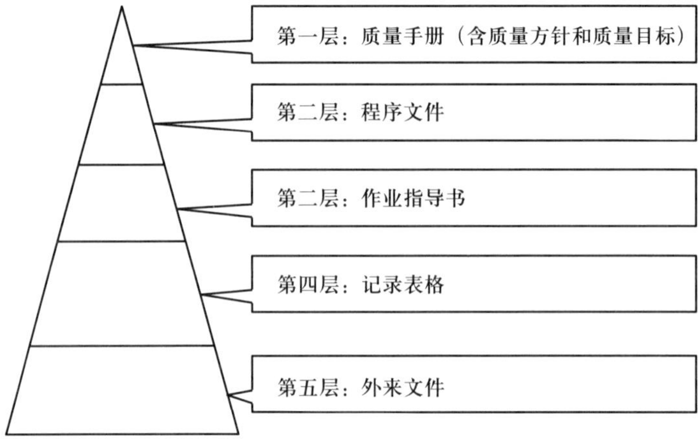

图 2-5 质量管理体系文件的层次结构

（7）识别过程、控制环节和控制点。通过识别应当建立的程序，识别程序中的过程，识别过程中的控制环节和控制点，从而厘清过程的控制要求，厘清过程之间的关系，厘清程序之间的关系，提升质量管理体系的适宜性、充分性和有效性。可以采用“程序、过程、控制环节和控制点展开表”来识别程序、过程、控制环节和控制点，其优点是可以清晰和准确地表达程序、过程、控制环节和控制点的从属关系和控制内容。本书采用展开表的方式剖析程序、过程、控制环节和控制点之间的关系（路径和联系），表 2-3 为特种设备检测机构的程序、过程、控制环节和控制点展开表示例。

表 2-3 程序、过程、控制环节和控制点展开表示例

体系要求	程序	过程	控制环节	控制点	工作见证	责任部门 / 岗位
D2.5 文件控制	文件控制程序	文件评审	评审分类	定期评审、日常评审	相应程序文件	技术质量部
			评审策划	定期评审计划	评审计划	技术质量部
				日常评审计划	评审计划	技术质量部
			组织实施	评审准备	收集见证材料	技术质量部
				评审组织	评审记录	责任人
				评审记录	评审记录	责任人
			输出	文件评审报告	评审报告	责任人
				资料存档	评审计划、评审记录、评审报告	技术质量部
		文件制修订	制修订计划	制修订时机	相应程序文件	技术质量部
				制修订计划	制修订计划	技术质量部

续表

体系要求	程序	过程	控制环节	控制点	工作见证	责任部门 / 岗位
D2.5 文件控制	文件控制程序	文件制修订	计划实施	制修订申请	申请表	责任人
				制修订实施	修订后的文件	责任人
				制修订审核、批准	审核、批准记录	责任人、技术质量部
		文件发放	发放方式	纸质发放	相应程序文件	技术质量部
				电子方式发放	相应程序文件	技术质量部
			发放	发放范围	相应程序文件	技术质量部
				实施发放	发放记录	责任人
			记录归档	记录归档	发放记录	技术质量部
		文件使用	使用申请	文件借用	相应程序文件	技术质量部
				文件复印	相应程序文件	技术质量部
				文件打印	相应程序文件	技术质量部
				文件更换	相应程序文件	技术质量部
				文件补发	相应程序文件	技术质量部
				使用申请	申请表	责任人
			后处置	借用手续、归还手续	借用记录	责任人
				复印手续、标识、发放	复印记录	责任人
				打印手续、标识、发放	打印记录	责任人
				更换手续、标识、发放	更换记录	责任人
				补发手续、标识、发放	补发记录	责任人
			记录归档	记录归档	发放记录	责任人

续表

体系要求	程序	过程	控制环节	控制点	工作见证	责任部门 / 岗位
D2.5 文件控制	文件控制程序	作废文件管理	回收计划	识别作废时机	相应程序文件	技术质量部
				制订回收计划	回收计划	责任人
			实施回收	纸质发放文件回收	回收记录	责任人
				电子方式发放文件回收	废止通知	责任人
			作废文件标识	纸质发放文件	作废文件	责任人
				电子方式发放文件	作废文件	责任人
			更新文件清单	更新受控文件清单	受控文件清单	责任人
				更新作废文件清单	作废文件清单	责任人
			作废文件存档	作废文件存档	作废文件	责任人
			作废文件销毁	识别销毁文件	相应程序文件	技术质量部
				制订销毁计划	销毁计划	责任人
				实施销毁	销毁记录	责任人
			记录存档	存档	回收计划、回收记录、作废通知、文件清单、销毁计划、销毁记录	责任人
		外来文件管理	收集	收集职责	相应程序文件	技术质量部
			受控	受控申请及批准	申请表	责任人
				文件标识	外来文件	责任人
				发放	发放记录	责任人
				更新文件清单	受控文件清单、作废文件清单	责任人
			记录存档	存档	申请表、外来文件、发放记录、文件清单	责任人

续表

体系要求	程序	过程	控制环节	控制点	工作见证	责任部门 / 岗位
D2.5 文件控制	文件控制程序	文件标识	唯一性标识	标识规则、进行标识	相应程序文件	责任人
			版本标识	标识规则、进行标识	相应程序文件	责任人
			修改状态标识	标识规则、进行标识	相应程序文件	责任人
			受控标识	标识规则、进行标识	相应程序文件	责任人
			发放标识	标识规则、进行标识	相应程序文件	责任人
D2.6 记录和信息控制	记录和信息控制程序	格式控制	格式要求	质量记录格式要求	相应程序文件	技术质量部
				技术记录格式要求	相应程序文件	技术质量部
			文件标识	唯一性标识	记录表格	技术质量部
				版本标识	记录表格	技术质量部
				受控标识	记录表格	技术质量部
				修订状态标识	记录表格	技术质量部
			批准发布	批准发布	发布文件	责任人
		记录收集	填写要求	质量记录	相应程序文件	技术质量部
				技术记录	相应程序文件	技术质量部
			收集要求	质量记录	相应程序文件、质量记录	技术质量部
				技术记录	相应程序文件、技术记录	技术质量部
			信息收集	信息系统	信息系统	技术质量部
				功能及可追溯性	满足要求	技术质量部
				收集过程	受控	责任人

续表

体系要求	程序	过程	控制环节	控制点	工作见证	责任部门 / 岗位
D2.6 记录和信息控制	记录和信息控制程序	记录管理	归档	质量记录归档要求	相应程序文件	技术质量部
				技术记录归档要求	相应程序文件	技术质量部
				电子信息	相应程序文件	技术质量部
			使用	查阅（申请、批准、履行查阅手续）	查阅记录	责任人
				借阅（申请、批准、履行借阅手续）	借阅记录	责任人
				复印（申请、批准、履行复印手续）	复印记录	责任人
			销毁	销毁时机	相应程序文件	技术质量部
				销毁申请、批准	申请表	责任人
				实施销毁	销毁记录	责任人
D3.4 管理评审	管理评审控制程序	管理评审	评审计划	评审时机	相应程序文件	技术质量部
				制订计划	评审计划	责任人
				评审要求	相应程序文件	技术质量部
				临时评审	评审计划	责任人
			评审准备	评审通知	评审通知	责任人
				评审输入	输入见证	责任人
			实施评审	评审会议	评审记录、输入见证	责任人
				评审报告编、审、批	评审报告	责任人

续表

体系要求	程序	过程	控制环节	控制点	工作见证	责任部门 / 岗位
D3.4 管理评审	管理评审控制程序	管理评审	改进	下达改进指令	指令书	责任人
				实施改进	计划及实施见证	责任人
				验证	验证记录	责任人
			记录存档	存档	评审计划、通知、会议记录、评审报告、改进见证等	责任人
D4.1 人员管理	人员控制程序	人员管理	控制范围	人员管理范围	相应程序文件	技术质量部
			配备	识别人员需求	相应程序文件	技术质量部
				人员聘用	聘用合同	责任人
			职责	职责	相应程序文件	技术质量部
				任职条件	相应程序文件	技术质量部
				代理	相应程序文件	技术质量部
			培训	内部培训	相应程序文件	技术质量部
				外部培训	相应程序文件	技术质量部
				培训计划	培训计划	责任人
				培训实施	实施记录	责任人
				培训汇总	实施记录	责任人
			考核	内部要求	相应程序文件	技术质量部
				考核计划	考核计划	责任人
				考核实施	考核记录	责任人
			档案	建档范围	相应程序文件	技术质量部
				档案内容	设备档案	责任人
				档案管理	设备档案	责任人
			记录存档	存档	聘用合同、培训计划、培训记录、考核计划、考核记录、人员档案	责任人

续表

体系要求	程序	过程	控制环节	控制点	工作见证	责任部门 / 岗位
D4.2 检测设备控制	检测设备控制程序	采购	采购	提出需求	采购申请及审批	综合管理部
				采购	合同	责任人
				验收	验收记录	责任人
		使用	配置	识别需求	相应程序文件	技术质量部
				建立台账	设备台账	责任人
				状态标识	实物、设备台账	责任人
				唯一性标识	实物、设备台账	责任人
			操作规程	制定操作规程	操作规程	综合管理部
				操作人员培训	培训证书	综合管理部
				操作人员授权	授权书	综合管理部
			使用	领用、借用	领用、借用记录	责任人
				使用	使用记录	责任人
				归还	归还记录	责任人
			保存	环境条件	实物	责任人
			异常处置	停止使用	处置记录	责任人
				标识、处置	处置记录	责任人
				前期使用情况评估	处置记录	责任人
			档案	建档范围	相应程序文件	技术质量部
				档案内容	设备档案	责任人
				档案管理	设备档案	责任人
		量值溯源	溯源需求	溯源需求	溯源台账	责任人
			实施量值溯源	溯源计划	溯源计划	责任人
				外部检定校准	检定校准证书	责任人
				内部校准	校准报告	责任人
				检定校准结果确认	确认记录	责任人
			期间核查	核查计划	核查计划	责任人
				实施期间核查	核查记录	责任人

续表

体系要求	程序	过程	控制环节	控制点	工作见证	责任部门/岗位
D4.3 设施和环境条件控制	设施和环境条件控制规定	设施和环境	设施和环境	影响质量和结果的设施和环境条件	相应程序文件	技术质量部
				采取控制措施	控制记录	责任人
				记录环境条件	控制记录	责任人
				停止检测	控制记录	责任人
D5.1 合同控制	合同控制程序	合同控制	合同评审	评审职责	相应程序文件	技术质量部
				评审范围	相应程序文件	技术质量部
				评审内容	相应程序文件	技术质量部
				评审程序	相应程序文件	技术质量部
				评审方式	相应程序文件	技术质量部
				客户要求	要求	责任人
				在核准范围内检测	合同	责任人
				检测条件	合同	责任人
			合同偏离	合同偏离	偏离记录	责任人
D5.2 工作指令控制	工作指令控制程序	非项目部检测	指令下达	途径和方式	相应程序文件	技术质量部
			要求	检测人员	相应程序文件	技术质量部
				检测设备	相应程序文件	技术质量部
				检测设施	相应程序文件	技术质量部
				管理人员任命及职责	相应程序文件	技术质量部
			检测监督	监督计划	监督记录	责任人

续表

体系要求	程序	过程	控制环节	控制点	工作见证	责任部门 / 岗位
D5.2 工作指令控制	工作指令控制程序	项目部检测	批准成立	批准成立	成立文件	责任人
			要求	管理人员任命及职责	任命文件	责任人
				关键岗位人员任命及职责	任命文件	责任人
				检测设备设施	实地	责任人
				质量管理体系文件	实地	责任人
				质量管理体系覆盖	实地	责任人
			检测监督	监督计划	监督记录	责任人
D5.3 检测过程控制	检测过程控制程序	非项目部检测	人员资格	人员资格	检测记录	责任人
			执行检测作业指导书	检测细则	检测记录	责任人
				工艺	检测记录	责任人
				方案	检测记录	责任人
			监督	资源	监督记录	责任人
				质量	监督记录	责任人
				技术	监督记录	责任人
				安全	监督记录	责任人
				业务管理	监督记录	责任人
		项目部检测	人员资格	人员资格	检测记录	责任人
			执行检测作业指导书	检测细则	检测记录	责任人
				工艺	检测记录	责任人
				方案	检测记录	责任人

续表

体系要求	程序	过程	控制环节	控制点	工作见证	责任部门／岗位
D5.3 检测过程控制	检测过程控制程序	项目部检测	监督	资源	监督记录	责任人
				质量	监督记录	责任人
				技术	监督记录	责任人
				安全	监督记录	责任人
				业务管理	监督记录	责任人
			签字样式	签字样式	授权文件	责任人
				授权领域范围	授权文件	责任人
			体系覆盖	内部审核	内部记录	责任人
				管理评审	管理记录	责任人
D5.4 检测方法控制	检测方法控制程序	方法选择	法规方法	首先使用	相应程序文件	技术质量部
			非法规方法	成熟方法	相应程序文件	技术质量部
				不成熟方法	技术评审记录	责任人
			方法偏离	审批	审批记录	责任人
D5.5 服务和供应品控制	服务和供应品控制程序	服务和供应品控制	控制范围	服务	相应程序文件	技术质量部
				供应品	相应程序文件	技术质量部
			服务和供应方评价	收集材料	材料	责任人
				评价	评价记录	责任人
				建立档案	档案	责任人
			实施采购	技术评审	采购记录	责任人
				采购计划	采购计划	责任人
				采购	采购合同	责任人
				验收	验收记录	责任人
			储存	储存条件	现场	责任人

续表

体系要求	程序	过程	控制环节	控制点	工作见证	责任部门/岗位
D5.6 抽样及样品控制	抽样及样品控制程序	抽样	控制范围	样品范围	相应程序文件	技术质量部
			实施抽样	抽样方案	抽查方案	责任人
				抽样	抽查记录	责任人
				抽样记录	抽查记录	责任人
				样品管理	抽查记录	责任人
		样品管理	管理规定	接收	相应程序文件	技术质量部
				保护	相应程序文件	技术质量部
				储存	相应程序文件	技术质量部
				留校	相应程序文件	技术质量部
				处置	相应程序文件	技术质量部
			样品管理	登记	记录	责任人
				台账	台账	责任人
				唯一性标识	记录和台账	责任人
D5.7 检测工作安全控制	检测工作安全控制程序	检测工作安全控制	辨识与评估	危险源辨识	辨识记录	责任人
				风险评估	评估记录	责任人
			风险控制	风险控制措施	控制措施记录	责任人
				应急措施	应急方案	责任人
				定期评审措施	评审记录	责任人
				演练应急措施	演练记录	责任人
			安全培训	培训计划	培训计划	责任人
				培训实施	培训记录	责任人

续表

体系要求	程序	过程	控制环节	控制点	工作见证	责任部门 / 岗位
D5.8 检测报告控制	检测报告控制程序	报告格式	报告格式	自制定报告格式	报告格式	责任人
				外部报告格式	报告格式	责任人
		报告形成	内容	内容齐全、完整	检验报告	责任人
				内容正确、准确	检验报告	责任人
				编制	检验报告	责任人
				审核	检验报告	责任人
				批准	检验报告	责任人
				用章	检验报告	责任人
			标识	追溯性标识	检验报告	责任人
				编号	检验报告	责任人
		报告管理	收集	收集	检验报告	责任人
			发放	发放	发放记录	责任人
			储存	条件	现场条件	责任人
				保存期	相应文件	技术质量部
				处置	处置记录	责任人
			使用	查阅（申请、批准、履行查阅手续）	查阅记录	责任人
				借阅（申请、批准、履行借阅手续）	借阅记录	责任人
				复印（申请、批准、履行复印手续）	复印记录	责任人
				补发（申请、批准、发放）	申请表、发放记录	责任人

续表

体系要求	程序	过程	控制环节	控制点	工作见证	责任部门 / 岗位
D5.8 检测报告控制	检测报告控制程序	报告管理	修改	影响结论	不符合控制记录	责任人
				不影响结论	不符合控制记录	责任人
			销毁	销毁时机	相应文件	技术质量部
				销毁申请、批准	申请表	责任人
				实施销毁	销毁记录	责任人
		用章管理	专人管理	专人管理	相应文件	技术质量部
			使用	用章申请	申请表	责任人
				用章记录	用章记录	责任人
D5.9 检测质量监督控制	检测质量监督控制程序	监督计划	监督计划	编制	监督计划	责任人
				审核	监督计划	责任人
				批准	监督计划	责任人
		实施监督	实施计划	编制	实施计划	责任人
				审核	实施计划	责任人
				批准	实施计划	责任人
			实施监督	监督方式、方法	监督记录	责任人
				监督组组成	监督记录	责任人
				监督工作程序及要求	监督记录	责任人
				抽查要求	监督记录	责任人
				考评标准	监督记录	责任人
				结果及使用	监督记录	责任人
D6.1 内部审核控制	内部审核控制程序	内部审核	内审计划	内审时机	相应文件	技术质量部
				制订计划	内审计划	责任人
				内审要求	相应文件	技术质量部
				临时内审	内审计划	责任人

续表

体系要求	程序	过程	控制环节	控制点	工作见证	责任部门/岗位
D6.1 内部审核控制	内部审核控制程序	内部审核	内审通知	通知	内审通知	责任人
			实施内审	首次会议	会议记录	责任人
				现场审核	内审记录	责任人
				内审组会议	会议记录	责任人
				末次会议	会议记录	责任人
				评审报告编、审、批	评审报告	责任人
			记录存档	存档	内审计划、通知、会议记录、内审记录、内审报告等	责任人
D6.2 不符合控制	不符合控制程序	不符合控制	不符合评价	不符合来源	相应程序文件	技术质量部
				不符合事实	不符合处置记录	责任人
				严重性评价	不符合处置记录	责任人
				可接受程度评价	不符合处置记录	责任人
			纠正	拟采取的纠正	不符合处置记录	责任人
				纠正行动	不符合处置记录	责任人
				有效性验证	不符合处置记录	责任人
			评估	采取纠正措施必要性	不符合处置记录	责任人
D6.3 纠正措施控制	纠正措施控制程序	纠正措施控制	纠正措施控制	不符合事实	纠正措施记录	责任人
				分析原因	纠正措施记录	责任人
				制定纠正措施	纠正措施记录	责任人
				评价纠正措施法	纠正措施记录	责任人
				实施纠正措施法	纠正措施记录	责任人
				验证纠正措施有效性	纠正措施记录	责任人

续表

体系要求	程序	过程	控制环节	控制点	工作见证	责任部门/岗位
D6.4 预防措施控制	预防措施控制程序	预防措施控制	控制要求	启动时机	相应程序文件	技术质量部
				收集职责	相应程序文件	技术质量部
				收集方式和方法	相应程序文件	技术质量部
			潜在不符合处置	潜在不符合事实	纠正措施记录	责任人
				分析原因	纠正措施记录	责任人
				制定预防措施	纠正措施记录	责任人
				评价预防措施法	纠正措施记录	责任人
				实施预防措施法	纠正措施记录	责任人
				验证预防措施有效性	纠正措施记录	责任人
D6.5 投诉控制	投诉控制程序	投诉控制	接收	职责	相应程序文件	技术质量部
				途径	相应程序文件	技术质量部
				方式	相应程序文件	技术质量部
				要求	相应程序文件	技术质量部
			处理	工作程序	相应程序文件	技术质量部
				制定方案	调查方案	责任人
				调查核查	调查记录	责任人
				调查报告	调查报告	责任人
				回复	回复记录	责任人
			改过	改进措施	改进见证	责任人
D6.6 数据统计分析控制	数据统计分析控制程序	数据统计分析	收集	收集范围	相应文件	技术质量部
				收集方式、方法	相应文件	技术质量部
				收集	信息记录	责任人
			分析	分析方法	相应文件	技术质量部
				结果使用	分析报告	责任人

表 2–3 仅对《特种设备检测机构核准规则》附件 D 中提到的程序进行了过程分析，给出了控制环节、控制点、见证要求、责任部门或责任人。各特种设备检测机构应当结合本机构的实际情况，如机构的规模、承担的特种设备检测业务范围、行业管理模式、技术和质量管理模式，增加需要的控制程序，参照以上思路进行分解和剖析，明确其控制环节、控制点、见证要求、责任部门或责任人。

（8）质量管理体系文件编制要求。应当明确各类文件的基本结构和构成。

1）质量手册。质量手册是特种设备检测机构质量管理体系的纲领性文件，检测机构应结合本机构的实际情况进行过程识别、职责分配，落实控制要求。

①质量手册基本内容：

- 封面；
- 目录；
- 检测机构概况；
- 发布令；
- 任命书；
- 质量方针和质量目标；
- 依据的法规标准；
- 术语和定义；
- 质量管理体系基本要求；
- 质量管理体系；
- 管理职责；
- 资源配置；
- 检测实施；
- 分析与改进；
- 与政府、行业和客户关系；
- 附件（引用的程序文件）。

②质量要素的描述：

- 目的；
- 范围；
- 管理要求；
- 支持性文件（引用的程序文件或作业指导书）。

2）程序文件。

①至少应当建立的控制程序：

- 文件控制程序；

- 记录和信息控制程序；
- 管理评审控制程序；
- 人员控制程序；
- 检测设备控制程序；
- 合同控制程序；
- 工作指令控制程序；
- 检测过程控制程序；
- 检测方法控制程序；
- 服务和供应品控制程序；
- 抽样及样品控制程序；
- 检测工作安全控制程序；
- 检测报告控制程序；
- 检测质量监督控制程序；
- 内部审核控制程序；
- 不符合控制程序；
- 纠正措施控制程序；
- 预防措施控制程序；
- 投诉控制程序；
- 数据统计分析控制程序。

检测机构可以根据自身管理的需要，增加其他必要的程序文件。

②程序文件的描述：

- 目的；
- 适用范围；
- 职责；
- 工作程序（控制要求）；
- 相关文件（引用的相关程序文件）；
- 支持性文件（必要时，如引用的指导书、管理制度等）；
- 记录表格。

3）作业指导书。

①作业指导书的描述：

- 目的；
- 适用范围；
- 检测依据；

• 检测人员要求；

• 作业安全、环境条件；

• 检测设备；

• 工作途径（步骤、流程）、检测项目和要求（方法、判别依据、处理方式、注意事项等）；

• 记录表格（填写要求）；

• 报告格式（必要时，填写要求）。

②作业指导书分类。作业指导书一般可分为以下几类：

• 检测方法，如检测细则、检测操作规程、检测工艺、检测方案等；

• 设备设施，如操作规程等；

• 仪器设备校准，如内部校准规程、核查规程等；

• 安全应急，如现场安全措施、综合应急预案、事故应急预案等。

4）记录表格。记录表格（含检测报告证书格式，下同）是阐明所取得的结果或提供所完成活动的证据的文件。记录表格是在制定程序文件和作业指导书时，根据过程或活动的控制要求与内容描述而形成的。也可以说，记录表格是程序文件或作业指导书的组成部分。记录表格可以附在程序文件或作业指导书中，也可单独成册。

记录表格的内容或栏目至少应包括：名称、编号、使用仪器信息（技术类）、信息栏目、记录时间、记录（操作）人员、审核（校对/验证）人员等。

当规范标准中规定了记录表格的内容时，特种设备检测机构应当优先采用规范标准中的格式。自己制定的格式文件内容不得少于标准规范规定的内容。

（9）编制工作计划安排。应当根据特种设备检测机构的工作计划，制定详细、可执行的质量管理体系文件编制工作安排。

（10）所需要的资源。应为质量管理体系文件的编写提供足够的资源，包括熟悉质量管理且文字表达水平较高的编写人员，足够的时间，以及适当的办公条件等。

第七节　多体系策划及建立

特种设备检测机构根据业务发展及内部管理的需要，可能同时取得CNAS认证（ISO/IEC 17020、ISO/IEC 17025认证）、CMA（检测机构资质认证）、ISO 9001认证（质量管理体系认证）、ISO 14001认证（环境管理体系认证）、ISO 45001认证（职业健康安全管理体系认证）、ISO 27001认证（信息安全管理体系认证）等。为便于质量管理体系的贯彻执行，特种设备检测机构最好将所有的管理体系整合成为一个管理体系，有机融合多体系管理要求，实施多体系同步策划。以下阐述多体系策划的优点及其方法和技巧。

一、多体系策划的优点

1. 统一管理

将多个质量管理体系整合成一个统一的管理体系，可以实现对质量管理活动的统一规划、组织和控制。这有助于减少冗余和重复工作，提高管理效率。

2. 简化流程

多体系策划可以优化和简化不同体系的流程，消除重复和冲突的要求。这有助于简化工作流程，增强人员操作的一致性。

3. 资源共享

整合不同质量管理体系后，可以更好地整合和利用资源。例如，在人力资源的合理配置和协作，设备和设施的共享利用，以及合并质量数据和信息处理等方面，都可以实现资源的最大化利用。

4. 提升综合能力

整合不同的质量管理体系，可以实现职能和能力的互补。通过多体系策划，不同体系的专业知识和经验可以共享，以提升特种设备检测机构的综合能力和竞争力。

5. 简化认证与评定过程

整合后的管理体系可以统一认证与评定过程，减少审核的频率和复杂性。这也可以简化监管部门的审核工作，提高审核效率和强化资源利用。

6. 统一标准与指导

通过整合不同的质量管理体系，可以建立统一的标准与指导文件，对质量管理进行一致的规范和指导。这有助于提高特种设备检测机构内部的一致性和互操作性，减少管理风险和质量问题。

二、多体系策划的方法和技巧

整合质量管理体系并非一蹴而就的过程，它需要进行详细的计划和协调，并确保各个体系之间的兼容性和一致性。此外，也需要考虑各体系的特殊要求和业务特点，以确保整合后的管理体系能够真正适应特种设备检测机构的需求和目标。本章中已将单一体系的策划依据、目标、步骤、路径、输出等做了详细阐述。那么，对于多体系而言，策划的方法就是在逐个梳理的基础上找出基本项和相同项，进而实现同步融合。

无论有多少个管理体系，特种设备检测机构的质量方针、质量目标、服务过程、过程识别、组织结构及职责等是一样的。在将各体系相关的法律、法规、标准要求融会贯通的基础上，识别出特色要求并将其落实到“系统策划”内，融合到相应要素或独立要素中，就可以形成符合各体系相关法律法规、标准要求的统一管理体系。一般，多体系的策划技巧体现在：质量手册的融合，在依据中增加相应的建立依据，要素描述要涵盖不同的体系要求，在手册附件中增加“多体系要素对照表”；程序文件的融合，在数量和内容上要同时满足各体系相关法规、标准的要求；作业指导书和记录表格的融合，要具体适应不同体系所覆盖的范围。

在多体系策划时，应当对每个体系的建立依据进行详细研学，必要时进行多体系要素对照表（见表 2–4），可详细比较不同体系要求的异同。

表 2–4　多体系要素对照

<table>
<tr><th>《特种设备检测机构核准规则》</th><th>检测和校准实验室能力的通用要求（GB/T 27025—2019/ISO/IEC 17025：2017）</th><th>《检验检测机构资质认定能力评价　检验检测机构通用要求》（RB/T 214—2017）</th><th>《合格评定　各类检验机构的运作要求》（GB/T 27020—2016/ISO/IEC 17020：2012）</th></tr>
<tr><td rowspan="3">D1　基本要求</td><td>1　范围</td><td>1　范围</td><td>1　范围</td></tr>
<tr><td>2　规范性引用文件</td><td>2　规范性引用文件</td><td>2　规范性引用文件</td></tr>
<tr><td>3　术语和定义</td><td>3　术语和定义</td><td>3　术语和定义</td></tr>
<tr><td>D2　质量管理体系</td><td>8　管理体系要求</td><td>4.5　管理体系</td><td>8　管理体系要求</td></tr>
<tr><td>D2.1　一般要求</td><td rowspan="4">8.1　方式
8.1　方式（应用要求）
8.2　管理体系文件（方式A）</td><td rowspan="4">4.5.1　总则</td><td rowspan="4">8.1　方式
8.2　管理体系文件（方式A）</td></tr>
<tr><td>D2.2　质量手册</td></tr>
<tr><td>D2.3　程序文件</td></tr>
<tr><td>D2.4　作业指导书</td></tr>
<tr><td>D2.5　文件控制</td><td>8.3　管理体系文件的控制（方式A）</td><td>4.5.3　文件控制</td><td>8.3　文件控制（方式A）</td></tr>
<tr><td>D2.6　记录和信息控制</td><td>7.5　技术记录
7.11　数据控制和信息管理
7.11　数据控制和信息管理（应用要求）
8.4　记录控制（方式A）
8.4　记录控制（方式A）（应用要求）</td><td>4.5.11　记录控制
4.5.16　数据信息管理
4.5.27　记录和保存</td><td>6.2.13
7.3　检测记录
8.4　记录控制（方式A）</td></tr>
</table>

续表

<table>
<tr><th>《特种设备检测机构核准规则》</th><th>检测和校准实验室能力的通用要求（GB/T 27025—2019/ISO/IEC 17025：2017）</th><th>《检验检测机构资质认定能力评价　检验检测机构通用要求》（RB/T 214—2017）</th><th>《合格评定　各类检验机构的运作要求》（GB/T 27020—2016/ISO/IEC 17020：2012）</th></tr>
<tr><td>D3　管理职责</td><td>—</td><td>—</td><td>—</td></tr>
<tr><td>D3.1　质量方针</td><td>8.2.1</td><td>4.5.2　方针目标</td><td>8.2.1</td></tr>
<tr><td>D3.2　质量目标</td><td>8.2.1</td><td>4.5.2　方针目标</td><td>8.2.1</td></tr>
<tr><td>D3.3　组织结构及职责</td><td>5　结构要求
5　结构要求（应用要求）</td><td>4.1　机构
4.1.1
4.1.2</td><td>5　结构要求
5.1　行政管理要求（应用说明）</td></tr>
<tr><td>D3.3（1）技术负责人</td><td>5.2（应用要求）</td><td rowspan="2">4.2.3</td><td>5.2.5　技术经理
5.2.6　技术经理代理人
6.1.3</td></tr>
<tr><td>D3.3（2）质量负责人</td><td>—</td><td>6.1.3</td></tr>
<tr><td>D3.3（3）检测责任师</td><td>6.2.6　授权人员
6.2.2（应用要求）</td><td>—</td><td>6.1.3</td></tr>
<tr><td>D3.4　管理评审</td><td>8.9　管理评审（方式A）
8.9　管理评审（方式A）（应用要求）</td><td>4.5.13　管理评审</td><td>8.5　管理评审（方式A）</td></tr>
<tr><td rowspan="2">D4　资源管理</td><td>6　资源要求</td><td>—</td><td rowspan="2">6　资源要求</td></tr>
<tr><td>6.1　总则</td><td>—</td></tr>
<tr><td>D4.1　人员管理</td><td>6.2　人员
6.2　人员（应用要求）</td><td>4.2　人员</td><td>6.1　人员
6.2（应用说明）</td></tr>
<tr><td>D4.2　检测设备管理</td><td>6.4　设备
6.4　设备（应用要求）
6.5　计量溯源性</td><td>4.4　设备设施</td><td>6.2　设施与设备</td></tr>
</table>

续表

《特种设备检测机构核准规则》	检测和校准实验室能力的通用要求（GB/T 27025—2019/ISO/IEC 17025：2017）	《检验检测机构资质认定能力评价　检验检测机构通用要求》（RB/T 214—2017）	《合格评定　各类检验机构的运作要求》（GB/T 27020—2016/ISO/IEC 17020：2012）
D4.3　设施和环境条件控制	6.3　设施和环境条件 6.3　设施和环境条件（应用要求）	4.3　场所环境	—
D5　检测实施	—	—	—
D5.1　合同控制	7.1　要求、标书和合同的评审 7.1　要求、标书和合同的评审（应用要求）	4.5.4　合同评审	7.1.5
D5.2　工作指令控制	—	—	—
D5.3　检测过程控制	—	—	7.1　检测方法和程序 7.1.1（应用说明）
D5.4　检测方法控制	7.2　方法的选择、验证和确认 7.2　方法的选择、验证和确认（应用要求）	4.5.14　方法的选择、验证和确认	7.1　检测方法和程序
D5.5　服务和供应品控制	6.6　外部提供的产品和服务	4.5.5　分包	6.3　分包 6.3.1（应用说明）
D5.6　抽样及样品控制	7.3　抽样 7.3　抽样（应用要求） 7.4　检测或校准物品的处置 7.4　检测或校准物品的处置（应用要求）	4.5.17　抽样 4.5.18　样品处置	7.2　检验项目和样品的处置

续表

《特种设备检测机构核准规则》	检测和校准实验室能力的通用要求（GB/T 27025—2019/ISO/IEC 17025：2017）	《检验检测机构资质认定能力评价　检验检测机构通用要求》（RB/T 214—2017）	《合格评定　各类检验机构的运作要求》（GB/T 27020—2016/ISO/IEC 17020：2012）
D5.7　检测工作安全控制	—	—	7.1.9
D5.8　检测报告控制	7.8　报告结果 7.8　报告结果（应用要求）	4.5.20　结果报告	7.4　检验报告和检验证书
D5.9　检测质量监督控制	7.7　确保结果的有效性 7.7　确保结果的有效性（应用要求）	4.5.19　结果有效性	6.1.8　（应用说明） 6.1.9
D6　分析与改进	8.6　改进（方式 A）	4.5.10　纠正措施、应对风险和机遇的措施和改进	—
D6.1　内部审核控制	8.8　内部审核（方式 A） 8.8　内部审核（方式 A）（应用要求）	4.5.12　内部审核	8.6　内部审核（方式 A）
D6.2　不符合控制	7.10　不符合工作 7.10　不符合工作（应用要求）	4.5.9　不符合工作控制	8.7　纠正措施（方式 A）
D6.3　纠正措施控制	8.7　纠正措施（方式 A） 8.7　纠正措施（方式 A）（应用要求）	4.5.10　纠正措施、应对风险和机遇的措施和改进	8.7　纠正措施（方式 A）
D6.4　预防措施控制	8.5　应对风险和机遇的措施（方式 A）		8.8　预防措施（方式 A）
D6.5　投诉控制	7.9　投诉 7.9　投诉（应用要求）	4.5.8　投诉	7.5　投诉和申诉 7.6　投诉和申诉过程
D6.6　数据统计分析控制	7.11　数据控制和信息管理	4.5.16　数据信息管理	6.1.3

续表

《特种设备检测机构核准规则》	检测和校准实验室能力的通用要求（GB/T 27025—2019/ISO/IEC 17025：2017）	《检验检测机构资质认定能力评价　检验检测机构通用要求》（RB/T 214—2017）	《合格评定　各类检验机构的运作要求》（GB/T 27020—2016/ISO/IEC 17020：2012）
D7　与政府、行业和客户关系	—	4.5.7　服务客户	—
D7.1　接受政府监督管理	5.4	—	5.1　行政管理要求
D7.2　客观、公正和保密	4.1　公正性 4.2　保密性	4.1.4　公正和诚信 4.1.5　保护客户秘密和所有权	4.1　公正性和独立性 4.1.6 4.2　保密性 附录 A
D7.3　行业自律	—	—	—
D7.4　能力评价与验证	6.2.5	4.2.7	5.2.2（应用说明）

当然，多体系融合还必须满足相应评审机构、审核机构的要求。当外部机构的任何一方有独立要求时，特种设备检测机构的策划可在质量手册的基础上，在第二层次文件（程序文件）和第三层次文件（作业指导书），尤其是第四层次文件（记录表格）上多下功夫，保持其一致性。质量手册的独立具有相对性，尤其是组织结构和职责设计部分要相对统一，这对体系的实施会提供诸多便利，进而提高体系运行效能，满足特种设备检测机构管理的经济性需求。

第三章　文件控制

本章重点阐述特种设备检测机构（以下简称检测机构）对质量管理体系的文件控制要求，通过对《特种设备检测机构核准规则》附件 D 第 D2.5 条的相关专业术语进行解释，识别文件编制（含更改）与审批、文件评审、文件发放、文件使用管理、作废文件管理、外来文件管理 6 个过程，并对各过程中所涉及的质量控制环节和质量控制点逐一进行识别和分析，提出控制要求。本章通过典型案例，剖析文件控制中各质量控制环节与质量控制点常见的问题与不足，并为文件控制程序的建立提供指引。

第一节　规则简析

一、规则原文

D2.5　文件控制

应当建立和实施文件控制程序，并且达到以下要求：

（1）明确受控文件的类别；

（2）对文件的编制和审批进行控制；

（3）明确文件的标识要求，对文件进行唯一性标识；

（4）明确文件的发放范围，对发放过程进行控制，确保在检测机构的运作中有重要作用的使用场所，都能够得到相关文件的有效版本；

（5）明确文件归档和保管；

（6）定期和不定期地对文件进行评审；

（7）对文件更改进行控制；

（8）明确作废文件的管理、控制和处置方式，及时从使用场所撤出作废的文件；

（9）明确外来文件收集、标识、发放、保管、回收的规定。

文件可以任何形式的媒介呈现。

二、术语

1. 文件标识

文件标识是用于识别质量管理体系文件特征而给予的记号，通常包括唯一性标识、版本及修改状态标识、受控状态标识、发放标识（发放号或序列号）、作废（含失效留用）标识等。

2. 唯一性标识

唯一性标识是用于区别质量管理体系文件的类别、层次、顺序而设置的本文件独有的记号，通常称为文件编号。

3. 版本及修订状态标识

版本及修订状态标识是用于表明质量管理体系文件版本及修订次数的记号。通常为避免造成使用混乱，全套质量管理体系文件保持一个版本号，修订次数为修订文件的修订次数序列号。通常将版本号与修订次数记号组合使用。

4. 受控状态标识

受控状态标识是用于表明质量管理体系文件是否需要持续受到控制的记号，一般用“受控”或“非受控”表示。通常将受控标识与发放标识组合起来共同构成文件的实际受控状态标识。

5. 发放标识（发放号或序列号）

发放标识（发放号或序列号）是用于表明质量管理体系文件为某场所、人员、岗位所持有或者标明发放序列的记号。

6. 作废文件

作废文件是因失效而废弃的质量管理体系文件。

7. 作废（含失效留用）标识

作废（含失效留用）标识是用于表明质量管理体系文件已作废的记号，通常用“作废”或“作废文件”表示。对于有可能使用的非现行有效技术规范或标准，一般标识为“失效留用”。

8. 文件评审

文件评审是为评议和审查质量管理体系文件的符合性、适宜性、充分性、一致性和有效性，检视质量管理体系文件满足规定和要求的程度而开展的对质量管理体系文件的客观评价，并提出文件更改建议或结论的质量活动。文件评审通常分为定期评审和不定期评审。

9. 文件更改

文件更改是对已有质量管理体系文件的改变方式，通常包括文件勘误、修订、删除、增补、改版等。

10. 外来文件

外来文件指来自检测机构以外的法律、法规、规章、安全技术规范及相关标准、政府文函等，被本机构作为建立质量管理体系的依据，用来规范和指导质量管理活动和技术活动。

三、条文简析

1. 条文主题

条文规定检测机构应当建立和实施文件控制程序，并且明确了质量管理体系文件的控制要求。

2. 控制目的

对质量管理体系文件的编制（含更改）与审批、文件评审、文件发放、文件使用管理、作废文件管理、外来文件管理等过程进行控制，确保质量管理体系文件的符合性、适宜性、充分性、一致性和有效性。

3. 控制范围

条文明确了检测机构应当持续受控的文件类别以及具体控制要求。检测机构应当纳入控制范围的文件通常包括内部质量管理体系文件和外来文件。

4. 过程识别和控制环节

根据《特种设备检测机构核准规则》附件 D 第 D2.5 条的要求，检测机构应当建立和实施文件控制程序。文件控制所涉及的过程通常包括文件编制（含更改）与审批、文件评审、文件发放、文件使用管理、作废文件管理、外来文件管理 6 个过程，以及文件分类、媒介呈现的要求。检测机构可以根据机构自身实际情况及质量管理的需要（如实现电子化、信息化管理）组合成更多或更少的过程。

（1）文件编制（含更改）与审批。当质量与技术活动的开展需要制定质量管理体系的某一文件或对现有质量管理体系文件进行更改时，应当对文件的编制（含更改）与审批过程予以控制，以确保质量管理体系文件适宜、充分和有效。在文件控制程序建立时，应当对文件的编制（含更改）时机、编制（含更改）策划、编制（含更改）实施、编制（含更改）输出、文件标识、文件发布等作出充分描述。

（2）文件评审。内部质量管理体系文件在使用过程中，可能因内外部环境的变化而在符合性、适宜性、充分性、一致性和有效性方面存在欠缺或不足。检测机构应当定期或不定期地对质量管理体系文件进行评审，确保质量管理体系文件是适宜、充分和有效的。在文件控制程序建立时，应当对文件评审职责、评审分类、评审时机、评审计划、评审组织实施、评审输出等作出充分描述。

（3）文件发放。检测机构应当识别新编制（含更改）的质量管理体系文件的发放范围，并采取切实可行的发放途径，确保所有的使用场所、人员、岗位均能得到现行有效的质量管理体系文件。质量管理体系文件应当得到妥善保管并归档。在文件控制程序建立时，应当对文件发放方式、发放范围、发放与发放记录等作出明确规定。

（4）文件使用管理。对质量管理体系文件的借用、复制、更换、打印进行控制，确保质量管理体系文件不被误用。在文件控制程序建立时，应当明确规定每一种使用方式的过程控制和申请、审批流程。

（5）作废文件管理。为防止非预期地使用作废文件，应当对作废文件进行控制，及时识别、回收和处置作废文件。在文件控制程序建立时，应当对文件作废时机、回收方式方法、回收实施、作废文件处置（作废标识、作废留存、作废销毁登记审批）、受控文件台账更新与公示等的职责、过程与目的等作出明确规定。

（6）外来文件管理。对检测机构质量管理有影响的外来文件，应当及时得到识别和收集并在检测机构内执行。在文件控制程序建立时，应当对外来文件识别、收集、受控申请、文件标识、外来文件清单更新、文件存档、发放申请、文件发放等作出明确规定。

5. 职责分配

通常情况下，质量管理体系文件控制职责分配如下：

（1）机构负责人（如总经理）负责策划和制定质量方针、质量目标；

（2）机构法定代表人或其授权机构负责人（当法定代表人不是机构负责人时）批准质量方针、质量目标、质量手册、管理制度；

（3）质量负责人负责组织策划质量管理体系文件的编制（含更改），审核质量手册、管理制度，批准程序文件；

（4）技术负责人负责组织作业指导书的编制与评审，并负责作业指导书的批准工作；

（5）各检测责任师负责组织编制并审核作业指导书（作业指导书的编制与更改应当由相应持证人员执行）；

（6）质量管理体系文件的管理应当有归口管理部门，通常由技术质量部负责管理。

检测机构因规模、管理模式、岗位、职责、权限设置的不同，质量管理体系文件的管理存在差异性。

第二节　文件编制（含更改）与审批

一、质量控制目的

对质量管理体系文件编制（含更改）与审批过程进行质量控制，确保编制（含更改）出来的质量管理体系文件是适宜、充分和有效的。

二、质量控制环节与质量控制点

文件编制（含更改）与审批作为文件控制的一个过程，涉及的质量控制环节通常包括文件的编制（含更改）时机、编制（含更改）策划、编制（含更改）实施、编制（含更改）输出、文件标识、文件发布、受控文件清单等。文件编制（含更改）与审批质量控制环节与质量控制点见表 3–1。

表 3–1　文件编制（含更改）与审批质量控制环节与质量控制点

控制环节		控制点		控制要求		
序号	名称	序号	名称	主要控制内容	工作见证	责任部门 / 岗位
1	编制（含更改）时机	（1）	编制（含更改）时机	文件编制需要以及质量管理体系文件评审结论等	—	技术质量部
2	编制（含更改）策划	（2）	策划要求	编制（含更改）范围、依据，参与编制（含更改）人员要求，编制（含更改）期限等	编制（含更改）计划	技术质量部 / 质量负责人
		（3）	编制（含更改）计划	计划内容，计划的编制、审核、批准	编制（含更改）计划	技术质量部 / 质量负责人
3	编制（含更改）实施	（4）	编制（含更改）准备	编制（含更改）准备、编制（含更改）过程、编制（含更改）文件形成	—	技术质量部 / 编制（含更改）负责人
4	编制（含更改）输出	（5）	编制（含更改）文件审批	输出编制（含更改）文件及过程记录、编制（含更改）文件审核和批准	修订前后文件、审批记录	技术质量部 / 质量负责人

续表

控制环节		控制点		控制要求		
序号	名称	序号	名称	主要控制内容	工作见证	责任部门 / 岗位
5	文件标识	（6）	唯一性标识	按标识规定进行标识	修订前后文件	技术质量部
		（7）	版本标识	按标识规定进行标识	修订前后文件	技术质量部
		（8）	修改状态标识	按标识规定进行标识	修订前后文件	技术质量部
6	文件发布	（9）	文件发布	正式发布通知、文件内容发布	发布文件	技术质量部
7	受控文件清单	（10）	更新受控文件清单	更新受控文件清单，对更新文件实施受控	受控文件清单	技术质量部

1. 文件的编制与更改总要求

内部质量管理体系文件的编制及更改必须同时满足以下要求：

（1）形成的文件应具有符合性。符合性主要是针对相关规范与标准而言的，即建立的文件内容应当符合与之相关的法律、法规、规章、安全技术规范及标准要求。

（2）形成的文件应具有适宜性。适宜性主要是针对组织与环境特点而言的，即建立的文件内容应当适用于本检测机构的组织结构、管理模式与环境特点。

（3）形成的文件应具有充分性。充分性主要是针对覆盖与识别程度而言的，即建立的文件应当识别该管理要素的所有过程、环节与控制点，管理要求覆盖所有细节。

（4）形成的文件应具有一致性。一致性主要是针对文件层次而言的，即不同层次文件的管理要求应当一致。

（5）形成的文件应具有有效性。有效性主要是针对预期目标与结果而言的，即建立的文件应当能正确指导质量活动的开展，预防不符合的产生，使实施结果为预期目标。

2. 文件编制（含更改）时机

通常，文件归口管理部门（通常为技术质量部，下同）负责识别内部质量管理体系文件编制（含更改）的时机。当发生以下情况时，应当启动质量管理体系文件编制

（含更改）工作：

（1）质量策划需要增补文件的；

（2）文件评审结论为需要实施文件更改的；

（3）检测机构其他管理体系需要同步协调的。

3. 文件编制（含更改）策划

（1）策划要求。技术质量部应依据质量管理要求和文件评审结论或其他文件更改建议，对质量管理体系文件的编制（含更改）活动进行策划，策划应满足如下要求：

1）编制（含更改）的质量管理体系文件，以及可能涉及的其他管理体系文件，应当识别明确、全面；

2）编制（含更改）依据应当是充分、必要、明确的，即启动文件编制（含更改）工作时是为满足质量管理需要以及经过文件评审的；

3）编制（含更改）人员的能力能够满足文件编制（含更改）工作的需要，作业指导书编制（含更改）人员的资格应当符合检测相关安全技术规范的规定，必要时人员还应当接受相应的培训和学习；

4）编制（含更改）目的或需要解决的问题应当清晰和明确，如解决不适宜的问题、补漏洞问题等；

5）编制（含更改）时限应当明确，包括计划完成时限、拟颁布实施时限等。

（2）制订编制（含更改）计划。技术质量部应当制订文件编制（含更改）工作计划，计划内容至少包括：

1）需要编制（含更改）的质量管理体系文件；

2）可能影响或与之相关的质量管理体系文件；

3）启动文件编制（含更改）的原因；

4）文件编制（含更改）负责人、参与人；

5）需要解决的问题、达到的目的；

6）时限安排；

7）审批要求等。

（3）编制（含更改）活动审批。文件编制（含更改）活动应当得到审批。技术质量部相关责任人员应当填写文件编制（含更改）计划表，并经检测机构任命的相关岗位责任人员审核和批准后方可开展活动。文件编制（含更改）计划表通常由技术质量部负责人审核，质量负责人批准。当体系文件换版时，该表一般由质量负责人审核，机构负责人批准。

4. 文件编制（含更改）实施

文件编制（含更改）工作一般由技术质量部组织，并明确编制（含更改）负责人。编制（含更改）负责人具体牵头实施，根据文件编制（含更改）计划要求开展文件编制（含更改）工作。

（1）文件编制（含更改）准备。技术质量部应当收集如下资料和信息并提供给文件编制（含更改）负责人：

1）文件建立需求指令或管理评审输出；

2）文件评审输出；

3）可能引起质量管理体系文件变化的内外部环境变更信息（如外部法规、环境、质量方针、质量目标、组织结构、岗位职责的变化等）；

4）质量管理体系文件中原来存在的不符合要求；

5）质量管理体系文件的不适宜可能导致的不符合事实；

6）涉及的和相关联的质量管理体系文件；

7）文件编制（含更改）所依据的相关法律、法规、规章、安全技术规范及标准等。

（2）文件编制（含更改）应达到的目的。编制（含更改）内容应当满足以下要求：

1）法律、法规、规章、安全技术规范和标准的要求已经得到体现和落实；

2）组织结构或内部要求的变化已经得到体现和落实；

3）不符合的要求已得到更正；

4）已发现的不适宜已得到改进；

5）其他引起文件变化的因素已经得到体现和落实等。

5. 文件编制（含更改）输出

文件编制（含更改）工作结束后，文件编制负责人应当将编制（含更改）的文件及有关资料提交给技术质量部。技术质量部应当填写文件编制（含更改）审批单，提交有关岗位责任人员进行审批。

文件编制（含更改）审批记录内容至少包括编制（含更改）文件类别、原文件名称、原文件编号、新文件名称、新文件编号、主要编制（含更改）依据、编制（含更改）情况说明、审核和批准意见等。

6. 文件标识

检测机构应当制定质量管理体系文件标识的规定，并对编制（含更改）的文件进行标识。质量管理体系文件的标识通常包括唯一性标识（或称为“文件编号”）、版本标识、修订状态标识。

（1）文件的唯一性标识。为了区分内部质量管理体系文件而对每个文件设置一个特定的文件编号。文件编号通常由单位名称代号、文件类别代号（如手册为SC、程序文件为CX）、文件所处层次代号、文件的顺序代号以及形成文件的年代号组成，有的在文件编号中加入文件的版本标识和修订状态标识。检测机构在建立文件控制程序时应当明确规定本机构内部质量管理体系文件的文件编号组成规则。

编制（含更改）文件应当按照质量管理体系文件编号规则给予文件编号。编号的基本原则有以下几项：

1）对于新制订的文件（含文件换版），按照文件编号规则，给予新的文件编号；

2）对于修订的文件，原有的文件编号原则上不变；

3）当文件编号规则规定的文件编号为版本标识和修订状态标识组合使用时，按照文件更改形式将版本标识和修订状态标识一并更改。

（2）文件的版本标识。为了避免不同版本的内部质量管理体系文件使用混乱，应给予每个版本文件一个特定的标识代号。文件版本标识通常用英文字母A、B、C、D……表示（如A为第一版，B为第二版，以此类推）。

编制（含更改）文件版本标识的编号基本原则有以下几项：

1）若文件换版，新文件版本号为原文件的下一级号；

2）对于增补的新文件和修订的文件，版本号不变；

3）通常，编制（含更改）的文件应与现行的其他管理体系文件保持同一版本号。

（3）文件的修订状态标识。为了对文件修订实施控制，避免造成使用混乱，应对文件的修订次数予以标识。文件修订状态标识为修订次数，通常用阿拉伯数字0、1、2、3……表示（如新建立的文件或换版后未修订为0，修订一次为1，以此类推）。

7. 文件发布

应当明确质量管理体系文件在检测机构内部发布的方式，文件编制（含更改）的信息应以内部文件的形式发布，确保文件执行人员获取文件变更信息。在文件控制程序中应当包括“文件发布或执行记录”文件，内容至少包括文件名称、文件编号、开始实施的日期、执行要求等。

文件发布后通常由技术质量部组织文件的适用人员进行培训学习，培训应该执行人员控制程序。

8. 受控文件清单

编制（含更改）的质量管理体系文件正式实施后，文件归口管理部门应当及时更新受控文件清单，确保受控文件清单和实际发布实施的质量管理体系文件一致。更新的受控文件清单应当在检测机构内部公示。

三、案例与分析

案例 3–1（注：本案例为节选的某检测机构质量管理体系文件制定（修订）计划表的内容）

质量管理体系文件编制、更改审批记录

文件编号：WSJC/A–CXJ–02A　　　　记录编号：02A–2022–003

原文件		变更后文件	
—	—	TOFD 检测工艺规程	WJC/B–TOFD–001
—	—	—	—

文件编制、变更（改版□、修订□、增补☑、删除□）原因：
本公司增项核准需要。

文件变更提出部门：检测部　　负责人：张珊　　日期：2022 年 11 月 2 日

文件编制、变更依据：
检测标准。
文件编制、变更组织负责人：张珊　　日期：2022 年 11 月 2 日

技术质量部（文件归口管理部门）意见：
同意增补作业文件。
技术质量部负责人：张珊　　日期：2022 年 11 月 2 日

文件编制、变更情况说明：
按照检测标准编制完成。
编制人员：张珊　李师　　日期：2022 年 11 月 2 日

文件审核意见：
同意。
审核人：李师　　日期：2022 年 11 月 2 日

文件批准意见：
同意。
批准人：李师　　日期：2022 年 11 月 2 日

剖析：

● 该记录全部签署日期为同一天。不可信，从 TOFD 检测作业指导书申请增补到实施编制和审批，1 天时间不可能完成。

●“文件编制、变更依据”描述不具体。应当具体到 TOFD 检测所涉及的检测标准与规范，以及本公司对检测要求的相关文件。

●“技术质量部（文件归口管理部门）”意见不应当由检测部负责人“张珊”签署。

●“文件审核意见”缺少具体审核信息。审核意见通常应该对增补完成的文件作出是否符合要求的评价，并对文件的发布实施提出建议。

●“文件批准意见”缺少具体审核信息。批准意见通常应该对增补完成的文件是否可以发布实施作出决定。

● 该记录的审批、批准为同一人，不符合质量管理体系文件的审批原则。通常，作业指导书由检测责任师审核，技术负责人批准。

第三节 文件评审

一、质量控制目的

文件评审质量控制目的是通过对内部质量管理体系文件的评审，保证文件的符合性、适宜性、充分性、一致性和有效性。

二、质量控制环节与质量控制点

文件评审作为文件控制中的一个重要过程，涉及的质量控制环节通常包括文件的评审分类、评审策划（计划）、评审组织实施、评审输出等。文件评审质量控制环节与质量控制点见表 3-2。

表 3-2 文件评审质量控制环节与质量控制点

<table>
<tr><th colspan="2">控制环节</th><th colspan="2">控制点</th><th colspan="3">控制要求</th></tr>
<tr><th>序号</th><th>名称</th><th>序号</th><th>名称</th><th>主要控制内容</th><th>工作见证</th><th>责任部门 / 岗位</th></tr>
<tr><td rowspan="2">1</td><td rowspan="2">评审分类</td><td>（1）</td><td>定期评审</td><td>评审周期、评审内容、评审意见</td><td>—</td><td>技术质量部 / 质量负责人</td></tr>
<tr><td>（2）</td><td>不定期评审</td><td>评审时机、评审内容、评审意见</td><td>—</td><td>技术质量部 / 质量负责人</td></tr>
<tr><td rowspan="3">2</td><td rowspan="3">评审策划（计划）</td><td>（3）</td><td>定期评审策划</td><td>评审范围、评审方法、评审负责人、评审人员</td><td>评审策划</td><td>技术质量部 / 质量负责人</td></tr>
<tr><td>（4）</td><td>定期评审计划</td><td>评审计划、评审计划内容、评审计划审批程序</td><td>评审计划</td><td>技术质量部 / 质量负责人</td></tr>
<tr><td>（5）</td><td>不定期评审策划</td><td>识别触发需要及时评审的时机、不定期评审的必要性评估、评审范围及方法、评审负责人、评审人员</td><td>评审策划</td><td>技术质量部 / 质量负责人</td></tr>
</table>

续表

控制环节		控制点		控制要求		
序号	名称	序号	名称	主要控制内容	工作见证	责任部门 / 岗位
2	评审策划（计划）	（6）	不定期评审计划	评审计划、评审计划内容、评审计划审批程序	评审计划	技术质量部 / 质量负责人
3	评审组织实施	（7）	评审组织	评审组织职责、落实组织职责	评审记录	技术质量部 / 评审负责人
		（8）	评审准备	评审的文件、评审依据、评审输入	评审准备的见证材料	技术质量部 / 评审负责人
		（9）	评审记录	参与评审人员签到、评审记录	评审记录、评审人员签到表	评审负责人、参与评审人员
4	评审输出	（10）	文件评审记录或评审报告	记录或报告内容及结论、记录或报告的审批、记录或报告的发布	文件评审记录及报告	技术质量部 / 评审负责人

1. 评审分类

内部质量管理体系文件评审通常分为定期评审和不定期评审。

（1）定期评审。定期评审通常指质量管理体系正常运行情况下，检测机构按照一定的时间间隔，对内部质量管理体系文件进行系统、全面的审查、评议，并提出评价意见的过程。定期评审频次通常每年进行一次，一般在管理评审前进行。

（2）不定期评审。不定期评审是指检测机构因内部或外部环境条件的改变有可能影响机构内部质量管理体系文件符合性、适宜性、充分性、一致性和有效性时，适时组织有针对性的文件审查、评议活动，并提出评价意见的过程。通常发生以下情况之一的，应当启动不定期评审：

1）机构内部环境发生重大变化，如组织结构、岗位设置及职责、质量目标、质量方针等发生改变的；

2）质量管理体系建立的依据（有关法律、法规、规章、安全技术规范、标准等）以及其他外部要求发生显著变化的；

3）内部审核或质量监督考核时发现较严重或较多质量问题与不符合的；

4）质量管理体系运行反馈文件累积的不适宜较多，甚至影响质量活动和技术活动实施的。

2. 评审策划（计划）

（1）定期评审策划（计划）。

1）定期评审策划。定期评审策划通常由质量负责人组织技术质量部进行，策划一般包括以下内容：

①收集可能引起质量管理体系文件改变的事项信息；

②确定评审对象（涉及的质量管理体系文件）；

③明确评审人员（评审负责人、参与评审人员）与评审时间；

④明确评审要求（达到的目的、评审输出、评审方式）等。

2）定期评审计划。技术质量部应当根据评审策划的结果，制订文件定期评审计划，内容通常包括但不限于：

①评审范围（应当覆盖所有的质量管理体系文件）；

②可能引起文件变更或修订的事项（通常包括内部组织结构的变化情况，法律、法规、规章、安全技术规范、标准的变化情况，已发生的问题及不符合情况，积累的不适宜或需要修订的内容等）；

③评审人员（评审负责人、参与评审人员）及评审日程安排；

④评审输出要求（如针对每类文件的符合性、适宜性、充分性、一致性和有效性评价，需要变更或修订的文件及理由等）。

定期评审计划应当经过责任人员的审核和批准，一般由质量负责人审核，机构负责人批准。

（2）不定期评审策划（计划）。

1）不定期评审策划。检测机构的任何相应内部质量管理体系文件使用部门均可识别文件不定期评审的需要，并及时将识别信息通报给技术质量部，由技术质量部对评审时机进行评估和评价，确认需要启动文件不定期评审的，应当及时启动文件不定期评审活动。文件不定期评审策划通常包括以下内容：

①文件评审输入信息（可能引起质量管理体系文件变化的事项）；

②评审对象以及涉及的其他质量管理体系文件类别；

③评审人员（评审负责人、参与评审人员）与评审时间；

④评审要求（达到的目的、评审输出、评审方式）等。

2）不定期评审计划。技术质量部应当根据策划的结果，制定文件不定期评审计划，内容通常包括但不限于：

①评审范围（应当覆盖可能影响到的所有质量管理体系文件）；

②可能引起文件更改的事项（通常包括内部组织结构的重大变化情况，法律、法规、规章、安全技术规范、标准的变化情况，发生的问题及不符合，积累的不适宜或

需要修订的内容等）；

③评审人员（评审负责人、参与评审人员）及评审日程安排；

④评审输出要求（如针对每个文件的适宜性、充分性、有效性评价，需要变更或修订的文件及理由等）。

不定期评审计划应当经过责任人员的审核和批准，一般由文件归口管理部门负责人审核，质量负责人批准。

3. 评审组织实施

（1）评审组织。文件评审活动通常由技术质量部组织，评审负责人组织具体实施，根据评审策划和评审计划的要求，对可能影响质量管理体系文件变更的因素进行审查和评议。

（2）评审准备。

1）定期评审。技术质量部在评审前应当按照评审计划要求准备以下材料：

①整套内部质量管理体系文件；

②过去一年相关法律、法规、规章、安全技术规范和标准变更或修订内容；

③过去一年组织结构的变化材料；

④过去一年质量管理体系运行积累（来自质量活动记录）的不适宜或错误信息；

⑤过去一年质量分析及质量改进材料。

2）不定期评审。技术质量部在评审前应当按照评审计划要求准备以下材料：

①文件评审可能涉及的质量管理体系文件；

②质量管理体系运行积累（来自质量活动记录）的不适宜或错误信息；

③引起文件修订或变更的相关法律、法规、规章、安全技术规范和标准等文件；

④引起文件修订或变更的内部组织结构的变化情况。

⑤内部审核、外部审核及质量监督考核发现的严重不符合或质量管理体系运行系统性的不符合情况；

⑥相关方的日常反馈材料。

（3）评审记录。文件评审过程应当形成文件评审记录，内容至少包括评审方式、评审涉及的质量管理体系文件、引起文件变更或修订的因素描述、评审负责人、参与评审人员、评审时间、评审地点、针对每个评审涉及文件的评审结论性意见等。文件评审记录应当有审批意见。

4. 评审输出

文件评审应当形成文件化的文件评审输出报告。当文件评审记录中包含评审输出栏时，可以替代文件评审输出报告。文件评审输出内容至少包括针对每个质量管理体系文件的符合性、适宜性、充分性、一致性和有效性的评价以及是否需要变更。当评议需要变更的，应当说明变更理由、依据及有关任务要求等。

文件评审输出应当经过规定责任人员的审核和批准。

三、案例与分析

案例 3–2（注：本案例为节选的某检测机构文件控制程序中有关文件评审要求的内容）

4.6 文件评审

4.6.1 文件评审策划

本单位的文件评审分定期评审和不定期评审。文件评审由质量管理部归口管理，质量负责人组织实施。文件评审前由质量负责人组织评审策划，策划内容包括文件评审分类、文件评审输入信息、评审的质量管理体系文件范围、评审时间与地点、评审方式等。应明确评审负责人、参与评审人员，规定评审输出要求。文件评审的方式有会议评审和流转评审，评审方式由质量负责人确定。参与文件评审的人员至少包括文件编制、审核人员以及其他文件执行人员代表。

4.6.2 文件评审计划

策划完毕由质量管理部编制文件评审计划，文件评审计划至少包括评审对象、评审目的、评审理由、评审负责人、参与评审人员、评审时间、评审日程安排、评审输出要求等。文件评审计划由质量负责人审核，总经理批准。

4.6.3 定期评审

本公司在质量管理体系正常运行情况下，每年至少进行 1 次文件评审，无特殊情况时文件定期评审时间必须在管理评审前。

4.6.4 不定期评审

当发生下列情况之一时，应当及时进行文件评审：

1）质量方针和质量目标未实现，需要调整时；

2）组织结构或管理职责有重大变化时；

3）与无损检测有关的外来文件有较大变动时；

4）在内外部各项质量监督活动中发现有较大管理、质量问题时；

5）积累较多质量运行不符合及质量管理体系执行不适宜反馈时。

4.6.5 文件评审组织实施

由质量负责人主持评审会议，会议要求执行公司会议管理制度。质量管理部向参加评审人员发放需要评审的质量管理体系文件、内外部环境变化的具体信息文件（不定期评审）、评审记录。

各评审人员逐一对原文件内容进行阅读与评价、提交意见，会议共同审议。评审应对原文件的继续使用、修订、换版、作废作出评审决议，并对评议情况进行记录，填写质量管理体系文件评审记录。质量管理体系文件评审记录内容至少包括但不限于评审人员、评审时间、评审地点、评审内容纪要、评审结论。

4.6.6　评审结果输出

根据文件评审记录内容，由质量管理部编制文件评审报告，文件评审报告内容至少包括但不限于评审过程描述、评审结论、文件更改形式、文件更改要求。

评审资料归档执行档案管理程序的规定。

剖析：

- 明确了文件评审的分类与评审时机。
- 明确了文件评审职责与程序。
- 对文件评审的策划、计划、组织实施要求基本明确。
- 规定的评审输入、评审输出内容较为具体。

案例 3–3（注：本案例为节选的某检测机构质量管理体系文件评审记录的内容）

质量管理体系文件评审记录

文件编号：WSJC/A–CXJ–02B　　　　记录编号：02B–2018–001

<table>
<tr><th>组织部门</th><th>技术质量部</th><th>相关部门</th><th>检测部</th></tr>
<tr><td>评审类别</td><td>□定期评审　☑不定期评审</td><td>评审文件名称</td><td>射线检测规范</td></tr>
<tr><td colspan="4">评审信息输入：
《承压设备无损检测　第 2 部分：射线检测》第 1 号修改单。
评审组织负责人：张珊　　　　日期：2018 年 12 月 1 日</td></tr>
<tr><td colspan="4">评审决议：
存在不符合标准的地方有多处。
参加人员：张珊　李四　王五　　　　日期：2018 年 12 月 1 日</td></tr>
<tr><td colspan="4">文件归口管理部门意见：
同意。
部门负责人：张珊　　　　日期：2018 年 12 月 1 日</td></tr>
<tr><td colspan="4">审核意见：
同意。
审核人：（检测责任师）　　　　日期：2018 年 12 月 1 日</td></tr>
<tr><td colspan="4">批准意见：
同意。
批准人：（技术负责人）　　　　日期：2018 年 12 月 1 日</td></tr>
</table>

剖析：

- 文件评审时间不符合要求。《承压设备无损检测　第 2 部分：射线检测》第 1

号修改单是 2018 年 7 月 1 日起实施的，对相关作业指导书《射线检测规范》的评审应当在修改单实施前完成，并留有作业指导书的修订时间。

- “评审决议”描述内容不齐全。评审决议至少应当包括对被评审文件的符合性、适宜性、充分性、一致性和有效性作出评价，并提出是否需要变更。
- “文件归口管理部门意见”不具体，意见通常应当对评审决议作出判断，并提出文件变更具体要求。

第四节　文件发放

一、质量控制目的

为确保质量管理体系文件的使用场所、岗位和人员均能获得相应文件的有效版本，检测机构应当对文件的发放过程进行控制，同时为文件追溯控制提供对象信息。

二、质量控制环节与质量控制点

文件发放作为文件控制的一个过程，涉及的质量控制环节通常包括文件的发放方式、发放范围、发放实施等。文件发放质量控制环节与质量控制点见表 3–3。

表 3–3　文件发放质量控制环节与质量控制点

控制环节		控制点		控制要求		
序号	名称	序号	名称	主要控制内容	工作见证	责任部门 / 岗位
1	发放方式	（1）	纸质方式发放	根据实际条件，确定可行发放方式	—	技术质量部
		（2）	电子方式发放	根据实际条件，确定可行发放方式	—	技术质量部
2	发放范围	（3）	发放范围确定原则	发放范围确定原则（与发放方式相适应）	编制（含更改）计划	技术质量部
		（4）	发放计划	发放范围、方式，计划确认	发放计划	技术质量部
3	发放实施	（5）	纸质方式发放	发放范围、受控标识、发放标识、发放记录	发放记录	技术质量部
		（6）	电子方式发放	文件格式转换、发放途径、受控标识、发放记录	发放记录	技术质量部

1. 发放方式

检测机构应当根据自身实际情况确定质量管理体系文件的发放方式，制定与之相适应的发放要求，并在本机构建立的文件控制程序中予以明确。文件发放方式通常包括纸质方式发放和电子方式发放。

（1）纸质方式发放。纸质方式发放是将机构正式发布的内部质量管理体系文件印刷成纸质版本，按照规定的程序和要求，发放至规定场所、岗位和人员。纸质文件发放应当确保相关场所、岗位和人员能够获得相应文件的有效版本。

（2）电子方式发放。电子方式发放是将机构正式发布的内部质量管理体系文件的电子版，按照规定的程序和要求，通过内部信息化管理平台发放至规定场所、岗位和人员。采取电子方式发放的，除非有特别要求，一般不会对质量管理体系文件的发放范围进行准确的识别，通常发放范围均为全体员工。检测机构的员工均可以通过内部信息化管理平台查阅和使用质量管理体系文件，只需要对查阅和使用方法予以控制。

2. 发放范围

技术质量部应根据质量管理体系文件的类别、对质量管理过程影响的程度、部门及岗位职责的不同，识别和确定质量管理体系文件的发放范围。通常可按照以下原则确定文件发放范围：

（1）全套质量管理体系文件通常发放至检测机构管理层、质量负责人、技术负责人、各部门负责人以及负责质量管理活动的其他岗位人员；

（2）检测作业指导书通常发放至实施质量监督的人员以及承担相应检测工作的检测人员、检测责任师等；

（3）仪器设备操作规程通常发放至设备管理人员、实施质量监督的人员以及设备操作人员等。

技术质量部应当在文件发放前编制文件发放计划，确定文件的发放方式和发放范围。文件发放计划应当经岗位责任人员确认，保证发放方式是可行的、发放范围是适宜的，确保每个使用场所、岗位和人员均能得到相应文件的有效版本。文件发放计划通常由技术质量部负责人审核，质量负责人批准执行。

文件的发放方式、发放范围、发放计划及计划审批的具体规定应在本机构建立的文件控制程序中予以描述。

3. 发放实施

（1）纸质方式发放。技术质量部应当对文件的发放予以有效控制，并在本机构质量管理体系程序文件中明确文件发放人员职责、发放实施具体流程及要求。

1）按照文件发放计划确定的发放范围进行发放。

2）明确发放受控文件的受控标识要求。文件的受控标识通常由受控状态号和发放编号共同构成，一般在文件的封面上盖“受控”印章和标注“分发号”。受控文件发放时应当按照规定进行标识，并对文件发放进行登记（必须注明“分发号”），表明某“分发号”的质量管理体系文件归某个场所、岗位或人员使用和持有，便于追踪（更改、作废回收等）和证明发放范围是适宜的。

3）规定文件发放的记录要求，识别文件发放记录格式。文件发放记录内容至少包括文件名称、文件编号、版本号、发放号、受控状态、领用人（或持有人）、领用时间、领用人（或持有人）签字等。为了防止失效文件被继续使用，通常将受控文件的回收信息与发放信息组合，形成受控文件发放回收记录。

（2）电子方式发放。

1）为了防止电子方式发放的文件被非预期修改或误改，必须明确电子文件的发放格式和修改状态，并在本机构的程序文件中予以描述，如发布的文件以 PDF（便携文件格式）、图片格式发放等。文件归口管理部门在以电子方式发放文件时，应当按照规定将相应文件转成 PDF、图片等满足要求的格式。

2）电子文件发放应当设置密钥和权限。为防止质量管理体系文件外泄，相关人员查阅时应通过输入密钥进入；为防止使用过期文件，在电子文件发放时应当设置查阅与下载打印的相应权限，对文件下载和打印进行控制，如下载和打印文件应当经过申请和批准，下载和打印的文件应当按纸质文件进行控制（如标识、填写发放记录等）。必要时，通过信息系统授权实现控制。下载和打印的文件必须予以受控登记。

3）检测机构在确定以电子方式发放文件时，应当有足够的资源确保所有使用场所、岗位和人员均能通过正常途径且方便地获得相应文件。

4）应规定电子文件的标识构成。电子文件标识通常包括受控标识和其他特殊标识（如水印等），发放的电子文件应当按照文件标识要求对文件进行标识。

5）电子文件发放同样应当形成发放记录。检测机构应当明确文件发放记录的要求。发放记录的形成必须与本机构信息化管理模式相适应。目前普遍采用自动化办公软件［如 OA（办公自动化）系统］建立的信息化平台进行文件传输，可以在软件中编制记录发放痕迹的程序和接收文件的信息平台自动反馈信息提示，确保每个岗位、人员和场所收到相应的信息和内容。为了有效控制发放流程，在电子文件发放的同时也可以采用发布纸质文件执行通知的方式将文件发放告知有关岗位，并要求相关岗位、人员和场所接收文件后及时将纸质文件执行通知（责任人员签字）反馈技术质量部存档。

三、案例与分析

案例 3-4（注：本案例为节选某检测机构文件控制程序中有关文件发放的内容）

4.3 文件发放

4.3.1 本公司质量管理体系文件均使用OA系统电子化管理，发布可阅读的电子版本文件，供公司内员工使用。

4.3.2 发放范围

1）质量手册、程序文件向全公司员工发放，可阅读；

2）管理制度（含管理办法）向适用人员发放，可阅读；

3）作业指导文件向适用人员发放，可阅读；

4）记录表格文件向适用人员发放，可下载。

注：发放适用人由文件编制部门确定，由该文件的相应审核、批准人员审批。

4.3.3 各类质量管理体系文件（含编制、更改批准后）由技术质量部按照OA系统设置的程序统一上传发布。

4.3.4 质量管理体系文件上传发布后，技术质量部通过OA系统向全公司发布受控文件执行通知单，通告体系文件的实施信息，部门/分公司确认接收到电子版本文件后10日内向技术质量部反馈受控文件执行通知单（接收单位处盖章）。

剖析：

- 明确了文件发放方式和渠道。
- 明确了文件发放的职责。
- 明确了文件发放范围。
- 明确了文件发放通知的要求。
- 明确了文件发放后反馈的要求。

第五节 文件使用管理

一、质量控制目的

对文件的使用管理进行控制，确保相关场所、岗位、人员所获得的质量管理体系文件均为有效版本。

二、质量控制环节与质量控制点

文件使用管理作为文件控制的一个过程，涉及的质量控制环节通常包括使用申请、使用实施、使用后处置等。文件使用管理质量控制环节与质量控制点见表 3–4。

表 3–4　文件使用管理质量控制环节与质量控制点

控制环节		控制点		控制要求		
序号	名称	序号	名称	主要控制内容	工作见证	责任部门 / 岗位
1	使用申请	（1）	使用申请提出	识别可能发生文件借用、复印、下载与打印、更换、补发的时机	文件使用记录	技术质量部 / 有关人员
		（2）	使用申请审批	申请内容、申请的审核与批准	文件使用记录	技术质量部
2	使用实施	（3）	文件借用	履行借用手续，填写使用记录	文件使用记录	技术质量部 / 有关人员
		（4）	文件复印	受控标识，发放标识，履行发放手续，填写使用记录	文件使用记录	技术质量部 / 有关人员
		（5）	文件打印	受控标识，发放标识，履行发放手续，填写使用记录	文件使用记录	技术质量部 / 有关人员
		（6）	文件更换	受控标识，发放标识，履行发放手续，填写使用记录	文件使用记录	技术质量部 / 有关人员
		（7）	文件补发	受控标识，发放标识，履行发放手续，填写使用记录	文件使用记录	技术质量部 / 有关人员
3	使用后处置	（8）	使用后处置	借用的按规定归还，其他按发放纸质文件进行管理	文件使用记录	技术质量部 / 有关人员

1. 使用申请

应当明确文件各种使用方式的控制流程、要求与管理职责，并在本机构建立的文件控制程序中予以描述。文件使用申请控制流程通常包括使用申请提出、使用申请审批。文件使用由文件使用人填写文件使用申请，申请表格信息至少包括文件名称、文件编号、版本号、使用方式、用途、控制要求、使用期限以及其他必要的说明（如复印、打印的必要性，换发或补发的原因等）。使用申请审批通常由技术质量部负责人审核，质量负责人批准（审核和批准权限由机构根据实际业务情况予以合理规定）。

2. 使用实施

（1）文件借用。文件借用是指未在文件发放范围的有关场所、岗位和人员因需要临时使用或在短时间内使用某一质量管理体系文件，而发生的借用过程。

应当识别文件借用记录格式，明确填写文件使用（借用）记录的要求。记录信息通常包括文件名称、文件编号、版本号、借用期限、借用原因、借用人员签字等。

（2）文件复印。文件复印是指因为需要或为方便使用等，有关场所、岗位和人员复印质量管理体系文件，用于实施有关质量控制的过程。

复印的用于实施有关质量控制的质量管理体系文件，必须按照受控文件管理。应当根据文件发放与领用规定对复印的文件进行受控标识，给予文件分发号，并办理文件发放手续。

应当识别文件复印记录格式，明确填写文件使用（复印）记录的要求。记录信息通常包括文件名称、文件编号、版本号、复印的必要性说明、作为受控文件的必要性说明、分发号、持有人等。

（3）文件打印。文件打印是指因为需要或为方便使用等，有关场所、岗位和人员下载与打印质量管理体系文件，用于实施有关质量控制的过程。

打印的用于实施有关质量控制的质量管理体系文件，必须按照受控文件管理。应当根据文件发放与领用规定对打印的文件进行受控标识，给予文件分发号，并办理文件发放手续。

应当识别文件打印记录格式，明确填写文件使用（打印）记录的要求。记录信息通常包括文件名称、文件编号、版本号、打印的必要性说明、作为受控文件的必要性说明、分发号、持有人等。

（4）文件更换。属于文件发放范围的有关场所、岗位和人员所持有或使用的质量管理体系文件因损坏、毁坏等导致无法正常使用的，应当予以更换。

更换的用于实施有关质量控制的质量管理体系文件，必须按照受控文件管理。应当根据文件发放与领用规定对更换的文件进行受控标识，给予文件分发号，并办理文件发放手续，损坏、毁坏的文件予以回收处置。

应当识别文件更换记录格式，明确填写文件更换记录的要求。记录信息通常包括文件名称、文件编号、版本号、更换的原因、分发号、持有人、原有文件交回情况等。

（5）文件补发。属于文件发放范围的有关场所、岗位和人员所持有或使用的质量管理体系文件因遗失或被相关方需求取用（通过审批）等，应当予以补发。

补发的用于实施有关质量控制的质量管理体系文件，必须按照受控文件管理。应当根据文件发放与领用规定对补发的文件进行受控标识，给予文件分发号，并办理文件发放手续。

应当识别文件补发记录格式，明确填写文件使用（补发）记录的要求。记录信息通常包括文件名称、文件编号、版本号、补发的原因、分发号、持有人等。

3. 使用后处置

属于文件借用的，应当明确按规定期限归还相应文件的要求，填写文件归还或回收记录。为便于对借用与归还进行控制，通常将归还信息并入借用记录中，即在借用记录中加入归还日期、归还人签字信息。其他受控文件的打印、复印、更换、补发等使用方式的处置按照文件的发放、回收进行控制。

三、案例与分析

案例 3–5（注：本案例为节选某检测机构文件控制程序中有关文件使用管理的内容）

4.3　文件的保密控制

4.3.1　技术文件的查阅、复制与外借

4.3.1.1　本公司人员查阅技术文件，应当由资料管理人员见证，一般不得带离档案室。需要带离档案室的视同外借，应填写文件、资料复制 / 借用审批表，经质量负责人或公司总经理批准后，办理借阅手续，注明借阅日期和归还日期后，方可外借。

4.3.1.2　外来人员查阅、复制技术文件应当遵守以下规定：

1）被检单位（含制造、安装、使用单位）应持所在单位的介绍信及本人身份证；

2）律师事务所律师应持所在单位的介绍信、律师证、公司委托函等；

3）县区级以上政府部门人员应持所在单位的介绍信或监督检查文函及本人身份证；

4）技术文件管理员应填写文件、资料复制 / 借用审批表，经相关部门负责人审核及质量负责人批准，由资料管理人员陪同查阅，由资料管理人员本人复制。

4.3.1.3　技术档案不得外借。

4.3.1.4　复制的技术文件中不得包含本公司检验原始记录。

4.3.2　下载与打印

本单位员工确需纸质文件时，可以申请下载与打印，下载与打印后按照文件发放程序予以登记控制。

4.3.3　文件更换

文件编制（含更改）发布后，拥有纸质文件的应当按照计划及时进行更换；纸质文件损坏的应当及时更换。文件更换按照文件发放程序予以登记控制。

4.3.4　文件补发

文件使用的岗位和人员因丢失、相关方需求等应当及时申请补发。文件补发按照文件发放程序予以登记控制。

剖析：

- 明确了文件使用的审批职责。
- 明确了填写借阅、打印、补发等记录的要求。
- 明确了文件使用的审批程序，如申请、批准、履行借用手续等。
- 明确了文件借用、归还的要求。
- 明确了文件更换、补发的控制要求等。

第六节 作废文件管理

一、质量控制目的

对作废文件回收与作废处置等管理环节进行控制，防止文件误用。

二、质量控制环节与质量控制点

作废文件管理作为文件控制的一个过程，涉及的质量控制环节通常包括识别作废时机、制订回收计划、实施回收、作废文件标识、更新文件台账、作废文件存档、作废文件销毁处置等。作废文件管理质量控制环节与质量控制点见表 3–5。

表 3–5 作废文件管理质量控制环节与质量控制点

控制环节		控制点		控制要求		
序号	名称	序号	名称	主要控制内容	工作见证	责任部门 / 岗位
1	识别作废时机	（1）	识别作废时机	作废时机的识别	—	技术质量部
2	制订回收计划	（2）	制订文件回收计划	制订回收计划，回收计划确认与审批	回收计划	技术质量部
3	实施回收	（3）	纸质方式发放文件回收	回收记录	回收记录	技术质量部
		（4）	电子方式发放文件回收	撤下作废文件，发出废止通知	废止通知	技术质量部
4	作废文件标识	（5）	纸质方式发放	加注作废标识	作废文件	技术质量部
		（6）	电子方式发放	加注作废标识	作废文件	技术质量部

续表

控制环节		控制点		控制要求		
序号	名称	序号	名称	主要控制内容	工作见证	责任部门/岗位
5	更新文件台账	（7）	更新受控文件清单	对受控文件清单进行更新	受控文件清单	技术质量部
		（8）	更新作废文件清单	对作废文件清单进行更新	作废文件清单	技术质量部
6	作废文件存档	（9）	作废文件存档	评估留存的必要性，作废文件标识，纸质作废文件独立保存，作废电子文件入作废文件数据库	作废文件	技术质量部
7	作废文件销毁处置	（10）	销毁申请	销毁申请，申请的审核、批准	销毁申请	技术质量部
		（11）	销毁实施	填写销毁记录，销毁，必要时监督销毁	销毁记录	技术质量部/相关人员

1. 识别作废时机

应当识别质量管理体系文件作废时机，确保应当作废的文件及时作废，并在检测机构建立的文件控制程序中予以描述。文件作废时机通常包括：

（1）对原有文件更改完成，且已批准发布实施；

（2）因内外部环境原因，文件已经确认不再需要；

（3）外来文件经确认已经废止；

（4）其他需要作废的情况等。

2. 制订回收计划

检测机构应当明确作废文件回收计划的职责及要求。通常由技术质量部负责识别文件作废的时机，并且根据本机构文件控制的自身特点及管理模式对作废文件回收过程进行策划。作废文件回收计划内容至少包括文件名称、文件编号、版本号、废止理由、发放范围、发放方式、回收方式等。作废文件回收计划应当经岗位责任人员审核和批准（通常由技术质量部负责人审核，质量负责人批准）。

3. 实施回收

通常由技术质量部负责实施作废文件回收，并形成回收记录。

（1）纸质方式发放的作废文件回收。应当按发放记录逐一收回已作废的纸质文件

（包括有关岗位、人员因使用需要借用、打印或复印的相应受控文件），并形成文件回收记录，因特殊原因无法收回的，应当予以说明。回收记录内容通常包括文件名称、文件编号、版本号、分发号、持有人、回收时间、回收原因、特殊情况说明等。

（2）电子方式发放的作废文件回收。回收电子方式发放的作废文件，主要取决于文件在信息化管理平台的呈现方式，以及信息化管理平台文件管理设置模式。作废回收方式主要如下：

1）通过人工的方式在信息平台撤下已作废的文件；

2）通过对系统软件进行设置，当有新文件产生（含新增、修订、换版等）时，原有文件自动转入作废文件专区。

受控文件作废后，不管采用哪种回收方式，均应发出文件废止通知，明确相应文件已作废回收。文件废止通知内容通常包括文件名称、文件编号、版本号、废止时间、废止原因、代替文件及有关说明等。

4. 作废文件标识

检测机构应当对文件作废标识作出具体规定，并明确规定文件作废标识的部门与岗位。作废文件标识方式如下：

（1）纸质方式发放的作废文件回收后，通常在文件上加盖作废标识，如加盖“作废”或“废止”印章等；

（2）电子方式发放的作废文件标识，应当在信息化管理平台设置作废文件区，作废文件自动进入该区，并在作废文件上加注作废标识。通常在作废文件封面上用文字清晰注明“作废文件”“作废”“废止”等，必要时在文件的每页上以水印形式注明。

5. 更新文件台账

受控文件作废后，应当适时更新受控文件清单，将作废文件信息在受控文件清单中撤出；同时更新作废文件管理台账，将作废文件信息列入作废文件管理台账中。更新的受控文件清单和作废文件管理台账应当在机构内公示。

6. 作废文件存档

受控文件作废后，文件归口管理部门应当评估和评价保留作废文件的必要性，通常作废文件应当保留 1～2 份，作为备查使用。作废文件应当统一保存在档案室相对独立的地方。

7. 作废文件销毁处置

（1）销毁申请。为防止作废文件误用，应当将没有保存价值或多余的作废文件予以销毁。检测机构应当明确规定作废文件销毁的审批流程、销毁过程控制及职责要求。文件归口管理部门应具体策划销毁活动，编制文件销毁申请，申请内容至少包括需要销毁的文件名称、文件编号、版本号、销毁理由、数量、销毁方式等。

作废文件销毁的申请应经审批后方可实施。申请通常由文件归口管理部门负责人审核，质量负责人批准。涉及重要文件的，应由质量负责人审核，检测机构负责人批准。

（2）销毁实施。作废文件销毁通常由检测机构任命的文件（档案）管理员组织进行，必要时由质量负责人监督执行，并填写销毁记录。销毁记录至少包括文件名称、文件编号、版本号、销毁理由、数量、销毁方式、销毁时间等。

三、案例与分析

案例 3–6（注：本案例为节选某检测机构文件控制程序中有关作废文件管理的内容）

4.8　文件回收和作废处置

4.8.1　本公司各受控文件使用场所，应使用文件的现行有效版本。新的文件发布实施，旧文件应及时作废。

4.8.2　各部门、分公司应在文件执行通知下达 10 个工作日内，新文件实施日期前，从所有使用场所收回失效受控纸质文件交技术质量部，并办理文件回收手续，防止误用失效文件。文件回收时，应填写受控文件发放 / 回收登记表。

4.8.3　质量管理体系的失效电子文件，在 OA 系统有效文件中移除，存入 OA 系统失效文件库中，留存的纸质文件按照第 4.8.2 条要求处置。

4.8.4　各责任师及时收集并向技术质量部反馈外来文件信息，质量负责人组织对受控文件台账进行评估，需要时重新编制受控文件台账，并在公司内公示。失效的外来受控文件应至少有 1 份长期保存在技术质量部，并进行失效标识。

4.8.5　技术质量部负责更新失效文件台账，失效文件台账予以公示。

4.8.6　失效的内部质量管理体系文件只由技术质量部永久保存 1 份。

4.8.7　失效不需要保留和超过保存期限的文件、质量技术档案需要销毁时，应由文件、质量技术档案的保管人员列出清单，填写文件和质量技术档案处置审批表。文件和管理记录的处置经文件的保管部门负责人审核、质量负责人批准后处置。

剖析：

- 识别了文件作废的时机。
- 明确了各类作废文件回收、作废、处置的职责。
- 明确了不同发放方式、不同作废文件的回收途径。
- 明确了作废文件标识、存档和销毁的要求。
- 明确了更新受控文件台账、作废文件台账的要求等。

第七节　外来文件管理

一、质量控制目的

对外来文件进行有效控制，确保检测机构的管理活动和检测活动的依据是适宜、充分和有效的。

二、质量控制环节与质量控制点

外来文件管理作为文件控制的一个过程，涉及的质量控制环节通常包括外来文件受控识别、外来文件标识、外来文件清单更新、外来文件保存、外来文件发放等。外来文件管理质量控制环节与质量控制点见表 3–6。

表 3–6　外来文件管理质量控制环节与质量控制点

控制环节		控制点		控制要求		
序号	名称	序号	名称	主要控制内容	工作见证	责任部门 / 岗位
1	外来文件受控识别	（1）	外来文件收集	收集渠道、收集职责	查新记录	技术质量部 / 责任人
		（2）	外来文件受控识别	识别原则、识别职责、受控评估	评估记录	技术质量部 / 责任人
2	外来文件标识	（3）	文件标识	进行唯一性标识、受控标识	受控文件	技术质量部
3	外来文件清单更新	（4）	更新受控外来文件清单	对受控外来文件清单进行更新发布	受控文件清单	技术质量部
		（5）	更新作废外来文件清单	对作废外来文件清单进行更新发布	作废文件清单	技术质量部
4	外来文件保存	（6）	文件保存	保存规定、存档数量	受控文件	技术质量部
5	外来文件发放	（7）	发放申请	发放策划、发放范围申请、发放范围确认	发放申请（可并入受控申请）	技术质量部
		（8）	文件发放	发放标识、发放记录	发放记录、受控文件	技术质量部

1. 外来文件受控识别

检测机构应当明确外来文件信息收集（如外来文件查新等）的职责和收集渠道要求，并规定对外来文件纳入受控文件管理评估的标准。

（1）外来文件收集。通常由技术质量部和检测部负责外来文件的识别与收集。相关质量管理人员与各专业责任师按照规定的要求，及时识别并收集机构质量管理体系文件所涉及的与检测工作有关的综合管理、技术质量管理、检测作业方面的法律、法规、规章、安全技术规范和标准，安全技术规范和标准的修改单也应当纳入收集范围。

（2）外来文件受控识别。技术质量部组织对收集的外来文件是否纳入受控文件管理进行评估，形成评估记录。评估记录内容包括但不限于外来文件名称、文件代号、文件发布机关、文件颁布实施日期、受控理由等。通常由质量负责人对综合管理类外来文件实施受控确认，技术负责人对检测技术类外来文件实施受控确认。

2. 外来文件标识

检测机构对确认作为受控文件进行管理控制的外来文件，应当进行唯一性标识和受控标识。

（1）按照文件唯一性标识规定进行唯一性标识（通常为外来文件的发放编号）。

（2）按照文件受控标识规定进行受控状态标识。

3. 外来文件清单更新

检测机构应当规定更新外来文件清单的时机。通常由技术质量部定期对外来文件清单中外来文件进行查新，同时根据外来文件的识别与收集信息决定是否对外来受控文件清单和作废文件清单实施更新。技术质量部应当将新确定受控的外来文件纳入受控文件清单，并在机构内予以公示，确保受控文件清单所载明的文件与实际受控文件一致。受控外来文件清单的内容至少包括文件名称、文件代号、文件内部编号（唯一性编号）、颁布实施日期、颁布机构或单位、文件分类等。在外来文件查新与收集过程中存在原有受控外来文件作废或被替换的，技术质量部应更新作废文件清单，将原有受控外来文件作废或被替换文件纳入作废文件清单中予以公示，确保留存的作废文件和作废文件清单保持一致。

4. 外来文件保存

检测机构应当明确经确认作为受控文件进行控制的外来文件，除应当发放的以外，至少有 1 份（正版）交档案室存档保管。

5. 外来文件发放

（1）发放申请。检测机构应当规定经确认需要实施受控管理的外来文件的发放范围与发放审批要求。通常由文件归口管理部门根据规定的外来文件发放范围，提出发放申请，经审批后实施发放，确保直接影响检测质量或质量管理的外来文件能够发放至相关场所、岗位及人员。

发放申请的内容通常包括文件名称、文件编号、内部文件编号、发放范围等。发放申请应当经过相应岗位责任人员审批，通常由技术质量部负责人审核，质量负责人批准。

（2）文件发放。应按照文件发放标识管理规定对外来文件进行标识，给予文件发放序列号。应按照规定形成发放记录，记录的内容通常包括文件名称、文件编号、文件内部编号、发放号、发放日期、领用人等。

三、案例与分析

案例 3–7（注：本案例为节选某检测机构文件控制程序中有关外来文件管理的内容）

4.9　外来文件的控制

4.9.1　外来文件是质量管理体系的依据，相关质量管理人员与各专业责任师应当及时对质量管理体系文件所涉及的与无损检测工作有关的综合管理、技术质量管理、无损检测作业方面的法律、法规、规章、安全技术规范和标准进行识别，并将识别信息反馈给技术质量部。技术质量部组织人员定期对受控外来文件清单进行查新，编制受控外来文件查新与评价记录，确定外来技术标准及规范性文件的有效性。

4.9.2　技术质量部对反馈信息进行确认，及时组织人员进行收集。

4.9.3　技术质量部负责人针对收集信息编制外来文件受控 / 采购申请，提交质量负责人审核，经公司总经理批准后实施采购。应当采购正式发布的版本，采购数量应当多于发放数量 2 ~ 5 册，用于文件的存档保存。

4.9.4　技术质量部重新编制受控外来文件清单，受控外来文件清单信息至少包括文件名称、文件代号、发布机构、发布时间、实施时间、文件类别号、现有状态、文件数量，受控外来文件清单报质量负责人批准后发布。受控外来文件清单每半年应更新替旧一次。

4.9.5　技术质量部按照需求向质量负责人提出发放申请，发放前规定发放范围。外来文件作为检测人员工具书必须人手一册。

4.9.6　技术质量部的资料管理员对外来文件进行唯一性标识和受控标识，并实施外来文件发放与登记，填写外来文件发放记录。

剖析：

- 明确了外来文件识别规定与职责。

- 明确了外来文件的收集职责。
- 明确了外来文件纳入受控文件管理的控制要求。
- 明确了外来文件控制执行记录的要求，如受控外来文件查新与评价、外来文件受控/采购申请、更新外来受控文件清单等。
- 明确了对外来文件的发放策划与发放要求。

第四章　记录和信息控制

本章重点阐述检测机构对质量管理体系的记录和信息控制要求，通过对《特种设备检测机构核准规则》附件 D 第 D2.6 条的相关专业术语进行解释，识别记录格式、信息收集与管理、记录填写与更改、记录收集与使用管理 4 个过程，并对各过程中所涉及的质量控制环节和质量控制点逐一进行识别和分析，提出控制要求。本章通过典型案例，剖析记录和信息控制中各质量控制环节与质量控制点常见的问题与不足，并为记录和信息控制程序的建立提供指引。

第一节　规则简析

一、规则原文

D2.6　记录和信息控制

应当建立和实施记录和信息控制程序，对质量管理体系建立及实施过程、检测过程中形成的记录进行控制，并且符合本条要求。

D2.6.1　记录

D2.6.1.1　一般要求

记录的一般要求如下：

（1）记录应当形成规定格式，并且包含足够的数据，以满足质量管理控制的需要；

（2）收集的数据应当齐全、完整、准确、规范；

（3）记录的填写应当齐全、清晰、规范；

（4）记录应当在质量活动和检测实施的过程中即时收集，不得追记；

（5）明确记录标识、收集、存档、保存期限和处置的规定；

（6）使用法定计量单位，定量、定位准确，定性正确，表达无歧义等。

D2.6.1.2　检测记录

检测记录应当满足以下要求：

（1）符合有关安全技术规范及相关标准的要求，包含足够的数据以保证该检测过程在尽可能接近原条件的情况下能够复现，通常包括抽样人员、检测人员、校核（审核、复评）人员，被检测设备的标识、技术参数、状态和环境条件，所使用的检测仪器设备标识，检测依据、检测项目及内容、结果及日期，记录编号等；

（2）更正过程可以追溯；

（3）制定填写规定等。

D2.6.2　信息

信息是指依托信息化管理系统收集的质量管理体系建立及实施、检测过程中的相关数据，除满足本规则 D2.6.1 的有关要求外，还应当满足以下要求：

（1）检测记录采用电子方式的（电子记录），能够在检测过程中完成信息记录；

（2）信息更改能够自动形成更改记录，确保可以追溯到前一个版本或者原始结果，能够保存原始的以及修改后的信息，包括修改日期、标识修改的内容、修改人员等；

（3）信息收集、更改、使用和管理的人员，均取得相应授权。

二、术语

1. 记录

记录是根据需要对质量管理活动、检测技术活动的实施进行记载的一种载体，是阐明所取得的结果或提供所完成质量活动的证据文件。记录具有正式的可追溯性，并为验证、预防措施和纠正措施提供证据。

2. 记录格式

记录格式是指按照质量管理体系文件规定的控制点及控制过程要求制定的一种包含规定标识、固有信息、需要记载栏目的表格制式，即规定的格式文件，其本身是一种质量管理体系文件。检测机构通常将记录分为质量管理活动记录和检测技术活动记录。

3. 记录标识

记录标识是指用于识别记录文件特征的记号，通常包括机构名称、文件名称、文件编号、状态标识、记录编号等。

4. 记录编号

记录编号是形成完整记录（见证材料）的可追溯且唯一的序列识别编号。检测记录编号应当对应于检测报告的识别编号。

5. 信息

信息是指在质量管理体系建立及实施、检测过程中形成的证明质量管理活动和检测技术活动得到控制的数据。本章的信息控制是指对质量管理体系建立及实施、检测过程中形成的相关数据依托信息化管理系统来实现信息辨识、采集（收集）、输出等的管理过程，即运用信息化手段来实现电子记录的控制过程。

6. 可追溯性

可追溯性是指追溯所考虑对象的历史、应用情况或所处场所的能力。记录的可追溯性是为了对检测过程能够追溯到安全技术规范和标准规定以及过程的不同责任主体，也是为了检测机构在发现质量问题进行追溯时，能够进行原因分析和责任划分，为工作质量的改进提供必要的依据。

三、条文简析

1. 条文主题

条文规定检测机构应当建立和实施记录和信息控制程序，提出了记录和信息管理的控制要求。

2. 控制目的

对检测有关的质量管理活动和检测技术活动过程中的记录和信息进行控制，确保质量管理体系的建立与实施，以及检测工作质量符合有关特种设备法律、法规、规章、安全技术规范和标准的要求。

3. 控制范围

控制范围如下：

（1）应当纳入控制范围的质量管理活动记录。质量管理活动记录即由质量手册、程序文件、管理制度等与质量相关的管理文件识别的全部记录文件，是质量管理活动的记载，如文件更改审批记录、文件评审记录、质量目标考核记录等。

（2）应当纳入控制范围的检测技术活动记录。检测技术活动记录即由作业指导书（检测工艺文件、操作规程、自校准规程、核查规程等）识别的全部技术记录文件，是检测技术活动的全过程记载，如工作指令、检测技术交底、检测操作指导书、检测原始记录、检测结果通知等。

（3）其他记录。其他记录即质量管理体系文件所涉及的与质量管理活动和检测技术活动相关的其他记录文件，如检测安全记录、环境记录等。

4. 过程识别和控制环节

根据《特种设备检测机构核准规则》附件 D 第 D2.6 条的要求，检测机构应当建立和实施记录和信息控制程序，对质量管理体系建立及实施过程、检测过程中形成的记录和信息进行控制。记录和信息控制所涉及的过程通常包括记录格式、信息收集与管理、记录填写与更改、记录收集与使用管理 4 个过程和记录标识要求。检测机构可以根据自身实际情况及质量管理的需要（如实现电子化、信息化管理）组合成更多或更少的过程。

（1）记录格式。不同的质量管理活动和检测技术活动，其控制环节、控制点以及控制流程不同。为了识别内部质量控制的过程和结果，需对某一类活动信息进行特殊编码，即形成规定的记录格式。记录格式应当有足够的标识和信息来满足质量管理体系实施的需要。检测技术活动记录应当符合安全技术规范和标准的要求，包含足够的信息以保证该检测过程在尽可能接近原条件的情况下能够复现。记录格式的控制环节通常包括记录格式分类、记录格式策划、记录格式标识、记录格式发布等。在程序文件建立时，应当对记录格式的制修订、标识作出明确规定，对格式信息提出原则性要求。

（2）信息收集与管理。在开展质量管理活动和检测技术活动的过程中，对采集的数据信息往往需要加工处理或判读。为了保证采集的信息齐全、完整、准确、规范，必须对信息采集方法、采集条件、信息辨识加以控制。信息收集与管理的控制环节通常包括信息采集、信息收集等。在程序文件建立时，应当对信息采集管理职责与过程作出明确规定，对信息的采集与管理方法提出原则性要求。

（3）记录填写与更改。为保证检测机构记录的原始性和可溯源性，应当对记录的填写与更改进行规范。记录填写与更改的控制环节通常包括记录填写、记录审核、记录更改、记录标识、授权与签名等。在程序文件建立时，应当制定记录的填写与更改规定，明确记录填写与更改的职责与具体方法原则。

（4）记录收集与使用管理。对于所形成的记录，应当识别收集与使用范围，采取符合本机构实际的收集途径与存档方法，确保需要收集与存档的记录得到有效的管理。记录收集与使用管理的控制环节通常包括记录收集、记录存档、归档记录使用、记录保存与处置等。在程序文件建立时，应当对记录收集与使用管理的职责、流程、途径和存档类别及存档要求作出明确规定。

5. 职责分配

通常情况下，记录和信息管理职责分配如下：

（1）技术质量部负责记录和信息的归口管理工作；

（2）质量负责人负责批准质量管理活动记录格式；

（3）技术负责人负责批准检测技术活动记录格式；

（4）技术质量部负责人负责组织策划记录格式的制修订工作，审核质量管理活动记录格式；

（5）各专业责任师负责策划记录格式的制修订工作，审核检测技术活动记录格式。

各检测机构的规模、管理模式、岗位、职责、权限设置不同，其记录文件的管理存在差异性。通常，记录的制修订、审核、批准人员也可以按照文件控制程序规定各级文件的编制、审核与批准职责，一并对相应文件所识别的相关记录文件实施编制、审核与批准。

第二节　记录格式

一、质量控制目的

对记录格式（含标识）的制修订质量进行控制，保证记录格式的符合性、规范性和完整性。

二、质量控制环节与质量控制点

记录格式（通常由记录的制修订实现）作为记录和信息控制中的一个过程，涉及的质量控制环节通常包括记录格式分类、记录格式策划、记录格式标识、记录格式发布等。记录格式质量控制环节与质量控制点见表 4–1。

表 4–1　记录格式质量控制环节与质量控制点

控制环节		控制点		控制要求		
序号	名称	序号	名称	主要控制内容	工作见证	责任部门 / 岗位
1	记录格式分类	（1）	质量管理活动记录	管理职责、信息识别	—	技术质量部 / 质量负责人
		（2）	检测技术活动记录	管理职责、信息识别	—	技术质量部 / 技术负责人
2	记录格式策划	（3）	策划时机	管理评价、相关方需要等	—	技术质量部或有关部门
		（4）	策划（计划）	策划（计划）内容，策划、计划的编制、审核、批准	制修订计划	技术质量部 / 质量负责人 / 技术负责人

续表

控制环节		控制点		控制要求		
序号	名称	序号	名称	主要控制内容	工作见证	责任部门 / 岗位
2	记录格式策划	（5）	制修订准备	制修订准备	文件制修订申请	技术质量部 / 制修订负责人
		（6）	制修订实施	制修订审批、制修订过程、记录格式形成	文件编制、审批记录	技术质量部 / 制修订负责人
3	记录格式标识	（7）	唯一性标识	按规定进行标识	记录格式文件	技术质量部
		（8）	版本标识	按规定进行标识	记录格式文件	技术质量部
		（9）	有效状态标识	按规定进行标识	记录格式文件	技术质量部
4	记录格式发布	（10）	记录格式发布	正式发布通知、文件内容发布	发布文件	技术质量部

1. 记录格式分类

记录文件通常分为质量管理活动记录和检测技术活动记录。

（1）质量管理活动记录。质量管理活动记录通常以表格形式表述，用于对质量管理活动控制环节和控制结果的记载，可实现对质量管理活动过程控制的溯源与有效评价。

质量管理活动记录（以下简称质量记录）应当规定格式，所载信息满足质量管理体系实施的需要，并且应有识别标识。通常，质量记录包含的标识和信息有文件编号、记录名称、状态标识、记录编号（唯一性序列号）、控制点名称、控制过程要求、控制结果、记录签署。

（2）检测技术活动记录。检测技术活动记录是检测数据和信息的载体，通常根据相应安全技术规范与标准规定的格式编制而成，以保证该检测过程在尽可能接近原条件的情况下能够复现。

检测机构应当识别检测技术活动记录的需求，根据检测工作的需要和本机构的特点，制定适当的检测技术活动记录格式，经规定人员审核、批准并发布实施。检测技术活动记录（以下简称技术记录）应当至少包含以下标识和信息：

1）记录格式识别标识。该项通常由文件编号、记录名称、状态标识、记录编号（对应于检测报告的识别编号）组成。

2）人员信息。该项通常包括取样的人员、检测的执行人员以及结果校核人员等。

3）被检对象信息。该项通常包括检测对象的唯一性编号、技术参数、状态和环境条件等。

4）检测方法信息。该项通常包括检测标准、检测方法、检测技术参数、验收规范等。

5）检测设备信息。该项通常包括检测仪器设备名称、规格、唯一性标识等。

6）检测实施信息。该项通常包括检测项目及内容，检测部位的描述，检测依据、数据、结果及日期等。

2. 记录格式策划

记录格式是质量管理体系文件的一种，制修订时机通常与上级文件相同。当发生以下情况时，应当启动记录格式的制修订，同时启动其上级质量管理体系文件制修订工作，反之亦然：①文件评审结论为需要对记录格式进行制修订的；②检测机构其他管理体系需要同步协调的。

（1）记录格式策划（计划）。

1）策划要求。记录格式策划除遵循质量管理体系文件的一般规定外，技术记录策划还应满足如下要求：

①策划参与者中必须有本机构较高级别的持证检测人员；

②策划完成时限应当与安全技术规范和标准实施时限高度吻合。

2）制修订计划。文件归口管理部门应当编制记录格式的制修订工作计划，计划内容至少包括制修订的记录格式、可能涉及的质量管理体系文件、启动制修订的原因、制修订负责人、制修订参与人、需要解决的问题、应达到的目的、修订时限安排、审批要求等。

3）制修订活动审批。填写文件制修订审批表（执行文件控制程序相关要求），制修订计划和制修订审批表应当经规定岗位责任人员审核和批准，通常由质量负责人审核，机构负责人批准。

（2）记录格式制修订实施。记录格式制修订工作一般由技术质量部组织，并明确制修订负责人。制修订负责人具体牵头实施，根据文件制修订计划要求开展制修订工作。

1）制修订准备。记录格式的制修订准备按照文件控制程序中规定的文件编制与更改准备要求执行。

2）制修订记录格式应达到的要求。根据质量管理体系运行与检测技术活动开展的需要，制修订适用于本机构的记录格式，内容除要满足质量管理体系文件制修订要求外，技术记录格式还应当满足以下要求：

①制修订的技术记录文件，应当直接标识有关人员资格或岗位名称；

②技术记录格式中所包含的信息，除满足出具检测报告的需要外，还应保证该技

术在尽可能接近原条件的情况下能够复现；

③技术记录应当载入描述技术细节的信息；

④技术记录载体应当有对应于检测报告的识别编号。

3）记录格式制修订的实施与审批。记录格式的制修订工作通常由原记录格式文件建立人员或者相应责任人员实施，当原建立人员不在岗时，一般由具有相应资质或能力的人员实施。记录格式的制修订应经相应岗位责任人员审核和批准，通常质量记录格式文件由文件归口管理部门负责人审核、质量负责人批准，技术记录格式文件由检测责任师审核、技术负责人批准。记录格式的制修订审批内容至少包括制修订类别、文件标识信息、主要制修订依据、制修订情况说明、审核和批准意见等。

3. 记录格式标识

应当按照文件控制程序中文件标识的规定，对记录格式文件予以标识，通常有以下标识要求：

（1）记录格式文件的编号通常为文件的唯一性代号和版本代号的组合，记录格式如果能够识别有效状态，可以不设置版本标识。

（2）制修订的记录格式文件应有修订状态标识，用以确定该记录格式的有效状态。状态标识通常在文件编号后加年代号，如果一年内有多次修订时，可以在年代号后加序列号表明修订次数，以便于追踪和识别，如 RTJL-01-2021、RTJL-01-2021A。

4. 记录格式发布

按照文件控制程序中文件发布的要求执行记录格式的发布。记录文件正式实施后，技术质量部应当及时更新受控文件清单，确保受控文件清单和实际发布实施的质量管理体系文件一致，更新的受控文件清单应当在机构内部得到公示。

三、案例与分析

案例 4-1（注：本案例为节选某检测机构记录和信息控制程序关于记录格式规定的内容）

4.2 记录格式的控制

4.2.1 本公司的记录格式分质量管理活动记录与检测技术活动记录。

4.2.2 技术质量部负责记录格式编制、修订的策划与组织落实。当质量管理和检测技术活动需要进行记载时，技术质量部应当策划记录格式内容与形式、参与人员要求、时间要求等，并向相关部门与人员下达记录格式的编制、修订计划。

4.2.3 本公司质量管理体系文件所识别的各种记录文件应与质量管理体系文件一同发布，需要使用和存档的均应为正式发布的现行有效版本。

4.2.4 记录格式的编制、审批实施执行文件控制程序及本程序相关规定。

4.2.5 质量管理活动记录格式应包括式样、标题、文件代号（含版次）、唯一性标识、管理内容与信息。

4.2.6 检测技术活动记录格式的编制应符合相关安全技术规范、标准的要求，安全技术规范、标准有规定的，其形式与内容按照规定编制，未规定的按照其要求内容编制。

4.2.7 检测技术活动记录应包含足够的信息，并且保证该检测项目的相关活动在尽可能接近原条件的情况下能够复现。检测技术活动记录至少应包括以下内容和栏目：

1）原始记录对应于检测报告的识别编号；

2）被检对象的唯一性编号、技术参数、状态和环境条件；

3）检测设备的唯一性标识、技术参数、检测项目及内容；

4）检测部位的描述；

5）检测依据、数据、结果、日期；

6）为方便现场操作而为某些项目另列的必要表格或附图；

7）取样的人员、检测的执行人员以及结果校核人员的标识等。

4.2.8 记录格式按照质量管理体系文件的发布规定进行标识与发布。已经运用于信息化管理系统的，由技术质量部直接在信息化管理系统平台发布上传。

4.2.9 技术质量部及时更新受控文件清单，并在记录格式实施前予以公示。

剖析：

- 明确了记录格式的管理职责。
- 明确了记录格式的分类。
- 明确了记录格式的编制、修订时机与策划（计划）要求。
- 明确了记录格式的标识及信息要求。
- 明确了记录格式的受控要求。

第三节 信息收集与管理

一、质量控制目的

对质量管理活动和检测技术活动过程中收集并呈现在信息化管理系统中的相关数据进行控制，确保收集的信息齐全、完整、客观、准确、规范。

二、质量控制环节与质量控制点

信息收集与管理作为记录和信息控制的一个过程，涉及的质量控制环节通常包括信息采集、信息收集等。信息收集与管理质量控制环节与质量控制点见表 4–2。

表 4-2　信息收集与管理质量控制环节与质量控制点

控制环节		控制点		控制要求		
序号	名称	序号	名称	主要控制内容	工作见证	责任部门 / 岗位
1	信息采集	（1）	采集准备	信息采集任务，信息采集人员、信息采集装备	信息化管理系统	技术质量部和有关部门 / 实施人员
		（2）	采集条件	质量管理活动、检测技术活动开展内外条件识别	信息化管理系统	技术质量部和有关部门 / 实施人员
		（3）	采集方法	管理规定、作业指导书、信息内容	信息化管理系统	技术质量部和有关部门 / 实施人员
2	信息收集	（4）	信息收集	及时收集、整理	质量记录 / 技术记录	技术质量部和有关部门 / 实施人员
		（5）	校对或校核	收集信息确认	质量记录 / 技术记录	记录有关校对或校核人员

1. 信息采集

信息采集环节主要有采集准备、采集条件和采集方法等控制点。

（1）采集准备。技术质量部、检测部门在开展相应质量管理活动和检测技术活动前应当做好充分的信息采集准备，主要做好以下工作：

1）明确开展质量管理活动、检测技术活动的内容和所要达到的目的；

2）明确应当采集的数据和信息；

3）选择执行质量管理活动、检测技术活动的人员，执行人员的能力应当满足开展相关活动的需要，开展检测技术活动时应对检测资格提出要求；

4）选择实施检测的检测仪器设备，技术参数应当满足工作要求，仪器设备状态完好；

5）针对活动对象制定符合管理文件、作业指导书的实施细则、方案（如检测操作指导书）。

（2）采集条件。质量管理人员、检测人员应当对所开展的活动进行内外部条件识别，避免内外部条件影响导致信息不准确。检测技术活动信息采集条件应满足以下基本要求：

1）外在条件。开展检测技术活动时，环境条件不得影响数据采集的准确性，同时必须满足安全技术规范和标准的要求，如温湿度、光照度等。

2）内在条件。开展检测技术活动时，被检测对象不得影响数据采集的准确性，同时必须满足安全技术规范和标准的要求，如表面状况、温度等。

（3）采集方法。开展质量管理活动和检测技术活动应当规定实施过程的方式与方法，并明确开展活动的负责人（如检测项目负责人、内审组长等）。方法的执行原则要求如下：

1）质量管理活动信息采集严格执行本机构的质量手册、程序文件、管理制度的相关规定，必要时由质量部门制定特定对象的实施方案或实施细则；

2）检测技术活动信息采集应当严格执行本机构作业指导书规定的方式与方法，同时制定检测方法的操作指导书（检测工艺卡），必要时由检测部门制定检测项目方案或工程项目施工技术方案。

2. 信息收集

检测机构应当明确对采集的信息及时通过信息化管理系统进行收集和管理，管理应满足《特种设备检测机构核准规则》附件 D 第 D2.6.2 条的要求。信息收集应当遵循及时性、准确性原则。

（1）信息收集的及时性。应当及时收集信息并在信息化管理系统中录入，生成电子记录，系统不得设置追记功能。对于已经采用数字化检测设备及手持式检测设备记录的，应当及时、直接将采集的检测信息录入信息化管理系统。

（2）信息收集的准确性。开展质量管理活动和检测技术活动所采集的信息属于原始信息，活动执行人员应当对原始信息加以辨识，获取活动所需要的有效信息。质量管理活动原始信息是指在活动中直接产生或获取的数据、概念、事实、知识、经验及其总结等。检测技术活动原始信息是指在活动中直接产生或获取的数据、概念、信号、图像等，是未经加工的信息。加工信息则是依据安全技术规范、标准对原始信息进行加工、分析、判定、改编和重组等而形成的具有新形式、新内容的信息。作为记录所需要输入的信息应当是按照规定要求加工以后的信息。例如，检测技术活动直接采集的数据需要进行单位转换、数据修约等；信号、图像需要进行判读、判定、评定处理，将信号、图像转换成直观的数据或者文字信息，确保采集的信息使用法定计量单位，定量、定位准确，定性正确，表达无歧义。

（3）信息校对或校核。检测机构应当任命、授权或规定有相应资格的人员对记录信息进行校对或校核。校对或校核的重点主要如下：

1）核对被检对象信息是否正确；

2）核实仪器设备状态、使用方法是否符合要求；

3）核对现场检测环境条件；

4）核实检测方法是否符合要求，与操作指导书是否一致；

5）核实数据信息的转换和计算是否正确。

三、案例与分析

案例 4–2（注：本案例为选取的部分“无损检测机构鉴定评审和监督检查”时发现的不符合项）

记录控制程序中缺少对记录格式、信息收集、记录保存期限的控制要求。

编号为 ××××JL–MTJ–2018010 的磁粉检测原始记录中，白光照度不是实际测量值。

射线检测评片记录格式中无复评人员信息，无复评人员签字。

射线检测记录、超声波检测记录格式缺少检测仪器设备唯一性编号。

编号为 ×××××××× 的磁粉检测原始记录中检测方法与操作指导书规定的方法不一致。

剖析：

部分无损检测机构对质量管理活动、检测技术活动的信息采集管理不重视，特别是检测人员对检测数据信息的有效性重视不够。

部分无损检测机构的技术质量部对检测信息控制的重要性理解不透，未提出相关要求。信息检测过程中采集的相关信息的有效性（准确、完整、客观）与检测人员、检测方法、检测仪器设备、检测条件存在直接关系，如果以上因素存在偏离，则采集的信息可能存在较大的误差，导致结论错误。

部分检测人员未充分认识检测过程中采集信息偏差会导致特种设备安全使用风险和有可能造成事故的严重后果。

第四节　记录填写与更改

一、质量控制目的

对记录的填写与更改过程实施控制，确保记录内容齐全、清晰、规范，为质量管理体系运行、检测工作质量的追溯提供有效证据。

二、质量控制环节与质量控制点

记录填写与更改作为记录和信息控制的一个过程，涉及的质量控制环节通常包括记录填写、记录审核、记录更改、记录标识、授权与签名等。记录填写与更改质量控制环节与质量控制点见表 4–3。

表 4-3 记录填写与更改质量控制环节与质量控制点

控制环节		控制点		控制要求		
序号	名称	序号	名称	主要控制内容	工作见证	责任部门 / 岗位
1	记录填写	（1）	质量记录填写	格式选用，输入信息齐全、清晰、规范	质量记录	记录填写实施人员
		（2）	技术记录填写	格式选用，适时填写、时效性，填写齐全、清晰、规范	技术记录	记录填写实施人员
2	记录审核	（3）	记录信息审核	质量记录实施审核，技术记录进行校对或校核	质量记录、技术记录	校对、校核和审核人员
3	记录更改	（4）	信息更正	更正沟通，更正实施，更正记录	更改记录	信息录入实施人员
		（5）	记录更改	更改沟通，更正实施，更改记录	更改记录	记录填写实施人员
4	记录标识	（6）	记录编号	按记录编号规则对记录编号	质量记录、技术记录	记录填写实施人员
5	授权与签名	（7）	记录信息授权与签名	对信息收集、更改、使用和管理人员授权	授权文件	机构负责人 / 技术质量部

1. 记录填写

检测机构应当明确规定记录填写的基本要求。对于技术记录的具体填写要求，可以明确在作业指导书中予以规定。

（1）质量记录填写。实施质量管理的人员在质量管理活动中，必须按照相应文件要求填写质量记录，并由机构相关岗位责任人员审核和批准。质量记录填写的基本要求如下：

1）应当选用与质量管理活动相应的、现行有效的记录格式版本；

2）按照规定的填写方式填写，如纸质手写记录（应使用钢笔、签字笔等填写）、信息化管理系统的电子输入等；

3）信息内容应当按照上级文件规定的控制环节要求进行描述，用词应当规范、准确；

4）记录格式中要求填写或者选项的必须填写和选项，不适用的应当予以说明，确保记录齐全；

5）电子记录可以采用电子签名的方式确认和保存，电子签名按照《中华人民共和国电子签名法》实施管理。

（2）技术记录填写。技术记录是实施检测所获得的数据信息的主要载体，是检测技术活动可追溯的主要证据。技术记录的填写应满足齐全、清晰、规范的要求。实施检测技术活动并符合本机构检测记录要求的人员，应当适时录入或填写检测记录。记录要在检验现场形成，不得追记。技术记录填写的基本要求如下：

1）记录人员应当具备相应资格。检测技术活动记录通常由持相应资格证的人员填写，当记录的填写由配备的专职记录员执行时，信息采集人员应对记录信息予以确认，并签字。

2）应当选用正确的、现行有效的技术记录版本。

3）按照规定的填写方式填写，如纸质手写记录（应使用钢笔、签字笔等填写）、信息化管理系统的电子输入等。

4）机构应当制定每项记录的填写规定，对每个需要填写的栏目设置准确、规范的用词，涉及结果或结论的，其表述应当符合相应安全技术规范给定的标准用词。

5）记录应当填写齐全，不得出现空栏，对无此项或不适用项可在相应栏中用文字注明、注释（注明、注释可以明确设置在该记录的下方）。

6）自动化、数字化的检测设备所获取数据的单位、位数与记录格式不一样时，应当进行转换、数据修约后填写。

7）电子记录可以采用电子签名的方式确认和保存，电子签名按照《中华人民共和国电子签名法》实施管理。

2. 记录审核

记录完成后应当经校对或审核，技术记录校对或审核通常由机构授权或任命的具有规定资格的人员进行。校对或审核应当关注的重点如下：

（1）检测环境、仪器设备、被检对象信息是否正确；

（2）检测依据是否现行有效，检测方法是否符合要求并与操作指导书一致；

（3）原始数据与信息的填写是否规范、准确；

（4）数据信息的转换和计算是否正确；

（5）记录内容是否完整，记录签名是否符合要求。

校对或审核完毕，校对或审核人员应当签字确认。电子记录采用电子签名，电子签名按照《中华人民共和国电子签名法》实施管理。

3. 记录更改

（1）记录更改规定。校对或审核人员在审核检查过程中发现记录错误，应及时告知检测人员，形成一致意见后由原记录人员进行更正；当意见不一致时，应交由检测责任师或技术负责人裁定。在记录和信息控制程序中，应对记录更改按如下要求予以规定：

1）明确记录的更改方式，如手写记录更改方式、电子记录更改方式等；

2）明确记录更改执行流程，如提出申请、审批同意等；

3）明确更改人员资格及授权要求。

（2）记录更改实施。由授权人员实施记录更改。填写记录更改申请，内容至少包括记录名称、记录编号、更改原因以及其他必要的说明（如发现错误的方式、原信息错误的原因、更改信息的确认等），并经岗位责任人员审核或批准。记录更改时，应当确保每一处错误均得到更改；更改信息可以追溯到前一个版本或原始结果；应当保存原始的以及修改后的信息，包括修改日期、标识修改的内容、修改人员等。

信息化管理系统中的记录更改同样应可追溯，并且应当自动形成更改记录，保证更改后仍然可以追溯到更改前的版本或原始信息。更改记录至少包括更改时间、更改标识、更改内容、更改人员等。

4. 记录标识

建立的程序文件应当对记录的编号给予明确的规定，具体如下：

（1）每一个质量记录应当有区别于其他运行记录的唯一性识别编号，通常由该记录格式识别编号加序列号组成；

（2）检测技术活动的原始记录应当有对应于检测报告的识别编号。

5. 授权与签名

信息化管理系统中的记录和信息收集、更改、使用和管理人员，均应取得检测机构的相应授权，通常由检测机构制作电子签名和密钥，各相关人员必须通过自己的独立密钥才能行使相应权限。

三、案例与分析

案例 4–3（注：本案例为节选某检测机构记录和信息控制程序关于记录填写与更改规定的内容）

4.2　记录的填写

4.2.1　按记录设置的项目逐项填写，不得缺项。某些项目不需要填写时，必须用“／”标注。

4.2.2　填写记录时，一律用钢笔或签字笔填写。填写时字迹要清晰、整齐，能准确识别。填写人员签名时必须签全名。

4.2.3　记录的内容要完整、齐全，提供的数据、资料要准确，语言要简练。归档资料应易于检索。

4.2.4　各项管理记录和各种报告要及时填写，各项操作记录、监视和测量记录应随时整理，严禁后补、伪造。

4.2.5　检验检测服务的原始记录不得涂改。当记录中出现错误时，允许通过划改形式进行更正，更正数值填写在其侧面，由更正人签字并注明日期，以保留原有记录的可识别性。归档的记录未履行审批手续不得更正、查阅。

剖析：

1. 比较好的一方面

- 明确了记录填写与更改的基本要求。

2. 存在的问题与不足

- 未明确记录填写与更改人员的权限。
- 未明确记录更改的确认与批准要求。
- 未明确检测记录填写与更改的具体实施要求。

第五节　记录收集与使用管理

一、质量控制目的

对记录的收集与使用进行控制，确保质量管理体系的运行证据、检测原始记录证据集中统一管理，避免损毁或丢失，并能得到有效使用。

二、质量控制环节与质量控制点

记录收集与使用管理作为记录和信息控制的一个过程，涉及的质量控制环节通常包括记录收集、记录存档、归档记录使用、记录保存与处置等。记录收集与使用管理质量控制环节与质量控制点见表 4–4。

表 4–4　记录收集与使用管理质量控制环节与质量控制点

控制环节		控制点		控制要求		
序号	名称	序号	名称	主要控制内容	工作见证	责任部门 / 岗位
1	记录收集	（1）	记录收集时限	质量记录、技术记录收集时限	—	技术质量部

续表

控制环节		控制点		控制要求		
序号	名称	序号	名称	主要控制内容	工作见证	责任部门/岗位
1	记录收集	(2)	记录收集实施	收集途径、收集交接手续	文件资料、交接记录	技术质量部
2	记录存档	(3)	记录存档	记录整理，进行记录检索标识	记录台账或目录	技术质量部
3	归档记录使用	(4)	记录查阅	查阅申请与审批，查阅实施，使用记录	文件使用记录	技术质量部
		(5)	记录调取	调取申请与审批，调取实施，使用记录	文件使用记录	技术质量部
		(6)	记录复制	复制申请与审批，复制实施，使用记录	文件使用记录	技术质量部
4	记录保存与处置	(7)	保存期限识别	识别各项不同种类记录的保存期限	—	技术质量部
		(8)	处置申请	处置申请，申请的审核、批准	处置申请	技术质量部
		(9)	过期留用	过期留用标识，填写留用记录	留用记录	技术质量部
		(10)	移交	达到保存期限移交客户	交接记录	技术质量部
		(11)	销毁	填写销毁记录	销毁记录	技术质量部

1. 记录收集

检测机构应当明确记录的存档管理部门，以及归档记录的收集时限、收集程序、收集职责与要求。质量记录、技术记录通常由技术质量部实施统一管理。

（1）记录收集时限。质量记录通常在该质量管理活动实施后（实施过程一般包含质量活动开展、活动结果评价与分析、改进闭环等）收集整理，技术记录通常在检测报告出具并经审批盖章后收集整理。

（2）记录收集实施。记录的收集与提交一般按照以下规定执行：

1）记录收集通常由质量过程或活动的负责人收集，当质量过程或活动实施的见证材料齐全后提交技术质量部；

2）技术记录收集通常由检测实施人员收集，通常与完成的检测报告一并提交技术档案管理部门；

3）接收记录的部门应当按照相关规定进行验收，办理移交手续，填写记录交接单，内容至少包括记录种类、记录名称、记录编号、交接情况说明、交接人、交接日期等。

2. 记录存档

检测机构应当明确各类记录的存档要求，记录管理责任人按规定的要求对收集的记录进行整理、分类、归档（通常采用装订、装袋、装盒等形式）。为便于检索，应对记录进行标识，标注记录名称、份数、完成日期等。

（1）质量记录存档。质量记录通常由技术质量部实施存档管理。质量记录一般按照要素分类建立档案，即每一个质量要素形成一个档案，按照时间顺序存档。存档记录应当齐全，每次质量管理活动的记录通常包括所有质量过程或活动所形成的记录、报告和文件等（如管理评审记录至少包括评审计划、评审通知、评审输入材料、评审记录、评审报告及首末次会议签到表等）。

（2）技术记录存档。技术记录的存档管理部门通常按照本机构的规模确定，一般由业务管理部门实施存档管理，技术记录按照检测报告存档规定执行。

（3）电子记录（信息）存档。依托信息化管理系统对质量管理信息和检测信息进行收集的，信息保存应当齐全、完整、可追溯。为确保电子记录信息保存安全，一般应建立两套数据库，由检测机构指定的维护、管理信息化管理系统的部门或责任人对电子记录实施及时、可靠备份，并对备份文件进行管理。

3. 归档记录使用

归档记录使用通常包括记录查阅、记录调取、记录复制等，记录一般不得借用。检测机构应当明确规定记录查阅、调取、复制的程序（如提出申请、申请批准、程序的履行等）、要求与有关职责（如审批职责、履行手续等）。记录管理人员应当填写记录使用申请审批单，内容至少包括记录名称、记录编号、记录使用单位及使用人（签字）、记录使用方式（如查阅、调取、复制）、记录使用说明等。记录使用应经岗位责任人员审核和批准。

（1）记录查阅。当需要进行记录查阅时，查阅人应当提出申请并经审批（通常为技术质量部负责人审核，质量负责人批准）后由记录管理人员监督查阅。

（2）记录调取。当对质量管理体系运行、检测工作质量进行考核、评价、内外部审查而需要调取记录时，由经办人提出申请并经审批（通常为技术质量部负责人审核，质量负责人批准）后调取。记录管理人员填写技术资料借用/归还记录，记录信息通常包括记录名称、记录编号、调取期限、调取原因、调取日期、调取人、岗位责任人员签字等。

（3）记录复制。应当明确记录复制的许可范围（如特种设备监督管理部门、事故调查需要等），由经办人提出申请并经审批（通常为技术质量部负责人审核，质量负责人批准）后复制。复制一般加盖“复制 / 复印件”标识。记录管理人员填写技术资料复制记录，记录信息通常包括记录名称、记录编号、复制原因、复制人、岗位责任人员签字等。

4. 记录保存与处置

（1）保存期限识别。检测机构应当明确每类记录的保存期限，通常由技术质量部识别涉及存档的各种记录的保存期限。记录和信息是证明质量管理活动和检测技术活动的原始依据，条件允许可长期保存。应确保记录的保存管理符合法律、法规、安全技术规范、标准和客户要求。记录保存期限通常按照以下要求进行规定：

1）法律、法规、安全技术规范、标准对记录保存期限有明确规定的［如《承压设备无损检测 第 1 部分：通用要求》（NB/T 47013.1—2015）第 7.3.3 条对检测记录的保存规定如下：无损检测记录的保存期应符合相关法规标准的要求，且不得少于 7 年。7 年后，若用户需要，可将原始检测数据转交用户保管］；

2）相关方（如政府、客户）有明确要求的；

3）本单位管理需要的。

（2）处置申请。检测机构应当明确记录处置的申请审批程序及各环节的职责要求。记录处置的控制流程通常包括记录处置清单、处置申请提出、申请审批等。技术质量部应当列出记录处置清单，编制记录处置申请，申请内容至少包括需要处置的记录种类、名称列表、记录编号列表、处置理由、数量、处置方式（如留用、移交、销毁）等。记录处置的申请应经审批后方可实施。申请通常由技术质量部负责人审核，质量负责人批准；涉及重要记录的，一般由质量或技术负责人审核，机构负责人批准。

（3）处置实施。通常，由技术质量部实施记录处置的实施，必要时由质量负责人监督执行，并填写处置记录。记录处置方式一般包括以下几种：

1）过期留用。对超过保存期限的记录，如果确需留用的，应当进行留用登记与留用标识。留用标识一般是在过期留用记录上加盖“作废留用”或“废止留用”印章。

2）移交。对超过保存期限的技术记录，如法律、法规、安全技术规范、标准要求移交或客户要求移交的，应当办理交接手续，填写移交交接记录，内容包括移交的记录种类、名称列表、记录编号列表、数量、交接日期、交接双方签字等。

3）销毁。通常，对需要销毁的记录实施销毁，销毁的程序与要求按照文件销毁的相关规定执行。

三、案例与分析

案例 4–4（注：本案例为节选某检测机构记录和信息控制程序关于记录收集与使用规定的内容）

4.6　记录的收集、存档、使用

4.6.1　记录的收集和保管

4.6.1.1　公司技术质量部是质量管理体系运行、检测记录的归口管理职能部门，应当指定有档案管理经验的专人负责记录的收集、整理、保管。

4.6.1.2　质量管理活动记录应当在质量活动结束后 3 个工作日内移交至技术质量部，检测原始记录应当在报告出具完成后 5 个工作日内移交至档案室。记录 / 报告移交应当办理交接手续，填写文件 / 技术资料交接记录单，交接人签名，不得代签。

4.6.1.3　资料管理员应当将收集的质量管理活动记录进行整理，装入档案盒，并在档案盒标识质量活动名称、质量活动完成日期。

4.6.1.4　检测原始记录的归档执行检测报告控制程序。

4.6.2　记录的查阅与复制

4.6.2.1　内部人员查阅已经归档的记录时，应当经技术质量部部长同意后在资料管理员陪同下查阅，查阅不得对记录进行更改和破坏，不得带离查阅。

4.6.2.2　外部人员需要查阅已经归档的记录时，应当经公司质量负责人批准，在资料管理员陪同下查阅，查阅不得对记录进行更改和破坏，不得带离查阅。

4.6.2.3　当内外部考核、审查（外部如监督抽查、鉴定评审）需要将归档记录带离资料室时，资料管理员应当提出申请，经技术质量部部长审核、质量负责人批准，填写技术资料借用审批记录单，经办人员不得代签。

4.6.2.4　当相关方确需复制质量管理活动记录时，资料管理员应当提出申请，经技术质量部部长审核、质量负责人批准，填写技术资料复制审批记录单，经办人员不得代签。

剖析：

- 明确了记录收集、存档、使用的管理职责。
- 明确了记录收集、存档、使用的管理程序及要求。
- 明确了记录使用的审批程序及审批职责。
- 明确了记录使用的登记记录填写规定。

第五章　管理职责

本章重点阐述检测机构对质量管理体系中管理职责的控制要求，对《特种设备检测机构核准规则》附件 D 第 D3 条中除管理评审以外的 4 个条款进行解释。通过条款释义、规则中相关条款关系释义、相关体系要求对比等，识别和分析质量控制环节和质量控制点，提出控制要求。本章通过典型案例，剖析各质量控制环节与质量控制点常见的问题与不足，并为相关内容的策划与建立提供指引。

领导作用是质量管理七大原则中的第二大原则。明确管理职责，发挥领导作用，是质量管理体系建立实施的重要内容。

第一节　质量方针

一、规则原文

D3.1　质量方针

最高管理者应当策划和制定质量方针。质量方针与机构的宗旨与性质相适应，并且满足政府和客户的要求，质量方针应当体现对特种设备安全的承诺。

二、条文简析

1. 策划和制定质量方针

策划和制定质量方针是最高管理者的职责。质量方针是由最高管理者正式发布的本机构关于质量的宗旨和方向，是质量管理体系的核心，是其他过程建立的基础和依据。明确统一的宗旨和方向，引领全体人员参与，能够使检测机构将战略、方针、过程和资源保持一致，以实现其目标。对外展示质量方针，可彰显检验机构在质量领域的追求，以充分获取政府和客户的信任。

质量方针由最高管理者正式签发，并按《特种设备检测机构核准规则》附件 D 第 D2.2 条要求纳入质量手册中，放在首要位置。

2. 与检测机构的宗旨和性质相适应

质量方针是关于质量的宗旨和方向，必须与检测机构的宗旨和性质相适应。检测机构的宗旨和性质涉及检测机构存在的目的、社会责任、对未来的展望等。检测机构的宗旨除质量外还会涉及安全、环境、发展战略等方面，质量方针应与之相适应。

检测机构的宗旨和性质应遵循《中华人民共和国特种设备安全法》的要求。根据《中华人民共和国特种设备安全法》第五十二条、第五十三条、第五十五条的规定，特种设备检测机构及其检测人员应当依法为特种设备生产、经营、使用单位提供安全、可靠、便捷、诚信的检测服务；应当客观、公正、及时地出具检测报告，并对检测结果和结论负责；在检测中发现特种设备存在严重事故隐患时，应当及时告知相关单位，并立即向负责特种设备安全监督管理的部门报告；对检测过程中知悉的商业秘密，负有保密义务，不得从事有关特种设备的生产、经营活动，不得推荐或者监制、监销特种设备。这些要求决定了质量方针应体现安全、可靠、便捷、诚信、客观、公正、及时、保密等要素。其中可靠、便捷、及时也是满足客户要求的具体化。

3. 满足政府和客户的要求

满足客户要求是质量的根本属性，质量是“事物固有的可区分的特征”是“满足明示的、隐含的或必须履行的需求或期望的程度”。这些需求或期望就是客户要求。

政府是产品服务安全属性的相关方，是间接客户。当直接客户受安全认知水平限制和短期利益诱惑不能坚持质量底线时，满足政府要求更代表了客户的长远利益。当政府指定检测工作时，其本身就是客户。

以客户为关注焦点是质量管理的第一原则，可以增加客户价值，提高客户满意度，增进客户忠诚度，增加重复性业务，提高检测机构声誉，扩展客户群，增加收入和市场份额。

4. 服务特种设备安全

根据《中华人民共和国特种设备安全法》第五十二条、第五十三条的规定，检测机构应提供安全、可靠、便捷、诚信的检测服务，向负责特种设备安全监督管理的部门报告严重事故隐患。《特种设备检测机构核准规则》附件 D 第 D7 条规定，检测机构应根据每年检测发现的具体问题，进行系统分析，向住所所在地监察机构提出风险管控建议。可见，服务特种设备安全是特种设备检测机构的性质决定的，质量方针及其释义中应包含相应内容。

5. 为质量目标提供框架

《特种设备检测机构核准规则》附件D第D3.2条规定，最高管理者应当制定与质量方针相适应的质量目标。质量方针是评价质量管理体系有效性的基础，也是检测机构建立和评审质量目标的框架。检测机构质量目标的制定在内容上与质量方针相吻合，是对质量方针实施的具体体现，而质量方针是否得到落实则需通过评审与其内容相吻合的质量目标的实现情况来完成。

6. 持续改进，体现质量管理的原则

质量方针还要体现质量管理的原则和根本要求。持续改进是《特种设备检测机构核准规则》附件D第D1条的基本要求，也是质量管理的重要原则，应在质量方针中体现对质量管理体系有效性持续改进的内容。

7. 其他要求

方针和战略是开展过程管理的基础。《特种设备检测机构核准规则》是基于服务特种设备安全的基本要求，不构成全部的质量管理要求，更不构成全部的管理要求。特种设备检测机构的方针应该覆盖其要求，且一般会高于其要求，以更好地起到鼓舞和引领方向的作用，指导相关目标的实现。

8.《特种设备检测机构核准规则》相关条款

（1）《特种设备检测机构核准规则》附件D第D2.2条规定，质量手册应当包括质量方针、质量目标。这明确了需将质量方针纳入质量手册作为正式文件的发布方式。

（2）《特种设备检测机构核准规则》附件D第D3.2规定，应当制定与质量方针相适应的质量目标。这指明了质量方针是制定质量目标的依据与基础。

（3）《特种设备检测机构核准规则》附件D第D3.4条规定，管理评审输入应当分析质量方针、质量目标的适宜性，管理评审输出应当包括质量方针、质量目标的适宜性结论。这明确了应结合管理评审，定期评审质量方针的适宜性。

（4）《特种设备检测机构核准规则》附件D第D1条给出了建立质量管理体系的基本要求，这是质量管理基本原则在特种设备检测方面的具体体现。建立质量方针应遵循质量管理的原则。

三、相关标准要求的比较理解①

1. GB/T 19001—2016

《质量管理体系 要求》（GB/T 19001—2016）第5.2.1条“制定质量方针”同时突

① 本部分简要介绍几个主要相关标准的要求，便于读者对比理解。检测机构建立质量管理体系时可以同时满足其他体系要求，增加相关内容。下同。

出了方针的实施和保持要求，这更凸显了对质量方针的全过程控制。对方针的具体要求中“适应组织的宗旨和环境并支持其战略方向”“包括满足适用要求的承诺”两款与《特种设备检测机构核准规则》附件D第D3.1条基本一致；“为建立质量目标提供框架”“包括持续改进质量管理体系的承诺”两款在《特种设备检测机构核准规则》附件D第D3.1条未规定，但在相关条款（如第D1条和第D3.2条）中作了相应要求。

第5.2.2条“沟通质量方针”要求的“可获取并保持成文信息”“在组织内得到沟通、理解和应用”“适宜时，可为有关相关方所获取”，在《特种设备检测机构核准规则》附件D的相关条款（如第D1条和第D2条）中有相近的要求。

2. GB/T 45001—2020、GB/T 24001—2016

《职业健康安全管理体系 要求及使用指南》（GB/T 45001—2020）第5.2条“职业健康安全方针”是《质量管理体系 要求》（GB/T 19001—2016）要求在职业健康安全方面的具体化。《环境管理体系 要求及使用指南》（GB/T 24001—2016）第5.2条“环境方针”是《质量管理体系 要求》（GB/T 19001—2016）要求在环境方面的具体化。

3. GB/T 27020—2016、GB/T 27025—2019、CMA相关要求、GB/T 31880—2015

《合格评定 各类检验机构的运作要求》（GB/T 27020—2016）规定可以按照《质量管理体系 要求》（GB/T 19001—2016）的要求建立并保持管理体系，强调检验机构的公正性和独立性、保密性，设置了第4.1条“公正性和独立性”、第4.2条“保密性”等条款。《检测和校准实验室能力的通用要求》（GB/T 27025—2019）规定可以按照《质量管理体系 要求》（GB/T 19001—2016）的要求建立并保持管理体系，强调检测实验室的检测能力、公正性、一致运作和保密性，设置了第4.1条“公正性”、第4.2条“保密性”等条款。

《检验检测机构资质认定评审准则》第十二条规定，检验检测机构应当建立保证其检验检测活动独立、公正、科学、诚信的管理体系，并确保该管理体系能够得到有效、可控、稳定实施，持续符合检验检测机构资质认定条件以及相关要求。

《检验检测机构诚信基本要求》（GB/T 31880—2015）强调了诚信要素、诚信评价，强调避免管理体系与实际运行相脱节。

四、质量方针的控制

在质量手册中应规定质量方针的管理控制要求。质量方针控制涉及的质量控制环节通常包括质量方针的策划、质量方针的释义、质量方针的批准颁布、质量方针的沟通贯彻、质量方针及其释义的评审与修订。

1. 质量方针的策划

质量方针的策划一般与质量管理体系的策划同时进行，遵循质量管理体系策划的原则（第二章中已有介绍）。策划过程一般包括 4 个阶段：①机构负责人对质量方针的制定提出具体要求和总体思路；②学习、调研与标杆对比形成草案；③征集意见；④组织评审，定稿。

2. 质量方针的释义

质量方针一般由一组词组或短语构成，在不同的机构有不同的含义，在检测机构内应该有统一的释义。质量方针的释义在方针制定时就应明确，与方针一起由机构负责人正式颁布。

应为每一组词组、短语赋予本检测机构的阐释义，增加机构内的共识，这有利于形成良好的企业文化。随着检测机构人员素质与管理水平的提高、技术的进步、外部环境的变化，同样的质量方针可以被赋予新的含义。

3. 质量方针的批准颁布

质量方针及其释义由机构负责人正式批准颁布。质量方针释义通常与质量方针一起纳入质量手册。正式颁布的质量方针及其释义是质量管理体系文件的重要组成部分。质量方针及其释义颁布文件的发放范围可以比质量手册大，包括机构全体人员、其他各相关方。

4. 质量方针的贯彻沟通

应使机构全体人员及各相关方获得质量方针的完整信息（含释义）及正式颁布的文件（可通过宣传资料、展示栏、网站或其他公开媒体），帮助其理解质量方针的内容、内涵及其制定背景。

机构负责人是贯彻实施质量方针的第一责任人，应当带动管理层依据质量方针策划和监督各项工作。质量方针应在检测机构内得到充分沟通，使各级人员能够理解。对质量方针的沟通可通过文件、质量和安全例会、简报、布告宣传栏、企业文化标识、内部刊物、办公软件、通信社交软件等渠道来实现。各级负责人都有在所管辖的范围内宣传、贯彻和实施质量方针的责任。培训可以增进对质量方针的理解。通过有计划地进行内部培训，集中、系统地学习质量方针，可以使检测机构内各方理解质量方针以及检测机构当前的环境，理解质量方针与当前环境的适宜性，及时消除理解上的不一致，促进各层级把质量方针内化到各自的工作中，转化为相应的工作方针，展开为具体的工作目标。

5. 质量方针及其释义的评审与修订

结合文件评审，审查颁布的质量方针及其释义能否体现《特种设备检测机构核准规则》的要求，以及检测机构承诺执行的其他要求；审查质量方针控制部分描述是否完整。

内部审核应覆盖质量方针的管理，重点审核是否已制定质量方针，内容是否满足《特种设备检测机构核准规则》和检测机构承诺的其他体系的要求，质量方针是否可获得，质量方针是否得到有效沟通，以及能否被正确理解、掌握和实施。

开展质量目标考核，判断各项质量目标所依据的质量方针是否得以贯彻实施。

质量方针的评审是管理评审的重要内容之一。应通过质量目标的实现情况、质量管理体系的运行绩效来分析、判断方针目标的适应性。

检测机构的内外部环境条件变化可能导致机构的宗旨和方向发生变化，应跟踪环境变化，收集相关影响的反馈输入管理评审，为质量方针的评价和持续改进提供依据。

根据管理评审结论对质量方针及其释义进行修订，管理评审或专项评审确定修订内容（方针及其释义）后，按规定程序审批后正式颁布。质量手册的修订执行相关文件制修订的规定。

五、案例与分析

案例 5–1（注：本案例为节选某检测机构质量手册的相关内容）

质量方针：

诚信规范，公正可靠，科学高效，持续改进，服务安全，客户满意。

质量方针释义：

诚信规范：实施诚信管理，信守承诺，保质保量完成任务，依法依规检测，严格执行各项法规标准。

公正可靠：不从事与检测工作相关的生产经营活动，以独立的组织结构为保证，不受外来压力和不良影响的干预，检测设备精准可靠，真实、客观、公正地开展检测工作；认真进行检测活动，严格控制检测过程，为社会和客户提供准确、可靠的检测结果。

科学高效：以科学技术为先导，装备一流，运用先进检测技术和科学的管理方法。鼓励信息化技术应用，鼓励检测技术和管理上的创新。建设一流检测能力，为客户提供便捷、及时、高效的服务。

持续改进：建立和实施不符合控制、纠正预防措施控制、内审、管理评审、数据分析等持续改进控制程序，持续改进质量管理与检测质量。

服务安全：服务特种设备安全，建立接受监督程序，及时完成特种设备安全监察机构要求的各项工作，为被检设备安全提供可靠的检测服务，建立实施检测安全控制程序，确保检测过程中的安全。

客户满意：提供政府和客户满意的服务，满足客户对保密工作的要求，对检测过程接触的商业和技术信息保守秘密，赢得客户对检测服务结果和过程的满意。

剖析：

- 基本覆盖了《特种设备检测机构核准规则》的要求及《中华人民共和国特种设备安全法》的相关要求。
- 体现了特种设备检测行业特点和机构的宗旨和性质。
- 体现了质量管理七项基本原则。

第二节　质量目标

一、规则原文

D3.2　质量目标

最高管理者应当制定与质量方针相适应的质量目标。质量目标应当能够量化、分解和考核。

二、条文简析

1. 制定与质量方针相适应的质量目标

在质量手册的管理职责中应规定质量目标的管理控制要求。

质量目标是由检测机构最高管理者正式设定的本机构在质量方面要实现的结果，是可考核的指标，与质量方针一致，支持质量方针的实现。

质量目标在质量方针给定的框架内展开。如某一检测机构在质量方针上提出“依法检测”，对应的质量目标“法规标准执行率100%”等即与质量方针相吻合。质量目标的内容应全面体现质量方针的各方面要求，包括满足政府和客户的要求、质量管理体系的持续改进要求等。

2. 能够量化、分解、考核

目标量化要求将质量方面追求的目标量化为便于考核的指标。例如，“满足政府和客户的要求”方针转化为目标可以设为“客户调查满意率”。应将定性描述量化，如“及时”应明确时限，“满意”应明确评价方式。

总目标要分解到具体的控制过程和环节中，落实到责任部门和岗位，制定时就应考虑如何实施考核。

3. 职责分配

机构负责人负责检验机构总质量目标的策划制定。

质量负责人协助机构负责人制定检验机构整体质量目标，负责组织将总质量目标分解到各部门和岗位，拟定年度质量目标分解计划、考核办法，报机构负责人批准颁布。

质量管理部门组织对质量目标的实施进行监控和考核。

4.《特种设备检测机构核准规则》相关条款

《特种设备检测机构核准规则》附件D第D2.2条规定，质量目标直接纳入质量手册，列质量方针之后。正式颁布的质量目标是质量管理体系文件的重要组成部分。

《特种设备检测机构核准规则》附件D第D3.4.1条“管理评审输入”和第D3.4.2“管理评审输出”要求中均包含了质量目标的适宜性，应结合管理评审对质量目标进行评审与修订。

三、相关标准要求的比较理解

1. GB/T 19001—2016

《质量管理体系 要求》(GB/T 19001—2016)第6.2.1条规定，组织应针对相关职能、层次和质量管理体系所需的过程建立质量目标。质量目标应“与质量方针保持一致”“考虑适用的要求”“与产品和服务合格以及增强顾客满意相关”“予以沟通”“适时更新”等。这比《特种设备检测机构核准规则》的相关规定更明确和具体。

第6.2.2条规定，策划如何实现质量目标时，组织应确定：“a）要做什么；b）需要什么资源；c）由谁负责；d）何时完成；e）如何评价结果”。这体现了依据质量目标建立与改进质量控制过程的质量管理体系的策划要求。

2. GB/T 45001—2020、GB/T 24001—2016

《职业健康安全管理体系 要求及使用指南》(GB/T 45001—2020)第6.2条“职业健康安全目标及其实现的策划”、《环境管理体系 要求及使用指南》(GB/T 24001—2016)第6.2条“环境目标及其实现的策划”，是《质量管理体系 要求》(GB/T 19001—2016)相关要求在职业健康安全、环境管理方面的具体化，条文结构、要求内容基本一致。

四、质量目标的控制

应对质量目标进行控制，以满足《特种设备检测机构核准规则》以及质量管理体系建立所依据的其他标准要求。质量目标必须同时契合本机构的实际，正确反映质量管理体系运行绩效，有利于增强机构稳定提供令客户满意的检测服务的能力。应确保质量目标与质量方针相适应，正确分解到各管理层级与体系的各过程，各分目标支持总目标。

质量目标作为管理职责控制的一个过程，涉及的质量控制环节通常包括总质量目标的制定、质量目标的分解与实施、质量目标的考核、质量目标的评审、质量目标的修订。质量目标质量控制环节与质量控制点见表5–1。

表5–1 质量目标质量控制环节与质量控制点

控制环节		控制点		控制要求		
序号	名称	序号	名称	主要控制内容	工作见证	责任部门 / 岗位
1	总质量目标的制定	（1）	原则要求与依据	能够量化、分解和考核，正式颁布，与质量方针相适应，体现“满足政府和客户的要求”，满足质量管理体系建立所依据标准的要求	质量目标	管理层
		（2）	制定过程	依据质量方针展开，策划质量管理体系时与质量方针一起策划，调研与标杆对比，制定草案，征集意见，定稿评审，由机构负责人批准正式颁布	质量目标	机构负责人
2	质量目标的分解与实施	（3）	目标宣贯	总质量目标与质量方针一起发布、培训	培训记录	技术质量部
		（4）	建立过程指标	对基于质量目标的质量管理体系各要素、各过程、各控制环节建立预期结果的控制指标，分解到责任部门和岗位	年度质量目标（分解）	各部门、岗位
		（5）	分解到部门和岗位	将所有过程指标按部门、岗位汇总，审查与总质量目标的一致性、与部门职责的一致性，依据部门、岗位职责梳理、分解质量目标	年度质量目标（分解）	质量负责人

续表

控制环节		控制点		控制要求		
序号	名称	序号	名称	主要控制内容	工作见证	责任部门/岗位
2	质量目标的分解与实施	（6）	颁布目标分解方案	正式颁布，得到沟通并被理解	年度质量目标	机构负责人
		（7）	目标实施措施计划	梳理各过程、控制环节、控制点，制订年度工作计划	工作计划	各部门、岗位
3	质量目标的考核	（8）	制定考核办法	明确总质量目标、各分解目标考核的要求、职责、时机，抽样方法，合格的判定方法，指标的计算方法	考核办法	机构负责人
		（9）	考核实施	考核办法实施，样本信息完整可以追溯	考核记录	技术质量部
		（10）	考核结果应用	质量目标分析，完成情况、各体系相应过程运行情况，改进的建议	质量目标完成情况分析报告	各部门管理岗位、技术质量部
4	质量目标的评审	（11）	充分性	文件评审	文件评审记录	各部门管理岗位
		（12）	适宜性	管理评审	管理评审报告	机构负责人
5	质量目标的修订	（13）	分解目标的修订	根据文件评审、质量目标完成情况及考核分析、管理评审输出或专题评审结果，每年修订分解质量目标	年度质量目标	机构负责人
		（14）	总质量目标的修订	启动质量手册的修订程序，总质量目标一般与质量手册修订同步	目标颁布通知，质量手册换版或修订	机构负责人

1. 总质量目标的制定

策划和制定质量目标是质量管理体系策划的主要工作之一。

应以质量方针为框架，将方针的要求体现在各过程的评价指标中，通过质量目标的实施，保障质量方针得到落实。总质量目标制定过程：总质量目标依据质量方针展开，一般与质量方针同步制定，一起策划、调研、拟定草案、征集意见，由质量负责人及有关人员汇总意见，修改完善，组织评审（文件评审），报机构负责人批准正式颁布。

2. 质量目标的分解与实施

（1）质量目标宣贯。质量目标一般与质量方针一起在检测机构内进行沟通、宣贯。

（2）建立过程指标。质量管理体系各过程是基于质量方针与质量目标建立的。评价这些过程的有效性，要建立过程考核指标。例如，设备控制过程设置设备完好率、检定校准及时率；人力资源控制过程设置岗位培训合格率、持证上岗率、考核合格率、人员档案合格率等。

进一步评价质量管理体系各过程的绩效需要考核过程关键控制环节、控制点的控制效果，需要把质量目标分解到各过程、各控制环节、各控制点，设置相应的考核指标。例如，质量目标中法规标准贯彻执行率可以分解到法规标准有效版本控制（更新及时率、作废文件回收率）、发放宣贯（学习及时率）、各作业指导书和法规标准正确引用（引用正确率）、检测实施正确执行（检测工艺执行率）中；设备检定校准率可分解为计划正确率、计划执行率、校准结果落实率（校准结果确认、设备标识、不合格处置）。再如，某检测机构规定了检测报告出具及时率，规定在检测完成后 10 天内出具检测报告为及时。需要将 10 天时限分解到检测记录提交、报告编制、审核、批准、发放各环节，限制具体天数才能保障总时限。

（3）分解到各部门和岗位。将分解到各过程、各控制环节、各控制点的质量目标依据职责分工分配到对应的部门和岗位，以明确各部门和岗位所负责的过程、环节、控制点的指标，便于按部门和岗位进行考核。

（4）颁布质量目标分解方案。各部门和岗位梳理各自负责的过程、控制环节、控制点，按总质量目标要求设置指标形成部门和岗位质量目标，交技术质量部汇总、梳理形成具体的质量目标分解方案（注意使下一级质量目标的总和达到或略微超过上一级质量目标），由质量负责人审核，报机构负责人批准实施。质量目标分解方案可以与总质量目标一起颁布，也可以另行颁布。一般每年调整颁布一次年度（分解）质量目标。

（5）质量目标实施措施计划。质量目标分解后，各相关部门和岗位要论证现有措施（过程控制文件），保证其实施的充分性。通过质量目标梳理各过程、控制环节和控制点的充分性，对可能妨碍目标实现的控制环节和控制点制定补充措施。

3. 质量目标的考核

（1）制定考核办法。总质量目标、分解质量目标均应有明确的考核办法。考核办法应明确考核的职责、时机、各指标的考核样本来源（全部考核或抽样考核）、抽样比例、抽样方法、合格标准、质量目标指标算法、考核记录的要求。例如，某机构依据质量方针中客户满意的要求设置“检测服务满意率98%”的总质量目标，采用满意度调查的考核方法，分解到质量部、工程部、项目部为质量部客户投诉处理率100%、检测项目回访率100%，工程部材料供方评审覆盖率100%，项目部检测及时率98%。各分解质量目标都明确具体的考核办法。

日常考核属于日常质量控制的指标，应结合日常质量控制考核，如检测责任师日常审核报告，考核“检测比例满足率”“报告记录一次审核合格率”。

定期考核可根据管理需要，按月度、半年度、年度进行。结合定期质量监督、检测结果监督，考核“合同履约率”“检测比例满足率”“法规、规范、标准执行率”等。

为进一步衡量质量目标贡献，可以进一步考核为实现质量目标建立的配套文件（如规范、规章及管理制度）的执行情况、专项保障措施的落实情况、工作态度、协作精神等。比较贡献还可以考虑不同质量目标的复杂、困难程度。

质量目标考核办法一般与年度（分解）质量目标一起审批、颁布。

（2）考核实施。按计划实施，应做到考核记录信息完整规范、签字齐全，可以追溯考核样本，能够证实考核过程的真实性。技术质量部代表单位组织考核，某些分解质量目标也可授权责任部门自行考核。

（3）考核结果应用。各部门和岗位应分析职责范围内目标的完成情况，发现存在的问题，提出改进建议，提交管理评审。

考核应发挥“指挥棒”的作用，鼓励各层级为质量目标的实现和机构质量管理水平的提升做出贡献。日常考核、月度考核通常与绩效工资挂钩，可结合工资绩效考核综合进行；半年度、年度考核通常与奖励绩效挂钩，可结合相关奖励绩效考核进行。

4. 质量目标的评审

（1）充分性。结合文件评审，应评审质量目标的充分性是否满足本机构承诺的质量管理体系的全部要求，体现本机构的宗旨和质量方针，反映质量管理体系及其主要过程的运行效果。

（2）适宜性。年度质量目标分析是关键的管理评审输入，管理评审要评审质量方针和质量目标的适宜性。适宜性常见的问题包括：机构质量管理水平提升导致原质量目标设置过低，不再能够激励和引领质量管理体系改进；质量目标设置不当而无法实现或与质量方针不适应等。

当检测机构质量宗旨、方针发生变化，或质量管理体系文件换版时，应对质量目标进行专题评审。表5-2为质量目标评审示例。

表 5-2 质量目标评审示例

序号	要求	特性标准描述	评审结果
1	与质量方针相适应	（1）是否以质量方针为框架	
		（2）是否支持质量方针的实现	
2	可量化	（3）主要控制过程及其关键环节是否制定了量化控制指标	
		（4）是否有数量要求	
		（5）是否有质量要求	
3	可分解	（6）分解的层次是否过少，关键环节是否缺少指标	
		（7）分解的层次是否过细、过多，如不便于考核实施，可否合并	
4	可考核	（8）是否可考核	
		（9）期末是否可以自我评定完成情况	
		（10）是否有时间要求	
		（11）是否有成本要求（需要时）	
5	适宜性与持续改进	（12）是否体现出持续改进的思想	
		（13）是否有挑战性	
		（14）考核指标是否过高或过低	
		（15）设定质量目标的假定或者背景（如法规要求）是否清晰	
		（16）所掌握的资源或者权利是否足以支撑实现质量目标	
		（17）能否及时提供信息反馈，并采取必要的纠正措施	
6	协调性	（18）是否与上级目标相协调	
		（19）多体系运行时是否与其他体系的目标相协调	
		（20）是否与直接相关联的部门、岗位的目标相协调	
		（21）短期目标是否与中长期目标相协调	

5. 质量目标的修订

（1）分解质量目标的修订。根据文件评审、质量目标完成情况及考核分析、管理评审输出或专题评审结果，每年修订分解质量目标，以更好地发挥质量目标的激励和引领作用。

（2）总质量目标的修订。修订总质量目标应启动质量手册的修订程序，一般与质量手册修订同步。

五、案例与分析

案例 5–2（注：本案例为节选某检测机构的质量目标及其某一部门的质量目标分解考核）

质量目标：

——检测方法标准执行率 100%；

——检测人员持证上岗率 100%；

——检测报告差错率不超过 1%；

——合同履约率 100%；

——客户满意率超过 98%；

——检测质量事故为 0。

质量目标分解考核（检测工程部）

记录编号：

<table>
<tr><th>总质量目标</th><th>质量目标分解</th><th colspan="3">实施方法</th><th>考核部门 / 考核方式、时机</th><th>考核人 / 时间</th></tr>
<tr><td rowspan="6">检测方法标准执行率 100%</td><td rowspan="2">法律法规、标准现行有效率 100%</td><td>现行有效数量</td><td>部门现场使用的数量</td><td>考核结果</td><td rowspan="2">技术质量部 / 质量监督计划</td><td rowspan="2"></td></tr>
<tr><td></td><td></td><td></td></tr>
<tr><td rowspan="2">作业指导书执行率 100%</td><td>正确引用数量</td><td>法规标准引用总数</td><td>考核结果</td><td rowspan="2">技术质量部 / 文件评审</td><td rowspan="2"></td></tr>
<tr><td></td><td></td><td></td></tr>
<tr><td rowspan="2">现场检测执行率 100%</td><td>正确执行数</td><td>抽查检测现场及记录涉及的总数</td><td>考核结果</td><td rowspan="2">技术质量部 / 质量监督计划</td><td rowspan="2"></td></tr>
<tr><td></td><td></td><td></td></tr>
<tr><td rowspan="2">检测人员持证上岗率 100%</td><td rowspan="2">现场检测人员持证上岗率 100%</td><td>持证上岗数</td><td>抽查总数</td><td>考核结果</td><td rowspan="2">技术质量部 / 质量监督计划</td><td rowspan="2"></td></tr>
<tr><td></td><td></td><td></td></tr>
<tr><td rowspan="2">检测报告差错率不超过 1%</td><td rowspan="2">在用设备完好率 100%</td><td>完好设备</td><td>在用设备</td><td>考核结果</td><td rowspan="2">技术质量部 / 质量监督计划</td><td rowspan="2"></td></tr>
<tr><td></td><td></td><td></td></tr>
</table>

续表

总质量目标	质量目标分解	实施方法			考核部门/考核方式、时机	考核人/时间
	检测设备、仪器标识覆盖率100%	标识设备	全部设备	考核结果	技术质量部/质量监督计划	
	检测底片像质合格率高于95%	像质合格底片数	抽查底片数	考核结果	报告审批	
	底片评定准确率高于98%	准确评定底片数	抽查底片数	考核结果	报告审批	
	超声检测漏判率小于5%，错判率小于或等于10%	漏检/错判数量	抽查数量	考核结果	报告审批	
检测报告差错率不超过1%	磁粉检测/渗透检测误判率小于或等于5%	误判数量	抽查数量	考核结果	报告审批	
	检测记录差错率不超过1%	差错数量	抽查数量	考核结果	报告审批	
	检测报告出具差错率不超过1%	差错数量	抽查数量	考核结果	报告审批	
	检测报告审批差错率不超过1%	差错数量	抽查数量	考核结果	技术质量部/质量监督计划	
	竣工资料移交归档率100%	移交归档数量	应移交归档数量	考核结果	档案室/年度	

续表

总质量目标	质量目标分解	实施方法			考核部门 / 考核方式、时机	考核人 / 时间
合同履约率 100%	委托受理执行率 100%	执行业务	全部业务	考核结果	检测工程部 / 委托受理及检测结果通知	
	工程投标书评审率 100%	评审数量	应评审数量	考核结果	技术质量部 / 质量监督计划	
	工程技术文件审核率 100%	审核数量	应审核数量	考核结果	技术质量部 / 质量监督计划	
	合同执行率 100%	实施情况	合同要求	考核结果	技术质量部 / 质量监督计划	
客户满意率超过 98%	客户沟通确认率大于 98%	已确认事项	需确认事项	考核结果	检测工程部 / 委托受理或检测结果通知	
	客户满意率超过 98%	满意用户数量	调查用户数量	考核结果	技术质量部 / 满意度调查	
检测质量事故为 0	安全培训率 100%	培训人次	应培训人次	考核结果	技术质量部 / 质量监督计划	
	危险作业安全条件确认率 100%	确认数量	应确认数量	考核结果	技术质量部 / 质量监督计划	

剖析：

- 以质量方针为框架制定了总质量目标，且与质量方针一致，能够支持质量方针的实现。
- 检测工程部的分解质量目标覆盖了该部门职责涉及的主要过程、控制环节，能够支持总质量目标的实现；规定了考核职责、考核方式和时机，操作性较好。
- 一般应再配套考核办法以进一步明确考核的具体要求。

第三节 组织结构及职责

一、规则原文

D3.3 组织结构及职责

最高管理者应当策划机构的内部行政管理和质量管理组织结构，明确对检测质量有影响的部门与岗位的职责和相互关系：

（1）配备技术负责人，全面负责检测机构的技术管理，可以在不同的专业技术领域分别设置技术负责人，但应当明确其职责及分工；

（2）配备质量负责人，全面负责质量管理体系的实施和保持，并且有直接渠道向最高管理者报告质量管理体系的业绩和改进的建议；

（3）按照检测专业或项目配备责任师，协助技术负责人和质量负责人对专业或者项目的检测技术、质量进行管理和控制。

二、术语

1. 最高管理者

最高管理者即最高层中指挥和控制特种设备检测机构的一个人或一组人，对特种设备检测工作实施全面管理权限。对于特种设备检测机构，最高管理者通常是机构法定代表人、董事长或总经理；对于特种设备检测仅是其部分工作的组织（从事特种设备检测的具有法人资格的综合检测公司或单位等），应专门授权（任命）特种设备检测的最高管理者。

2. 机构负责人

机构负责人指特种设备检测机构的最高管理者。

三、条文简析

1. 最高管理者应当策划机构的内部行政管理和质量管理组织结构

组织结构及职责的管理是最高管理者的职责所在，是质量管理体系策划的重要内容。应策划部门和岗位的隶属与监督关系，进行必要的管理与维护，做到协调一致，分工合作，以实现质量方针为目标。

2. 明确对检测质量有影响的部门与岗位的职责和相互关系

为了质量方针、目标的实现，质量管理体系要求建立必要的控制过程，明确各部门、各岗位过程控制的职责，所有质量控制要素、控制环节、控制点均应被分配明确的责任并明确相互关系（主要责任、领导责任、配合责任）。

组织结构及职责不是一成不变的，质量监督、目标考核、内审、管理评审发现不符合及其纠正预防措施需要调整，内外部环境变化，持续改进的需要等都会导致机构组织结构及职责的调整。

特种设备检测机构设置的各部门中，其职责涉及检测质量管理体系各要素（控制过程）、控制环节、控制点的，或被赋予检测质量管理相关职责的，都是对检测质量有影响的部门。常见的有综合管理部（公司办公室、人事部）、财务部、材料设备部、经营管理部、技术质量部、检测部，或综合部（公司办公室、人事部、市场部、财务部）、质量管理部、检测事业部、工程部（各项目部）等。

《特种设备检测机构核准规则》附件 C 第 C1.3 条、第 C2.4 条、第 C3.3 条规定了技术负责人、质量负责人和责任师关键岗位的任职条件；第 C1.4 条、第 C2.5 条、第 C3.4 条还明确了技术负责人、质量负责人、内部审核人员和其他从事质量管理人员的培训要求，规定了检测人员岗位任职资格及培训、档案管理等要求。

报告的批准一般是技术负责人的职责，报告的审核、质量监督一般是责任师的职责；也可以授权具备相应资质、技术经验和能力的其他人员承担，设置专门的报告批准人（授权签字人）、质量监督员并明确其职责。

设备管理、文件管理、档案资料管理一般设置专职或兼职的设备材料管理员、资料管理员、档案管理员。

检测机构的质量手册应设置“组织结构及职责”控制要素（过程），描述组织结构及职责的策划控制要求。内部审核时，本部分重点审核领导层对“D3.3　组织结构及职责”管理职责的履行情况；管理评审时，侧重评审组织结构及职责运行的有效性和改进的机会。

质量手册中在各控制要素之前应设置专门章节描述组织结构、岗位设置，包括文字描述、组织结构图、职能分配表。职能分配表应简洁、清晰地分配各要素的主要责任、领导责任、辅助责任等，避免职责分配中的不协调，需关注与文字描述的一致性。

程序文件（制度、规定）等过程控制要求（文件）中，组织结构及职责、相互关系的描述是具体质量活动的展开，应和质量手册中的描述保持一致。

通常还会有专门的部门设置文件、岗位说明书，以明确组织结构和部门、岗位职责。

3. 配备技术负责人，全面负责检测机构的技术管理

技术管理工作内容通常包括技术文件（如检测通用工艺规程、检测专用工艺、非标准检测方法、检测报告等）审批、重大技术问题处理、技术培训、检测人员技术能力评价考核等。

无损检测、电梯检测、安全阀校验属于不同的专业技术领域，技术负责人一般分别设置。无损检测中漏磁检测、涡流检测相比其他无损检测方法专业性较强，一般也分别设置技术负责人。当设置多位技术负责人时，应明确分工，同一专业技术领域的应明确主责和替代关系。

无损检测核准项目的技术负责人应熟悉特种设备无损检测相关业务以及法律法规，具有岗位需要的业务能力，至少取得一项与申请核准项目相对应的Ⅲ级无损检测人员资格，其中常规检测项目应当取得 RT[①] Ⅲ级或者 UT[②] Ⅲ级无损检测人员资格；相对应的无损检测项目未设置Ⅲ级资格的，至少取得一项与申请核准项目对应的Ⅱ级无损检测人员资格（取得资格不少于 4 年）。电梯检测核准项目的技术负责人应熟悉特种设备的法律、法规、规章、安全技术规范、标准和电梯检测业务，具有岗位需要的业务水平和组织能力，具有电梯检验师资格不少于 8 年。安全阀校验核准项目的技术负责人应熟悉特种设备的法律、法规、规章、安全技术规范、标准和安全阀校验业务，具有岗位需要的业务水平和组织能力，具有安全阀校验人员资格或锅炉压力容器、压力管道检验师资格。

安全阀校验报告审批人员应当具有安全阀校验人员资格不少于 4 年，或具有锅炉压力容器、压力管道检验师资格。

4. 配备质量负责人，全面负责质量管理体系的实施和保持

质量管理体系的实施和保持工作内容通常包括：组织质量管理体系文件的编制、质量手册审核、检测质量监督考核、质量管理体系分析与改进、重大质量问题（质量管理体系的重大不符合）处理、组织文件评审、组织内审、协助机构负责人做好管理评审、处理质量管理体系与外部的联系等有关事宜。

质量负责人应有直接渠道向最高管理者报告，质量负责人通常为管理层中的一员（如副总经理或总经理助理）。无损检测核准项目的质量负责人应接受过特种设备无损检测质量管理方面的专门培训，具有无损检测相关管理工作经历和岗位需要的业务能力，至少取得一项与申请核准项目对应的Ⅱ级或者Ⅲ级无损检测人员资格。电梯检测核准项目的质量负责人应熟悉质量管理工作，有岗位需要的业务水平和组织能力，具有电梯检验师资格不少于 4 年。安全阀校验核准项目的质量负责人应熟悉质量管理工作，有岗位需要的业务水平和组织能力，具有安全阀校验人员资格或锅炉压力容器、

① RT 指射线检测。

② UT 指超声检测。

压力管道检验师资格。

《特种设备检测机构核准规则》附件 D 第 D1 条规定，建立的质量管理体系应能够确保独立行使质量管理、质量监督、质量控制的权限，这一般需要授权质量负责人行使相应权限。

通常设置 1 名质量负责人，质量负责人临时不能履责时，一般由具有相应资格能力的技术负责人替代。检测机构的技术负责人和质量负责人可以由不同的人担任，也可由一个人兼任，只要能有效开展工作即可。

5. 按照检测专业或项目配备责任师

检测责任师协助技术负责人和质量负责人对专业或项目的检测技术、质量进行管理和控制，可以在其责任项目范围参与合同评审、下达工作指令、指导检测人员、监督检测过程、审核通用检测工艺规程、批准专用工艺卡、审核检测报告等。

无损检测常按射线检测、超声检测、磁粉检测、渗透检测、涡流检测和声发射检测设置检测专业或项目，配备责任师，成立项目部的还可以设置项目部的相关专业责任师；电梯检测常按自动扶梯检测、曳引电梯检测设置检测专业或项目，配备责任师；安全阀校验常按校验地址（项目）设置责任师。当同一个专业或项目配备多名责任师时，应明确职责分工，明确主责和替代关系，确保主责唯一。

无损检测核准项目的检测责任师应具有岗位需要的技术水平，取得与所担任项目对应无损检测方法的Ⅱ级（取得资格不少于 4 年）或者Ⅲ级无损检测人员资格。按照相关安全技术规范新设置的无损检测项目应符合相应规定。电梯检测核准项目的检测责任师应熟悉特种设备的法律、法规、规章、安全技术规范、标准和电梯检测业务，有岗位需要的业务水平和组织能力，具有电梯检验师资格不少于 4 年。安全阀校验核准项目的检测责任师应熟悉特种设备的法律、法规、规章、安全技术规范及相关标准和安全阀校验业务，有岗位需要的业务水平和组织能力，且持有安全阀校验人员资格或锅炉压力容器、压力管道检验师资格。

需注意的是，无损检测项目、电梯检测项目技术负责人和质量负责人不得兼任检测责任师，关键岗位人员应当由申请单位缴纳基本养老保险的全职聘用人员担任，分公司和分支机构配备的技术负责人、质量负责人和责任师也应当满足以上要求。

四、相关标准要求的比较理解

1. GB/T 19001—2016

《质量管理体系 要求》（GB/T 19001—2016）第 5.3 条“组织的岗位、职责和权限”与《特种设备检测机构核准规则》要求相比较：明确提出了职责、权限的沟通和理解的要求；要求确保各过程获得其预期输出，确保在整个组织中推动以客户为关注焦点；

强调了在策划和实施质量管理体系变更时保持其完整性。

2. GB/T 45001—2020、GB/T 24001—2016

《职业健康安全管理体系 要求及使用指南》（GB/T 45001—2020）、《环境管理体系 要求及使用指南》（GB/T 24001—2016）文件结构、相关要求与《质量管理体系 要求》（GB/T 19001—2016）基本一致。前者强调了每一层次的工作人员均应为其所控制部分承担职业健康安全管理体系方面的职责，增加了工作人员的协商和参与的要求；后者强调了环境管理方面的职责。

3. GB/T 27020—2016、GB/T 27025—2019、CMA 相关要求

《合格评定 各类检验机构的运作要求》（GB/T 27020—2016）强调了保障公正性、检验能力，明确了设置技术经理以及缺席时代理的要求，要求描述涉及检查活动的每个岗位，规定应在管理层指定质量负责人。《检测和校准实验室能力的通用要求》（GB/T 27025—2019）强调了沟通、变更管理，规定实验室应具有法律地位，应确定对实验室全权负责的管理层，应确定实验室的活动范围；要求规定对实验室活动结果有影响的所有管理、操作或验证人员的职责、权力和相互关系。CMA 规定了关键管理人员的代理人、授权签字人的要求。

五、组织结构及职责的控制

组织结构及职责涉及的质量控制环节通常包括组织结构、部门岗位设置及其职责的策划，描述与沟通，检查评价和调整改进。

1. 组织结构、部门岗位设置及其职责的策划

组织结构、部门岗位设置及其职责的策划是质量管理体系策划的重要部分，第二章第六节中已有描述。

2. 描述与沟通

（1）机构负责人签发正式文件，明确内设部门、岗位，任命部门负责人、岗位责任人。

（2）质量手册设立相应章节描述组织结构、职责和隶属关系，以及岗位职责和权限，建立行政管理组织结构图、质量管理组织结构图、质量管理体系要素（要求）职能分配表。

（3）程序文件（制度、规定）等应明确规定从事相关活动的各部门和人员的职责、权限和相互关系，保持与质量手册的规定一致，各文件之间协调一致。

（4）必要时建立岗位说明书，专门描述岗位职责和任职条件。

3. 检查评价

建立检查评价机制，保障各项职责得到履行，第一时间消除职责中的冲突和不协调因素，保障质量管理体系健康运行。

（1）在文件评审中，评价各文件规定的内设部门、岗位及其职责一致性、协调性和可操作性。

（2）在质量监督中，监督考核相应职责的履行情况。

（3）在内部审核中，审核全部要素、部门、岗位，审核相关职责的履行情况。

（4）在质量目标考核、其他绩效考核、人员能力评价中，考核工作完成情况，评价各岗位人员胜任工作情况。机构负责人通过要求各部门、岗位提交年度（半年度）工作总结及下一步工作计划，建立完善的考核办法，或运用其他灵活的考核激励方式，督促各部门、岗位履行职责。

（5）在管理评审中，结合质量管理体系有效性评审，评价各部门、岗位在体系各要素中职责履行情况及其效果，评价组织结构及职责要素的控制效果。

4. 调整改进

（1）不符合纠正措施可能涉及相关职责调整。

（2）应针对企业内外部环境变化，对内设部门、岗位及其职责进行整合与再分配。

（3）将更胜任的人员调整到适合的岗位。岗位保持相对稳定有利于体系运行的连续性，通常结合年度工作考核结果策划下一年度的岗位人员调整，必要时及时调整。

（4）应结合增强机构竞争力、提高运行效率的需要，调整组织结构及职责。

（5）应注意防范调整可能带来的风险。内设部门、岗位及其职责调整时，应保持体系运行的连续性，调整前评估对体系稳定运行的影响，做好工作交接，避免职责缺位，防范可能的风险。

六、案例与分析

案例 5–3（注：本案例为节选某检测机构质量手册的相关内容）

3.5　关键管理人员授权代理人

由技术负责人、质量负责人指定具有相应资历的人员代理行使其职权。

剖析：

本条款为不符合项。关键岗位人员应由最高管理者任命，代理人履行关键岗位职责同样应由最高管理者任命。被代理人员可以推荐有相应资历的人员，但不能直接指定其他人员代为履职。

案例 5–4（注：本案例为某检测机构质量手册中相关方面的问题）

（1）事实陈述：管理职责控制部分，没有组织结构及职责的内容，或仅是岗位的职责和权限描述，缺少组织结构及职责要素控制的原则性描述。

剖析：

不符合《特种设备检测机构核准规则》附件 D 第 D2.2 条、第 D3.3 条的要求。根据第 D2.2 条的规定，组织结构、岗位的职责和权限描述应放在质量手册各要素控制要求之前描述。根据第 D3.3 条的规定，在管理职责控制中应明确组织结构及职责要素控制要求。

（2）事实陈述：职能分配表中同一事项多个主办。

剖析：

不符合《特种设备检测机构核准规则》附件 D 第 D3.3 条的要求。同一事项多个主办违反了主责唯一的管理原则。职责不清晰，容易导致职责冲突或相互推诿。职能分配表应区分领导决策的主管责任，执行层的主办责任。表中可用不同的符号代表，如★代表负责决策，☆代表协助决策，■代表主要执行，□代表协助执行（或●代表主管，▲代表主办，△代表协办等）。

第四节　其他管理职责

一、规则原文

D3.5　其他职责

除上述管理职责外，还应当履行以下职责：

（1）传达国家有关的法律、法规、规章、安全技术规范及相关标准，履行法律、法规所赋予的职责，满足政府与客户要求；

（2）确保检测活动获得必要的资源；

（3）建立、实施和持续改进质量管理体系；

（4）确保检测机构在核准的范围内从事检测工作；

（5）接受市场监管部门的监督。

二、条文简析

领导作用是质量管理的重要原则之一。机构负责人应承诺和践行管理职责，且将其贯彻到整个控制过程中，创造条件并带动全体人员积极参与，使用过程方法，持续改进，基于数据和信息分析进行循证决策，管理与相关方的关系，从而取得质量管理的成功。

《特种设备检测机构核准规则》附件D第D3条将质量方针、质量目标、组织结构及职责、管理评审之外的其他管理职责，放在第D3.5条中逐项列出，以利于机构负责人更好地履行，发挥领导作用。其他管理职责包含了对检测机构质量管理的基本要求，体现了质量管理的原则，常体现在质量方针及其释义中。

管理承诺是最高管理者履行职责的公开承诺声明，通常在质量手册正文前设置管理承诺页，最高管理者应对《特种设备检测机构核准规则》明确要求的其他管理职责作出承诺声明。

1. 传达国家有关的法律、法规、规章、安全技术规范和标准，履行法律、法规所赋予的职责，满足政府与客户要求

这是《特种设备检测机构核准规则》附件D第D1条中建立的质量管理体系应符合有关法律、法规、规章和安全技术规范的要求在管理职责方面的阐述，应体现到质量方针或其释义中。

领导层应带头学习、宣传、践行法律法规，传达遵守法规标准的重要性，确保人员认识到满足客户和法律法规要求的重要性，将法治意识、质量意识融入企业文化。例如，在文件控制、人员培训过程中传达有关的法律、法规、规章、安全技术规范和标准；将法律法规要求具体到相应程序文件、作业指导书中；在质量目标考核中考核法规标准执行率、政府与客户满意度，验证质量管理实施效果。

2. 确保检测活动获得必要的资源

确保检测活动获得必要的资源，如人员、设备、设施和环境、法规标准技术支持等，是质量保证的基础。应建立人力资源管理、设备控制、设施与环境控制等过程，在检测服务中识别各过程资源需求，通过合同评审、质量监督、管理评审等评价资源需求的满足情况，进而改进完善，达到持续满足资源需求的目的。

3. 建立、实施和持续改进质量管理体系

这是《特种设备检测机构核准规则》附件D第D1条中建立、实施、保持并且持续改进质量管理体系并与检测活动和自身特点相适应的要求在管理职责方面的阐述，应体现到质量方针或其释义中。

应在质量手册中概述质量管理体系策划与建立的原则、体系架构、实施要求（确保独立行使质量管理、质量监督、质量控制的权限）；建立内审、不符合控制、纠正预防措施、数据分析、管理评审等控制过程，确立质量管理体系的适宜性、充分性和有效性，并持续改进。

4. 确保检测机构在核准的范围内从事检测工作

应纳入管理承诺声明，在质量手册的机构基本情况介绍章节、机构宣传材料、服务公示等展示企业能力的资料中明确核准的检测范围，识别开展检测工作所必需的核准项目，收集/整理并保存机构开展的所有检测业务项目、内容和范围的客观证据（合同/协议、委托单、电话记录等）。在合同评审、检测方法控制、检测过程控制、质量监督、接受特种设备安全监督管理部门的监督等过程中明确控制要求，在内审中审核实施情况。

5. 接受市场监管部门的监督

应纳入管理承诺声明，并结合《特种设备检测机构核准规则》附件D第D7.1条的要求，建立接受监督控制程序（管理制度、规定或程序），识别资格核准、变更管理、接受监督检查、报告事项、人员资格管理、积极参与行业自律活动等质量控制点。

6. 内部沟通

《特种设备检测机构核准规则》未独立描述内部沟通的相关要求，未建立独立的内部沟通过程。这是基于沟通存在于管理的每个过程环节，是一切管理的基本要求，并非质量管理所特有的。内部沟通的内容非常广泛，包括质量管理体系建立的重要性、质量方针、质量目标、职责权限等。

三、相关标准要求的比较理解

1. GB/T 19001—2016

《质量管理体系 要求》（GB/T 19001—2016）第5.1条“领导作用和承诺”强调最高管理者对质量管理体系的有效性负责；确保质量管理体系要求融入组织的业务过程；促进使用过程方法和基于风险的思维；沟通有效的质量管理和符合质量管理体系要求的重要性；确保质量管理体系实现其预期结果；促使人员积极参与，指导和支持他们为质量管理体系的有效性做出贡献；支持其他相关管理者在其职责范围内发挥领导作用；以客户为关注焦点；确定和应对风险和机遇。

2. GB/T 45001—2020、GB/T 24001—2016

《职业健康安全管理体系 要求及使用指南》（GB/T 45001—2020）第5条“领导作用和工作人员参与”，与《质量管理体系 要求》（GB/T 19001—2016）相关内容和结构基本一致，更突出了防止与工作相关的伤害和健康损害以及提供健康安全条件方面的责任，增加了在组织内建立、引导和促进支持职业健康安全管理体系预期结果的文化，保护工作人员不因报告事件、危险源、风险和机遇而遭受报复，确保组织建立和实施工作人员的协商和参与的过程，支持健康安全委员会的建立和运行要求等专项规定。

《环境管理体系 要求及使用指南》（GB/T 24001—2016）第5.1条“领导作用与承诺”则更突出在环境管理体系方面的要求。

3. GB/T 27020—2016、GB/T 27025—2019、CMA相关要求

《合格评定 各类检验机构的运作要求》（GB/T 27020—2016）第4.1.5条、第8.2.1

条、第 8.2.2 条、第 8.2.3 条、第 8.5.1.1 条涉及最高管理者职责，要求检验机构应有最高管理者对公正性的承诺，最高管理者应对建立与实施质量管理体系的承诺和持续符合标准的有效性提供证据，应在管理层指定质量负责人。其他规定与《特种设备检测机构核准规则》的相关内容基本一致。

《检测和校准实验室能力的通用要求》（GB/T 27025—2019）第 4.1.2 条、第 5.2 条、第 5.7 条、第 6.2.4 条、第 8.2.3 条分别提出以下要求：实验室管理层应作出公正性承诺；实验室应确定对实验室全权负责的管理层；实验室管理层应确保就管理体系的有效性、满足客户和其他要求的重要性进行沟通；当策划和实施管理体系变更时，保持管理体系的完整性；实验室管理层应向实验室人员传达其职责和权限；实验室管理层应提供建立和实施管理体系以及持续改进其有效性承诺的证据。

CMA 相关要求突出强调对公正性作出承诺，确保管理体系要求融入检验检测的全过程，确保管理体系实现其预期结果，运用过程方法建立管理体系和分析风险、机遇。

四、案例与分析

案例 5–5（注：本案例选取了检测机构鉴定评审和监督检查时发现的部分不符合项）

（1）事实陈述：管理承诺中缺少确保检测活动获得必要的资源、建立实施和持续改进质量管理体系的内容。

剖析：

不符合《特种设备检测机构核准规则》附件 D 第 D3.5 条的要求。第 D3.5 条规定，最高管理者应当履行“确保检测活动获得必要的资源”“建立、实施和持续改进质量管理体系”的职责。管理承诺是最高管理者履行职责的公开承诺声明，应包含《特种设备检测机构核准规则》明确要求的全部职责。

（2）事实陈述：质量手册中缺少其他职责控制的原则性描述。

剖析：

不符合《特种设备检测机构核准规则》附件 D 第 D2.2 条、第 D3.3 条的要求。在管理职责控制中应明确其他职责控制的要求。

第六章　管理评审

本章重点阐述检测机构对质量管理体系的管理评审控制要求，对《特种设备检测机构核准规则》附件 D 第 D3.4 条中相关专业术语进行解释。通过条款释义、规则中相关条款关系释义、相关体系要求对比等，识别评审策划、评审输入准备、评审实施、评审输出措施实施与验证、记录存档 5 个质量控制环节，并对质量控制点进行分析，提出控制要求。本章通过典型案例，剖析管理评审控制中各质量控制环节与质量控制点常见的问题与不足，并为管理评审控制程序的建立提供指引。

第一节　规则简析

一、规则原文

D3.4　管理评审

应当建立和实施管理评审控制程序，最高管理者应当定期组织管理评审，以确保质量管理体系的适宜性、充分性和有效性。管理评审通常每年进行一次。

D3.4.1　管理评审输入

管理评审输入应当包括以下内容：

（1）质量管理体系建立和实施情况，分析质量方针、质量目标的适宜性，重点关注检测质量、检测安全、质量管理体系变更、上次管理评审结果、内外部审核结果、质量目标考核结果、客户反馈以及投诉、纠正及纠正措施实施情况等；

（2）内部需求，包括资源、业务范围、管理模式等变化；

（3）外部需求，包括政府和客户的要求，有关法律、法规、规章、安全技术规范及相关标准要求等变化；

（4）改进建议。

D3.4.2 管理评审输出

管理评审输出应当包括以下内容：

（1）质量管理体系适宜性、充分性、有效性评价；

（2）质量方针、质量目标的适宜性；

（3）改进措施。

二、术语

管理评审是检测机构最高管理者按照策划的时间间隔对其质量管理体系的适宜性、充分性和有效性及其所规定的质量方针、质量目标适宜性的确定。管理评审通常采用评审会议的方式进行。

三、条文简析

1. 总则

条文首先明确了管理评审的职责、目的、频次，可以将其理解为总则或总要求。

（1）应当建立和实施管理评审控制程序。对管理评审过程进行控制，质量手册中要有管理评审要素管理的原则性描述，要识别管理评审过程的质量控制环节和质量控制点，建立专门程序文件。

（2）最高管理者应当定期组织管理评审。组织管理评审是最高管理者的职责，管理评审是有计划的活动。最高管理者要确定管理评审的时机、参加人员，主持管理评审会议。

（3）确保质量管理体系的适宜性、充分性和有效性。管理评审的对象是检测机构的质量管理体系。管理评审的目的是确保质量管理体系持续的适宜性、充分性和有效性。其中，体系的适宜性也包含其质量方针、质量目标的适宜性。

（4）管理评审通常每年进行一次。这与传统的年度管理时间节点一致，比“不超过 12 个月”更灵活和切合实际。可以对接管理上通行的年度总结分析，对质量管理体系进行年度总结分析。

应策划和规定明确的管理评审时间节点。可以根据检测机构管理习惯在程序文件中明确具体的评审月份，也可以在每次管理评审输出中确定下次评审的时间。

当检测机构的内外部环境发生变化，出现可能影响质量管理体系及其质量方针、质量目标的适宜性、充分性和有效性等非正常情况时，应及时进行管理评审。

当因检测机构其他事项（如内部机构改革、重要工程时间节点影响、需要评审的重要事项尚未完成等）需要推迟时，一般应由机构负责人签发计划变更通知。

2. 管理评审输入

管理评审输入为管理评审提供充分和准确的信息，是管理评审有效实施的前提条件。

（1）质量管理体系建立和实施情况。

1）各管理部门、岗位应按照质量管理体系规定的职责，对涉及的质量管理体系要素建立和实施情况进行总结分析。

质量管理体系建立情况，通常涉及与本部门、岗位职责有关的质量手册具体章节、程序文件、管理制度、作业指导书、记录表格等的内容是否齐全完整，是否符合相关法规标准和本机构实际情况；各文件涉及本部门、岗位的部分是否协调一致，涉及的法规标准、内外部环境情况是否发生了变化，是否需要修订等。文件评审可以较好地反映质量管理体系建立情况。文件评审结果应纳入管理评审，相关输入材料应考虑文件评审结果。

质量管理体系实施情况，通常涉及质量管理体系建立的各文件是否得到有效实施，是否规范和促进了工作开展，是否对实现本机构的质量目标发挥了有效的作用；实施中遇到何种问题，是如何解决的，解决后的效果如何，以及改进的建议等。内部审核可以较好地反映质量管理体系实施情况，内部审核结果应纳入管理评审，相关输入材料应考虑内部审核结果。

应分析质量目标完成情况，分析质量方针、质量目标对检测质量工作的引领、激励作用，进而评价其适宜性。技术质量部应汇总各部门的分析报告，协助质量负责人对质量管理体系运行进行综合分析。

2）应重点关注的事项。

①检测质量、检测安全。内容涉及检测过程控制、检测质量监督控制、检测方法应用、抽样样品控制、检测环境控制、人员管理、设备管理、检测安全控制等，由相关责任部门报告。

②质量管理体系变更。体系自身变更包括但不局限于：体系文件的变更，包括组织结构、职责、人员岗位（履职）、流程等变更，由技术质量部报告；可能影响质量管理体系的变更，包括内外部环境的变化，政府和客户要求的变化，检测业务范围、工作量及管理模式的变化，检测技术的发展变化等。

③上次管理评审结果。上次管理评审所输出措施实施情况及效果，由技术质量部和相关责任部门报告。

④内外部审核结果。内部审核结果体现在内部审核报告中，包括符合性结论、存在问题分析等；外部审核有核准评审、本机构取得认证的其他发证机构组织的审核、特种设备监督抽查与监督检查等，审核结果包括核准、审核、检查提出的问题、意见和要求，以及检测活动满足法律、法规、规章、安全技术规范或标准等要求的程度，相关措施实施情况及其效果等。内外部审核结果由技术质量部和相关责任部门报告。

⑤质量目标考核结果。内容包括各部门、岗位分析（报告）分解质量目标考核结果，质量负责人分析（报告）总质量目标考核结果。

⑥客户反馈以及投诉。内容包括责任部门报告满意度调查、客户访问、投诉受理及其处理结果。

⑦纠正及纠正措施实施情况。内容包括各纠正与改进措施的实施情况、效果验证情况、需要进一步采取的措施等，由技术质量部和相关责任部门报告。

对应重点关注的事项，负有相关职责的部门、岗位要重点关注，相关内容要包含在相关部门、岗位的工作报告中；协助管理评审的质量负责人要重点关注，汇总各部门、岗位工作报告，形成体系运行情况报告；管理评审中应逐一评审，分析这些信息反映的质量管理体系的适宜性、充分性、有效性及其趋势，在评审会议议程、会议记录及评审报告中有所体现。

（2）内部需求。内部环境变化主要包括：主要管理人员的变动（如机构负责人、技术负责人、质量负责人的变动），组织结构及职能的变化，机构规模的变化（如人员增加），业务范围的变化，机构性质的变化（如改制、主管部门的改变），新检测技术或新检测工艺的采用，新设备、新工艺的采用引起的资源等基础设施的变化，管理模式变化（如信息化手段使用）等。应评审质量管理体系及其文件是否适应这些变化，在这些变化后是否仍然是适宜的。要分析面对变化不作出应对的风险，分析资源的充分性和体系变更的需求。

（3）外部需求。外部环境是不断变化的，这些变化包括：质量管理体系要求的变化，政府或客户要求或期望的变化，检测市场的变化（如国外检测机构的进入等），先进技术的出现，法律、法规、规章、安全技术规范或标准的变化等。

政府的要求一般反映在政府文函、监督检查意见中；客户的要求一般反映在合同、客户意见、投诉举报、市场调研、行业产业趋势分析中；法律、法规、规章、安全技术规范和相关标准要求等变化需通过外来文件控制查新识别。相关变化要体现在评审记录中。

（4）改进建议。管理评审参加人员都有责任提出改进的建议，应基于各自职责输入数据及其分析，进行标杆对比、创新思考，提出改进的需求及有利于实现预期效果的建议措施，在管理评审中进一步论证，识别改进的机遇和（或）可能的风险，以利于作出正确的决策。

（5）项目部的管理评审。设立项目部的检测机构，管理评审应当覆盖项目部。项目部是检测质量和检测安全的重要责任部门，评审质量管理体系项目部不可或缺。项目部管理评审的输入主要有检测质量、检测安全、相关分解质量目标考核结果、纠正及纠正措施实施情况等，项目部资源需求，项目所在地政府要求，项目客户反馈以及投诉、项目实施中的问题对策、改进建议。项目部负责人应就上述情况形成项目部质量管理体系运行情况报告，输入管理评审，参加管理评审会议。

3. 管理评审输出

管理评审是机构负责人组织并主持的关于质量管理的最高规格会议，通常是对质量管理的年度总结，是质量管理重要事项的决策会，应对质量管理体系及其方针、目标进行评价，做出改进决策。

（1）质量管理体系适宜性、充分性、有效性评价。这是管理评审的中心目的，一般体现在管理评审报告中。

1）适宜性。检测机构所处内外部环境不断变化，客观上要求检测机构的质量管理体系作出相应变化。这种变化有可能导致质量方针、质量目标的变更。在这种情况下，检测机构应及时地调整或改进原有的质量管理体系，以达到质量管理体系与内外部环境变化相适应的目的。

2）充分性。质量管理体系的充分性包括体系的建立是否识别了所有的质量管理体系过程，并根据控制的需要进行适当的表述，以做到职责清晰、协调统一。要注意评审质量管理体系实施过程中是否存在体系建立时未考虑的活动，法规标准理解是否准确，文件描述是否有误或不确切，采用的方法是否得当，职责权限接口规定是否明确，资源配置是否足够等。

3）有效性。有效性指达到所设定的质量方针和质量目标的程度，包括与法规标准的符合程度、客户满意程度等。有效性要和企业自身的目标进行比较，涉及的输入有质量目标的实现程度等；要和客户以及相关方的要求进行比较，涉及的输入有客户满意情况和有关相关方的反馈等。有效性的衡量往往要结合绩效一同进行分析，涉及的输入有过程绩效以及产品和服务的合格情况等。体系改进方面的有效性是指各纠正、预防、其他改进措施是否达到预期效果，涉及的输入有不合格及纠正措施、预防措施、其他改进措施验证情况等。体系的有效性还表现在检测机构能否保证和提升持续稳定地向客户和政府提供满意服务的能力，涉及的输入有监视和测量结果、审核结果、数据分析结果、各项指标的趋势等。

（2）质量方针、质量目标的适宜性。应通过管理评审促进对质量方针、质量目标的理解，结合内外部环境变化分析评价其持续适宜性、与组织战略方向的一致性，以及是否需要修改或赋予新的含义（修改释义）。

（3）改进措施。管理评审不应局限于对质量管理体系运行状况的报告和验证，管理评审的过程应该是一个增值过程，通过管理评审活动推进质量管理体系的持续改进才是管理评审的真正目的。例如，对管理评审输入中各部门、岗位提出的改进建议进行评议，以进一步完善并作出决定；基于管理评审输入的数据及其分析，识别其他改进的机会，包括消除和预防相冲突（不协调、不一致等）的职责关系，更好发挥个人特长的职责调整、岗位调整、资源提供等。管理评审报告要描述管理评审输出的措施。

管理评审提出的各项输出措施应得到有效实施，要记录措施实施及效果评价情况，并纳入下次管理评审。记录要体现控制过程，可以采用纠正（预防）措施单或独立的管理评审输出措施单。

4.《特种设备检测机构核准规则》相关条款

（1）《特种设备检测机构核准规则》附件 D 第 D5.3 条规定，设立项目部的，内部审核和管理评审应当覆盖项目部。

（2）《特种设备检测机构核准规则》附件 D 第 D6.2 条、第 D6.3 条、第 D6.4 条均为管理评审的相关要素，管理评审输出的预防性措施需要执行预防措施控制程序，管理评审发现的不符合项需要执行不符合控制程序、纠正措施控制程序。需要处理好与相关文件的接口，使其协调一致，管理体系运行通畅。

四、相关标准要求的比较理解

1. GB/T 19001—2016

《质量管理体系 要求》（GB/T 19001—2016）第 9.3 条“管理评审”，强调质量管理体系与组织的战略方向保持一致。其中，管理评审输入中“以往管理评审所采取措施的情况”，对应《特种设备检测机构核准规则》附件 D 第 D3.4.1 条（1）中“纠正与纠正措施实施情况”；“过程绩效以及产品和服务的合格情况”“监视和测量结果”，对应《特种设备检测机构核准规则》附件 D 第 D3.4.1 条（1）中“检测质量、检测安全”；“外部供方的绩效”的内容不适用于检测机构。《质量管理体系 要求》（GB/T 19001—2016）中“管理评审输出”没有提及对质量管理体系及其方针、目标的评价，突出强调“改进”，并分成了“改进的机会”“质量管理体系所需的变更”“资源需求”3 个方面。

2. GB/T 45001—2020、GB/T 24001—2016、GB/T 27020—2016、GB/T 27025—2019

《职业健康安全管理体系 要求及使用指南》（GB/T 45001—2020）、《环境管理体系要求及使用指南》（GB/T 24001—2016）、《合格评定 各类检验机构的运作要求》（GB/T 27020—2016）、《检测和校准实验室能力的通用要求》（GB/T 27025—2019）等的管理评审要求是《质量管理体系 要求》（GB/T 19001—2016）的具体化，在内容结构上基本一致，更多突出了相应的专业要求。

第二节 质量控制环节与质量控制点

根据《特种设备检测机构核准规则》附件 D 第 D2.2 条、第 D3.4 条的要求，检测机构应当在质量手册中描述管理评审控制要求，建立管理评审控制程序。管理评审控制所涉及的质量控制环节通常包括评审策划、评审输入准备、评审实施、评审输出措施实施与验证、记录存档等。

管理评审质量控制环节与质量控制点见表 6–1。

表 6–1 管理评审质量控制环节与质量控制点

控制环节		控制点		控制要求		
序号	名称	序号	名称	主要控制内容	工作见证	责任部门 / 岗位
1	评审策划	（1）	评审时机	定期评审、追加评审、推迟评审	程序文件	机构负责人
		（2）	评审范围	应覆盖质量管理体系的全部范围，多体系合并评审、独立评审	评审计划	技术质量部
		（3）	评审职责	机构负责人组织管理评审，主持管理评审会议并批准管理评审报告	质量手册、程序文件等	机构负责人
		（4）	评审方式	会议评审，灵活方式	评审计划	机构负责人
		（5）	评审计划	评审目的、范围、方式、时间、参加人员，评审输入要求（内容、分工、提交时限等）、编制时间、审批发放	评审计划	技术质量部
2	评审输入准备	（6）	各部门、岗位体系过程分析	本部门工作业绩，分解目标完成情况（考核结果），问题、建议；分析面临的或可能的内外部环境变化及其影响、建议；分析本部门涉及的各要素（如客户反馈、纠正及预防措施、其他改进措施等）	各部门、岗位评审输入材料（工作总结）	各部门、岗位责任人

续表

控制环节		控制点		控制要求		
序号	名称	序号	名称	主要控制内容	工作见证	责任部门 / 岗位
2	评审输入准备	（7）	质量管理体系分析	总质量目标完成情况，质量方针、质量目标的适宜性；工作业绩，检测过程控制、质量监督情况，检测安全情况；文件评审结果，文件控制情况；质量管理体系变更情况及其效果评价；上次管理评审结果及其纠正、改进措施的实施情况；内外部审核结果；特种设备安全监督管理部门监督检查结果、意见和要求；客户满意度调查结果等客户反馈、客户投诉与处理情况；纠正及预防措施实施与验证情况；内外部需求；各部门、岗位的改进建议	质量管理体系运行分析报告	技术质量部、质量负责人
3	评审实施	（8）	会议通知	时间、地点、参加人员、会议议程、议题及其顺序，报机构负责人批准，通知与会人员	会议通知	技术质量部
		（9）	召开会议	会议签到，机构负责人主持，各有关部门、岗位负责人员按评审内容分工要求作专项或书面报告；质量负责人作质量管理体系运行报告；分析评价质量管理体系、质量方针、质量目标；议定改进措施	签到表、会议记录	机构负责人
		（10）	会议记录	时间、地点、参加人员、会议议程、主要发言内容、会议结论或决议	会议记录	技术质量部
		（11）	评审报告	评审内容、时间、组织人、参加人员，管理评审输入和评审过程概述，质量方针、质量目标评审结论，质量管理体系评审结论，改进措施，报告发放范围，质量负责人审核，机构负责人签发	管理评审报告	技术质量部、质量负责人

续表

控制环节		控制点		控制要求		
序号	名称	序号	名称	主要控制内容	工作见证	责任部门/岗位
4	评审输出措施实施与验证	（12）	下达改进指令	纠正措施、改进措施执行程序，签发相应措施单	措施单	责任部门、质量负责人
		（13）	实施改进	改进措施的落实	措施单及实施见证	责任部门
		（14）	实施效果验证	跟踪确认，验证实施效果	相关验证记录	技术质量部
5	记录存档	（15）	存档	评审计划、通知、会议记录、评审报告、改进见证等	档案及目录	责任人

一、评审策划

1. 评审的目的

管理评审的目的是通过对质量管理体系现状及其内外部环境变化进行系统的总结分析，评价质量管理体系的适宜性、充分性和有效性，评价质量方针、质量目标的适宜性；识别各种改进的机会和变更需求，确定改进措施；持续改进质量管理体系，确保质量管理体系持续的适宜性、充分性和有效性。

2. 评审时机

（1）定期评审。应当定期进行管理评审，一般每年进行一次。程序文件应明确管理评审的时间节点或确定程序（如年度工作计划），也可在管理评审报告中决定下次评审时机。通常，这种远期指定的评审时机只确认到月份。

（2）追加评审。当检测机构的内外部环境发生变化影响质量管理体系运行，可能引起质量管理体系及其质量方针、质量目标的适宜性、充分性和有效性时，应及时进行管理评审。这类情况一般包括：

1）机构的组织结构或管理体制发生重大变化时；

2）市场环境条件发生重大变化时；

3）法律法规或检测标准发生重大变化时；

4）客户要求和期望发生变化时；

5）机构负责人认为可能导致质量管理体系适宜性、充分性和有效性发生变化的其他情况。

（3）推迟评审。遇内部机构改革、重要工程时间节点影响、需要评审的重要事项尚未完成等情况无法按计划进行管理评审时，由机构负责人签发计划变更通知，说明推迟原因并明确变更后的评审时间。

3. 评审范围

管理评审的范围应覆盖质量管理体系的全部范围，涉及体系的所有要素、过程，可以根据体系运行的实际情况明确重点事项。多体系运行的管理评审通常多体系合并评审（包含各体系的覆盖范围），也可以分别独立评审。

4. 评审职责

机构负责人负责组织管理评审，主持管理评审会议并批准管理评审报告。

其他部门、岗位因各检测机构规模、管理模式、岗位、职责、权限设置的不同，管理评审的职责存在差异性，常见的如下：

（1）质量负责人组织技术质量部编制管理评审年度计划，审阅各评审输入资料，编制质量管理体系运行状况报告，拟定评审实施方案（会议议程、通知），编制评审报告，组织对管理评审输出措施（改进纠正、预防措施）跟踪验证。

（2）各相关部门、岗位负责准备与本部门、岗位工作有关的评审输入资料，负责实施管理评审中提出的相关改进、纠正和预防措施。

（3）技术质量部负责收集各评审输入资料，协助质量负责人汇总、分析输入资料，起草质量管理体系运行状况报告；负责管理评审会议记录；负责相关记录、资料归档工作。

5. 评审方式

（1）一般采用集中会议评审，由机构负责人主持，集体讨论评审，通常是质量管理体系年度总结分析会。

（2）必要时分为几个专题分次进行，各专题报告汇总形成管理评审报告。对于专项议题也可结合必要的现场考察。

（3）多体系运行的可以合并进行，也可以分别独立进行，或结合年度考核或其他重大决策事项一并进行。

（4）结合年度考核或其他重大决策事项一并进行的，与其他管理会议同期进行时，宜分阶段作为专门议题，不宜涉及其他事项。

6. 评审计划

（1）评审计划内容。应明确管理评审目的、范围、方式、时间、参加人员；明确评审输入要求，包括内容、分工与提交时限等。

（2）评审计划发放时间。责任部门（通常是技术质量部）根据程序文件规定、年度工作计划或上次管理评审会议确定的时间节点于预定期限到期一个月前，发放管理评审（实施）计划，以便于相关部门人员有充足的时间准备评审输入材料。

（3）审批发放。评审计划经质量负责人审核、机构负责人批准，发至各相关部门、人员。

（4）参加人员。参加人员通常包括管理层人员（如机构负责人、机构副职、质量负责人、技术负责人）、控制层人员（如部门负责人、检测责任师）、根据具体评审议题由机构负责人指定的其他人员。

二、评审输入准备

1. 各部门、岗位体系过程分析

（1）各部门、岗位按照各自职责，分析报告职责范围内质量管理体系建立和实施情况，质量目标完成情况，质量方针、质量目标对检测质量工作的引领、激励作用，进而评价适宜性；识别内外部环境的变化情况，包括资源变化、业务范围变化、管理模式变化；分析资源的充分性和体系变更的需求，如人员是否适应变化，相应的培训及其效果，体系及其文件是否适应这些变化，在这些变化后是否仍然是适宜的；分析面对变化不做出应对的风险；总结本部门接受客户反馈的情况、纠正及预防措施实施情况及效果、管理评审改进措施及其他改进措施实施情况和效果，提出进一步改进的建议。

（2）技术质量部通常还应报告体系文件评审、质量监督、内部审核、第二方审核、第三方审核、接受外部监督的情况，特种设备安全监督管理部门的意见和要求，法律、法规、规章、安全技术规范变化情况，检测活动满足要求的程度，质量管理体系变更[包括组织结构、职责、人员（履职）、程序等]情况，以往管理评审所采取措施情况，各纠正与改进措施的有效性以及需要进一步采取的措施等。

（3）综合管理部门（资源管理部门）通常还应报告人力资源管理情况及需求、相应的培训及其效果、设备设施管理情况及需求、服务和供应品管理情况及需求。

（4）经营管理部门通常还应报告检测合同管理、合同执行（工作指令）、市场分析情况等。

（5）各检测实施部门通常还应报告其检测质量、检测安全、检测过程控制与日常监督、检测方法应用、抽样样品控制、检测环境控制实施情况及改进建议，项目部资源需求、项目所在地政府要求、项目客户反馈及投诉、项目实施中的问题对策和改进建议。

（6）技术负责人通常还应报告法规标准执行情况，检测方法控制、检测报告控制以及其他检测技术管理工作的效果、问题与改进措施建议。

（7）检测责任师通常还应报告责任项目检测技术质量控制情况。

2. 质量管理体系分析

（1）技术质量部汇总各部门、岗位责任人提交的报告，分析各过程（要素）控制情况，确认质量管理体系各过程（要素）均有责任人报告了实施情况。

（2）技术质量部协助质量负责人进行质量管理体系运行情况分析，撰写质量管理体系运行情况报告，提交管理评审会议。

1）分析总质量目标完成情况，质量目标的量化分解与考核实施情况，质量方针、质量目标的适宜性。

2）汇总分析各部门、岗位的管理评审输入工作报告，分析质量管理体系各过程（要素）管理控制情况。重点分析检测工作业绩、检测质量（检测过程控制、质量监督）、检测安全，文件评审结果、文件控制情况、质量管理体系变更情况及其效果评价，上次管理评审结果及其纠正、改进措施的实施情况及有效性评价，内外部审核结果，第二方审核、第三方审核、特种设备安全监督管理部门监督检查结果、意见和要求，以及检测机构检测活动满足法律、法规、规章、安全技术规范要求的程度，客户满意度调查结果等客户反馈、客户投诉与处理情况，纠正及预防措施实施与验证情况等。

3）汇总分析面临的或可能的内外部环境变化，分析其影响、需要采取的措施和建议、可能的风险与机遇。

4）汇总、分析、完善改进建议。

3. 其他准备

为提高管理评审的效率，技术质量部协助质量负责人梳理议题、议程，报机构负责人确认。

（1）将需要评审的项目和要求列入表内，以便于逐一评价，报机构负责人确定会议评审先后顺序、主要相关人员，方便在会议上安排发言和听取意见。

（2）列出质量管理体系运行过程中实际的和潜在的、外部的和内部的所有问题，以问题为导向，逐个分析论证，提出改进建议，报机构负责人确定会议评审先后顺序、是否补充材料、重点听取哪些人员意见。

（3）运用数据分析结果，会前对检测质量合格率、客户投诉率、内部审核的结果等数据进行分层分类，分析存在的问题及趋势，便于会上决策是否采取改进、预防措施。

三、评审实施

1. 会议通知

明确会议时间、地点、参加人员，质量负责人拟定会议议程，明确议题及其顺序、各部门（岗位）责任人汇报顺序，经机构负责人批准，通知与会人员。同时，评审输入材料可以发相关人员以熟悉情况，提高评审会议效率。

2. 召开会议

（1）会议签到。

（2）评审方法。机构负责人主持，各有关部门（岗位）负责人按评审内容分工要求作专项报告，质量负责人作质量管理体系运行主题汇报。按照会议议程，机构负责人调动与会人员积极参与，对所提问题和建议逐项分析评价，分析质量管理体系的绩效和有效性及其趋势。与会人员积极建言献策、分析讨论改进措施或纠正措施。按计划的议题，由机构负责人逐一作出决策。

（3）主要议题。

1）基于管理评审输入的数据及其分析，结合各输入材料中的改进措施建议，评审改进的需求。

①评审质量管理体系及其过程是否需要改进，质量管理体系文件是否需要修改。决议质量管理体系有效性及过程有效性的改进措施。

②评审与政府和客户要求有关的检测工作的改进措施、与相关方需求和期望等环境变化有关的改进措施。

③分析资源需求（包括人员、设备、标准和软件等资源），评审其配备是否充足，是否需要调整。

④评审各过程之间融合程度的改进，如组织结构是否需要调整，各部门岗位职责权限是否存在协调不畅而需要调整的情况，分析调整可能带来的益处与风险，确定改进的措施。

2）作出质量管理体系适宜性、充分性、有效性评审结论。

3）沟通对质量方针、质量目标的最新理解，评价其适宜性，识别和理解调整的需求，决定下一年度质量目标是否需要修订及主要修订内容。

4）履职评价与职责调整。促进质量管理体系运行要综合运用各种管理手段。管理评审可以是一次综合考评，各关键岗位、各部门管理评审输入是其工作的述职，质量目标考核、质量监督、内审等输入是对各岗位履职的考核。将管理评审与考核结合，落实激励措施，可以更扎实有效地促进质量管理工作。

3. 会议记录

技术质量部应做好会议记录，如实记录会议时间、地点、参加人员、会议议程、主要发言内容、会议结论、决议等。

4. 评审报告

技术质量部根据管理评审意见和机构负责人要求编制管理评审报告，其内容一般包括：

（1）评审范围、依据、时间、组织人、参加人员。

（2）管理评审输入材料，列举技术质量部收集到的各部门、岗位提交的管理评审输入材料，主要包括：

1）年度内部审核结果；

2）年度质量监督抽查情况，客户反馈意见、投诉调查处理情况；

3）年度外部检查（评审、审核）发现的问题及改进措施；

4）年度质量目标实现情况，质量过程的绩效和检测的符合性；

5）年度法律、法规、规范和环境条件、工作类型、工作量等方面的重要变化，风险和机遇应对措施的有效性；

6）年度纠正、预防措施的落实情况，上年度管理评审输出项目实施落实的跟踪情况；

7）各部门质量分解目标的完成情况和年度质量工作总结，人员、设备、文件等资源的充分性；

8）各部门按职能和职责对质量管理体系文件适宜性和符合性提出的评价意见，对质量管理体系的改进建议；

9）年度质量管理体系运行报告。

（3）管理评审过程概述。参加人员管理评审的发言或所提交书面材料的主要内容（各部门或有雷同，报告中应避免重复）。

（4）评审输出，主要包括：

1）质量管理体系适宜性、充分性、有效性的评审结论。

2）质量方针、质量目标适宜性的评审结论。

3）根据质量方针、质量目标的评审结论，修订方针或其释义，作出修订下一年度质量目标及实施计划的决议。

4）改进措施。改进措施通常包括以下方面：质量管理体系及其过程改进、质量管理体系文件修改、资源配备调整、组织结构及职责调整、人员岗位调整、针对环境变化的改进措施、针对资源支持需求的决策等。

5）下次管理评审的时间。

（5）报告发放范围，审核、签批、签字等。

四、评审输出措施实施与验证

根据管理评审的决策，对于管理评审发现的不符合项，或纠正措施效果不满意需要采取进一步措施的，应重新执行不符合及纠正、预防措施控制程序，采取新的纠正措施。

对于管理评审提出的体系改进要求，执行改进或预防措施控制程序，必要时修改管理体系文件，按相关程序要求签发措施单。相关责任部门负责改进措施的落实，技术质量部负责跟踪验证，要将措施实施情况及验证结果连同其他纠正、预防措施实施情况一并纳入下次管理评审。

五、记录存档

存档的材料主要包括管理评审计划、管理评审输入材料、会议通知、管理评审记录（含签到）、管理评审报告、输出措施（纠正、预防措施）单等。

第三节　案例与分析

一、质量管理体系文件建立方面的案例

案例 6–1（注：本案例为节选某检测机构管理评审控制程序评审输出相关内容）

4.5　评审输出

4.5.1　总经理组织对综合管理体系的适宜性、充分性和有效性作出评审，决定应采取的改进措施。评审应对下列方面作出结论：

a. 综合管理体系（包括方针、目标）的适宜性、充分性和有效性及其改进措施；

b. 与政府和客户要求有关的检验检测工作的改进；

c. 满足相关法规要求的落实情况；

d. 随着客户需求和期望的发展、变化，以及新技术、企业营销策略、竞争对手的状况、社会要求和环境条件变化，检测技术、检测手段改进的必要性及具体要求；

e. 资源（包括人员）的适宜性及新资源需求。

4.5.2　工程部根据管理评审会议记录编写管理评审报告，经质量负责人审核、总经理批准后下发至各相关部门，并输入公司计划系统，以便制订下一年度的目标和计划。

剖析：

1. 比较好的方面

对评审输出作出了基本规定。

2. 存在的问题与不足

缺少管理评审报告内容、格式的基本要求。

二、管理评审实施方面的案例

案例 6–2（注：本案例为某检测机构管理评审计划表）

管理评审计划表

记录编号：JL1501–2022–001

<table>
<tr><td>评审性质</td><td colspan="2">■ 2022 年度评审
□追加评审　□其他：</td><td colspan="2">评审方式：会议评审</td><td>计划时间：
2023 年 1 月 15 日</td></tr>
<tr><td>评审目的、范围</td><td colspan="5">分析 2022 年度公司现行（第 4 版）质量管理体系及公司内外部环境变化，评价质量管理体系的适宜性、充分性和有效性，评价质量方针、质量目标的适宜性。识别各种改进的机会和变更需求，确定改进措施。持续改进质量管理体系，确保质量管理体系持续的适宜性、充分性和有效性。
公司各部门及“四合一”体系涉及的全部要素过程</td></tr>
<tr><td>评审依据</td><td colspan="5">（1）有关法律法规和标准；
（2）《特种设备检测机构核准规则》（TSG Z7002—2022）、《检验检测机构资质认定能力评价　检验检测机构通用要求》（RB/T 214—2017）、《检测和校准实验室能力认可准则》（CNAS—CL01：2018）、《CNAS—CL01〈检测和校准实验室能力认可准则〉应用要求》（CNAS—CL01—G001：2018）</td></tr>
<tr><td>评审参加人员</td><td colspan="5">××　×××　×××　×××　××　×××</td></tr>
<tr><td rowspan="7">评审内容（输入）</td><td rowspan="7">（1）分析质量目标考核结果，质量方针和质量目标适宜性，质量管理体系的适宜性、充分性和有效性，改进的需求；
（2）各部门分解目标完成情况，工作业绩、检测服务的质量和检测安全状况，工作量和工作类型的变化，未来的计划和对新员工、新设备、新方法的评估；
（3）质量和安全监督工作情况、近期内审结果报告及内审不符合项处理记录、近期文件评审的结果、质量管理体系变更情况；
（4）纠正措施和预防措施执行情况汇总分析报告；
（5）外部审核结果报告和所采取的措施；
（6）上次管理评审中发现的问题；
（7）组织参加能力验证或实验室比对的情况；
（8）当前人力和设备资源的充分性；
（9）人员管理情况，培训和考核的结果，对新员工的培训要求和对现有员工的知识更新要求；
（10）对来自客户的投诉以及其他犯规的趋势分析；
（11）改进和建议；
（12）内部需求，包括资源、业务范围、管理模式等变化；
（13）外部需求，包括政府和客户的要求，有关法律、法规、规章、安全技术规范及相关标准要求等变化</td><td colspan="2">输入分工</td><td>完成时限</td><td>部门 / 岗位</td></tr>
<tr><td colspan="2">（1）（3）（4）（5）（6）（7）（8）（9）（10）（11）（12）（13）</td><td></td><td>质量负责人</td></tr>
<tr><td colspan="2">（2）（4）（8）（9）（10）（11）（12）（13）</td><td></td><td>综合部</td></tr>
<tr><td colspan="2">（1）（2）（3）（4）（5）（6）（7）（9）（11）（12）（13）</td><td></td><td>技术质量部</td></tr>
<tr><td colspan="2">（2）（3）（4）（7）（8）（10）（11）（12）（13）</td><td></td><td>检测部</td></tr>
<tr><td colspan="2">（2）（4）（8）（11）（12）（13）</td><td></td><td>责任师</td></tr>
<tr><td colspan="2">（2）（4）（7）（11）（12）（13）</td><td></td><td>技术负责人</td></tr>
</table>

续表

要求：各部门、岗位按上述分工准备评审输入资料，电子版和打印签字版于2023年1月5日提交技术质量部，由质量管理处汇总并协助质量负责人起草质量管理体系运行分析报告，于2023年1月10日（评审会议召开5日前）前报总经理并转各部门，以便届时进行充分评审和讨论			
编制：××	审核：××	批准：××	2022年12月25日

剖析：

该计划明确了评审目的、方式、依据、时间安排，将管理评审输入要求归纳为13个方面，结合本机构具体职责情况明确了分工和提交时限，具有较强的可操作性。

管理评审计划通常需要注意的问题如下：

（1）实施的时机是否适宜，是否满足规定的时间间隔，需要前置的内部审核、文件评审是否已完成。发生重大事件需要追加评审或推迟评审时，是否符合规定程序。

（2）《特种设备检测机构核准规则》对输入的具体要求是否在评审计划中得以体现，多合一体系的联合评审是否覆盖全部要求，发生重大事件时是否进行了针对性评审。

（3）评审计划的格式是否与文件规定一致，评审计划的签署（编、审、批）是否符合质量管理体系文件的规定。

案例6-3（注：本案例为某检测机构质量负责人的质量管理体系运行情况及分析报告）

××检测公司2022年度质量管理体系运行情况及分析报告

总经理、各位代表：

按照公司管理评审工作的要求，现在我向会议作公司2022年度质量管理体系运行情况及分析报告，请审议。

2022年，我公司在总经理的正确决策和领导下，质量管理体系运行取得了预期效果，现分两部分报告如下：

第一部分：质量管理体系运行情况

一、质量管理体系文件和记录的控制情况

近期文件评审显示质量管理体系文件齐全完备，内审结果显示文件的编制、评审、审批、发放、标识、外来文件的识别和分发等符合标准要求，文件得到有效控制。

公司现有质量管理体系记录130余种，公司所建立的记录能够为体系的有效运行提供客观证据。记录的填写、标识、保护、检索、保存期限和处置符合标准要求。

二、管理职责情况

1. 总经理的五项管理承诺得以兑现，质量方针得到有效贯彻、实施。

2. 公司在年初对质量目标进行了分解，修订了分解考核办法，按计划实施考核。

3. 各部门职责和权限明确，过程之间配合有序，内部沟通渠道畅通。

…………

三、资源提供情况

1. 人力资源。公司现有员工 80 人，有检测资质的人员 58 人，2022 年招聘 6 人，进行了岗前知识培训，编制了年度培训计划，能提供实施培训的证据。

2. 设备、设施。截至 2022 年 11 月底，公司检测设备完好率达到 95% 以上，按设备大修计划圆满完成计划检修任务，生产设备状况能够满足生产的需要。

四、检测实施与质量监督情况

1. 与客户有关的服务过程的控制情况。2022 年度，业务部共签订服务合同 50 份，对每一笔订单，主管部门都能认真组织评审，并积极组织实施。

…………

五、质量管理体系分析改进情况

…………

六、与政府、行业和客户关系情况

1. 客户满意程度调查情况。综合办公室 2022 年度对 6 家客户进行满意度调查，客户满意率为 100%。

2. 客户抱怨、投诉情况。2022 年度质量管理体系运行期间没有发生严重的服务质量和安全质量客户抱怨、投诉情况。

…………

尽管如此，我们的质量管理体系仍然存在着很多问题或薄弱环节。例如，在服务过程中的及时性和检测准确率等方面尚未达到 100% 的控制等。所有这些，必须引起我们的重视，力求及时得到解决。

第二部分：质量管理体系分析

一、质量管理体系的适宜性

2022 年 6 月 1 日实施的《特种设备检测机构核准规则》（TSG Z7002—2022）对人员培训等提出了新的要求，公司修订了培训计划。2022 年度，公司进一步拓展了业务，增加了检测人员，对质量管理体系岗位职责进行了相应调整，以适应内外部环境变化，使质量管理体系保持了持续的适宜性。

面临的问题和需要采取的措施建议：

…………

二、质量管理体系的充分性

近期进行了文件评审，按照职责分工，相关部门、人员对各自职责涉及的文件反馈了评审结果，经评审现有质量管理体系文件识别了所有的体系过程，并根据控制的需要进行了适当的表述，满足法规标准和客户要求，职责清晰，协调统一。

2022 年招聘 6 人，外出培训 ×× 人次，内部培训 ×× 学时，组织了技术比武 × 次，参加能力验证 × 项结果均为满意，2022 年度人员满足检测工作需要；新购置设备 3 台，设备完好率 98% 以上，检定校准率 100%，设备设施满足检测工作需要。

汇总分析各部门提交的管理评审输入报告，……

面临的问题和需要采取的措施建议：随着检测业务量的快速增加，需要新招聘人员，需要增加 TOFD 持证人员 2 人，应加强新招聘人员的培训考核。

三、质量管理体系的有效性

1. 质量目标的实现程度。

…………

2. 客户满意和相关方的反馈等。

…………

3. 过程绩效以及产品和服务的合格情况。

…………

4. 质量监督情况。

…………

5. 内审情况。

…………

6. 外部审核、监督检查情况。

…………

7. 不符合及纠正措施、预防措施、其他改进措施验证情况。

…………

四、质量方针、质量目标的适宜性

可预测的内外部环境变化不会影响质量方针、质量目标持续适宜性。不建议修改。

年度质量目标分解考核办法按照惯例修订，完善考核办法，建议增加激励措施。

五、改进建议

…………

以上报告，请审议。

质量负责人：××

××××年××月××日

剖析：

该质量管理体系运行与分析评价报告，依据各部门工作报告、文件评审、内审、目标考核等结果，全面描述了上年度质量管理体系各要素运行控制情况；对质量管理体系的适宜性、充分性和有效性逐项进行了分析，分析了质量方针、质量目标的适宜性，提出了改进建议。报告总体看较为全面、客观。不足之处是支持性材料还不够充分，没有使用数据分析方法分析相关趋势，未发现潜在的不符合并提出改进建议。

三、检测机构鉴定评审和监督检查典型问题剖析

案例 6–4（注：本案例为检测机构鉴定评审和监督检查时发现的不符合项）

事实陈述：年度管理评审报告中缺少对评审管理输入问题、改进建议的评议结果，未输出相应的纠正、预防措施。

剖析：

不符合《特种设备检测机构核准规则》附件 D 第 D3.4.2 条第（3）项的要求，应对管理评审输入问题和改进建议进行评审，决定需要采取的改进措施。

管理评审输入问题，往往是相关部门未能有效处置的问题，需要最高管理者决策。管理评审是质量管理的最高决策，应针对输入问题评审风险和改进的机会，评审先前所采取纠正措施的有效性，进一步深入分析根本原因，评议决定进一步的纠正措施程序。

研究解决各部门、岗位提出的问题与建议，是管理评审的中心工作，直接反映了管理评审是否有效实施，机构负责人是否重视管理评审工作。个别机构负责人习惯于个人特色的其他灵活管理方式，不善于发挥管理评审的作用，使管理评审流于形式、评审过程空洞，没有解决质量管理体系运行中的问题，是质量管理体系脱离实际不能有效实施的主要原因。一方面，管理评审没有解决问题，输出有效措施；另一方面，实际管理中采取了其他没有经过评审的措施，甚至管理评审后组织结构、职责发生重大变化，质量管理体系文件进行了修订换版，而管理评审输出中没有相关内容，说明管理评审与实际管理工作严重脱节。

最高管理者应重视管理评审的有效性，有效性关键在于切实有效地落实改进措施，推动持续改进质量管理体系，提升质量管理体系的绩效，提高组织的竞争力。

技术质量部、质量负责人要协助做好各项准备，汇总分析各部门提交的问题、建议，逐一罗列，便于机构负责人主持讨论时以问题为导向，逐个分析审议，不遗漏；将所有需要评审的事项列表，报机构负责人确定先后顺序并确定会议发言人员，便于听取意见，提高会议效率。

质量负责人和相关部门人员要善于利用数据分析结果，用趋势图、直方图等让指标数据说话，更清晰、客观地反映相关工作趋势和质量管理体系运行的潜在问题，以利于机构负责人和相关人员客观决策，采取得当的改进措施。

第七章　人员管理

本章重点阐述检测机构对质量管理体系的人员管理要求，通过对《特种设备检测机构核准规则》附件 D 第 D4.1 条的相关专业术语进行解释，识别人员配备、岗位职责和任职条件、人员培训、人员考核评价、人员执业档案 5 个过程，并对各过程中所涉及的质量控制环节和质量控制点逐一进行识别和分析，提出控制要求。本章通过典型案例，剖析人员管理中各质量控制环节与质量控制点常见的问题与不足，并为人员控制程序的建立提供指引。

第一节　规则简析

一、规则原文

D4.1　人员管理

应当建立和实施人员控制程序，对与检测有关的管理人员、关键岗位人员、检测人员、专业技术人员和其他岗位人员的管理应当达到以下要求：

（1）配备满足检测工作需要的人员，并且与其履行合法的聘用手续；

（2）明确岗位职责和任职条件，并且对人员任职资格和能力进行确认；

（3）对人员进行技术和质量管理培训，制定和实施内部与外部培训计划，明确培训方式和方法，并且对培训效果进行评价；其中技术负责人、质量负责人、内部审核人员和其他从事质量管理的人员接受过特种设备质量管理体系知识的专门培训；

（4）对人员进行定期或者不定期的考核评价；

（5）建立人员执业档案，内容至少包括学历、职称、检测资格证书、培训经历、检测经历、考核评价结果等。

二、术语

1. 管理人员

管理人员是在检测机构中行使管理职能，负责组织、协调和管理机构内部运营以及日常运作的人员。

2. 关键岗位人员

关键岗位人员是在检测机构内对质量管理体系的建立和运行、检测工作的组织及实施、检测工作质量的控制起到关键作用的人员。《特种设备检测机构核准规则》中指的是技术负责人、质量负责人和检测责任师。对于检测机构专门设置的报告审批人员，一般也应当认为是关键岗位人员。

3. 技术负责人

技术负责人是全面负责检测机构技术管理的人员。他们通常是具有丰富专业知识和经验的专业人士，负责确保检测机构的技术水平和专业能力达到要求。

4. 质量负责人

质量负责人是全面负责检测机构质量管理体系的建立、实施和持续改进的人员。

5. 检测责任师

检测责任师是协助技术负责人和质量负责人对相关专业或领域的检测技术、质量进行管理和控制的人员。

6. 内部审核人员

内部审核人员是对检测机构体系运行情况进行监督，协助质量负责人按计划实施质量管理体系内部审核工作，并对审核中发现的不符合项的整改效果进行验证的人员。

7. 检测人员

本章所称的检测人员是指持有特种设备检验检测人员证（无损检测）的无损检测人员及持有特种设备检验检测人员证（检验人员）的电梯检验人员、安全阀校验人员等。

8. 专业技术人员

专业技术人员是在特定的领域或行业中，以专业知识和技能为基础，从事技术性工作的人员。

9. 岗位职责

岗位职责是对于特定岗位或职位所要承担的具体工作任务和职责的描述。

10. 任职条件

任职条件指担任特定岗位或职位所需要满足的要求和条件。

11. 内部培训

内部培训指检测机构通过各种方式、手段为新聘用人员或原有人员提供知识、技能、态度等方面的培训和发展机会，使其实现预期目标的过程。

12. 外部培训

外部培训指检测机构通过与外部培训机构、专业培训师或教育机构合作，向人员提供的培训和发展机会。

13. 人员考核评价

人员考核评价指检测机构通过运用科学的考核标准和方法，对机构内人员的工作表现、能力和成果等方面进行评估和打分的过程。它是用来衡量人员工作绩效、发现和解决问题、促进个人和机构发展的重要管理工具。

三、条文简析

1. 条文主题

条文提出了检测机构人员控制程序的建立和实施，与检测有关的岗位人员管理应达到的要求，以及为达到要求所采取的措施。

2. 控制目的

对人员配备、岗位职责和任职条件、人员培训、人员考核评价、人员执业档案等过程进行控制，使检测机构的人员能力持续满足法律法规、客户的要求以及检测工作的需要；明确工作岗位的职责、范围和期望，促进检测机构和人员的协调一致，实现工作效果的最大化；合理利用资源，提升人员绩效、技能，确保培训质量和有效性；通过有效的考核评价体系和规范的人员执业档案管理，推动绩效提升和人员发展，增强检测机构的竞争力。

3. 控制范围

对检测机构中与检测有关的管理人员、关键岗位人员、检测人员、专业技术人员和其他岗位人员的管理进行控制。

4. 过程识别和质量控制环节

根据《特种设备检测机构核准规则》附件 D 第 D4.1 条的要求，检测机构应当建立人员控制程序，识别人员管理所涉及的人员配备、岗位职责和任职条件、人员培训、人员考核评价、人员执业档案 5 个过程。

（1）人员配备。检测机构配备的关键岗位人员、检测人员及人员资格持证项目数量等应满足法律法规、客户的要求以及检测工作的需要；机构负责人应对人员需求进行确认；人员日常和年度需求计划应得到审批；检测机构所配备的人员应履行合法的聘用手续；应当为聘用的检测人员办理执业公示手续；所聘用的检测人员不得同时在两个以上的检验、检测机构中执业。

（2）岗位职责和任职条件。检测机构应根据相关法规标准的要求，以及自身检测工作的需要，确定需要设置的岗位；制定岗位职责，明确岗位的工作内容及应当承担的责任范围；制定岗位人员的任职条件，确认岗位人员的教育背景、专业知识、经验要求、任职资格和培训要求符合相关法规标准；确认岗位人员任职资格和能力；设置关键岗位人员的代理。

（3）人员培训。检测机构应根据《特种设备检测机构核准规则》的要求，有计划地开展检验检测人员的安全、诚信、技术和质量管理的内部或者外部培训，持续保持检验检测人员的技术能力和质量管理水平。在核准周期内，检测人员应当接受每年不少于 24 学时的技术和质量管理知识培训；安全阀校验人员、技术负责人、质量负责人、内部审核人员和其他从事质量管理的人员应当熟悉质量管理，接受每年不少于 16 学时的特种设备质量管理体系知识培训。检测机构应根据法规标准的要求及自身检测工作的需要，结合各岗位人员的实际情况，制订和实施内部与外部培训计划，明确培训方式和方法，实施培训。计划应得到审批，培训效果应进行评价，培训计划、培训实施、培训效果评价等资料均应存档。

（4）人员考核评价。检测机构应根据检测人员的持证情况、检测经历、检测业绩等条件对检测人员开展定期和不定期的考核评价，明确考核评价频次、考核评价方式、考核评价内容及考核评价标准。考核评价可采用实际操作、盲样检测、检查记录、笔试或口试等方式。检测机构应根据考核评价标准得出考核评价结果，制定人员管理改进措施，评价结果记录应存档。

（5）人员执业档案。检测机构应明确人员执业档案的建立要求、归档时机和管理方法等，确保人员执业档案的真实性和完整性。人员执业档案的内容至少包括学历、职称、检测资格证书、培训经历、检测经历、考核评价结果等。

5. 职责分配

通常情况下，人员管理职责分配如下：

（1）机构负责人负责机构岗位设置和各岗位人员的配备；

（2）综合管理部负责人员聘用、人员培训和人员培训效果评价、人员执业档案管理等；

（3）技术质量部负责制定岗位职责、人员任职条件，负责人员任职资格、能力确认以及人员考核评价等；

（4）检测机构各职能部门负责提出本部门人员配备和培训的需求，并负责相关人员的日常管理。

第二节 人员配备

一、质量控制目的

质量控制目的是确保检测机构的人员配备满足法律法规和客户的要求及检测工作的需要，保障检测质量，提高工作效率，实现专业覆盖，支持检测机构发展和控制风险等。

二、质量控制环节与质量控制点

人员配备作为人员管理的一个过程，涉及的质量控制环节通常包括人员需求、人员聘用等。人员配备质量控制环节与质量控制点见表 7-1。

表 7-1 人员配备质量控制环节与质量控制点

控制环节		控制点		控制要求		
序号	名称	序号	名称	主要控制内容	工作见证	责任部门 / 岗位
1	人员需求	（1）	需求识别	识别法律法规要求和客户要求，以及检测工作需要	相关法律法规、客户文件、招标文件、检测合同等	综合管理部、技术质量部、检测部
		（2）	需求计划	日常、年度人员需求计划的编制、审核、批准	日常、年度人员需求计划	综合管理部、技术质量部、机构负责人
2	人员聘用	（3）	合法聘用	聘用方式、聘用手续、社会保险参保、执业公示	聘用合同、社会保险参保证明、检验检测人员证、检验检测人员执业注册证	综合管理部

1. 人员需求

人员是质量管理体系的首要资源，对于人员的需求取决于多个因素，如法律法规的要求、客户的要求、检测机构的规模、检测业务的范围、检测工作的需要和其他技术要求等。检测机构应按照需求确定和配备满足质量管理体系有效实施、过程有效控制需求的人员。该控制环节通常可以从需求识别和需求计划两个质量控制点进行控制。

（1）需求识别。

1）法律法规的要求。

按照《特种设备检测机构核准规则》的要求，申请机构应当具有法人资格，配备技术负责人、质量负责人以及责任师等关键岗位人员；明确关键岗位人员的任职条件及技术负责人和质量负责人不得兼任责任师的要求；明确合法聘用的全职持证人员数量及资格项目数量。

《特种设备检测机构核准规则》规定的人员配备要求，是检测机构取得核准必须满足的基本要求。检测机构可以在满足核准要求的前提下，根据机构自身的规模、检测项目（核准项目）、检测工作需要增设关键岗位人员。例如，技术负责人可以是一人，也可以是多人。根据检测机构所开展的专业技术领域不同，可以设置不同专业领域的技术负责人，但应当明确职责及分工，确保覆盖检测机构不同的专业技术领域。质量负责人设置为一人，在职、责、权方面与技术负责人存在相互独立、相互配合、相互监督的关系。部分小规模的检测机构，技术负责人和质量负责人通常由一人兼任。对于检测责任师的设置，检测机构应考虑所核准的检测项目和实际检测工作的需要。通常，检测机构在新检测合同实施前，根据投标文件或检测合同的要求，应配备满足实际检测工作需要的检测责任师。如存在现有的检测责任师在项目、数量上不能满足要求的情况，则需要按照检测责任师的任职条件增设。

2）客户的要求。检测人员的合理配备对于客户来说是非常重要的，因为它直接关系检测服务的质量和可靠性。从专业能力方面，客户希望检测机构配备具备专业知识和技能的检测人员。这些人员应该经过专业培训，取得相关资格证书，能够熟练操作检测设备，准确评定检测结果，并提供专业的建议和意见。从经验方面，客户更倾向于选择具有丰富经验的检测人员。经验丰富的人员能够更好地应对各种检测情况和问题，提供更准确和可靠的检测服务。从沟通方面，客户希望与检测人员能够进行有效的沟通和交流。检测人员应具备良好的沟通能力，理解客户的需求和要求，并及时回答客户的问题。从服务态度方面，客户希望检测人员能够友好、耐心地对待客户，解答客户的疑问，为客户提供满意的服务。从保密性方面，客户希望检测人员能够严守客户的商业机密，确保检测结果和相关信息的保密性。

检测机构应根据客户的要求（招标文件、检测合同等）及检测机构的承诺（投标文件、检测合同等），结合机构现状、资源条件等情况，合理配备和管理检测人员，所配备的检测人员在数量、职称、持有的资格证书级别、项目、执业的业绩等条件方面应满足客户的要求，并保证检测合同执行期间，检测人员不兼职其他检测工程的检测工作，由此来增强客户满意度，提供高质量的检测服务。

3）检测工作需要。对于检测工作来说，合理的检测人员配备对检测结果的准确性、可靠性以及检测工作的高效性有着重要影响。检测机构应对当前和未来的检测工作需要进行全面分析，了解检测业务领域、项目类型和规模以及项目周期等方面的要求，确定人员配备需求的总体方向，根据业务需求确定所需人员。在确定人员数量的基础上，应考虑人员的资质、能力、业绩和经验等条件，根据不同岗位的职责和技能需求，确保人员配备的合理性和适应性。

检测机构在开展检测工作时，对于人员的配备应当首先保障检测工作能顺利完成，同时确保检测质量满足标准要求。检测人员应具备专业技术能力，熟悉并掌握相关的检测方法、技术和工艺；了解不同材料、结构和设备的特点，能够准确选择和应用检测方法，以获取可靠的检测结果；熟悉检测设备的操作方法和维护要求，确保设备正常运行和准确检测；具备检测数据的解读和分析能力，能够正确理解和评估检测结果。除此以外，在项目管理方面，检测人员还应具备一定的项目管理能力，能够合理安排和调度检测工作，控制项目进度和质量。

（2）需求计划。制订人员配备的需求计划是确保检测机构合理配置人力资源，满足业务需求的重要步骤。人员配备的需求计划应综合考虑法律法规的要求、客户的要求、检测机构的规模、检测业务的范围、检测工作的需要和机构发展等因素。通常，检测机构根据人员需求识别结果或人员需求申请，确定人员的需求数量及要求，编制人员需求计划。人员需求计划一般分为年度人员需求计划和日常人员需求计划。

1）年度人员需求计划。年度人员需求计划是用于规划和管理检测机构在特定年度内的人力资源需求的计划。该计划对整个年度的人员需求进行概述和总结，包括计划新增人员的数量和要求，以及可能存在的人员调整和离职情况。通常，检测机构的各职能部门在每年年底会根据下一年预计的工作任务提出人员需求申请，由综合管理部负责汇总各部门申请，编制年度人员需求计划，提交技术质量部审核，机构负责人批准。计划的内容至少包括计划类型（日常、年度）、部门名称（工程名称）、岗位、人员数量、人员要求、需求时间、编制、审核、批准等。年度人员需求计划能够帮助检测机构合理安排人力资源，满足业务发展的需求，并提供持续的绩效和人才管理支持。

2）日常人员需求计划。日常人员需求计划是检测机构在日常检测工作过程中对人员需求提出的计划和准备。检测机构多采用年度人员需求计划，但是针对检测机构内部或外部的环境变化导致人员短缺，或质量管理体系运行中对外审、内审的不符合所涉及的人员短缺等问题，也有部分检测机构采用日常人员需求计划（滚动的人员需求计划），即随时申请、随时编制，适时解决人员短缺问题。日常人员需求计划同样由综合管理部编制，技术质量部审核，机构负责人批准。

2. 人员聘用

人员需求计划得到批准后，检测机构应根据自身的人力资源状况，对所需的岗位人员在规定的时间范围内进行合理配备。如果机构自身的人力资源状况不能满足需求计划，就应该采用招聘等方式解决。对于招聘的人员，检测机构应按照《特种设备检测机构核准规则》附件 D 第 D4.1 条“人员管理”中的要求，履行合法的聘用手续。

合法聘用是指检测机构在招聘和雇用检测人员时，应遵循法律法规和行业的规定，确保其聘用的合法性、公平性和公正性。例如，检测机构应与检测人员履行合法的聘用手续，签订劳动合同。劳动合同的签订应主要遵循《中华人民共和国劳动法》和《中华人民共和国劳动合同法》的相关规定。检测机构应按时足额支付检测人员的工资和福利，确保工资支付符合法律规定和合同约定。检测机构应依法缴纳社会保险费用。同时，还应当提供必要的劳动保护设施和条件，确保检测人员的健康和安全等。检测机构对人员合法聘用通常从以下几个方面进行控制。

（1）聘用方式和聘用手续。检测机构最常用的聘用方式为社会招聘、退休返聘等。

1）社会招聘。社会招聘是指检测机构通过招聘网站、社交媒体等渠道向社会公开发布职位信息，经面试、考核等环节选择合适的候选人，并履行合法聘用手续，以合同的形式确定机构与人员基本人事关系的一种招聘方式，即检测机构的人员在本机构的身份属性通过与机构签订聘用合同确定。

2）退休返聘。退休返聘是指检测机构中的聘用人员已经达到或超过法定退休年龄，从检测机构退休，再通过与原检测机构或者其他用人单位订立聘用合同继续作为聘用人员存续的行为或状态。在一些情况下，检测机构可能需要经验和专业知识丰富的退休人员继续为其工作，这样就可以采用退休返聘的方式，与退休人员履行合法聘用手续，签订聘用合同，以此来帮助检测机构保持业务的稳定性和连续性。

（2）社会保险参保。检测机构应为聘用的人员参加社会保险，社会保险费的缴纳单位应与资格证书注册单位、劳动合同的签订单位一致。参加社会保险遵循的主要法律法规，包括《中华人民共和国劳动法》《中华人民共和国劳动合同法》《中华人民共和国社会保险法》等。例如，《中华人民共和国劳动法》规定，用人单位和劳动者必须依法参加社会保险，缴纳社会保险费。《中华人民共和国劳动合同法》规定，用人单位未依法为劳动者缴纳社会保险费的，劳动者可以单方解除劳动合同。《中华人民共和国社会保险法》规定，基本养老保险基金由用人单位和个人缴费以及政府补贴等组成。用人单位应当按照国家规定的本单位职工工资总额的比例缴纳基本养老保险费，计入基本养老保险统筹基金。此外，各地区还会根据实际情况制定具体的实施细则和指导意见，以确保社会保险参保的具体操作符合法律法规的要求。

（3）执业公示。《中华人民共和国特种设备安全法》规定，特种设备检验、检测机构的检验、检测人员应当经考核，取得检验、检测人员资格，方可从事检验、检测工作。特种设备检验、检测机构的检验、检测人员不得同时在两个以上检验、检测机构中执业；变更执业机构的，应当依法办理变更手续。因此，检测人员在取得特种设备检验检测人员资格证并被检测机构聘用后，应由检测机构及时办理执业公示手续。检测人员变更聘用单位关系的，也必须及时办理变更执业公示手续，才能在新的检测机构开展检测工作。

（4）值得关注的问题。

1）合法聘用见证资料。

①聘用合同：与检测机构签订。

②参加社会保险证明：缴费单位与聘用合同的签订机构一致。

③检验检测人员执业注册证：注册单位与聘用合同的签订单位一致。

④检验检测人员证：资格证书的持证项目、级别应与注册证书一致。

⑤履行职责证明：在聘用机构履行职责的证明文件，如技术记录、质量记录、相关文件的签署、工资发放记录、考勤记录等。

⑥退休证明。

2）劳务派遣。劳务派遣是指由劳务派遣机构与派遣劳务工签订劳动合同，把劳务工派向其他用工单位，再由其用工单位向派遣机构支付服务费用的一种用工形式。《特种设备检测机构核准规则》附件 D 第 D4.1 条“人员管理”明确了检测机构应与检测有关的人员履行合法的聘用手续。因此，劳务派遣一般不能作为检测人员的聘用方式。

三、案例与分析

案例 7–1（注：本案例为节选某检测机构人事管理制度的相关内容）

3　人员的聘用

3.1　各部门对聘用人员应本着精简原则，可聘可不聘的坚决不聘，无才无德的坚决不聘，有才无德的坚决不聘，真正做到按需录用，择才录用，任人唯贤。

3.2　各级人员的聘任程序如下：

3.2.1　副经理由机构负责人聘任；

3.2.2　各部门负责人由机构负责人聘任；

3.2.3　其他人员，经机构负责人批准后，由综合管理部聘任；

3.2.4　上述程序也适用于各级人员的解聘及续聘。

3.3　各部门确需增加人员的，按如下原则办理：

3.3.1　先在本部门内部调整；

3.3.2　内部无法调整的，报请综合管理部在公司内调配；

3.3.3　公司内无法调配的，由项目部提出计划，报机构负责人批准后，由综合管理部招聘。

3.4 新进人员要求如下：

3.4.1 新进检测人员有相关经验和专业能力证明的，需要经过内部管理制度、体系知识的学习考核，以及专业理论和实操考核合格后，方能对该岗位人员授权；

3.4.2 新进检测人员不能提供相关经验和专业能力证明时，需要经过内部管理制度、体系知识的学习考核，并由机构负责人指定其指导老师进行专业理论学习和分析操作学习，按规定时间完成各项理论和操作学习后，对其进行专业理论和实操考核，考核合格后方能对该岗位人员授权；

3.4.3 培训内容为所检测项目的标准及相关技术标准，检测工作相关的专业基础知识及法律法规知识，检测机构质量管理体系文件及其他相关知识；

3.4.4 在培训期间的新进人员，不能独立开展检测活动或签署检测原始记录。

剖析：

1. 比较好的方面

- 明确各级人员的聘任程序，有利于规范管理。
- 对新进人员进行培训和考核，确保其具备相关的专业知识和技能。

2. 存在的问题与不足

该人事管理制度缺少对岗位人员履行合法聘用手续的要求。

检测机构聘用的人员应按照要求履行合法的聘用手续，建立合法的劳动用工关系，并在人事管理制度中明确办理合法聘用手续的相关规定。例如，按照《中华人民共和国劳动法》和《中华人民共和国劳动合同法》的相关规定，签订劳动合同；检测机构应按照要求依法为聘用人员缴纳社会保险费；检测机构应为聘用的检测人员办理执业公示手续等。

案例 7–2（注：本案例为某无损检测机构在监督抽查时发现的不符合项）

检测机构聘用检测人员 25 名，其中 8 名检测人员仅提供了聘用合同和个人与机构签署的“员工不购买社保承诺书”等资料，未提供检测机构为检测人员缴纳社会保险费的证明，且该 8 名检测人员的资格证书也未办理执业公示手续。

剖析：

- 检测机构未提供 8 名检测人员参加社会保险的证明和检验检测人员执业注册证。
- 不符合《特种设备检测机构核准规则》附件 C 第 C1.2.1 条“签有正式聘用合同的全职持证无损检测人员不少于 25 名”、第 C1.4 条“申请单位应当为聘用的无损检测人员在‘全国特种设备检验检测人员执业公示与查询系统’办理执业公示手续”和附件 D 第 D4.1 条“配备满足检测工作需要的人员，并且与其履行合法的聘用手续”的要求。

上述见证资料的缺少，造成检测机构无法证明这 8 名检测人员为该机构的合法聘用人员，该机构不能满足核准条件的人员配备要求。虽然该机构提供了个人与机构签署的“员工不购买社保承诺书”，但是对于人员聘用的合法性来说，人员聘用必须遵循法律法规和行业的规定。此外，该机构应当为聘用的检测人员办理执业公示手续。

第三节　岗位职责和任职条件

一、质量控制目的

质量控制目的是满足法律法规的要求，明确各岗位人员的职责和权限，最大限度地实现检测机构岗位用工的科学配置，有效防止因职责重叠而发生的工作延误，规范检测行为，提高工作效率和工作质量，确保检测活动的有效性。

二、质量控制环节与质量控制点

岗位职责和任职条件作为人员管理的一个过程，涉及的质量控制环节通常包括岗位职责、岗位任职条件、任职资格和能力确认、岗位代理等。岗位职责和任职条件质量控制环节与质量控制点见表 7–2。

表 7–2　岗位职责和任职条件质量控制环节与质量控制点

控制环节		控制点		控制要求		
序号	名称	序号	名称	主要控制内容	工作见证	责任部门 / 岗位
1	岗位职责	（1）	岗位设置	设立组织结构、关键岗位、其他岗位	记录或会议纪要	机构负责人
		（2）	制定岗位职责	要求、内容	岗位职责	技术质量部、质量负责人、部门负责人
2	岗位任职条件	（3）	制定岗位任职条件	要求、内容	岗位任职条件	技术质量部、机构负责人、质量负责人
3	任职资格和能力确认	（4）	任职资格确认	确认内容	学历、职称、资格证明等	技术质量部、质量负责人
		（5）	能力确认	确认内容	人员考核评价表	技术质量部、质量负责人

续表

控制环节		控制点		控制要求		
序号	名称	序号	名称	主要控制内容	工作见证	责任部门 / 岗位
4	岗位代理	（6）	岗位代理设置	关键岗位	岗位代理规定	技术质量部、质量负责人
		（7）	岗位代理要求	任职条件、代理时机、代理程序	岗位代理规定	技术质量部、质量负责人

1. 岗位职责

（1）岗位设置。

1）组织结构设立。机构负责人应依据法律法规的要求、客户的要求、检测工作的需要，结合机构自身条件，组织设立组织结构。组织结构是检测机构内部各个职能部门、职位和人员之间的结构关系。它体现了检测机构各个部门或子单位之间的层次关系、权责分配、沟通通道以及决策和执行的体系。组织结构通常包括部门划分、层级结构、职位和岗位、决策与执行、沟通与协调、控制与监督等。组织结构的设立可以使不同的部门和职位协调合作，形成高效的工作体系，从而实现机构的战略目标。组织结构的设计和管理对于检测机构内部的协调和合作，以及决策和执行的有效性具有重大影响。

2）关键岗位和其他岗位设置。对于岗位设置，检测机构通常依据机构的规模、业务范围和特定需求进行综合分析、合理设置。各检测机构由于在特点和业务需求等方面存在差异，具体的岗位设置也存在不同。若相关法律法规及规范具有明确要求，检测机构应当按照要求设置。例如，根据《特种设备检测机构核准规则》的要求，检测机构应设置技术负责人、质量负责人、检测责任师等关键岗位。多数检测机构所设置的岗位通常包括机构负责人、技术负责人、质量负责人、检测责任师、部门负责人、项目负责人、质量监督员、内审员、安全监督员、设备材料管理员、资料管理员、档案管理员、检测人员等。

（2）制定岗位职责。岗位职责是指用来详细描述某个特定岗位的文件或文档，该文件或文档明确该岗位应该做什么、怎样做、需要达到什么样的工作标准。检测机构应明确各岗位在质量管理体系运行中的职责、权限和相互关系，确保质量管理体系的正常运行。通常，由各职能部门负责人梳理各部门的相关岗位职责，然后按照技术质量部提供的模板填报，再经过检测机构相关部门反复论证后，最终确定岗位职责的描述。岗位职责对于检测机构和人员管理非常重要，它明确了每个岗位的职责和要求，为招聘、培训和绩效管理提供依据，也可以帮助人员更好地理解自己的工作职责和组织期望，以提高工作效率和客户满意度。

检测机构在制定岗位职责时，应当对各岗位的职责予以明确。对于不同岗位分工和协作中的主要承担者和配合者的职责，也应加以规定，避免职责交叉造成相互推诿，或者相关工作无人负责的情况。岗位职责至少包括以下内容：

1）岗位名称，即岗位所从事的是什么工作。

2）岗位设置目的。

3）岗位活动和程序，包括所要完成的工作任务、工作职责、工作权限、工作内容、所需资源、工作方法、工作流程、工作条件和环境、绩效指标和评估标准等。

2. 岗位任职条件

（1）制定要求。岗位任职条件是达到岗位绩效标准的人员保证条件。上岗的人员是否完全具备任职条件，直接关系能否高质量地完成岗位任务。在制定岗位任职条件时，应以合理性、可实施性和公平性为原则。条件不宜苛刻或限制过多，应尽量符合检测机构自身的实际情况，并确保平等对待所有人员。同时，要注意根据不同岗位的重要程度和需求来区分岗位任职条件。

制定岗位任职条件时，首先应分析岗位需求、岗位职责和要求，了解岗位所需人员的专业知识、技能、经验、能力和素质等方面的需求；其次根据岗位需求，确定最基本的要求，如学历、专业背景、工作经验等，这些基本要求应与岗位职责和目标相匹配；再次根据岗位的特殊性和机构的需求，确定一些优先要求和量化标准，如特定的技能、行业经验（一定年限的相关工作经验）、管理能力等，这些优先要求可以帮助筛选出更加符合岗位要求的人员；最后考虑岗位人员未来的职业发展路径，包括培训和职务晋升机会。

制定岗位任职条件时，应注意吸纳相关职能部门和利益相关者的建议，以确保条件制定的全面性和准确性，也可以参考行业的最佳实践和相关法规、标准的要求。岗位任职条件不是一成不变的，应根据法规、标准的要求，以及机构的发展和市场的变化进行定期审查和调整。有效的岗位任职条件制定，有助于吸引合适的候选人，为检测机构提供稳定和必要的人员支持。

（2）制定内容。对于检测机构来说，不同岗位所需的专业技能各不相同，这就要求检测机构在制定岗位任职条件时，应对不同岗位人员的教育背景、专业知识、工作经历等情况予以明确，并加强对相应岗位人员任职条件能力的识别和确认。对于不能满足任职条件能力的人员，可以通过专业培训等方式进行能力提升，必要时调整其工作岗位。岗位任职条件的制定通常由检测机构的技术质量部负责组织，质量负责人、机构负责人参与并审核确认，内容一般如下：

1）从业人员职业道德的要求；

2）岗位所需专业知识的要求，如质量负责人应接受过特种设备质量管理方面的专门培训等；

3）岗位所需工作经验的要求，如从事特种设备检测工作的年限等；

4）教育背景和培训要求，如学历、职称、执业资格等；

5）必须具备的其他专业技能和资质。

3. 任职资格和能力确认

（1）任职资格确认。任职资格确认是检测机构对岗位人员需要具备的条件、要求或资质进行的评估，确认其是否符合岗位要求和机构需求。为了避免岗位人员任职条件不符合要求导致授权不足或授权不当而影响检测结果，检测机构应在岗位人员授权前进行任职资格确认。例如，射线检测操作指导书的编制人员，必须持有射线检测Ⅱ级及以上资格证书。开展任职资格确认时，要按照岗位的任职条件及该岗位实际开展的工作，确认该岗位人员是否符合任职条件的要求，是否持有相应的资格证书，持证项目、持证级别是否与开展的工作相符合等。检测机构对任职资格的确认通常包括：

1）学历和专业背景。检测机构应核实岗位人员提供的学历证明和相关专业背景，如学历、学位、专业和学校等信息，以确保其具备所需的专业知识。

2）认证或资格证书。检测机构应核实岗位人员提供的行业认证或资格证书的有效性和真实性，如职称证、检验检测人员证、内审员证等。

3）工作经验。通过联系前聘用单位或见证人等渠道，确认岗位人员所述工作经验的真实性和相关性，评估岗位人员在检测领域或相关行业的工作经验，如工作年限、职位级别、工作内容和项目经历等。

上述任职资格在确认时，检测机构应遵循公平、透明和专业的原则，确认过程应结合岗位的特点和要求，综合考虑岗位人员的学历、专业背景、相关认证及工作经验等因素，以确定最适合的岗位人选。

（2）能力确认。人员能力是检测机构人力资源中的核心资源之一。多数检测机构对从事影响检测工作质量的岗位人员进行了分类，并制定了岗位任职条件，所制定的任职条件仅仅满足该岗位任职的最低限度要求，目的是确保该岗位人员具有胜任该工作岗位的资格。事实上，在检测机构的人员中，有“资格”而无相应能力的大有人在。因此，检测机构要把重视“资格”转为重视实际“能力”，以满足岗位工作的需要。也就是说，一个满足要求的岗位人员，除要满足硬性规定的资格要求（学历、职称、资格证、工作年限等）以外，实际能力也必须满足。

人员能力的确认是确保检测机构的检测工作能够按照相关标准和要求进行，并提供准确、可靠结果的重要条件。检测机构应对岗位人员专业培训的结果进行考核和确认。人员只有通过考核合格、确认具备从事岗位所需的能力后，才能授权其从事相关岗位工作。授权的岗位人员应有任命文件或上岗授权书。检测机构重点应对以下几个方面的人员能力进行确认：

1）专业知识和技能。检测机构应对岗位人员进行具体的实际操作测试或技术能力测试，确认岗位人员具备所需的专业知识和技能，如检测方法选择、仪器操作、数据分析和解读等方面的能力。

2）问题分析和解决能力。考察岗位人员的问题分析能力、解决能力，确保其能够处理复杂的检测问题并提供有效的解决方案。

3）沟通和团队合作能力。评估岗位人员的沟通能力、团队合作意识和人际关系处理技巧，确保其能够适应检测机构的团队环境，做好客户沟通。

4）职业道德和质量意识。考查岗位人员的职业道德、职业行为、诚信品质和质量控制方面的认知和意识，确保其能够遵循检测行业的规范和标准。

检测机构可以通过面试、考核和综合考察等方式，对岗位人员的素质、能力和适应性进行确认。人员能力的确认是建立在适宜的人员考核评价基础上的，具体的考核评价方式也会根据机构的要求和工作岗位的不同而有所差异。在人员考核评价过程中，应保存相关见证资料，如人员考核评价方案、人员考核评价记录、人员考核评价表等，见证资料应存入人员执业档案。

4. 岗位代理

（1）岗位代理设置。检测机构所开展的各项工作能良好运转，其关键因素在于检测机构的岗位设置合理和职责有效落实。其中，技术负责人、质量负责人等关键岗位人员发挥着举足轻重的作用。在质量管理体系运行过程中，存在关键岗位人员由于种种原因暂时离岗无法履职，而实际工作又需要其及时履行职责的情况。为了确保不对质量管理体系的运行和实际工作的开展产生影响，一般需要对这些关键岗位设置代理，在相关人员无法履行岗位职责时代行职责。

岗位代理设置时，通常需要明确代理人的职责范围、权限和工作期限，确保代理工作的顺利进行。同时，代理人也需要获得适当的培训和支持，以确保有能力胜任所代理的工作。岗位代理设置通常用于以下几种情况：

1）临时离职或缺席。当岗位人员因休假、出差等原因暂时离开岗位时，可以设置岗位代理来暂时代行其职责。这样可以确保工作的连续性，避免岗位人员缺席而导致工作滞后或产生其他问题。

2）岗位空缺期。当岗位人员离职、升职、调离等造成责任人员暂时缺位时，可以设置岗位代理来代行原岗位人员的工作职责。这样可以保证工作的顺利进行，直到找到适合的人员来填补岗位空缺。

3）工作项目或任务需要。出现某个特定的工作项目或任务，需要额外的人力支持来完成工作时，可以通过设置岗位代理，将原岗位人员的一部分工作职责委派给其他人员来处理，以提高工作效率。

（2）岗位代理要求。岗位代理一般只针对仅有 1 名或较少数人员任职、对质量管理体系运行非常重要、离岗时需要他人代行职责的关键岗位，如技术负责人、质量负责人等。若检测机构另有需要的，也可规定其他需要代理的岗位。岗位代理要求一般应在检测机构的质量管理体系文件中明确规定，如在质量手册中明确“技术负责人不在岗时由质量负责人代理行使职责”。应当规定代理行使岗位职责的时机、需要办理的程序和手续。如果检测机构在体系文件中作出了明确规定，发生岗位代理时通常不需要办理相关手续。如果是临时代理，且与体系文件规定的情况不同，则应当办理岗位代理授权审批手续。岗位代理的人员（以下简称代理人）除满足所代理岗位规定的任职条件外，还应满足以下要求：

1）熟悉工作职责。代理人需要了解并熟悉所要代理的岗位工作职责、流程和要求。

2）具备充分的专业知识和技能。代理人需要具备代理岗位所需的专业知识和技能，以确保能够胜任岗位工作，并在代理期间顺利开展工作。

3）具备相关经验和能力。代理人需要具备一定的相关经验和能力，以便快速适应并胜任代理岗位的工作。

4）具备沟通和协作能力。代理人需要具备良好的沟通技巧和协作能力，能与其他部门人员、上级或合作伙伴进行有效的沟通和协调。

5）遵守职业道德和保密要求。代理人应遵守岗位职责的职业道德准则，并严格遵守任何与工作相关的保密要求。

6）能够承受压力和应对变化。代理工作可能面临一些挑战和压力，如处理紧急情况、适应新的工作环境等。代理人需要具备应对变化和承受一定压力的能力。

7）接受培训和指导。代理人需要接受一定的培训和指导，以了解代理岗位的要求和规定，并获得必要的支持，以便能够胜任代理工作。

三、案例与分析

案例 7-3（注：本案例为节选某检测机构质量管理体系文件中岗位职责和任职条件相关内容）

5.5　岗位职责和任职条件

为确保质量管理体系有效运行、持续保持和不断改进，保证各部门、专业室（检测项目）及其所有人员具有所需的权限和资源，避免职责交叉造成相互推诿或者相关工作无人负责的情况，单位对各岗位人员的职责、权限和相互关系进行明确。

5.5.1 关键管理人员的职责和权限

5.5.1.1 经理的职责和权限

1）全面负责本单位各项工作。

2）认真贯彻落实国家有关法律、法规、规章、安全技术规范等，履行其所赋予的职责，将政府和客户要求的重要性文件传达到组织。

3）根据本单位工作范围、性质和发展方向，制定质量方针和总体目标，建立和实施质量管理体系以及持续改进其有效性。

4）负责本单位发展规划和年度工作计划的批准和督导，对本单位建设、机构设置、资源配置、财务等重大问题做出决策并负领导责任；

…………

5.5.1.2 技术负责人的职责和权限

1）全面负责本单位技术运作工作，确保技术及安全运作所需资源满足有关法律、法规、规章、安全技术规范等的要求。

2）负责组织处理检测工作中重大技术问题，对重大技术问题进行决策。

3）负责各类技术性文件（如检测施工组织设计、检测技术方案、检测通用工艺规程等）的组织编制和批准，负责检测总报告的签发。

4）负责检测技术的开发和新开展检测项目、技术改造项目和设备购置计划的论证立项工作。

5）负责组织员工技术培训、评价确认检测人员技术能力；

…………

5.5.1.3 质量负责人的职责和权限

1）全面负责本单位质量管理工作。

2）依据国家有关法律、法规、规章、安全技术规范等，组织建立并实施质量管理体系，保持其有效运行和持续改进；

…………

5.5.1.4 关键岗位代理

经理不在岗时，由质量负责人代行岗位职责；质量负责人不在岗时，由技术负责人代行岗位职责；技术负责人不在岗时，由质量负责人代行岗位职责……

剖析：

1. 比较好的方面

● 设置关键岗位和其他与检测有关的岗位，明确岗位职责、权限和相互关系，确保质量管理体系的正常运行。

- 明确关键岗位的代理。

2. 存在的问题与不足

未对岗位任职条件进行明确，不符合《特种设备检测机构核准规则》附件 D 第 D4.1 条“应当建立和实施人员控制程序……明确岗位职责和任职条件”的要求。

岗位任职条件对于检测机构的人员招聘和任职资格能力确认至关重要。岗位任职条件未明确，检测机构就难以确认他们期望的聘用人员的技能、经验和背景等，导致人员的聘用决策变得主观和随意，甚至聘用的人员不符合工作岗位要求，无法胜任工作。检测机构应在质量管理体系文件中对每个岗位的任职条件明确控制要求，其中关键岗位人员（技术负责人、质量负责人、检测责任师等）的任职条件必须满足《特种设备检测机构核准规则》的相关规定。

第四节　人员培训

一、质量控制目的

质量控制目的是确保各岗位人员的能力保持，提升人员素质或技能，加强诚信和安全意识，促进人员绩效改进，保障检测质量。

二、质量控制环节与质量控制点

人员培训作为人员管理中的一个过程，涉及的质量控制环节通常包括培训计划、计划实施等。人员培训质量控制环节与质量控制点见表 7–3。

表 7–3　人员培训质量控制环节与质量控制点

控制环节		控制点		控制要求		
序号	名称	序号	名称	主要控制内容	工作见证	责任部门 / 岗位
1	培训计划	（1）	培训需求	需求分析	会议纪要、培训申请表、人员培训记录、考核评价结果	技术质量部、综合管理部
		（2）	制订计划	内部 / 外部培训计划编制、审核、批准	内部培训计划、外部培训计划	机构负责人、技术质量部、综合管理部

续表

控制环节		控制点		控制要求		
序号	名称	序号	名称	主要控制内容	工作见证	责任部门 / 岗位
2	计划实施	（3）	内部培训	培训方案、实施过程记录	培训方案、签到表、培训记录等	综合管理部、技术质量部
		（4）	外部培训	培训实施过程资料	培训通知、培训课程安排、培训结果等	综合管理部、技术质量部
		（5）	培训效果评价	评价方法、评价时机、评价标准、评价表、评价报告	培训效果评价办法（管理规定）、评价表、评价报告	技术质量部

1. 培训计划

人员培训是检测机构持续发展的力量源泉，是解决问题的有效途径，是满足机构和人员双方需求的行为，是调动人员积极性的有效方法。检测机构在进行人员培训前，应做好培训需求分析，按照《特种设备检测机构核准规则》的要求，制订内部与外部培训计划。

（1）培训需求。培训计划是按照一定的逻辑顺序排列的记录，是从检测机构的需求发展出发，在全面、客观的培训需求分析基础上做出的对培训内容、培训时间、培训对象、培训方式、培训方法和培训费用等方面的预设。在制订培训计划时，应突破传统人员培训模式的束缚，不能仅有"自下而上"的培训（培训需求由个人、各职能部门提出，通过培训使人员的能力在原有基础上各自有不同程度的提高），还应强调"自上而下"的指令性培训。各岗位的培训需求、人员培训记录及考核评价结果、拟提高和发展的能力等，都是制订培训计划的依据。某些特殊岗位应根据人员实际能力状况制订个性化的培训计划。检测机构在制订培训计划前所做的培训需求分析通常包括以下几个方面：

1）专业知识。检测机构需要为人员提供针对性的专业知识培训，以满足不断变化的行业要求和发展趋势，如检测人员取证培训，新检测方法、技术、标准继续教育培训，以及相关法律法规宣贯培训等。

2）实际操作。检测机构需要培训人员熟练操作检测仪器设备和软件，以确保检测数据的准确性和可靠性，如操作规范、设备维护、数据分析和解读培训等。

3）质量管理。检测机构需要培训人员掌握质量管理体系、规范要求及内部审核等方面的知识和技能。这有助于确保检测结果的可靠性、一致性和合规性，提升检测机构的信誉和市场竞争力。《特种设备检测机构核准规则》规定了人员的质量管理培训要求，明确技术负责人、质量负责人、内部审核人员和其他从事质量管理的人员要接受特种设备质量管理体系知识的专门培训，如内审员培训、质量管理体系培训等。

4）安全与诚信。检测机构应培训人员了解并遵守相关的安全操作规程，正确处理和处置危险物质，提高对工作环境的保护意识；开展诚信培训，增强诚信意识、价值观并规范行为。对人员的安全和诚信培训要求，也应在《特种设备检测机构核准规则》中明确提出。

除上述培训需求以外，检测机构为了保持良好的商业道德和合规性，也会开展一些关于职业道德、数据保密和知识产权等方面的培训。这有助于确保人员的职业操守和行为合规，维护检测机构的声誉。

（2）制订计划。检测机构应当根据法规标准要求、检测工作需要以及技术理论、检测方法、仪器设备的发展情况，结合有关人员的岗位能力、执业资格和工作经验等，综合考虑分析需求，制订培训计划。培训计划应当与检测机构的现状相适应，与检测机构的长远发展相适应。

1）制订培训计划需考虑的因素。

①培训的预算。制订培训计划首要考虑的是确认检测机构有多少预算分配于本年度或本次的人员培训。在不确定是否有足够的经费支持的情况下，制订任何培训计划都是没有意义的。

②培训的人员。检测机构应在满足法规标准要求的前提下，结合机构自身情况、后期发展的需要以及各职能部门（含个人）提出的培训需求申请、考核评价结果等方面，综合分析需要参加培训的人员。

③培训的方式、内容。培训方式包括内部培训、外部培训或岗前培训、岗位培训、继续教育培训等。应根据检测机构的资源条件和能力范围确定培训的方式。体系文件修订、换版，法规、标准修订、发布、实施，人员能力提升的知识培训，安全和诚信培训等可以采用内部培训的方式完成。人员资格取证、换证、质量管理体系知识的专门培训以及内部培训方式不具备条件的，可以采用外部培训的方式完成。

④培训的方法。培训方法一般包括讲授法、演示法、案例分析法、讨论法、视听法等。

⑤培训的服务方、培训时间。内部培训应根据培训的内容，确定使用检测机构内部讲师还是聘请外部讲师，确定培训的时间等。对于外部培训，应根据需求选择参加一些行业权威机构组织的培训，保证培训的及时性和培训质量。

⑥计划的编制、审核、批准。检测机构的培训计划通常由综合管理部编制，技术

质量部审核，机构负责人批准。

2）制订内部培训、外部培训计划。

①内部培训计划。检测机构制订内部培训计划时，应按照培训的重要性分清主次。可将对检测质量有影响的内部培训定义为主要的内部培训，将人员的能力提升、日常的其他培训定义为次要的内部培训。检测机构通常会制订全年的内部培训计划，将能预见的培训列入年度内部培训计划，如人员能力提升、安全、诚信、体系文件培训等。根据检测机构发展情况的需要，可制订临时内部培训计划，但也必须经过审批，并得到有效控制。内部培训计划的内容一般包括培训方式、培训方法、培训内容、培训人员、培训时间和培训地点等。

②外部培训计划。检测机构通常会根据资格证书到期的换证人员、机构发展需要的取证人员、上一年度人员培训计划未完成等情况制订全年的外部培训计划。根据检测机构发展情况，制订临时外部培训计划，但也必须经过审批，并得到有效控制。外部培训计划的内容一般包括培训方式、培训方法、培训内容、培训人员、培训时间、培训地点和培训机构等。

2. 计划实施

人员培训计划得到审批后，应计划如何实施才能达到目标效果。在很多检测机构中，培训计划和培训记录虽齐全，但实际上却是“两张皮”。这表明培训的内容、培训的深度及针对性明显不足，根本无法确保最终培训实施的目标效果。检测机构想要确保岗位人员的能力满足要求，最有效的方法就是严格按照培训计划（内部培训、外部培训）、培训方案实施培训，严格考核和人员筛选等。检测机构应在实施培训计划过程中留存见证资料并存档。

（1）内部培训。检测机构在内部培训计划实施过程中，应存档的见证资料一般如下：

1）培训方案。培训目标确定后，检测机构应根据人员的内部培训计划制定培训方案，进一步对培训目标、培训内容、培训资源、培训对象、培训时间、培训方法、培训地点及培训物资设备的有机结合进行设计和安排。

2）培训记录。培训应按方案实施，如遇到情况变化，原方案难以实施时，则应调整计划并陈述理由。实施过程中应保存过程资料，如培训签到表、培训课程安排、培训资料（课件、教材）、培训记录、培训过程影像资料和培训效果评价等。

（2）外部培训。检测机构在外部培训计划实施过程中，通常要求参加外部培训的人员收集培训实施过程的见证资料，如培训通知、培训课程安排、培训资料（课件、教材）、培训结果（资格证书）和培训效果评价等。

（3）培训效果评价。培训效果评价是对培训活动的结果和效果进行评估和分析的过程。它旨在通过量化和客观地评估培训的实际效果，了解培训对人员的知识、技能、态度和行为的影响程度。检测机构应通过培训效果评价确定培训活动是否实现了预期的目标，以及评估培训方案的有效性和改进方向。评价结果可以提供决策支持，帮助检测机构改进培训内容、方法和资源配置等，以提高后期培训的质量和效果。

1）评价方法。

常见的培训效果评价的方法主要有反馈调查法、测验法、工作绩效评价法等。

①反馈调查法。通过向参加培训的人员发放问卷或进行面谈，采集他们对培训内容、培训方法、培训师资水平等方面的评价和反馈；也可以通过询问参加培训的人员，对培训满意度、学习收获、应用情况等进行主观评估。

②测验法。在培训结束后，可以采用笔试、口试等方法，对参加培训的人员进行考核，验证参加培训人员对培训内容的掌握情况；也可以设置培训前后的知识或技能测验，对培训人员在培训前后的学习成果进行客观评估，验证他们的知识和技能水平是否有所提升。

③工作绩效评价法。工作绩效评价法是一种跟踪性质的考核方法，指在培训结束后，每隔一段时间以书面或面谈的形式，了解参加培训人员的工作成绩，评估他们在实际工作（或模拟场景）中对培训内容的应用情况和能力表现。

2）评价时机。检测机构评价培训效果时，可选择的时机有多个阶段，通常如下：

①培训前。检测机构在培训开始前，对参加培训人员的知识水平、技能程度、态度和行为进行评价，可以作为基准用于比较培训后的成果，并为后期调整培训内容和方法等提供参考。

②培训期间。在培训过程中，可以通过中期评价或定期测验，了解参加培训人员的学习进度和理解程度，这有助于及时调整培训方案和解决培训人员遇到的问题。

③培训后立即。在培训结束后，立即进行评价，以获取参加培训人员对培训的反馈和满意度。可以通过发放问卷、进行访谈或小组讨论等形式来完成。这样的评价可以快速了解培训效果和参加培训人员对培训的感受，为培训后续改进和调整提供参考。

④培训后延时。在培训结束后一段时间，进行延时评价，评价参加培训人员在培训后的学习成果应用情况、工作表现和个人发展等方面的变化。可以通过跟踪调查、观察参加培训人员的工作表现以及与其他评价指标进行对比来完成。

⑤定期追踪。在培训之后的一段时间内，定期进行追踪评价，以了解培训的长期效果和持续影响。可以通过周期性的调查、工作绩效评价和指标分析等方法来完成。

培训效果评价时机的选择应根据具体的培训目标、培训内容和评价需求来确定。不同的时机可以提供不同角度和深度的评价信息，帮助检测机构全面了解培训的效果并做出相应的调整。

3）评价标准。检测机构在进行培训效果评价前，应根据具体的培训目标、培训内容和评价方法制定相应的评价标准。内容通常如下：

①评价目的。确定评价培训效果的目的是什么，如确定培训的成效、改进培训方案、提供反馈和决策依据等。

②评价内容。确定要评价的内容，如学习成果、工作应用能力、绩效改善等。根据参加培训人员的需求和培训目标，选择与之相关的评价内容。

③具体指标。为每个评价内容制定具体的评价指标或标准。指标应该是具体、可测量和有意义的，以便能够用来评价参加培训人员的表现和培训效果。

④评价方法。确定用于收集评价数据的方法和工具，如反馈调查、测验、工作绩效评价等，根据需要选择最适合的方法。

⑤评价标准的级别或等级。为每个评价指标设置具体的评价级别或等级，以便将参加培训人员的表现进行分类和比较。

⑥评价评分表。根据确定的评价指标和级别，设计评价评分表，用于记录和评价参加培训人员的表现。

⑦组织评价。安排评价过程的具体步骤和时间，确定评价的实施人员和参与者，并在评价实施过程记录中签字，确保评价过程的公正性和可靠性。

⑧分析评价结果。收集并分析评价数据，将结果与预设的标准进行比较。根据评价结果做出相应的评价报告、反馈、决策或改进措施。

检测机构应对培训效果评价标准进行定期审查和更新，根据培训目标和参加培训人员需求的变化调整评价标准，确保评价标准的有效性和适用性。也可以根据具体情况选择并结合多个标准来进行全面评价。

4）评价报告。培训效果评价报告是一个汇总和总结培训活动效果的文件，通常包括的内容如下（可根据培训方式、目的和需求的不同而存在差异，可根据实际情况进行适度的调整和补充）：

①培训概述。对培训活动进行简要介绍，如培训的主题、目标、时间、地点以及参加培训人员的基本信息。

②培训评价方法。说明用于评价培训效果的具体方法和工具，如问卷调查、测验、观察、访谈等。

③人员反馈。总结和分析参加培训人员对培训内容、培训方法、培训资源等方面的反馈和评价，如满意度、理解程度、培训体验等。

④知识与技能提升。汇总参加培训人员在培训中所学知识和技能的提升情况，可以通过人员的测验成绩、工作表现等来评价。

⑤行为与应用改变。评价参加培训人员在实际工作中是否应用了所学的知识和技能，观察他们是否改变了行为和做法，并对此进行总结和分析。

⑥效果影响评价。评价培训对检测机构的绩效、人员绩效等方面的实际影响，可通过数据比较、业绩指标分析等方法来评价培训的实际效益。

⑦建议与改进意见。根据评价结果提供参加培训人员和培训机构共同改进的建议和意见，以便优化未来的培训计划和活动。

检测机构一般在每年年底对培训效果评价结果进行汇总、统计，确认培训计划的完成情况。统计结果为质量目标考核完成情况、管理评审的输入、下一年度人员培训计划提供有效数据。

三、案例与分析

案例 7–4（注：本案例为某检测机构 2015 年度员工培训计划）

编号：××–JL1605–2013

2015 年度员工培训计划

序号	参加培训人员	培训内容	培训地点	培训时间	考核方法	培训组织单位
1	公司管理人员	宣贯新版质量手册	会议室	2015 年 6 月 15 日	口头提问	技术质量部
2	公司全体人员	宣贯新版程序文件	会议室	2015 年 6 月 16 日	口头提问	技术质量部
	……					

剖析：

该培训计划未明确培训的方式和方法，不符合《特种设备检测机构核准规则》附件 D 第 D4.1 条“应当建立和实施人员控制程序……对人员进行技术和质量管理培训，制定和实施内部与外部培训计划，明确培训方式和方法”的要求。

年度人员培训计划在提升人员能力、促进人员发展、增强团队合作、保持机构竞争力以及提高人员满意度和保留率方面起着重要的作用。通过有计划和有针对性的培训，可以帮助检测机构和人员共同实现能力的持续提升。

检测机构的培训资源毕竟是有限的，只有系统地规划才能产生最大的效用，所以年度培训计划就是规划机构年度培训资源的工作重点。从检测机构的角度来看，年度培训计划是人力资源规划的重要组成部分，是年度培训工作如何开展的蓝图和指引；从人员的角度来看，年度培训计划可以使人员有意识地思考和提出自己的学习发展计划与目标。

检测机构应依据《特种设备检测机构核准规则》和体系文件的要求，制订年度人员培训计划，明确培训方式和方法，使岗位人员按照计划时间提前做好工作安排，参加计划内的培训学习。培训计划未制定或内容不齐全，将会导致培训实施、培训效果评价的依据缺失。

案例 7–5（注：本案例为某检测机构在监督抽查时发现的不符合项）

抽查检测机构 2023 年度人员内部培训计划实施过程的见证资料，检测机构仅提供了 2023 年度人员内部培训计划和签到表。

编号：×××–JL1825–2022

2023 年度人员内部培训计划

记录编号：JL1825–2023–010

序号	参加培训人员	培训内容	培训地点	培训方法	培训时间 / 培训学时	考核方法	培训组织单位
1	公司全体人员	安全培训	公司二楼会议室	线下培训	2023 年 3 月 / 24 学时	笔试	技术质量部
2	公司全体人员	质量管理、新标准	公司二楼会议室	线下培训	2023 年 5 月 / 24 学时	笔试	技术质量部
3	公司全体人员	检测诚信	公司二楼会议室	线下培训	2023 年 7 月 / 24 学时	口头提问	技术质量部
4	全体检测人员	新员工入职培训	公司二楼会议室	线下培训	2023 年 8 月 / 24 学时	口头提问	技术质量部

编号：×××–JL1504–2022

签到表

记录编号：JL1504–2023–005

2023 年 3 月 15 日 08：00—12：00		2023 年 3 月 15 日 13：00—17：00	
序号	姓名	序号	姓名
1	刘某	1	刘某东
2	王某	2	李某
……	……	……	……

剖析：

该检测机构未按照质量管理体系文件的要求开展 2023 年度人员内部培训计划的实

施工作，未提供能充分证明所实施培训计划的有效见证资料，如培训方案、培训课程安排、培训资料（课件、教材）、培训记录和培训过程影像资料等。不符合《特种设备检测机构核准规则》附件 D 第 D4.1 条“应当建立和实施人员控制程序……对人员进行技术和质量管理培训，制定和实施内部与外部培训计划”的要求。

培训见证资料缺失将使培训效果评价变得困难，无法准确判断培训是否实现预期目标，并且难以追溯整个培训过程的真实性。检测机构应重视培训计划的实施，并对计划实施的过程资料进行收集和存档，不能只制订计划而不实施或实施不到位，也不能为了培训而培训。只有将培训计划落实到位，培训活动才有意义，才能实现既定的培训目标和效果。

第五节　人员考核评价

一、质量控制目的

质量控制目的是确保岗位人员在工作中的表现和能力，减少岗位人员的技术能力风险对检测质量、结果的有效性造成影响，提高工作绩效，促进人员发展，推动检测机构质量目标的实现。

二、质量控制环节与质量控制点

人员考核评价作为人员管理中的一个过程，涉及的质量控制环节通常包括考核评价范围、考核评价要求、考核评价实施等。人员考核评价质量控制环节与质量控制点见表 7–4。

表 7–4　人员考核评价质量控制环节与质量控制点

控制环节		控制点		控制要求		
序号	名称	序号	名称	主要控制内容	工作见证	责任部门 / 岗位
1	考核评价范围	（1）	考核评价范围识别	识别法律法规、标准规范要求，是否影响检测结果	法律法规、标准规范	技术质量部
		（2）	考核评价范围确定	管理人员、关键岗位人员、检测人员、专业技术人员和其他岗位人员	人员考核评价方案	技术质量部

续表

控制环节		控制点		控制要求		
序号	名称	序号	名称	主要控制内容	工作见证	责任部门／岗位
2	考核评价要求	（3）	考核评价内容	制定考核评价内容	人员考核评价方案	技术质量部
		（4）	考核评价频次	定期或不定期，每年不少于一次	人员考核评价方案	技术质量部
		（5）	考核评价方式	制定考核评价方式、人员考核评价表	人员考核评价方案	技术质量部
		（6）	考核评价标准	制定考核评价标准	人员考核评价方案	技术质量部
		（7）	考核评价结果的形式	制定考核评价结果的形式	人员考核评价方案	技术质量部
		（8）	考核评价结果的处理方式	制定考核评价结果的处理方式	人员考核评价方案	技术质量部
3	考核评价实施	（9）	考核评价方案实施	人员考核评价方案、实施过程见证资料	人员考核评价方案、评价表	技术质量部

1. 考核评价范围

（1）考核评价范围识别。人员考核评价是人员风险评估的手段，可以对人员在工作中的表现、能力和潜力进行客观的量化和定性分析，为人员能力风险识别、分析、评价提供依据。检测机构要想有效地实现其质量目标，就必须重视和切实做好人员的考核评价工作。

检测机构在对人员进行考核评价前，要结合几个方面因素识别出人员考核评价所涉及的范围。例如，法律、法规、规范要求的人员，对检测结果公正性、保密性、独立性有影响的人员，对检测数据真实性、有效性有影响的人员，在日常的人员监督和能力监控中发现的不满足要求的人员，在日常管理中发现的直接与人员能力相关的不符合工作的人员等。

（2）考核评价范围确定。按照《特种设备检测机构核准规则》的要求，检测机构应对管理人员、关键岗位人员、检测人员、专业技术人员和其他岗位人员进行定期或不定期的考核评价。对于上述人员来说，检测机构的人员考核评价工作通常从新聘用人员、在岗人员和转岗人员这3个方面来开展。检测机构除自身聘用人员以外，还会因工作需要聘请部分外部的专家。对于外部专家的介入，必须对其进行适宜的监督，并对能力确认的结果予以备案、归档保存。另外，当检测机构存在与检测有关的人员离岗后返岗，检测方法、设备等资源变更，检测人员岗位更换等情况时，应对相关人员重新进行人员考核评价。

2. 考核评价要求

（1）考核评价内容。检测机构在进行人员考核评价时，需要确定考核评价的内容。因为各检测机构所设置的岗位不同，所以考核评价的内容也存在差异。检测机构主要从人员业绩、人员能力和人员态度等方面进行考核评价。

1）人员业绩。对于检测机构而言，每名员工的行为应有助于机构经营目标的实现，为机构做出贡献，所以通过考核评价人员的业绩可以掌握人员对机构的贡献和价值的大小。人员业绩通常体现在工作数量、质量、效率、完成情况及成果上。

2）人员能力。检测机构的人员能力考核评价主要是考评岗位人员在工作中发挥出来的技能和知识水平。例如，岗位所需的专业知识及知识应用、技术能力、学习能力、问题解决能力和工作协调能力等。

3）人员态度。人员态度是人员能力向人员业绩转换的“中介”，主要指人员的工作积极性、创造性、主动性、纪律性和出勤率等。检测机构通常用德、能、勤、绩4项要素进行考评。一般来说，能力越强的成绩就越好，但是在实际工作中却不然。例如，一个人能力很强，但出工不出力，而另一个人能力稍弱，却兢兢业业干得很不错。两种人员态度产生了截然不同的工作结果，所以需要对人员态度进行考核评价。

考核评价的内容应尽可能全面、客观和可衡量，以便为岗位人员提供准确的反馈和改进建议。以上只是一些常见的考核评价内容，检测机构可以根据自身的需求，对不同人员的考核评价采取适当的调整和扩展。例如，对新聘用的人员，应进行全面考核评价；对在岗的技术人员，应重点考核评价能力的保持。考核评价不仅要针对技术人员的技术能力，也要关注管理人员的管理能力。

（2）考核评价频次。检测机构对人员的考核评价频次可以根据具体情况而定，一般每年不少于一次。通常，检测机构以一年为周期进行全面考核评价，对岗位人员在过去一年的表现进行综合考核评价，并给予奖励或提出改进建议。也有的检测机构是以季度为周期进行考核评价，以便及时地了解人员的工作表现和发展情况，及时进行工作调整和指导。

检测机构还可以根据需要进行不定期的考核评价，如发现项目风险较高或有特殊要求等。针对特定的项目或工作，可以进行临时性的人员考核评价，这种考核评价频次更加灵活，可以根据项目的要求和进展情况进行，以确保工作的顺利完成和质量的控制。

（3）考核评价方式。检测机构人员的考核评价方式可以多样化，具体取决于机构的要求和考核评价的目的，因岗因人而异。考核评价一般可采用实际操作、盲样检测、检查记录、笔试或口试等方式。

1）实际操作。检测机构在人员考核评价前应制定人员考核评价表，该表中应明确实际操作考核评价的内容，如编制检测操作指导书、仪器设备调试、工艺验证、现场检测、填写原始记录、编制检测报告等。技术质量部的考核评价人员，采取现场旁站观察的方式进行考核评价。评价标准诸如检测过程中工艺参数的选择是否符合标准要求，工艺验证结果是否符合要求，检测是否按照操作指导书执行，检测数据是否真实、有效等。

2）盲样检测。该考核评价方式能比较直接、有效地确定岗位人员是否有能力胜任本职岗位。盲样检测的方式是对已知检测结果的盲样样品进行检测，评价标准为盲样检测结果的正确率大于规定的百分比，或小于允许的误差。在检测的过程中，考核评价人员可以更客观地观察被考核评价人员的操作是否符合标准操作规程要求，存在哪些方面的问题，是否需要额外培训等。

3）检查记录。考核评价人员可以定期或不定期地采取随机抽检的方式，抽查各种文件或记录，如操作指导书、检测原始记录、检测报告、仪器保养及维护记录等。评价标准诸如是否按要求及时进行各种记录的填写，是否对不按要求填写的记录进行原因分析，填写的记录是否真实、有效，填写记录的人员资质是否符合要求等。

4）笔试或口试。考核评价人员通过模拟日常工作中可能出现的难题、应急措施以及检测结果的解释等，来考核被评价人员解决问题的能力及应变能力。

（4）考核评价标准。检测机构应根据所采取的考核评价方式制定考核评价标准。考核评价标准应具体、明确，并能够清晰地描述所期望的工作表现和能力水平，避免模糊和主观性；应具备可衡量的特点，有具体的可量化的目标，以便对人员进行客观的评价和量化的分析。需要注意的是，制定的考核评价标准应与岗位职责和要求相一致，准确地反映岗位人员的绩效和能力；与具体岗位和机构目标相适应，确保评价的有效性和实用性；应具有公平性、可操作性及可实施性，能够为考核评价人员提供明确的指导和判断依据，确保考核评价人员评价尺度一致。

（5）考核评价结果。

1）考核评价结果的形式。考核评价结果通常以综合评价或得分的形式呈现，以便对人员的表现进行全面的评价。评价结果通常如下：

①优秀。优秀指被考核评价的人员在考核评价的各个方面都表现出色，达到或超

过预期的要求，工作成果和绩效突出。

②良好。良好指被考核评价的人员在考核评价的大部分方面表现良好，能较好地完成工作任务，并具备需要的知识和技能。

③合格。合格指被考核评价的人员基本满足评价标准，能完成工作任务，并具备基本的知识和技能。

④需要改进。需要改进指被考核评价的人员在考核评价的一些方面表现不足，需要改进和加强相关知识与技能的学习。

⑤不合格。不合格指被考核评价的人员不能满足考核评价标准，表现不符合要求，需要采取措施进行改进或提供培训支持。

除以上常见的评价结果形式以外，还可以根据具体的评价标准和机构的要求，使用其他形式的评价结果，如绩效等级、百分比等。

2）评价结果的处理方式。对考核评价结果达标的岗位人员，检测机构可进行资格、能力确认及授权。对不达标的岗位人员，检测机构应制订培训计划并提供再次考核评价的机会。不达标人员经培训后，提交培训证明可再次进行考核评价，考核评价结果仍不达标的，检测机构可调动其岗位或进行再培训，直至考核评价达标为止，并应保留再培训和再考核评价的记录。检测机构应对人员考核评价结果进行统计分析，确定高风险岗位人员名单，同时将评价结果与人员资格、能力确认、人员授权相关联，据此确定培训需求和监督重点，从而形成一体化的关联机制。

3. 考核评价实施

检测机构通常由技术质量部制定人员考核评价方案，方案内容应包括上述考核评价范围和要求，方案应得到审批并组织实施。作为人员考核评价的一部分，检测机构应记录考核评价过程和结果，以便进行跟踪和参考。记录内容一般包括考核评价人员、日期、标准、内容、结果以及反馈等，这些考核评价记录可作为人员考核的正式文件供综合管理部或相关职能管理部门参考和使用。记录的目的是提供可追溯的证据，以支持人员绩效管理、奖惩决策和职业发展规划。同时，考核评价记录也可以作为沟通和反馈的工具，与被考核评价人员进行讨论和共享。记录应有考核评价人员对考核评价结果的签字和审核确认，以保证考核评价的准确性和可靠性。

人员考核评价范围、方式、结果的利用，不仅是在人员能力风险识别基础上的重要活动，也是后续对人员实施监督和能力监控的重要考虑因素。检测机构应将有效、完整的考核评价记录归档存入人员执业档案。技术质量部应编制人员考核评价年度报告，输入管理评审，作为人员培训计划、人员资格、能力确认、岗位调整和人员授权的依据。

三、案例与分析

案例 7-6（注：本案例为某检测机构在监督抽查时发现的不符合项）

抽查检测机构人员控制程序和 2022 年人员考核评价实施过程的见证资料，检测机构仅提供了检测人员技术能力评价表，人员控制程序中未明确人员考核评价的控制要求。

编号：××-JL1605-2022

检测人员技术能力评价表

记录编号：JL1605-202207-001

被评价人	孙某	评价日期	2022 年 7 月 8 日
持证情况	RT-Ⅱ、MT-Ⅱ、PT-Ⅱ		
评价人员	尹某	评价方式	盲样检测

技术水平

序号	描述	评价等级			
		较差	一般	良	优
1	检测程序的规范性				√
2	能否严格执行检测规范、标准				√
3	实际操作及判定缺陷的能力				√
4	检测资料处理的规范性				√

综合评价

评价结果	优
评价总结（包括持证项目与实际能力是否匹配，专业特长，有何不足，改进意见等）： 持证项目与实际能力相符	

技术负责人意见	印某轩	2022 年 7 月 8 日

剖析：

该检测机构未按照《特种设备检测机构核准规则》建立人员考核评价的控制要求，未提供能充分证明 2022 年所实施人员考核评价的有效见证资料，如人员考核评价方案、评价方式（盲样检测过程的委托单、操作指导书、原始记录、检测报告）资料等；在提供的检测人员技术能力评价表中，缺少考核评价标准，使表格流于形式，无法证明考核评价工作的实际开展，无实质意义。

人员考核评价是检测机构管理人员绩效的一种重要手段，有助于评估岗位人员的工作表现，发现问题，提升工作效率。如果检测机构只是流于形式，不严格按照要求实施人员考核评价，就很难发现人员在工作中存在的问题，不能及时采取纠正措施，导致潜在的问题得不到揭示，影响工作质量和效率。人员考核评价还可以为优秀人员提供公正的激励措施，如奖励、晋升等。

第六节　人员执业档案

一、质量控制目的

质量控制目的是确保执业人员的资质、背景和记录得以有效管理和监控；确保人员执业档案的完整性、连续性和真实性，便于准确查证；为检测机构的发展决策提供依据。

二、质量控制环节与质量控制点

人员执业档案作为人员管理的一个过程，涉及的质量控制环节通常包括执业档案建立、执业档案管理等。人员执业档案质量控制环节与质量控制点见表 7–5。

表 7–5　人员执业档案质量控制环节与质量控制点

控制环节		控制点		控制要求		
序号	名称	序号	名称	主要控制内容	工作见证	责任部门 / 岗位
1	执业档案建立	（1）	档案信息收集	法规、标准、规范要求	—	综合管理部
		（2）	档案建立	建档要求、归档时机、系统管理	档案管理规定、人员执业档案	综合管理部
2	执业档案管理	（3）	档案管理方法	分类、储存、编号、保密、更新、归档、销毁、备份、监管等	档案管理规定	综合管理部

1. 执业档案建立

（1）档案信息收集。根据《特种设备检测机构核准规则》附件 D 第 D4.1 条“建立人员执业档案，内容至少包括学历、职称、检测资格证书、培训经历、检测经历、考核评价结果等”的要求，检测机构应建立人员执业档案，内容应满足要求。执业档案建立前，一般由综合管理部负责收集相关档案信息。档案信息通常包括以下内容：

1）教育背景。教育背景信息是指人员学历、学位的证明资料。一般，检测机构仅存档学历证书、学位证书和结业证书的原件或复印件等。在进行执业人员教育背景资料归档时，档案管理人员要结合检测机构对不同执业人员能力的要求进行资料审查。执业人员在工作中进行了继续教育，所取得的学位证书等资料也应及时归入人员执业档案。

2）检测经历。检测经历指执业人员在进入检测机构工作前所具有的其他工作背景。例如，执业人员之前从事的工作与目前工作相同，档案管理人员在向他们收集资料时，应收集相应的工作经历证明资料，包括工作履历、聘书、参与的检测工作情况（检测类别、检测方法、检测数量、检测时间、检测地点等）、质量管理体系文件审批（文件名称、文件编号、职责、时间等）及有关职责履行（质量活动名称、职责、时间等）情况、技术质量问题处置情况（记录编号、职责、时间等）、各级专业技术资格（职称）证书等；对于工作起点就在本检测机构的人员，检测机构也应有相应文件或记录表格来及时更新执业人员的工作年限。

3）培训信息。培训信息可以分为人员岗前和人员在岗的培训信息。检测人员是检测机构的主体，检测人员的能力直接影响检测结果的质量。不论是应届毕业生还是已有工作经历的人员，或是轮岗及重新上岗的人员，在进入具体的检测岗位前必须经过岗前培训。因此，所有检测人员的执业档案中应包括人员上岗前的培训信息资料。一般，检测机构以培训记录表格的形式记载人员的培训过程。

检测机构的岗位人员在工作过程中，为了使自身水平能够满足不断更新的检测方法、检测技术的需要，检测机构会组织内部培训或要求检测人员参加外部培训，这些培训都应有相应的记录，并在培训后归入个人的执业档案中。归档时应确认培训记录是否填写了培训效果的评价，有无相应的人员签字。

4）授权和/或资格确认。执业人员上岗前应经过资格确认并有相应的授权文件，授权文件和资格确认文件应存档。授权人员存档资料确认时，应特别注意查看人员执业档案中是否存在授权文件。授权文件的格式可由检测机构自行拟定，但是针对特定人员的授权必须明确、具体。例如，授权进行某一项检测工作或操作某一台设备等。另外，授权日期的填写要真实、准确，并由进行授权的责任人签字。

5）资格证书。检测机构人员所取得的证书主要是指人员在工作过程中参加各类培训或考核所获得的证书，如内审员证、评审员证、检测资格证、仪器操作证等。

6）技术水平证明。技术水平证明主要包括人员执业期间发表的论文、论著及科研成果、专利证书、主持或参与的课题资料等。

（2）档案建立。检测机构应将收集到的信息整理并建立电子或实体的人员执业档案，为每个执业人员分配唯一的档案编号。建档时应制定人员执业档案表，该表格为人员执业资料的汇总目录，内容至少包括人员基本情况，执业资料序号、名称、数量，存档时间等。检测机构应遵循相应的准则和规范，对检测人员的相关培训、经验、资格进行确认，确保所有执业人员记录内容的真实性、完整性，尤其在授权、技术能力以及专业资格等方面，还要将授权、能力确认的日期涵盖进去。人员执业档案建立后，要实施动态管理，全面跟踪。在具体实施中应着重考虑以下几点：

1）实施“一人一档”。要想为档案建立提供一定的便利性，必须对各专业技术人员进行深入分析，尤其在专业背景和岗位变动情况等方面。要加强“一人一档”的人员执业档案构建，将专业技术人员和管理人员涵盖在其中。档案要逐份编制目录，目录与内容应确保一一对应。

2）日常文件的收集。

①将执业文件的收集贯穿到日常检测工作中去。例如，检测机构可以规定人员外出学习结束后向技术质量部上交一份培训证明（复印件），由技术质量部确认后移交综合管理部。检测机构可根据执业记录发生时间的不同，明确各类记录的归档时机。由于档案资料是动态变化的，应及时收集并整理发生变化的资料。

②在技术职称评定和技术职务聘任时同步收集资料。评聘工作为个人技术能力和业绩的集中展示提供了机会，充分反映了技术人员的品德、业务专长及工作能力等，所以在专业技术职务晋升评定过程中，要注重收集专业技术证明资料。

3）技术档案管理的网络化、数字化。检测机构在档案建立过程中，既要对文本执业档案进行保存，还要加强计算机技术的应用。为确保人员执业档案建立水平的稳步提升，很多检测机构采用了档案管理系统，相应模块包括人员执业档案的信息建立、信息维护和信息查询等。采用档案系统管理可以提升检测机构人员执业档案的管理水平，保障人员执业档案管理的安全性，实现人员执业档案建立的高效利用，为档案的检索、查询提供更便捷的途径。

2. 执业档案管理

人员执业档案是检测机构人力资源技术巩固的基础，是机构技术实力的有效证明。检测机构应按照相关法律、法规、规范和检测机构的规定，制定符合实际情况和需求的人员执业档案管理规定或制度。检测机构应严格按照管理规定对人员执业档案信息进行组织、存储、维护和管理，并结合各类专业的需求，加强人才培养，将人员执业档案的管理工作落实到位。

（1）档案分级和分类。应根据不同的标准和需求，对人员执业档案进行分级和分类。例如，可按岗位、资格、专业等进行分类，以方便管理和检索。

（2）档案存储方式。档案存储方式有电子档案存储和实体档案存储。电子档案可以通过档案管理系统进行存储和管理；实体档案则需要选择合适的存储设备和环境，确保档案的安全性和可靠性。

（3）档案编号和索引。为每名执业人员分配唯一的档案编号，并建立索引系统，以方便查找和管理档案信息。

（4）档案保密和访问权限。根据相关法律法规和检测机构的规定，应确保人员执业档案的保密性，限制档案访问权限，确保信息安全。

（5）档案更新和维护。定期检查和更新执业人员的档案信息，如执业资格证书、学历证书、工作经验证明等，保证档案数据的准确性和完整性。

（6）归档和销毁。根据规定的保存期限，对人员执业档案进行归档和销毁。保留必要的法律法规要求和机构需求的档案，同时合规地销毁过期的档案。

（7）档案备份和灾备。定期对电子档案进行备份，并建立灾备措施，以防止档案数据因意外事故或灾害而丢失。

（8）档案审计和监管。定期进行档案审计，确保档案管理符合相关法律法规和业务要求，并接受内部或外部监管机构的监督和审计。

三、案例与分析

案例 7–7（注：本案例为某检测机构在监督抽查时发现的不符合项）

抽查检测机构人员执业档案建立过程的见证资料，检测机构仅提供了检验检测人员执业注册证和检验检测人员证。

剖析：

该检测机构未按照《特种设备检测机构核准规则》要求建立人员执业档案，不符合《特种设备检测机构核准规则》附件 D 第 D4.1 条“应当建立和实施人员控制程序……建立人员执业档案，内容至少包括学历、职称、检测资格证书、培训经历、检测经历、考核评价结果等”的要求。

建立人员执业档案对于检测机构和人员来说都是至关重要的。检测机构应确保建立健全档案管理机制，以便为机构管理和人才发展提供有力支持。同时，人员也应主动维护和更新自己的执业档案，不断提升个人能力和职业素养。

如果人员执业档案未按照要求建立或资料不齐全，检测机构将难以准确评估人员的技术能力和业务经验，影响对人员的合理安排和岗位匹配。另外，人员执业档案也是检测机构绩效评估的重要参考依据之一。档案资料不齐全，缺乏客观而全面的评估依据，检测机构将难以对人员的工作表现进行科学评价和定量分析。

检测机构应按照《特种设备检测机构核准规则》和体系文件的规定，建立人员执业档案，内容至少包括学历、职称、检测资格证书、培训经历、检测经历、考核评价结果等。检测机构应有相应的管理部门进行人员执业档案内容的收集、更新、管理，并定期对其完整性、准确性、及时性进行审核。

第八章　检测设备、设施和环境条件控制

本章重点阐述检测机构对质量管理体系的检测设备、设施和环境条件控制要求，通过对《特种设备检测机构核准规则》附件 D 第 D4.2 条、第 D4.3 条的相关专业术语进行解释，识别检测设备配备、检测设备使用、检测设备量值溯源、设施和环境条件 4 个过程，并对各过程中所涉及的质量控制环节和质量控制点逐一进行识别和分析，提出控制要求。本章通过典型案例，剖析检测设备、设施和环境条件控制中各质量控制环节与质量控制点常见的问题与不足，并为相关内容的策划与建立提供指引。

第一节　规则简析[①]

一、规则原文

D4.2　检测设备控制

应当建立和实施检测设备控制程序，并且达到以下要求：

（1）明确检测设备采购技术要求，并且对采购的检测设备进行验收；

（2）配置满足检测工作需要的检测设备，建立检测设备台账，规定检测设备状态标识和唯一性标识；

① 本节主要对检测设备控制的规则进行简析，设施和环境条件控制的相关内容一并放入本章第五节阐述。

（3）建立检测设备检定、校准和核查台账，制定[①]检定、校准和核查计划，对实施结果进行确认；

（4）建立检测仪器操作规程，必要时，对使用人员进行培训和授权；

（5）建立检测设备领用、使用、归还的控制要求；

（6）检测设备出现异常状况时，停止使用，进行标识和处置，并且对之前检测结果的影响进行评价和处置；

（7）检测设备有适宜的保存条件；

（8）建立检测设备档案，包括出厂资料，采购验收记录，检定（校准）和核查记录，使用、维修、保养记录等。

二、术语

1. 检测设备

检测设备是用来检测、测量或监测各种物理量或特定物体的工具或仪器。

2. 标识

标识是用来识别和区分事物、组织或个人的特殊符号、标志、图案或名称，可以是文字、图形、颜色、标牌等形式。

3. 设备状态标识

设备状态标识是用于设备当前运行状态或特定条件的标志、指示灯、指示器等信息元素。通过不同的颜色、形状、图标、文字或其他符号来表示设备状态。

4. 设备唯一性标识

设备唯一性标识是用于唯一标识和识别设备的标志、编码或ID（身份标识号）。它是针对每台设备分配的独特的标识符，用于区分和识别不同的设备，以便于设备管理和使用，避免冲突和混淆。

5. 量值溯源

量值溯源指追溯测量结果或数据来源准确性的过程。通过一系列的比较、校准和追溯过程，将测量结果与国际或国家标准值建立联系和关联，以确保测量结果的准确性和可靠性。

6. 设备检定

设备检定指由法制计量部门或法定授权组织按照检定规程，通过实验，提供证明来确定测量器具的示值误差满足规定要求的活动。检定通常由专门的实验室或认可机

① 此处的“制定”应为“制订”。为与规则原文保持一致，仍使用“制定”。

构执行，以确保设备的准确性和一致性。检定后会生成一份标定证书，确认设备是否符合规定的标准和规范。

7. 设备校准

设备校准是在规定条件下，给测量仪器（设备）的特性赋值并确定示值误差，将测量仪器（设备）所指示或代表的量值，按照比较链或校准链，溯源到测量标准所复现的量值上。

8. 设备核查

设备核查指设备在投入使用前，按照规定程序验证其功能或计量特性能否满足方法要求或规定要求而进行的操作。设备核查通常是一个简单的快速过程，可以由设备操作人员或维护人员完成，以确认设备的基本功能和状态。

9. 设备操作规程

设备操作规程是一份详细的文件或指南，规定了使用特定设备的正确方法和步骤，以确保设备的安全操作、有效运行和正确维护。

三、条文简析

1. 条文主题

条文规定检测机构应当建立和实施检测设备控制程序，并提出检测设备控制的明确要求。

2. 控制目的

对检测设备配备、检测设备使用、检测设备量值溯源等过程进行控制，使检测设备的类型、数量、技术性能持续满足规范、标准的要求和检测工作的需要，确保检测设备的有效管理、安全使用和维护，确保检测结果的准确性和有效性。

3. 控制范围

《特种设备检测机构核准规则》要求检测机构对配备的检测设备及影响检测质量和结果的检测设备进行控制。控制范围包括机构自有、租赁或借用设备的采购、验收、台账、标识、操作规程、使用人员的培训和授权、领用、使用、归还、异常状况处置、保存条件、档案建立和量值溯源等。

4. 过程识别和控制环节

根据《特种设备检测机构核准规则》附件 D 第 D4.2 条的要求，检测机构应当建立检测设备控制程序，识别检测设备控制所涉及的过程，通常包括检测设备配备、检测设备使用、检测设备量值溯源 3 个过程。

（1）检测设备配备。检测机构配备的检测设备类型、型号、数量和技术指标应满足《特种设备检测机构核准规则》的要求和检测工作的需要；制订检测设备日常和年度需求计划，计划应得到审批；制订设备采购、租赁计划，计划应得到审批并实施；对检测设备进行验收。

（2）检测设备使用。检测机构应确保设备台账信息完整、准确、有效和安全；规定设备状态标识和唯一性标识；制定设备操作规程；对设备使用人员进行培训和授权；建立和执行设备领用、使用、归还的程序和记录；识别、处置设备异常状况，建立和执行程序审批及控制要求；规定设备保存条件，采取控制措施，做好日常检查；建立设备档案等。

（3）检测设备量值溯源。检测机构应按照法规、标准的要求识别需要量值溯源（检定、校准、核查、运行核查、检查）的设备；建立信息完整、准确、有效、安全的量值溯源台账；制订量值溯源计划，计划应可行，并得到审批；控制和监督量值溯源实施过程；按照要求、内容及结论进行结果确认，将见证资料存档。

5. 职责分配

通常情况下，检测设备控制职责分配如下：

（1）机构负责人负责机构检测设备的配备和设备需求计划、采购计划的批准；

（2）材料设备部、技术质量部负责检测设备需求计划、采购计划、量值溯源计划的编制、审核；

（3）质量负责人或技术负责人负责量值溯源计划的批准；

（4）材料设备部负责设备的采购、验收、管理和档案管理等；

（5）技术质量部负责制定设备操作规程等技术文件；

（6）各职能部门负责提出本部门的设备配备需求，收集设备管理过程中的存档资料，并负责使用设备的日常管理。

第二节　检测设备配备

一、质量控制目的

质量控制目的是确保检测机构的检测设备配备满足法规、标准的要求和检测工作的需要，确保检测设备配备的合理性、一致性和可控性，并能提供可靠、准确和可重复的检测结果。

二、质量控制环节与质量控制点

检测设备配备作为检测设备控制的一个过程，涉及的质量控制环节通常包括检测设备需求、检测设备采购、检测设备租赁、检测设备验收等。检测设备配备质量控制环节与质量控制点见表 8–1。

表 8-1 检测设备配备质量控制环节与质量控制点

控制环节		控制点		控制要求		
序号	名称	序号	名称	主要控制内容	工作见证	责任部门/岗位
1	检测设备需求	(1)	需求识别	识别法规、标准要求，检测工作需要	相关规范、标准、招标文件、检测合同等	综合管理部、技术质量部、材料设备部、检测部
		(2)	需求计划	日常、年度检测设备需求计划的编制、审核、批准	日常、年度检测设备需求计划	技术质量部、材料设备部、机构负责人
2	检测设备采购	(3)	制订采购计划	内容、技术要求、编制、审核、批准	设备采购计划	技术质量部、材料设备部、机构负责人
		(4)	实施采购计划	合格供应方选择、采购过程记录、采购合同	合格供应方评价、合格供应方名录、采购合同等	材料设备部
3	检测设备租赁	(5)	制订租赁计划	租赁设备的识别，租赁计划的内容、技术要求及其编制、审核、批准	设备租赁计划	技术质量部、材料设备部、机构负责人
		(6)	实施租赁计划	合格供应方选择、租赁过程记录、租赁合同、租赁设备控制要求	合格供应方评价、合格供应方名录、租赁合同等	材料设备部
4	检测设备验收	(7)	验收程序	验收准备、验收实施、验收问题处理	设备合格证明文件、设备验收记录	技术质量部、综合管理部、检测部

1. 检测设备需求

检测设备是检测机构实施检测工作的重要工具，是检测结果质量的重要保证。检测机构要想确保检测结果的准确性和有效性，就必须配备满足法规、标准要求和检测工作需求的合格设备。在检测设备配备前，应识别检测设备的配备需求。

(1) 需求识别。

1) 相关法规、标准要求。检测机构的检测设备类型、型号、数量应满足《特种设备检测机构核准规则》及相关法规、标准的要求。《特种设备检测机构核准规则》的设备配备要求，是检测机构取得核准的基本条件。检测机构可在满足核准条件的情况下，根据机构规模和检测工作需求再增加设备配备。

另外，检测机构配备的检测设备性能也要满足《承压设备无损检测》（NB/T 47013）系列标准的要求。例如，《承压设备无损检测 第3部分：超声检测》（NB/T 47013.3—2023）中关于仪器和探头的组合性能要求，水平线性偏差不大于1%，垂直线性偏差不大于5%等。配备满足法规、标准要求的检测设备，不但可以确保检测数据的一致性和可靠性，而且还可以提高检测工作质量。

2）检测工作需要。检测机构配备检测设备除应满足核准条件外，还应当保障检测工作的顺利完成，同时也要确保检测结果的准确性和有效性。检测机构要根据检测工作的需要，合理调配检测设备。在检测现场，除配备满足检测合同中承诺的检测设备以外，项目部负责人还应根据检测现场的工作情况，及时沟通相关方，落实工期、进度以及各检测项目的工作量等，提前做好检测设备的需求配备工作，避免现场实际情况变化导致检测设备配备不足或设备长期闲置等，影响检测进度或浪费检测资源。

（2）需求计划。检测机构一般依据设备需求识别结果，由设备使用部门（检测部）或材料设备部编制设备需求计划提交技术质量部。需求计划应明确设备需求的缘由、需求时间、所需设备的性能参数等技术要求。由机构负责人根据法规、标准的要求和检测工作的需要，会同技术质量部、材料设备部等相关部门分析设备配备的需求，确定可用的采购预算，评估采购费用，明确技术要求，确认设备配备的途径（已有设备的调配、采购、租赁、自行研发）。

检测机构按照质量管理体系文件中所明确的设备需求提出设备需求审批的职、责、权，完成设备需求审批手续。通常情况下，由各部门会签，技术质量部审核，机构负责人批准，并留存审批资料或会议纪要等见证资料。多数的检测机构是根据每年年底设备使用部门上报的设备需求，编制下一年度的设备需求计划。但是，这不能及时、有效地解决检测机构内外部环境变化导致的设备资源不足或质量管理体系运行中外审、内审的不符合所涉及的设备资源不足问题。因此，检测机构也可采用编制日常检测设备需求计划的方式，适时解决设备资源不足的问题，该计划也应得到审批。

2. 检测设备采购

（1）制订采购计划。通常，检测机构在检测设备需求计划批准后，由材料设备部按照设备需求计划进行设备配备。当检测机构现有设备不能满足需求计划时，应由材料设备部编制设备采购或设备租赁计划。采购计划中应明确所采购设备的种类、规格、型号、数量、质量、技术参数、采购方式和采购时间等。采购计划由技术质量部审核，机构负责人批准。对急需的设备，一般应在设备采购计划中加以备注。设备采购计划一般分为日常设备采购计划和年度设备采购计划。

（2）实施采购计划。设备采购计划得到审批后，由材料设备部根据采购计划的要求实施采购。采购计划实施过程主要包括市场调研、报价和谈判、签署采购合同、设备供应。

1）市场调研。材料设备部应按照设备采购计划所明确的种类、规格、型号、数量、技术参数和需用时间等要求，进行市场调研，了解供应方的信誉、产品质量、售后服务、价格水平和交货时间等信息；应比较不同供应方的产品和服务，了解市场趋势和技术发展，确定最适合的设备供应方。同时，应做好供应方的评价工作，评价合格的，将其纳入合格供应方名录。

2）报价和谈判。向选定的供应方索取报价，与供应方协商价格、交货时间、售后服务和合同条款等。如果需要，应进行价格和合同条款的谈判，确定采购方式，以达成双方共同满意的采购合同。

3）签署采购合同。材料设备部应根据协商或谈判结果，与供应方签署正式的采购合同，明确双方的责任和权益，规定设备采购的相关条款和条件、价格和设备交付安排等，并确保设备的质量、数量和交付时间符合约定。

4）设备供应。材料设备部应按照合同约定的设备种类、规格、型号、质量、数量、技术参数和交货时间、交货地点等，督促供应方供货，执行采购合同。材料设备部要经常与供应方保持联系，做到按需进货，既要满足检测工作所需，又要使设备闲置率保持在较低的状态。设备送达后应组织验收。

3. 检测设备租赁

（1）制订租赁计划。当现有检测设备不能满足需求计划时，部分检测机构为降低成本综合考虑，会对价格高昂、利用率低的设备选择以设备租赁的方式进行设备配备。

设备租赁计划由材料设备部编制，技术质量部审核，机构负责人批准。设备租赁计划中应明确所租赁设备的种类、规格、型号、数量、质量、技术参数、租赁时间等。对急需的设备，一般应在设备租赁计划中加以备注。设备租赁计划一般为日常设备租赁计划。

（2）实施租赁计划。设备租赁计划得到审批后，由材料设备部根据租赁计划的要求实施租赁。租赁计划实施内容主要包括市场调研、报价和谈判、签署租赁合同、设备供应。

1）市场调研。材料设备部应按照设备租赁计划所明确的种类、规格、型号、数量、技术参数和需用时间等要求，进行市场调研。了解设备租赁市场的供应方、租赁方案、租赁价格等信息。比较不同供应方的租赁条款、服务质量和可靠性，选择合适的设备租赁供应方。同时，应做好供应方的评价工作，评价合格的，应将其纳入合格供应方名录。

2）报价和谈判。向选定的设备租赁供应方索取报价，进行谈判，商讨租赁条款、租赁金额、租赁期限、设备维护责任和售后服务等，以达成共识。应特别注意，在租赁合同中要明确设备租赁的使用权，即租赁的设备由检测机构的人员操作、维护、检定或校准，并对使用环境和保存条件进行控制。同一台设备不允许在同一时期被不同检测机构共同租赁。

3）签署租赁合同。材料设备部应根据协商或谈判结果，与租赁供应方签署正式的租赁合同，明确双方的责任和权利，规定设备租赁的相关条款和条件、价格和设备交付安排等，并确保设备的质量、数量和交付时间符合约定。

4）设备供应。材料设备部应按照合同约定的设备种类、规格、型号、质量、数量、技术参数和交货时间、交货地点等，督促供应方供货，执行租赁合同。材料设备部要经常与供应方保持联系，做到按需进货，既要满足检测工作所需，又要使设备闲置率保持在较低的状态。检测机构应将租赁设备的管理纳入机构质量管理体系中。

4. 检测设备验收

检测设备在交付时应进行验收，确保设备的规格、性能和数量等符合合同约定。设备验收工作是一项技术要求高、组织严密的工作，关系检测工作能否顺利进行、检测结果是否准确等，所以验收环节必须做到及时、严谨。检测机构对采购、租赁和自行研制的设备均应进行验收。

（1）检测设备验收的目的。对检测设备进行验收不仅可以防止检测机构遭受经济损失，而且可以起到监督供应方和承运方的作用。检测设备验收可为设备保管和使用提供可靠依据，验收记录也是不合格设备退货、换货和经济索赔的依据。应通过检测设备验收，确认设备是否满足预期的配备需求和使用要求。

（2）检测设备验收的准备。根据检测机构的实际情况，设备验收地点除检测机构所在地以外，还有检测工程现场。通常，材料设备部或检测项目部接到设备到货通知后，应根据设备的性质提前做好验收前的准备工作，主要包括以下内容：

1）人员准备。通常由检测机构的材料设备部组织设备验收，验收人员一般包括材料设备部、技术质量部以及提出需求计划的设备使用部门的相关人员。如果验收地点为检测工程现场，人员准备应按照检测机构质量管理体系文件的规定执行。

2）资料准备。收集并熟悉待验收设备的相关文件，一般包括采购 / 租赁明细表、采购 / 租赁合同、资格或认可要求（供应方或服务方）、技术协议（设备技术质量要求）、验收标准（规定执行何种检测规程）和质量保证协议（规定质量管理体系依据的标准或具体保证要求）。

3）器具准备。准备好验收用的工具，并做好校验。

4）设备存放准备。针对到货设备的性质、特点和数量，确定设备的存放地点和保管方法，其中要为可能出现的验收不合格设备预留存放地点。

（3）检测设备验收的实施。

1）设备文件验收。检测设备到货后，检测机构的入库通知单和订货合同副本是设备验收的凭证。供应方应提供设备的合格证明文件（设备合格证、检定或校准证书）、装箱单、发货明细表等。设备的承运单位应提供运输单据。如果设备在验收前发现存在损坏现象，应由承运部门提供货运记录，作为向责任方交涉的依据。

2）设备实体验收。应根据入库单和有关技术资料对设备进行数量和质量验收。一般情况下，如果合同没有约定验收事宜，材料设备部除了对设备的类型、规格、数量、外包装状况，以及无需开箱、拆捆就可以检查外观质量的情况进行验收，还要逐一核查设备各项技术指标和性能参数，确认是否符合法规、标准的要求和检测工作的需要，以及设备出厂的技术指标以及采购 / 租赁合同的规定。需要安装、调试的设备，必须在供应方调试合格后再组织验收。另外，对设备数量的验收是保证采购 / 租赁的设备数量准确的重要步骤。在进行数量验收时，必须与供应方采用相同的计量方法。采用的计量方法要在验收记录中做出记载，出库时也按同样的方法计量，避免出现误差。设备验收人员或设备材料管理员应对设备验收过程记录签字确认。

3）设备验收问题的处理。检测机构在设备验收过程中发现设备数量或质量等问题时，应及时与供应方进行沟通和协商解决。验收中发生异常时，应分析可能的环节及原因，分清各方的责任，并暂停设备验收程序。例如，发现必要的质量合格文件不齐全，应将设备置于待处理区域，并做好相应标记，待证件到齐后再进行验收；对供应方提供的质量合格证明文件与检测机构的入库单、合同不符的，应标注为待处理设备等待处理，不得随意动用，并通知供应方。

三、案例与分析

案例 8–1（注：本案例为某检测机构在监督抽查时发现的不符合项）

抽查检测机构设备控制程序，以及仪器设备和标准物质购置申请、设备需求计划、设备采购计划等检测设备配备实施过程的见证资料，发现过程见证资料中均未明确采购设备的技术要求。

检测机构设备控制程序及仪器设备和标准物质购置申请如下：

4.1　仪器设备的采购及验收

4.1.1　检测部门根据目前和预期使用的情况，提出仪器设备和标准物质购置申请，购置申请中写明仪器设备的名称、型号、规格、准确度级别、技术要求、安装使用地点或用途等，提交材料设备部。

4.1.2　材料设备部将仪器设备和标准物质购置申请汇总，编制设备需求计划、设备采购计划，由技术质量部审核，机构负责人批准。计划中应明确需求设备的名称、型号、规格、技术要求等。

4.1.3　仪器设备的采购执行外部提供的产品和服务控制程序，采购的检测软件要满足检测方法标准规定的检测能力，通过验证后，方可应用。

4.1.4　采购的仪器设备到货后，设备材料管理员对外观情况和随机资料进行验收，检测部门使用人员对仪器设备性能进行调试验收，填写仪器设备验收记录。

4.1.5　按照量值溯源管理程序规定进行首次检定 / 校准，合格后由设备材料管理员建立仪器设备台账，并将随机资料一起纳入设备档案。

4.1.6　检测部门或项目部需要领用材料或设备时，应填写材料预算、设备申请表，由相关人员审核、批准后，方可领用。

…………

编号：××–JL1627–2020

仪器设备和标准物质购置申请

记录编号：JL1627–2021–03–009

申购明细						
序号	设备名称	型号规格	数量	单价 / 万元	金额 / 万元	备注
1	X 射线探伤机	XXG–2505	5	1.5	7.5	—
2	X 射线探伤机	XXG–3005	2	2.3	4.6	—
3	超声波探伤仪	×××600	1	3	3	—

申购原因：
检测项目需求
申请人签名：张某　　日期：2021 年 3 月 7 日

其他要求：
无

部门经理意见： 同意 签名：　　日期：2021 年 3 月 9 日	经理审批： 同意 签名：　　日期：2021 年 3 月 10 日

剖析：

该检测机构的仪器设备和标准物质购置申请未按照质量管理体系文件的要求明确检测设备采购的技术要求，不符合《特种设备检测机构核准规则》附件 D 第 D4.2 条“应当建立和实施检测设备控制程序……明确检测设备采购技术要求……”的规定。

检测设备使用部门在提出购置申请时，应明确所采购设备的技术要求。例如，超声波检测仪的通道数、工作频率范围、发射脉冲重复频率、动态范围等。材料设备部依据设备购置申请，制订设备需求计划和设备采购计划，计划应得到审批。如果在上述资料中，设备技术要求未明确，会对供应方的报价造成影响，导致无法比价；也会使设备采购和设备验收的依据部分缺失，导致所采购的设备不能满足预期的采购需求和实际检测工作的需要。

第三节　检测设备使用

一、质量控制目的

质量控制目的是确保检测设备的正常运行，使检测设备的使用过程始终处于受控状态；增强设备管理和设备维护的规范性和有效性，提升工作效率，保障检测质量和安全，降低检测设备故障或不合规造成的风险和损失。

二、质量控制环节与质量控制点

检测设备使用作为检测设备控制的一个过程，涉及的质量控制环节通常包括设备台账，设备标识，设备操作规程，设备使用人员，设备领用、使用、归还，设备异常状况处置，设备保存条件和设备档案等。检测设备使用质量控制环节与质量控制点见表 8–2。

表 8–2　检测设备使用质量控制环节与质量控制点

控制环节		控制点		控制要求		
序号	名称	序号	名称	主要控制内容	工作见证	责任部门 / 岗位
1	设备台账	（1）	建立设备台账	信息的完整、准确、有效、安全	设备台账	材料设备部
2	设备标识	（2）	设备标识规定	明确标识原则	检测设备控制程序	材料设备部、技术质量部
		（3）	设备标识分类	状态标识、唯一性标识	设备标识	材料设备部
3	设备操作规程	（4）	建立设备操作规程	建立要求、内容，编制，审核，批准	设备操作规程	技术质量部
4	设备使用人员	（5）	设备使用人员的培训	培训要求、培训内容、培训效果评价	培训记录、培训效果评价	技术质量部、综合管理部
		（6）	设备使用人员的授权	授权设备的识别，授权形式、要求、内容、时机	授权书或授权表等	材料设备部、技术质量部

续表

控制环节		控制点		控制要求		
序号	名称	序号	名称	主要控制内容	工作见证	责任部门/岗位
5	设备领用、使用、归还	（7）	设备领用	领用程序、要求，申请表的内容，签字	设备领用申请表或相关文件	材料设备部、检测部
		（8）	设备使用	使用要求、使用记录	设备使用过程记录	技术质量部、检测部
		（9）	设备归还	归还程序、要求，申请表的内容，签字，记录存档	设备归还申请表或相关文件	材料设备部、检测部
6	设备异常状况处置	（10）	设备异常状况的控制	制定控制要求	检测设备控制程序	技术质量部
		（11）	设备异常状况的识别和处置程序	异常状况识别、处置程序、程序审批	设备维护、保养、维修、报废记录	材料设备部、技术质量部、机构负责人
7	设备保存条件	（12）	保存区域设置及要求	设置方式、规范保存	检查记录	材料设备部
		（13）	保存环境	控制措施、记录	检查记录	材料设备部
8	设备档案	（14）	档案建立	建立要求、内容	档案管理制度、设备档案	技术质量部、档案管理员

1. 设备台账

设备台账是指对检测机构所拥有的设备进行记录、管理和追踪的一份清单或档案。设备台账按照用途可分为设备总台账、设备使用台账和设备量值溯源台账等。设备台账的建立通常要满足以下控制要求：

（1）信息完整。设备台账包含设备的重要信息，如设备名称、资产编号（唯一性标识）、供应方、型号规格、价格、出厂编号、主要技术性能、购入日期、使用年限、折旧年限、使用部门、使用状况和维护等。检测机构应确保所有相关信息都被准确而完整地记录下来，以便进行设备管理和追溯。

（2）信息准确。检测机构应确保设备台账中的设备信息准确无误，如设备的唯一性标识、技术要求、所在位置等。信息的准确性有助于更好地管理设备，避免信息错误导致误操作或损失。

（3）信息有效。设备台账应随着设备信息的变化及时更新。设备台账通常由材料设备部或设备材料管理员负责建立和维护。每次设备验收或设备确认完成后，都要将其信息添加至台账中，并定期更新台账，及时反映设备的维护、维修和更换等情况，以保持台账信息的实时性和有效性。

（4）信息安全。设备台账应进行文件管理，并确保台账文件的安全存储和备份。要避免台账信息的意外丢失或篡改，以保护台账资料的完整性。设备台账的访问权限应受到严格控制，仅有授权人员才能够访问和修改台账信息，避免未经授权的人员篡改。

检测机构常采用的台账建立方式为分类建立。首先，将设备统一分类，再按类组编号分页，按资产编号顺序排列。例如，检测设备分类为 RT、UT、MT、PT，类组编号为 RT001（顺序排列）、UT001、MT001、PT001 等，同类设备在同一类组编号的台账中按照资产编号顺序排列。这种设备台账建立方式便于新增设备的资产编号分配和分类分型号的设备统计。其次，也有部分检测机构在设备管理中采用信息化管理系统，对设备台账进行动态管理，方便设备的检索、分类和统计，这是设备管理发展的必然趋势。

2. 设备标识

为确保检测设备和检测工作的符合性，防止在设备管理和检测过程中检测设备发生混淆和误用导致对检测结果无法追溯的情况发生，检测机构应采用适当的方法对检测设备加以标识。可通过设备的唯一标识码，识别和跟踪设备，获取设备的详细信息，提高设备管理、维修和资产管理的准确性和效率。检测机构应在检测设备控制程序中规定设备标识（状态标识、唯一性标识）的要求。

（1）设备标识规定。无论是检测设备的状态标识或是唯一性标识，都应遵守以下原则：

1）唯一性。每台设备的标识应该是唯一的，确保每台设备都可以被独立地识别和追踪。避免使用相同的标识码用于不同设备，或者使用相似的标识方式引起混淆。

2）可读性和可识别性。设备标识应该具备良好的可读性和可识别性，确保设备标识码能够被快速、准确地扫描或读取。应选择适合设备的标识形式，如二维码、条形码或标签等，并确保设备标识清晰、易于辨认。

3）持久性。设备标识应该具备持久性，在设备寿命周期内保持可用。应选择合适的材料和标识方式，以确保标识不易受损、磨损或褪色。如果标识损坏、丢失等，应立即对设备进行隔离，停止继续流转，直到有关技术人员或检测人员重新识别并再次加上清晰的标识为止。

4）相关性。设备标识和设备台账中的相关信息应该相互关联。标识码应与设备台账中的设备信息相对应，如设备名称、型号、规格等，以便在扫描或读取设备标识时获取正确的设备信息。

5）标准化。制定统一的设备标识标准和命名规则，以确保不同设备之间的标识规定一致，易于管理。可以考虑采用行业标准或检测机构内部的标识规定，并确保人员在使用标识时遵循相同的准则。

6）灵活性。设备标识应具备一定的灵活性，以适应设备管理的不同需求和变化。应考虑标识的可扩展性，以便在新增设备、更换设备或调整设备台账时能够方便地修改或更新设备标识。

（2）设备标识分类。

1）设备状态标识。设备状态标识是按照设备当前的实际状态或条件所设置的标记或标识，主要目的是帮助设备材料管理人员快速了解设备的当前状态，防止在检测过程中误用不合格的检测设备。状态标识不是固定不变的，应随着检测设备的实际状态情况作出相应变化，如设备正常、设备维修或保养、设备停用等。

设备状态标识可采用图形、色标、文字等各种方式，以标签、标牌、标记、钢印、条码、铭牌、流程卡等形式，粘贴或悬挂在设备本体或设备包装箱（盒）上，确保标识与被标识设备一体，区别设备的不同状态。设备状态标识尽可能设置在设备本体上，如受条件限制，只能设置在存放设备包装箱（盒）上时，应注意标识与设备的对应性，防止错装、误用。

对于检测机构需要量值溯源的设备，应使用计量状态标识。该标识属于状态标识的一种，其作用是标识设备量值溯源状态（检定、校准、核查等），标识内容包括上次溯源日期、再次溯源日期或溯源失效日期、溯源结果是否符合规定要求、溯源机构等信息。

检测机构的设备状态标识通常采用“三色标”，即绿色标识、黄色标识和红色标识，含义如下：

①绿色标识。绿色标识表示设备合格，可以正常使用。对于需要量值溯源的设备，绿色标识表示经检定、校准（自校）证明设备达到其指标和使用要求。对于不需要量值溯源的设备，绿色标识表示经检查其功能可正常使用。

②黄色标识。黄色标识表示设备限制条件使用。例如，多功能检测设备，部分功能丧失，但检测工作所需要的功能尚正常，且经量值溯源符合要求；设备某一量程范围内准确度不符合要求，但在检测工作的量程范围内尚符合要求。根据量值溯源结果，需要限制设备的使用范围或者降级使用等，必须标明设备准用的参数范围。

③红色标识。红色标识表示设备停用或禁止使用。例如，设备超过规定的检定周

期或校准间隔，不能有效保证其溯源性；设备有缺陷，出现示值超差或超出规定限度，出现可疑结果，不能继续使用；量值溯源结果判定为不合格，或证明设备不符合规定使用要求；设备损坏需要修理；一段时间内检测机构不准备继续使用等。对红色标识的设备应予隔离以防误用，直至设备修复并通过检定或校准合格后，方可更换绿色标识正常使用。

2）设备唯一性标识。设备唯一性标识是用于识别和区分不同设备的独特标识符，也称为“特征标识”。该标识符通常是一个编码或标记，具有唯一性，是检测机构设备管理的重要信息。为了防止设备混淆造成设备混用或误用，检测机构应采用适当的方法对设备加以标识，用以区分不同的设备特征（出厂编号、设备名称、类型、尺寸、形状、批次、生产厂家等）。标识的内容因检测机构的类型、规模等不同会有所差异。检测机构通常按照检测设备控制程序的规定，对设备完成验收后，确定唯一性标识。一般不宜直接采用设备的出厂编号作为检测机构的设备资产编号或唯一性标识。

另外，采用设备唯一性标识也是检测结果可追溯的一种重要方式。可追溯可能会增加检测机构的成本，但是从合同、规范和标准的要求或检测机构自身质量控制的角度考虑，检测机构应明确规定需要追溯的设备、追溯的起点和终点、追溯的范围与程度、标识及记录的方式。例如，《承压设备无损检测 第1部分：通用要求》（NB/T 47013.1—2015）要求检测原始记录中应包括检测设备编号。在检测原始记录中可以通过检测设备的唯一性标识（检测设备编号），追溯在某个具体时间，设备的所在位置是否与检测工程位置一致，量值溯源状态是否符合要求，检测结果的准确性和有效性能否得到保障等。

3. 设备操作规程

（1）建立设备操作规程的目的。检测设备操作规程是指检测人员正确操作检测设备的有关规定和程序。建立设备操作规程的目的一般包括以下几个方面：

1）确保安全。设备操作规程提供了正确和安全的操作指南，以防止意外事故和潜在的伤害。这些指南包括设备的正确操作方法、安全注意事项和紧急情况下的应对措施，能够帮助设备使用人员遵循正确的操作步骤，降低安全风险。

2）确保规范。设备操作规程确保设备在不同的设备使用人员之间保持一致的操作方法。规范的操作能够减少误操作和不一致性，提高操作效率，确保所有设备使用人员都能够正确地操作设备。

3）确保准确和可靠。设备操作规程详细描述了设备的操作步骤、校准要求、维护和保养程序等。正确的操作能确保设备正常工作，得到准确和可靠的检测结果。设备操作规程还可以指导设备使用人员进行设备的校验、校准和维护，保证设备一直处于最佳状态。

（2）建立设备操作规程的要求。通常，检测机构会对操作比较复杂、操作技术要求较高、对检测结果影响较大的设备建立设备操作规程。建立的要求一般如下：

1）具体和详尽。设备操作规程应具体、明确地描述设备的操作步骤、校准方法、维护程序和注意事项等。规程应包含充分的细节，以确保设备使用人员能够准确理解和执行规程中的操作要求。

2）清晰和易懂。设备操作规程应使用简洁明了的语言，避免术语和概念的混淆，便于设备使用人员理解。规程中可以使用图表、图像和流程图等辅助工具，以增加可视化和易懂性。

3）安全和风险管理。设备操作规程应包含必要的安全和风险管理要求，包括设备使用人员的个人防护措施、设备的安全操作要点、紧急情况下的应对措施等。设备使用人员应被告知潜在的风险和危险，以及如何避免或应对这些风险。

4）校准和维护。设备操作规程应包括设备的校准和维护要求，包括校准程序、周期性校准频率、维护计划和维护记录等。设备操作规程应指导设备使用人员进行正确的校准和维护操作，以保证设备的准确性、可靠性和长期稳定性。

5）培训和资质。设备操作规程应明确规定设备使用人员的培训和资质要求，确保只有经过培训并持证的人员才能操作和维护设备。设备操作规程还可以包括培训计划和考核要求，以确保设备使用人员具备必要的技能和知识。

6）更新和审查。设备操作规程应定期进行更新和审查，以确保规程与设备的最新要求和操作流程保持一致。任何与设备操作相关的变更都应及时记录和更新规程，并通知相关设备使用人员进行必要的培训。

因各类检测设备的性能和用途不同，设备操作的要求也会有所不同，检测机构应以规范、标准、设备厂家提供的设备使用说明书为主要依据，再结合所开展检测工作的特点，分析判断需要建立操作规程的设备种类。

（3）建立设备操作规程。设备操作规程一般由技术质量部编审，技术负责人批准。设备操作规程一般包括以下内容：目的、适用范围、设备技术参数、编制依据、人员职责、使用条件、使用前的检查、操作方法及步骤、使用后状态检查、维护保养要求等。以下对设备操作规程中的部分内容进行阐述。

1）设备使用人员职责。设备使用人员必须熟悉所使用设备的性能、操作要领及设备日常维护保养方法；必须经过设备操作培训，合格后方可持证上岗；必须严格遵守有关的设备操作与维护保养规程，严禁违章操作；当设备使用过程中出现异常时，应及时报告；及时、准确地记录设备使用过程，并做好设备的使用登记和维护保养记录。

2）设备使用前与使用后的检查。检测设备应由经过授权的人员使用，并对其进行正常维护。设备使用人员在设备使用前应对设备的状态（量值溯源）进行确认，并根据相关标准的要求在设备使用前、使用后进行检查。例如，《承压设备无损检测 第3部分：超声检测》（NB/T 47013.3—2023）中要求，每次检测前应检查仪器设备器材外观、线缆连接、开机信号显示等情况是否正常；检测工作结束后应对仪器和探头系统进行复核。检测后的复核工作是为了避免设备在使用过程中外部环境、不当操作等原因造成设备出现异常情况，对检测结果造成影响。

检测机构的质量管理体系文件应明确设备使用记录的要求，设备使用人员应按照设备使用情况填写使用记录，记录的内容一般包括设备的名称、编号、使用时间、使用前与使用后的状态、使用人等信息，以确保使用设备获得的检测数据可追溯、可复现。对租用的设备，也应当记录设备使用信息。

3）设备维护保养。设备维护保养是通过对设备的清理、调试，维持设备的性能和技术状况。检测机构应建立健全设备维护保养制度，强调设备管理的作用，完善数据统计系统。对设备进出情况、设备运行情况、性能指标及维修和保养情况等，均应详细记录，做到一机一卡（册）、有据可查。检测机构应加强设备的日常维护保养工作，防止以修代养；加强设备的日常巡检工作，详细记录设备运行情况，包括设备日常运行情况、运行时间、保养次数等，以便分析、判断设备可能出现的故障，及时、准确地消除事故隐患。

设备材料管理人员应掌握设备情况，了解设备性能，根据设备性能的优劣和机构资源分配情况做出科学合理的维护保养计划，并对维护保养活动进行管理和监控，避免不必要的资源浪费。设备维护保养计划应明确维护保养的项目、内容、方法、要求和维护保养周期。设备使用人员应按计划定期开展维护保养，并做好相应的记录，使设备始终处于完好状态，延长设备的使用寿命。

4. 设备使用人员

为了确保设备使用人员全面了解设备，增强设备使用和维护技能，掌握设备的操作规程、设备操作说明书和设备的参数，必要时，检测机构应对设备使用人员进行培训和授权。

（1）设备使用人员的培训。

1）培训要求。设备使用人员的培训要求可以根据具体的设备类型和使用环境而定。一般来说，培训的目标是要确保设备使用人员具备正确的操作技能、安全意识和基本维护能力，以确保设备的正常运行和安全使用。培训要求可以包括以下几个方面：

①设备操作基础。要求使用人员掌握设备的基本操作流程、各个功能部件的作用和使用方法。

②安全操作。要求使用人员掌握设备的安全操作规程，包括个人防护、操作注意

事项以及应急措施等。

③故障排除和维护。要求使用人员掌握设备常见故障的识别和排除方法，以及设备的基本维护和保养规定，如清洁、润滑和定期检查等。

④数据管理和记录。要求使用人员知晓如何正确记录和管理设备使用过程中的数据，以及如何填写相关的使用记录和维护记录等。

2）培训方式与内容。

①理论知识培训。介绍设备的原理、结构和工作机制等相关知识，以帮助设备使用人员全面了解设备的性能和特点。

②操作演示和实践。通过现场演示和实际操作让使用人员亲自体验设备的操作流程，掌握正确的操作步骤和技巧。

③安全培训。介绍设备的安全操作规程和注意事项，以及应急处置和事故处理的基本知识。

④故障排除和维护培训。介绍设备常见故障的识别和排除方法，以及设备的基本维护和保养技巧。

⑤实际应用培训。根据具体的使用场景，进行实际操作模拟和应用训练，帮助设备使用人员在真实环境中熟练操作设备。

通过设备的使用培训，要使设备使用人员不仅对设备有足够的认识，而且能胜任所承担的设备操作工作，确保设备安全、可靠运行。按照相关要求，检测机构还应对培训的效果进行评价。

（2）设备使用人员的授权。在实际检测工作中，设备使用人员正确使用设备，是获得准确检测结果的必备要素。同时，良好的设备管理模式也可以降低设备的故障率，提高设备使用效率。因此，要确保检测结果的有效性和准确性，就必须对设备使用人员的授权工作加以重视。

1）授权设备的识别和授权形式。授权是指授予特定人员使用设备的权限和责任，并要求其按照一定的规定和程序对设备进行操作和管理。不是所有的设备都要进行授权，检测机构通常对关键的、重要的、精密的、操作复杂的设备，对使用、维护、保养和安全防护有特殊要求的设备，以及对操作人员技术能力、结果分析能力有特殊要求的设备进行授权。设备使用授权可采用授权书、授权表等形式。

2）授权要求。检测机构在对设备使用人员授权时，通常会制定相关的要求。例如，设备使用人员可能需要通过相关的资质认证或课程培训，以证明其具备操作设备的必要知识和技能；根据设备的复杂性和安全性要求，可能要求设备使用人员有一定的相关工作经验或资格；对于重型或特殊设备的使用，可能需要设备使用人员进行身体健康检查，以确保其身体状况适合进行相关工作；设备使用人员需要具备良好的安全意识和风险识别能力，能够正确遵守安全操作规程和措施等。

3）授权内容。

①设备操作权限。根据设备的功能和安全要求，授予设备使用人员特定的操作权限。

②操作规程和准则。设备使用人员需要了解并遵守设备操作规程、作业准则和安全指南，确保按照正确的流程和步骤进行操作。

③维护和保养权限。根据设备使用要求，授权设备使用人员在设备的维护、保养和故障排除方面的权限和责任。

④安全意识培养。授权过程中可以包括安全意识培训，提醒设备使用人员关注安全风险，正确使用个体防护装备和遵守相关的安全措施。

在设备使用人员授权方面存在的主要问题是人员授权与实际检测工作脱节。例如，在实际检测工作中，由于缺少授权与检测工作的协调制约机制，部分检测机构在工作中首先考虑的是尽快完成检测任务，人员的授权仅停留在应付外部审核的资料上，授权工作相对滞后于检测人员实际完成的检测工作。授权的结果不会直接影响实际检测工作，导致检测机构对授权工作的重视程度和执行程度减弱，即便进行了授权，授权考核工作的质量也有待考量。

5. 设备领用、使用、归还

检测机构应根据检测工作的需要，在机构范围内合理调配检测设备，对设备领用、使用、归还建立控制要求。控制的目的是确保设备的有效管理和安全使用，以防止设备丢失、损坏或滥用。控制要求如下：

（1）设备领用。材料设备部按照设备需求计划配备（调配、采购、租赁、自行研发）检测设备，设备材料管理员保存验收合格后的设备。由授权的设备使用人员领取设备，并填写领用申请表或相关文件，内容包括设备名称、编号、状态、规格、型号、数量、用途、领用日期、领用人、部门负责人（审核、批准）等。领用人员需要提供相关的身份验证和授权文件，以确保其有资格使用该设备。领用人员还需要接受相关的培训和指导，了解如何正确操作设备、维护设备和遵守安全要求。

另外，设备领用人员在领用设备的同时应核查或检查设备的外观、性能及量值溯源状态，确认设备状态后在领用申请表上签字，经部门负责人审核批准后将设备领用申请表交设备材料管理员，设备材料管理员凭单出库。设备领用申请表通常一式三份，设备领用人员、设备材料管理员、档案管理员各执一份。

（2）设备使用。设备使用人员应按照设备的操作手册、安全指南和规程进行操作，确保正确使用设备并避免操作失误。应遵守设备的安全要求和注意事项，如佩戴个体防护装备，遵循安全操作程序，避免违规操作等。应做好设备使用的过程记录（设备检查记录、调试记录、期间核查记录、维护保养记录等），记录设备的使用时间、使用人员及使用情况等信息。

另外，在设备使用过程中应保护设备标识，不得使用无标识或标识不清的设备，并及时向技术质量部报告无标识或标识不清的设备情况。设备使用人员不得随意拆卸设备，不得私自外借或租赁设备。设备在日常使用过程中发生故障时，通常应向技术质量部报告，由技术质量部现场指导处理，或由供应方提供技术支持，同时开具维修申请单，据实描述设备存在的故障，并在维修记录上签字确认。

（3）设备归还。设备归还应该在预定的时间内进行，避免设备超时使用或滥用。通常，在设备使用结束后或设备出现故障后，设备归还人员应及时办理设备归还手续，填写设备归还申请表（设备名称、编号、规格、型号、数量、状态、归还日期、归还人、部门负责人等）或相关文件。设备归还人员应与设备材料管理员一同核查或检查设备的外观、性能及量值溯源状态，确认设备状态后，各方在设备归还申请表上签字。设备材料管理员凭设备归还申请表办理设备归还入库手续，并按照要求做好设备台账的更新工作。设备归还申请表一式三份，设备归还人、设备材料管理员、档案管理员各执一份。设备归还人员还应将设备使用的过程记录移交档案管理员存档。

除上述控制要求以外，检测机构还可以对设备的定期检查和维护、存储和保管、报废或转交等流程和程序进行控制。

6. 设备异常状况处置

（1）设备异常状况的控制要求。设备异常状况的控制要求，会因设备类型、行业标准和规定而有所不同。在实际设备使用中，应根据具体情况制定相应的控制要求，并严格遵守相关规程和标准。对设备出现异常状况进行控制主要是为了确保设备及其使用人员的安全，并及时采取有效措施解决问题。以下几方面是设备异常状况处置常见的控制要求：

1）设备使用人员培训。设备使用人员应接受相关的培训，掌握设备的正常使用流程和异常状况处置方案。设备使用人员应了解如何辨别异常状况，并知道应该采取哪些措施，以降低事故风险。

2）停止使用设备。在发现设备出现异常状况时，设备使用人员应立即停止使用设备，以避免进一步造成损坏或危险。设备使用人员应清楚如何停止设备，快速反应，按照正确的停机程序进行操作。

3）报告异常状况。设备使用人员应立即向相关负责人报告设备的异常状况，包括异常状况发生的时间和地点、基本情况，以及异常发生的可能原因。

4）安全措施。根据异常状况的性质和程度，设备使用人员应采取适当的安全措施来保护自己和周围的人员。例如，切断电源，启动紧急停机装置，撤离人员等。

5）遵循操作规程。在处理设备异常状况时，设备使用人员应遵循设备操作规程和安全指南，按照正确的步骤和程序操作，避免做出可能加剧问题的错误行为。

6）故障排除和维修记录。在处理异常状况时，应记录相关的故障排除和维修过程，包括采取的措施、检测结果和修复方法。这些记录有助于分析设备的问题原因和采取改进措施。

7）联系维修人员。对于复杂或需要专业维修的设备问题，操作人员应及时联系经验丰富的维修人员，并配合其进行检修和维修工作。不得擅自修复设备，以免造成进一步的损坏或危险。

8）定期维护和检修。为了预防设备出现异常状况，定期维护和检修是必要的。良好的设备维护可以提前发现潜在问题，并采取相应的措施加以预防和改进。

9）不良事件分析和改进。对设备异常状况进行不良事件分析是重要的一步。深入分析问题的原因和根源，可以采取适当的改进措施，以降低类似异常状况再次发生的概率。

（2）设备异常状况的识别和处置程序。

1）设备异常状况的识别。检测机构常见的设备异常状况包括设备外观异常和设备性能异常两大方面。

①设备外观异常通常表现在设备运转过程中出现的非正常声响以及设备运转过程中剧烈振动。

②设备性能异常通常表现为设备启动困难、启动慢，甚至不能启动或突然自动停机；设备在运转过程中功率不足、速率降低、检测效率降低；设备运转过程中紧急制动失灵、失效等。

2）设备异常状况的处置程序。当设备出现异常状况或影响检测结果时，均应停止使用，并对异常设备予以隔离以防误用，或加贴标签、标记以清晰表明该设备已停用，及时进行修理。设备修理后，为确保其性能和技术指标符合要求，使用前应进行检查、验收；经过量值溯源、确认符合要求，表明其能正常工作后，变更状态标识方可投入使用。检测机构还应对检测设备异常时的检测结果进行追溯、复核，发现不符合时应执行不符合工作的处理程序，不发送相关检测报告或证书，或者追回之前已出具的检测报告或证书。维护、保养及修理的情况应当反映在设备使用记录、设备维护保养记录等资料中，并归入设备档案。

无法修理的、功能不满足检测需要的、出现异常状况不能正常使用的以及检测机构长期不使用的检测设备，检测机构应当标识“停用”，提出封存停用申请，办理封存停用手续。封存停用的设备重新启用前，必须经过状态核查和必要的量值溯源，确认符合要求后方可使用。对没有修理价值或技术落后应当淘汰的设备，由检测部或材料设备部提出申请，经技术质量部审核，机构负责人批准，由材料设备部统一办理报废手续，并在设备、量值溯源台账上加以说明，予以注销。准备报废的设备必须隔离存放，防止与合格设备发生混用或错用。

7. 设备保存条件

（1）保存区域设置及要求。检测设备的保存条件对设备质量有着重要的影响，保存条件不满足要求会导致设备损坏，进而无法保证检测结果的有效性。检测机构应对设备保存场所进行科学合理的布置，按照设备类别、状态进行分区，并做好区域标识。例如，按照设备状态设置为设备完好区、设备准用区、设备停用区，再将各区域按照设备类别（射线检测设备、超声检测设备等）进行设置。

设备按照规定区域规范保存，确保设备领取准确、便捷。例如，货架分区、分类排放整齐；能上架的设备最好上架保存，一般应上轻下重，以保持货架稳固；不能上架的设备，按规定的区域保存；设备的摆放要便于清点和搬运；堆放的设备，其堆放高度以不损伤设备、不使货架变形为宜。按设备的分类建立台账时，台账、标识和检测设备应一致。

（2）保存环境。检测机构应为检测设备提供满足规范、标准和设备使用说明书要求的设备保存环境。设备保存场所应有明显的标志，并设置“禁止吸烟”和“禁止使用明火”等安全标志。采取适当的通风、防潮、防尘、防火措施。设置温度计、湿度计来监测设备保存处的温度和湿度。温度可采用专用或中央空调进行控制，湿度可采用空气交换或除湿设备进行控制，洁净度可采用空气过滤设备进行控制。在设备保存场所内，应配备相应的消防设施。检测机构应有专人每天检查并记录设备保存环境的实际情况，每天根据具体情况开启相关设备。检查过程中发现超标情况时，应尽快采取有效措施调整和控制保存环境，直至恢复正常，过程应予以记录。保存的检测设备应当按照设备说明书的要求定期进行检查，以保证设备功能完好，能够正常使用。日常检查中发现设备有异常时，应予以隔离、标识和处置。

8. 设备档案

检测设备档案是在设备管理的全过程中，通过不断收集、整理、核实、确认等工作建立起来的原始资料，具有丢失不可复得的特征。设备档案管理旨在对设备进行全方位的跟踪管理，以确保设备的完好性、安全性、有效性和可靠性。

（1）设备档案建立的要求。

1）设立档案编号。每台设备均应设有唯一的档案编号，记录设备的生产厂家、型号、规格等基本信息。

2）档案资料的收集与整理。对收集到的设备资料和数据进行整理，主要包括设备购置合同、设备说明书、维修记录、有关说明等。

3）存储与保管。将设备档案文件存放在安全、防护良好的环境中。设备档案应分类存放，建立明确的设备存档制度，同时确保档案的保密性与可查询性。

4）审查与验收。对档案资料中所记载的设备进行核查，确保设备能够正常使用以及安全性得到保障。

5）定期更新。定期对设备档案进行更新，更新内容应包括检修记录、维修方案等，确保设备的使用过程和历史状态准确反映于档案中。

6）建立台账。应对设备档案建立台账，定期对设备信息进行统计、分析，及时了解设备的状况和问题，并制订相应的维修计划和使用安排。

7）资料归档。设备报废后，应终止设备档案的登记并进行归档保存，以便随时查询。在设备转让或重大变更时，也应对档案信息进行更新维护。

（2）设备档案建立的内容。设备档案建立的内容一般包括设备前期与后期两部分。前期档案包括设备采购和验收等资料，后期档案包括使用、维护、保养、维修、停用、报废等资料。

1）设备前期档案资料主要如下：

①设备档案明细表，包括设备的名称、唯一性标识、供应方名称、设备型号、系列号或者出厂编号、验收日期、启用日期、量值溯源状态、存放位置等；

②订购合同；

③装箱单和说明书及资料、附件、工具明细表（原件）；

④出厂合格证书、出厂性能（性能）检验记录（原件）；

⑤开箱验收单；

⑥自制设备的有关说明及图纸、资料；

⑦调试验收单；

⑧购入二手设备的有关原始材料。

2）设备后期档案资料主要如下：

①设备使用记录；

②定期维护记录；

③定期检定、校准、核查、检查和运行记录；

④设备故障分析报告；

⑤设备维修记录；

⑥设备封存（启用）单；

⑦设备报废单。

（3）设备档案管理。检测设备档案管理是一个动态、持续的过程。本部分重点介绍检测机构在设备档案管理方面常见的问题以及应采取的纠正措施。

1）设备档案管理常见的问题主要如下：

①档案管理制度不完善。部分检测机构没有根据自身情况建立有效的设备档案管理制度，未明确相关部门以及人员职责，缺乏有效的档案管理监管机制。

②档案管理意识不强。部分检测机构虽然制定了相应的档案管理规程，但对设备档案管理工作的重要性认识不足，导致相关制度形同虚设，设备档案工作落实不到位。

③档案管理人员队伍力量薄弱。部分检测机构的检测部没有设置设备档案管理员，有的虽然设置了，但档案管理员缺乏档案管理专业知识，不清楚如何开展设备档案管理工作，无法正确且及时地收集、整理和归档设备档案资料。另外，检测机构的人员流动变化大，有时候交接不到位会导致档案管理工作脱节。

④档案利用率低。设备档案管理的大问题是档案资料收集不全，通常只收集了设备招标、采购及验收等相关资料，使用过程中所形成的检定、校准、核查、运行核查、检查、维护、维修、保养等资料未收集或未入档。另外，部分检测机构的档案管理工作还停留在纸质资料的管理阶段，这对档案管理工作的检索效率造成了很大影响。

2）应采取的纠正措施。针对上述档案管理存在的问题，检测机构应采取如下纠正措施：

①完善制度，规范设备档案管理。检测机构应根据自身情况建立有效的设备档案管理制度，规范设备档案管理。例如，制定严格的档案管理程序，规范设备档案材料的收集、立卷归档、使用、销毁等工作流程，统一设备档案记录格式，明确归档内容、归档时间、档案存放场地的环境设施要求、设备使用及管理部门的任务分工（资料收集）、设备档案管理员岗位职责等。此外，检测机构还应制定监督和考核机制，以便对设备档案管理工作进行检查和督促。

②提高对设备档案重要性的认识。机构负责人带头提高对设备档案重要性的认识，了解设备档案管理对于检测机构管理的重要作用。检测机构可通过培训、发放宣传资料等方式，有针对性地宣传档案管理的意义及本机构设备档案管理的体系文件，普及设备档案管理知识，提升人员对设备档案的管理意识。

③加强设备档案管理人员队伍建设。检测设备从招标、采购到报废，周期很长，其间涉及多部门、多人员，因此做好设备档案管理工作需要相关部门合力才能完成。检测机构可以组建一支由材料设备部总管、检测部派人协助的设备档案管理队伍，利用各部门在设备档案管理中的不同任务分工，有机协调从设备档案的建立到销毁整个过程的资料收集、归档工作，实现设备的动态管理。定期组织人员进行设备档案管理学习及培训，强化设备档案管理能力，加深各个部门设备档案管理员对自身岗位职责的理解。例如，材料设备部的档案管理员，应积极主动与检测部的设备档案管理员联

系，及时收集并归档设备在调试及使用过程中产生的一系列记录资料。

④建立动态的设备档案台账。设备档案管理的最终目的是有效地使用设备档案。检测机构应建立可以实时更新的设备档案台账，尤其是电子台账，方便设备使用者查阅及统计设备相关信息。设备档案台账信息一般包括设备档案编号，设备的名称、编号（唯一性标识）、型号、生产厂家、出厂编号，使用部门、购置日期、固定资产编号、采购价格，检定、校准、核查、运行核查、使用状态，档案借阅情况等。动态的设备档案台账可随时为各项报表提供相关的信息和数据，如固定资产总价值、报废的设备数量等。

⑤严格档案的借阅制度。为了保证设备档案资料的完好，应建立严格的档案借用、归还、交接验收制度，避免其丢失。对经常使用的设备说明书等随机技术资料，在办理归档手续后，可复印相关资料给使用部门；如果复印比较困难，可在使用部门办理档案借阅登记后，将相关资料长期保存在使用部门，由使用部门派专人保管。

⑥推进设备档案数字化管理。随着计算机技术、通信技术以及互联网技术的飞速发展，传统的档案管理模式遇到了严峻的挑战。在满足检测机构质量管理体系对设备档案管理要求的前提下，检测机构可依据自身的实际情况开发、建立设备档案信息数据库，内容包括设备台账、维护计划、维护及维修记录、使用记录、量值溯源等，逐步实现设备档案管理的数字化、网络化，从而提高档案的利用率。

三、案例与分析

案例 8–2（注：本案例为节选某检测机构设备控制程序相关内容与仪器设备和标准物质管理台账）

4　工作程序

4.1　设备的配备

4.1.1　检测部门根据开展的检测项目，配备所需的设备。

4.1.2　需新购置的设备，由人力行政部按照服务和供应品管理程序的规定，选择合格供应方，组织实施采购。

4.1.3　检测设备（含标准物质）购回后，由人力行政部采购员负责组织技术质量部、检测部门等相关人员进行验收，验收时应查对包装、外观是否完好，型号、规格与说明书是否一致，是否有生产厂商出厂检验合格证等，有合同或协议的还应核对合同或协议特殊的采购技术条款。采购员填写设备验收记录。凡不通过验收的，应作退货处理。

4.2　设备在投入使用前应进行检定 / 校准等量值溯源，按照量值溯源程序执行。

4.3　设备的标识

4.3.1　唯一性标识

所有设备由设备员编号，并加贴唯一性标识。唯一性标识按照标识管理规定一般包括设备名称、设备型号、设备编号。设备唯一性标识可根据设备的特点采用粘贴或挂牌方式。

4.3.2　状态标识

对检测配备的设备、计量器具实施“绿、黄、红”三色标识管理。

4.3.2.1　绿色标识：合格。

4.3.2.2　黄色标识：准用。应在黄色标识中标明准用范围。

（1）多功能检测设备，某些功能已丧失，但检测工作所用功能正常，且经校准合格者；

（2）测试设备某一量程准确度不合格，但检测工作所用量程合格者；

（3）降级使用的设备等。

4.3.2.3　红色标识：停用。

（1）用于设备超过检定 / 校准周期；

（2）示值超差等原因暂不能使用的；

（3）暂不使用的；

（4）检测设备损坏待修的。

4.3.2.4　除检定或核准设备外的其他设备，悬挂绿色“正常”标识或红色“不正常”标识，以表明其工作状态。

4.3.2.5　需要检定或校准的设备，应使用计量状态标识。标识内容包括上次溯源日期、再次溯源日期或溯源失效日期、溯源结果是否符合规定要求、溯源机构等信息。

4.4　设备检定、校准和核查

…………

编号：× ×–JL2617–2020

仪器设备和标准物质管理台账

记录编号：JL2617–2020–05–005

序号	仪器设备 / 标准物质名称	规格 / 型号	生产厂家	资产编号	精度等级	完好状态	检定、校准状态	所在部门	管理员	备注
1	×× 射线探伤机	XXG–2505	丹东东方	RT–001	—	完好	合格	设备库	孙某	—
2	×× 射线探伤机	XXG–2505	丹东东方	RT–002	—	完好	合格	设备库	孙某	—

续表

序号	仪器设备/标准物质名称	规格/型号	生产厂家	资产编号	精度等级	完好状态	检定、校准状态	所在部门	管理员	备注
3	×× 射线探伤机	XXG-2505	丹东东方	RT-003	—	完好	合格	设备库	孙某	—
4	×× 射线探伤机	XXG-2505	丹东东方	RT-004	—	完好	合格	设备库	孙某	—
5	×× 射线探伤机	XXG-2505	丹东东方	RT-005	—	完好	合格	设备库	孙某	—
6	×× 射线探伤机	XXG-2505	丹东东方	RT-006	—	完好	合格	设备库	孙某	—

剖析：

1. 比较好的方面

- 该设备控制程序明确了设备采购、验收的流程和要求。
- 该设备控制程序规定了检测设备状态标识和唯一性标识要求。

2. 存在的问题与不足

该设备控制程序中未明确建立检测设备台账的要求；提供的仪器设备和标准物质管理台账中信息不完整，缺少购入日期、使用年限、出厂编号等可追溯的重要信息。这不符合《特种设备检测机构核准规则》附件 D 第 D4.2 条“应当建立和实施检测设备控制程序……建立检测设备台账”的要求。

检测设备台账是全面反映检测设备信息的基础性文件，是检测机构规范设备管理的重要依据。检测机构应在设备控制程序中明确设备台账的建立要求，确保信息的完整性、准确性、有效性和安全性。如果未明确设备台账的建立要求或建立的设备台账信息不完整、不准确等，可能会对设备管理和维护造成很大的影响。缺少准确的设备台账，设备材料管理员就很难清晰地了解所有设备的情况和状态，很容易出现设备闲置、误用或遗失等情况；缺少设备台账会导致维护记录不清晰，进而影响后续维修和保养工作的执行，长期下来会影响设备的正常运行和设备的使用寿命，增加机构成本；缺少设备台账还会加大设备的安全风险，如设备损坏或遗失后不能及时找到，可能影响检测工作等方面的安全。

另外，该检测机构提供的仪器设备和标准物质管理台账中缺少购入日期、使用年限、出厂编号等可追溯的重要信息，使得资产编号的设备与实际出厂编号的设备无法对应识别，导致设备台账建立缺乏有效性。检测机构必须完善检测设备台账的信息，按照设备增减和变化情况如实填写设备的相关信息，动态管理，使台账信息与实际检测设备始终保持一致，具有可追溯性。

案例 8–3（注：本案例为节选某检测机构设备控制程序相关内容和在监督抽查时发现的不符合项）

4.17　设备维修和报废

4.17.1　由于过载或者误操作出现可疑结果，或者已表明有缺陷以及超出规定限度的检测设备，均应当停止使用。对这些设备应当予以隔离以防误用，并且加贴标签、标记以清晰表明该设备已停用，直至修复并检定（校准）合格，表明能够正常工作为止。同时，应当检查这些检测设备对先前检测的影响，并且执行不符合控制程序。

4.17.2　项目部负责人如发现设备损坏或检测能力达不到要求，应下达停用或禁用命令。对维修后能够达到检测性能要求的设备应予以维修。结构陈旧、精度低劣，经修复后仍然达不到检测性能要求，修理费用超过设备购置费 2/3 以上的设备，应予以报废。

4.17.3　综合管理部对停用或禁用设备填写设备维修或报废申请或停用报告，由技术负责人审核，报机构负责人批准。

4.17.4　设备报废审批手续齐全后，设备管理员负责处理档案、标识报废标记，填写设备报废台账，并将报废的设备与其他使用设备隔离，集中存放。报废的设备不得再用于检测工作。

4.17.5　设备维修结束后，设备管理员（必要时会同有关人员）负责对维修情况进行验收，填写仪器设备维修验收记录。

4.17.6　维修验收合格的设备应按检测设备控制程序重新进行检定、校准或自校。

4.17.7　本公司检测设备一经编号永久保留，检测设备调出或报废发生空号时，不得用新增检测设备填补空号，新增检测设备应用新增编号。

4.18　设备的封存

有以下情况之一的设备，经综合管理部申请，报机构负责人批准后予以封存。

4.18.1　6 个月以上不用的设备。

4.18.2　不适应无损检测的设备。

4.18.3　暂时无法修复的设备。

4.19　对使用不合格设备完成的检测施工处置

无论在何种情况下发现检测过程中所使用的检测设备不符合检测条件要求，检测项目负责人需要重新对该台不合格设备所检测的任务进行重新检测，重新编写发布检测过程与检测记录、报告，收回、替换已经发出的检测报告。

…………

抽查检测机构的设备控制程序和实施过程的见证资料，检测机构未按照设备控制程序的要求，对出现异常状况的检测设备进行标识和处置，也未提供维修或报废以及设备出现异常时的检测结果评价和处置见证资料。

剖析：

1. 比较好的方面

- 该设备控制程序明确了设备出现异常状况的处置要求。
- 该设备控制程序明确了设备停用、禁用、报废的审核和批准程序。
- 该设备控制程序明确了设备封存的要求。
- 该设备控制程序明确了设备异常对检测结果有影响的评价和处置。

2. 存在的问题与不足

该检测机构未按照设备控制程序要求，对维修和停用的检测设备进行标识和处置，没有维修或停用以及设备出现异常时的检测结果评价和处置见证资料，不符合《特种设备检测机构核准规则》附件 D 第 D4.2 条“应当建立和实施检测设备控制程序……检测设备出现异常状况时，停止使用，进行标识和处置，并且对之前检测结果的影响进行评价和处置”的要求。

检测机构应该按照设备控制程序的要求，对维修和停用的设备加贴清晰的标签、标记，表明该设备已停用。如果维修或停用的设备缺少标识，会造成与其他设备混淆，导致维修错误或延误维修时间，以及设备使用的安全风险。

另外，检测机构应对检测设备出现异常状况之前的检测结果进行综合分析和评价，识别出设备异常发生前的数据特征和趋势。首先，确认收集到的数据是否完整且准确。缺失或错误的数据可能对分析产生影响，因此要确保数据收集的过程正确、可靠。其次，检查数据是否按照正确的时间顺序进行记录，这有助于理解数据的变化趋势和异常值的出现时间。最后，通过统计、评估数据的分布情况，看数据是否有明显的上升、下降、周期性或不规律变化，分析哪些变量可能与设备异常有关，可能存在因果关系或相关性。可将设备异常状况前的数据与正常工作期间的数据进行比较，找出差异和异常。再按照设备控制程序的要求，对出现异常的设备所检测的任务重新检测，收回、替换已经发出的检测报告等。该程序的实施过程均应保存过程记录并存档。

第四节　检测设备量值溯源

一、质量控制目的

质量控制目的是确保测量或检测结果的可信度、准确性和可追溯性，为测量或检测结果提供可靠的验证依据，实现标准的一致性，保障检测设备的合法性、安全性和可靠性。

二、质量控制环节与质量控制点

检测设备量值溯源作为检测设备控制的一个过程，涉及的质量控制环节通常包括量值溯源需求、量值溯源台账、量值溯源计划、量值溯源实施、量值溯源结果确认等。检测设备量值溯源质量控制环节与质量控制点见表8-3。

表8-3　检测设备量值溯源质量控制环节与质量控制点

控制环节		控制点		控制要求		
序号	名称	序号	名称	主要控制内容	工作见证	责任部门/岗位
1	量值溯源需求	（1）	检定	识别需要检定的设备及要求	法规、标准	材料设备部、技术质量部
		（2）	校准	识别需要校准的设备及要求	法规、标准	材料设备部、技术质量部
		（3）	核查、运行核查和检查	识别需要核查、运行核查、检查的设备及要求	法规、标准	材料设备部、技术质量部
2	量值溯源台账	（4）	建立台账	信息的完整、准确、有效、安全	量值溯源台账	材料设备部
3	量值溯源计划	（5）	计划制订	内容、编制、审核、批准	量值溯源计划	材料设备部、技术质量部、技术/质量负责人
4	量值溯源实施	（6）	计划实施	计划实施的程序、要求、监督	溯源设备清单（送检、送校）、监督记录	材料设备部、检测部

续表

控制环节		控制点		控制要求		
序号	名称	序号	名称	主要控制内容	工作见证	责任部门 / 岗位
5	量值溯源结果确认	(7)	结果确认	要求、内容、结论	检定、校准证书或校准报告、核查记录、量值溯源确认表	材料设备部、检测部、技术负责人

1. 量值溯源需求

检测机构通过检测设备的检测或测量来验证检件是否符合要求，因此提供能确保检测结果有效和可靠的检测设备至关重要。检测机构应按标准要求，对可溯源至相关标准的检测设备进行检定和校准，并在质量管理体系文件中作出明确的规定。通过对检测设备量值溯源结果的正确性确认，提高检测数据的有效性及可靠性，为检测过程和检测结果提供保障。检测机构应当根据所配备的检测设备，明确设备量值溯源控制的范围和方法，识别需要检定、校准、核查、运行核查和检查的设备。

（1）检定。检定属于《中华人民共和国计量法》的计量管理范畴，具有法定性。检定的目的是对测量器具的计量特征及技术要求进行全面评价，这种全面评价属于量值统一的范畴，是自上而下的量值传递过程。凡列入国家市场监督管理总局发布的《市场监管总局关于调整实施强制管理的计量器具目录的公告》的计量器具必须严格依法定点、定期送有资格的法定计量检定机构和授权计量检定机构进行强制检定，检定合格的发检定合格证书。

《中华人民共和国计量法实施细则》第十一条规定，使用实行强制检定的工作计量器具的单位和个人，应当向当地县（市）级人民政府计量行政部门指定的计量检定机构申请周期检定。当地不能检定的，向上一级人民政府计量行政部门指定的计量检定机构申请周期检定。第二十二条规定，任何单位和个人不准在工作岗位上使用无检定合格印、证或者超过检定周期以及经检定不合格的计量器具。在教学示范中使用计量器具不受此限。

（2）校准。未列入国家强制管理的计量器具目录、可进行量值溯源的检测设备和器材，应定期进行校准。校准可选择中国合格评定国家认可委员会认可的校准机构进行，也可由检测机构自行开展。检测单位自行开展的，应具备相关标准规定的校准能力。

校准不具有法定性，是检测机构的自愿溯源行为，其目的是对照计量标准，评定测量装置的示值误差，确保量值准确，属于自下而上量值溯源的一组操作。校准的结论不具备法律效力，给出的校准证书只是标明量值误差。例如，《承压设备无损检测 第 1 部分：通用要求》（NB/T 47013.1—2015）规定的无损检测设备和器材管理中，需要校准（或内部校准）的一般包括标准密度片、观片灯的亮度、脉冲反射式超声波检测仪、超声标准试块与对比试块半径及其他尺寸、磁粉检测设备的电流表、黑光辐照计、白光照度计和超声波测厚仪等。

（3）核查、运行核查和检查。当不能采用检定或校准方式溯源时，应通过检测机构比对和标准物质溯源的方式确保检测设备量值的一致性（检定规程或校准规范中应有明确规定，比对的检测机构应取得相应的资质和授权）。除上述量值溯源方法以外，相关标准还对未列入国家强制管理的计量器具目录且无法进行量值溯源的设备明确了核查、运行核查和检查的要求。

1）核查。未列入国家强制管理的计量器具目录且无法进行量值溯源的检测设备和器材应定期进行核查，以验证设备和器材性能是否满足检测标准的相关要求。核查一般由检测机构自行开展。例如，相关行业标准规定的无损检测设备和器材管理中，需要核查的项目有射线底片的灰雾度、X 射线设备的实际焦点尺寸、X 射线设备的曝光曲线、超声标准试块与对比试块的表面腐蚀与机械损伤、磁悬液中固体物浓度等。

2）运行核查。对于可反复使用的检测设备和主要器材，在检定、校准或核查周期内，应按相关标准的要求进行运行核查。运行核查的目的是确保检测设备和器材的检定、校准状态的可信度。运行核查不是再校准，不是解决仪器设备“准不准”的问题，而是核查解决仪器设备在运行中“稳（定）不稳（定）”的问题。例如，相关行业标准规定的无损检测设备和器材管理中，需要运行核查的项目如下：黑度计每 6 个月应采用标准密度片进行核查；脉冲反射式超声波检测仪每 3 个月或每 6 个月应采用标准试块进行水平线性、垂直线性核查；电磁轭的提升力每 6 个月应采用经校准的提升力重力试块进行核查；提升力重力试块每 2 年应采用经校准的称重器具进行核查；磁粉检测设备的电流表每 6 个月进行核查；黑光辐照计、白光照度计每 3 个月进行核查等。

3）检查。对于可反复使用的检测设备和主要器材，每次检测前应按相关标准的要求进行检查，检查的项目应在检测机构的操作指导书中予以规定。例如，相关行业标准规定的无损检测设备和器材管理中，需要检查的项目有：超声检测斜探头的前沿距离（入射点）、K 值（折射角 β）与主声束偏离；超声检测直探头的始脉冲宽度、灵敏度余量和分辨力；磁粉检测设备及磁粉和磁悬液的综合性能（系统灵敏度）；荧光磁粉或渗透检测前，应采用黑光辐照计对被检测表面的黑光辐照度进行检查，使用白光照度计对周围环境白光亮度进行检查；非荧光磁粉或渗透检测前，应采用白光照度计对周围环境白光亮度进行检查等。

（4）值得关注的问题。

1）设备内部校准。检测机构需要内部校准时，应编制检测设备自校准规程，规定以下几方面的要求：

①设备满足计量溯源要求；

②限于非强制检定的仪器设备；

③实施内部校准的人员须经培训和授权；

④环境和设施满足校准方法要求；

⑤优先采用标准方法，非标方法使用前应经确认；

⑥进行测量不确定度评估；

⑦可不出具内部校准证书，但应对校准结果予以汇总；

⑧质量控制和监督应覆盖内部校准工作。

2）设备期间核查。检测机构对特定设备在需要时可采用期间核查的方式，应编制期间核查程序，确认方法和频率。检测机构应根据设备的稳定性和使用情况来判断设备是否需要进行期间核查，判断依据包括但不限于：

①设备检定或校准周期；

②历次检定或校准结果；

③质量控制结果；

④设备使用频率；

⑤设备维护情况；

⑥设备操作人员及环境的变化；

⑦设备使用范围的变化。

2. 量值溯源台账

检测机构应对需要量值溯源的检测设备建立量值溯源台账。量值溯源台账是检测设备实施检定、校准、核查等量值溯源活动情况的汇总记录，是检测机构实施设备量值溯源控制的客观证据记录载体。内容一般包括设备名称、型号规格、设备编号、检定 / 校准 / 核查机构、证书编号、检定 / 校准 / 核查日期、下次检定 / 校准 / 核查日期、检定 / 校准 / 核查项目、依据标准、标准要求、检定 / 校准 / 核查结果、不确定度或修正值等信息。

设备量值溯源台账是设备台账的一种，其控制要求与设备台账相同，应具有信息的完整性、准确性、有效性和安全性，台账信息与实际溯源设备信息一致。如发现量值溯源结果存在疑问，应核实确认，并将确认结果在台账中登记。量值溯源台账应动态管理，根据检测机构量值溯源情况及时更新、完善。检测机构要特别注意在确认所需量值溯源的设备时，一定要考虑可执行性，建议不要把已损坏或拟停用、报废，或已经封存不使用的设备列入量值溯源台账中，否则会影响年度设备量值溯源的受检率。

3. 量值溯源计划

检测机构通常在每年年底综合考虑、汇总本年度所用设备的数量情况、质量情况、拟停用 / 报废情况以及下年度检测任务安排情况，由设备材料管理员梳理并确认下年度需要量值溯源的检测设备，提出量值溯源需求，如溯源时间、溯源参数以及其他特殊要求（是否需要现场溯源等）。材料设备部根据量值溯源需求，结合检测机构自身的技术能力以及设备量值溯源途径、渠道和目的，统筹制订检测设备量值溯源计划（检定、校准、核查计划），以确保检测结果的可追溯性。量值溯源计划的内容通常包括设备名称、编号、类型、检定 / 校准 / 核查周期、检定 / 校准 / 核查时间、检定 / 校准 / 核查方式等。检定 / 校准 / 核查周期应满足检测标准的要求。

检测机构为确保量值溯源计划的科学性和可执行性，一般会在量值溯源计划下达前，召开量值溯源计划协调会或采用其他沟通方式协调，根据量值溯源需求的轻重缓急和检测现场设备的使用情况，进一步协调明确溯源送检计划的分布、时间和要求，调整、确定量值溯源计划。量值溯源计划经技术质量部审核，技术负责人或质量负责人批准后下达、执行。年度设备量值溯源计划是全年设备送检、送校和自校溯源的依据，各部门应共同遵守。计划下达后，应维护计划的严肃性，认真执行，不得随意提前或推后送检、送校、自校，否则将会影响整个年度计划的完成。

4. 量值溯源实施

（1）实施程序。检测机构的设备材料管理员应根据下达的年度设备量值溯源计划，将设备按期送到具备计量认证或校准实验室认可资质的机构量值溯源，该机构要有能力完成所委托的量值溯源服务。如果需要量值溯源的设备参数在本检测机构量值溯源的能力范围内，设备材料管理员可以直接下达各参数至机构检定或校准人员，进行检定或校准。检测机构通过内部校准进行设备量值溯源的，应当符合国家计量技术规范等规定的条件和要求。例如，超声波测厚仪应当按《超声波测厚仪校准规范》（JJF 1126—2004）进行内部校准。设备量值溯源完成后，由设备材料管理员统一取回核对，并通知检测部及时取件。对于无法通过外部服务和内部校准实现量值溯源的设备，应当由材料设备部会同检测部研究制定量值溯源方案，可通过机构间比对或由设备供应方、设备生产商确定其可信度。量值溯源实施过程应留存相关记录等见证资料。

（2）实施要求。设备材料管理员在设备送检或送校时，应提前清点好数量、附件，明确量值溯源要求，送检或送校清单应信息齐全、准确并与实物一致，做好交接记录签字确认。当设备急需量值溯源时，检测部应根据质量管理体系文件的规定，提前填写申请表，明确检测工作时间、地点、内容，经审批同意后下达材料设备部执行，以免造成设备量值溯源工作和现场检测工作发生冲突。此外，检测设备在一个量值溯源周期内，还应按照标准要求，通过核查、运行核查、检查、能力验证等方式进行设备监控，确保检测结果准确、有效。

（3）实施监督。检测机构应对量值溯源计划的实施、完成情况进行监督，通常按照月度、季度、半年度、年度统计计划完成率，分析存在的问题，制定有针对性的措施以及确认量值溯源计划调整的执行情况，并做好记录。应总结好的经验和实施方式，对下年度量值溯源计划提出意见和建议。

5. 量值溯源结果确认

检测设备经过量值溯源后会出具检定证书、校准证书或校准报告、核查记录，部分检测机构认为只要有了证书就表明该设备满足要求，不再关注这些证书的内容和使用。其实不然，对设备检定证书、校准证书或校准报告、核查记录进行有效的确认，是确保设备量值准确、一致的重要措施。检定证书给出检定合格与否的结论，合格表明其设备特性符合检定规程要求，检测机构可以按原用途使用该设备。校准证书不给出合格与否的结论，只提供校准数据、修正因子、测量结果的不确定度等，这时检测机构就应对这些数据结果进行确认。量值溯源结果确认工作的内容如下：

（1）人员的选择。实施确认的人员应当熟悉检测要求和设备技术性能，具备相应技术能力，通常由材料设备部会同检测部或检测责任师，根据检测方法标准、安全技术规范和检测工作实际使用的设备参数范围、不确定度等要求，对设备量值溯源结果是否满足预期要求作出判断，并形成量值溯源确认记录。

（2）确认的内容。检测机构在设备检定或校准后应进行确认，确认其满足检测要求后方可使用。对检定、校准、核查的结果进行确认的内容如下：

1）设备基本信息。例如，设备名称、编号、型号、规格等是否与证书（记录）信息一致。

2）校准获得的设备准确度信息是否满足检测项目、检测标准、参数的要求，是否有修正信息，设备是否满足检测方法的要求。

3）检定结果是否合格，是否满足检测方法的要求。设备检定、校准证书的相关检定 / 校准人、复核人等签名是否齐全，是否有检定 / 校准机构资质章及检定 / 校准单位章。

4）适用时，应确认设备状态标识。

（3）确认的结论。检测机构通常依据检测设备能否满足检测规范和相应标准的要求，由检测部或检测责任师在设备量值溯源确认表上签字确认，最后由检测机构的技术负责人审核批准。确认结论如下：

1）符合使用要求，正常使用。

2）限定范围内可以使用。

3）不符合使用要求，停止使用。

通过正确实施检定、校准、核查结果的确认，可以有效提高检测机构检测设备的管理水平，降低检测工作风险。检定、校准、核查确认的结论，直接决定检测设备能否投入检测活动。确认结论若存在问题，会导致检测数据或检测结果出现偏差、错误，将追溯使用此台设备出具的所有检测数据，重新出具更正的数据和报告，工作量巨大，有些错误造成的损失甚至是无法挽回的。

三、案例与分析

案例 8–4（注：本案例为节选某检测机构量值溯源控制程序的相关内容）

4　工作流程

4.1　用于检测、校准和抽样的仪器设备、标准物质应保证在投入使用前或按规定的检定校准周期进行检定 / 校准 / 核查，保证本单位检测、校准和抽样结果可溯源至国家计量基（标）准或国际单位制（SI）。

4.2　建立计量溯源

4.2.1　检测、抽样仪器设备的量值溯源

…………

4.3　检定 / 校准 / 核查计划的编制和实施

4.3.1　所有对检定 / 校准 / 核查结果有影响的在用仪器设备包括计量标准和标准物质都应经过计量检定或校准。计量管理员每年一季度负责编制仪器设备（标准物质）检定校准计划，报质量负责人审批后组织实施。

4.3.2　检定校准计划编制时，计量管理员参照计量器具 ABC 分类管理规定确定仪器设备、标准物质的管理类别和检定校准周期。

4.3.3　为保证检定校准计划的顺利实施，实验室可编制溯源方案，对检定校准参数、范围、准确度等级 / 最大允许误差、周期、检定校准机构等提出明确且有针对性的要求。

4.3.4　计量管理员将检定校准计划分解至各专业室（检测项目），确保计划的顺利实施。需外部进行检定校准的计量器具一般由计量管理员负责联系有资格和相应能力的计量技术机构进行检定校准。计量管理员应按照服务和供应品采购控制程序的规定对提供外部检定和校准服务的计量机构资质和能力进行评价和确认。能够内部校准的计量器具则由使用人送计量室进行校准。

4.3.5　计量室应从标准器配置、人员、方法、设施环境条件等方面按内部校准要求进行内部校准活动的控制，并编制计量检定室管理规定，以保证内部校准质量。

4.3.6　由于特殊、突发等例外情况，仪器设备的校准工作无法按校准计划进行时，各专业室（检测项目）按例外情况下允许偏离控制程序进行控制。

4.4　检定 / 校准 / 核查结果的确认

仪器设备、标准物质经检定 / 校准 / 核查后需进行确认，以保证其计量性能满足预期开展检测、校准及抽样活动的方法要求。确认方法由有关人员按照检定 / 校准 / 核查结果确认方法的规定执行。

…………

剖析：

1. 比较好的方面

- 明确了检定 / 校准 / 核查计划的编制、审批要求。
- 明确了检定 / 校准 / 核查计划的实施要求。
- 明确了检定 / 校准 / 核查结果确认的方法。

2. 存在的问题与不足

该量值溯源控制程序未明确检测设备检定、校准和核查台账的建立要求，不符合《特种设备检测机构核准规则》附件 D 第 D4.2 条“应当建立和实施检测设备控制程序……建立检测设备检定、校准和核查台账”的要求。

检测机构应在量值溯源控制程序中明确台账的建立内容及建立要求等，确保建立内容齐全、完整，建立数据准确、有效，使设备材料管理员在台账建立实施过程中有据可依。缺少或未明确台账建立的内容和要求，会导致检测机构无法建立完整和系统的溯源体系，无法提供准确、可靠的数据源头和过程数据，无法及时发现和防控检测设备潜在的风险和问题。

案例 8–5（注：本案例为对案例 8–4 检测机构量值溯源控制程序的实施进行监督抽查发现的不符合项）

检测机构未提供 2022 年度检测设备仪器检定 / 校准 / 核查计划，未提供编号为 ××××–009 的黑白密度计的核查记录和编号为 ××××–023 的超声检测仪的校准记录。

剖析：

该检测机构未按照量值溯源控制程序中的要求制订 2022 年度检测设备仪器检定 / 校准 / 核查计划，且未对编号为 ××××–009 的黑白密度计进行定期核查，未对编号为 ××××–023 的超声检测仪进行定期校准，不符合《特种设备检测机构核准规则》附件 D 第 D4.2 条“应当建立和实施检测设备控制程序……制定[①] 检定、校准和核查计

① 此处的“制定”应为“制订”。为与规则原文保持一致，仍使用“制定”。

划，对实施结果进行确认”的要求。

检定、校准、核查计划有助于检测机构建立检测设备质量管理和控制体系。缺少该计划，检测机构就无法准确了解设备的质量控制点和关键参数，导致难以对设备的质量进行有效管理和控制，会增加设备故障风险或降低检测性能。检测机构应按照要求，建立检定、校准、核查计划，计划中应明确检定/校准/核查的设备参数、范围、准确度等级/最大允许误差、周期、检定/校准/核查机构等要求。

该案例中检测机构没有制订2022年度检测设备仪器检定/校准/核查计划，造成送检、送校的人员无法提前获取需检定、校准、核查的设备信息，导致黑白密度计和超声波检测仪未定期进行核查和校准，造成两台设备检测结果的有效性、准确性无法得到保证。

第五节　设施和环境条件

一、规则原文

D4.3　设施和环境条件控制

应当建立检测设施和环境条件的控制规定，并且达到如下要求：

（1）明确影响检测质量和结果的检测设施和环境条件；

（2）配置检测所需要的检测设施，并且实施有效管理，确保检测的正确实施和检测结果的有效性；

（3）监督和记录检测环境条件，当检测设施和环境条件不满足要求时，停止检测。

二、术语

1. 设施

设施指为满足特定需求或实现特定目标而设立的一系列场所、建筑物、设备、工具、服务和其他资源的总称。

2. 检测设施

检测设施指用于进行各种类型的检测、测试和评估的设备、工具、仪器和场所。

3. 检测环境条件

进行检测、测试和评估时需要满足的特定环境要求。不同的检测和测试任务需要满足特定的环境条件，以最大限度地降低随机因素的影响，提高精确度。检测环境条件包括环境温度、湿度、粉尘、光照、噪声、电磁干扰、振动等各个方面。

三、条文简析

1. 条文主题

条文提出了检测机构对检测设施和环境条件的控制要求。

2. 控制目的

对检测设施和环境条件进行控制，减小不确定性因素的影响和随机误差，确保检测结果的准确性、可靠性和再现性，符合适用的检测要求和标准。

3. 控制范围

所有影响检测数据和结果的检测设施和环境条件，主要如下：

（1）检测设施（自有或租赁）。

1）工作场所（检测、试验场地及办公场所）。

2）运行设施（水、电、风、气供应）。

3）支持性服务（设备、材料的运输等）设施。

4）检测工作的安全和防护、救护设施。

（2）检测环境条件。

4. 过程识别和控制环节

根据《特种设备检测机构核准规则》附件 D 第 D4.3 条的要求，检测机构应当建立检测设施和环境条件控制规定，对设施和环境条件控制过程中的各个质量控制环节进行识别和控制。具体内容如下：①识别对检测质量和结果有影响的检测设施和环境条件；②配置检测所需要的检测设施，并有效管理；③制定检测环境条件的控制规定；④监测、记录、控制和标识检测环境条件等。

5. 职责分配

通常情况下，检测设施和环境条件控制职责分配如下：

（1）机构负责人负责检测机构检测设施的配置，设施需求、采购计划的批准；

（2）技术质量部、材料设备部负责检测设施需求、采购计划的编制、审核；

（3）材料设备部负责检测设施的采购、验收、管理、档案管理等；

（4）技术质量部负责制定检测设施操作规程、检测环境条件控制规定等；

（5）各职能部门负责提出本部门检测设施配置的需求，并负责检测设施的日常管理；

（6）设备材料管理员或检测人员负责监测、记录、控制、标识检测环境条件。

四、检测设施和环境条件控制

1. 质量控制环节与质量控制点

检测设施和环境条件质量控制环节与质量控制点见表 8-4。

表 8-4　检测设施和环境条件质量控制环节与质量控制点

控制环节		控制点		控制要求		
序号	名称	序号	名称	主要控制内容	工作见证	责任部门 / 岗位
1	检测设施	（1）	设施配置	需求识别、计划、采购（租赁）、验收	规范、标准、招标文件、需求计划、采购计划、采购合同、验收记录等	综合管理部、材料设备部、技术质量部、检测部
		（2）	设施管理	量值溯源、使用、档案	量值溯源、使用过程记录、档案等	材料设备部、技术质量部、检测部
2	检测环境条件	（3）	环境条件识别	规范、标准、对检测质量和结果有影响的检测环境要求	规范、标准	检测部
		（4）	制定环境条件的控制规定	制定要求、制定内容，编制、审核、批准	环境条件控制规定	技术质量部
		（5）	环境条件监控	监测、记录、控制、标识	设施和环境条件监控记录	材料设备部、检测部

2. 检测设施

检测机构应识别相关规范、标准要求，以及在检测工作过程中对检测质量和结果有影响的检测设施。《特种设备检测机构核准规则》附件 C 第 C1.5 条明确了场地与设施的要求。《承压设备无损检测 第 1 部分：通用要求》（NB/T 47013.1—2015）第 4.4.1 条规定，检测场所和环境除应符合国家和地方有关环境卫生和劳动保护的法规外，还应尽量避免对人体有较大影响，可能干扰正常操作、观察和判断的场所和环境。检测机构应根据需要，适时提出检测设施需求和采购计划，并实施采购、验收、量值溯源、使用、档案管理等过程。设施配置和管理的控制参照本章第二节、第三节和第四节相关内容。

3. 检测环境条件

（1）环境条件识别。环境条件的识别有助于确定外部因素对检测结果的影响，以进行环境控制，提高检测结果的准确性和可靠性。检测机构应识别出相关规范、标准对检测环境条件的要求，以及在检测工作过程中对检测质量和结果有影响的检测环境要求。对于检测环境条件的识别，通常涉及以下几个方面：

1）温度和湿度。应了解检测环境的温度和湿度对检测结果的影响，以及适用的温度和湿度要求。通过使用温度计和湿度计等测量和记录环境数据。

2）光照。光照条件可以影响检测结果的精度和准确性，特别是在渗透检测和磁粉检测过程中。因此需要了解检测环境光照条件并进行控制，可以通过使用光照度计等测量可见光照度。

3）噪声。噪声会干扰信号分析和处理过程，引起数据波动和偏移，降低数据的可重复性、稳定性和结果分析的准确性。应对检测环境噪声条件进行识别和控制。

4）电磁干扰。电磁干扰会导致信号失真，使得检测到的信号与实际信号不一致，并且强电磁场或电磁辐射还会导致数据传输丢失或错误，仪器中的电子元件漂移或损坏等，从而影响检测仪器的性能和检测结果的准确性。应对检测环境电磁干扰情况进行识别和控制。

5）振动。振动会引起检测设备或传感器的位移，导致检测结果产生偏差；振动还会导致数据的波动和不稳定性，使得检测结果不可靠或难以重复。在现场检测时，应合理管理环境中的振动源，减少外部振动对检测设备和传感器的影响。

6）环境污染。粉尘、有毒气体和化学物质可能损坏检测设备影响检测结果。应了解污染源，并对其进行评估，以确定是否需要加强环境控制和安全措施以防止污染。

7）安全因素。应了解安全因素和安全要求，并采取适当的措施来确保操作和使用设备时的安全。这包括使用标志和警告标志，提供必要的教育和培训，并遵守所有适用的安全标准和法规。

（2）制定环境条件的控制规定。检测机构应采取有效措施维护检测环境条件。当环境条件对检测结果的质量有可能产生影响时，检测机构应制定必要的控制规定，如环境保护、安全作业控制规定等。在制定控制规定时应首先遵守相关规范、标准中对环境条件的要求。例如，《承压设备无损检测 第 1 部分：通用要求》（NB/T 47013.1—2015）对射线检测的胶片保存、暗室、评片环境提出要求，对磁粉检测时工件表面的可见光照度提出要求，对渗透检测时渗透剂保存、检测温度提出要求等。再结合实际检测工作环境中的有关因素（如温湿度、电磁干扰、噪声、振动等），以及环境因素对检测工作可能造成的不利影响，规定应采取的有效预防措施、控制措施等。制定的相关控制规定应按照质量管理体系文件的要求经过审批。

（3）环境条件监控。

1）环境条件监测、记录。检测机构在开展检测工作前，应根据检测项目识别环境条件的要求，确认监测设备的配置情况。监测设备应符合量值溯源的要求。检测人员在现场检测时，应对环境条件，特别是影响人身安全和检测结果的环境条件进行检查、监督、测量和确认，并按规定在检测原始记录、环境条件检测记录中如实记录。记录是为检测结果提供证据，使检测过程可复现、可追溯。在固定场所以外的临时或可移动的场所中进行检测时，检测机构应对环境条件的影响给予重点关注，同样应满足相关规范、标准和检测工作的要求。

2）环境条件控制。检测机构应配置相应的设施，确保检测过程产生的废气、废液、粉尘、噪声、固体废弃物等的处理符合环境和健康的要求，并有相应的应急处置措施。通过设施或设备监测的有效数据，对不能满足规范、标准规定的环境条件，利用设施或采取其他处理措施进行控制，以达到环境条件控制的目的。例如，利用空调、除湿机等设施或设备控制检测环境的温度、湿度；利用通风设施对挥发性有害物质的产生进行控制；射线检测的废液不能直接倒入下水道，应统一、集中、按规定处理，对超出检测机构处置范围的，应委托环境保护部门处置。

3）检测区域标识。检测机构除应对影响检测工作质量的设施和环境进行控制以外，还应对涉及检测安全的区域进行有效控制。检测工作区域应有正确、显著的标识，防止未经允许的人员进入检测区域。对于受控检测区域的进入，要执行审批手续。例如，《承压设备无损检测 第2部分：射线检测》（NB/T 47013.2—2015）规定，现场进行X射线检测时，应按《工业探伤放射防护标准》（GBZ 117—2022）的规定划定控制区和管理区，设置警告标志。现场进行γ射线检测时，应按《工业探伤放射防护标准》（GBZ 117—2022）的规定划定控制区和监督区，设置警告标志，检测作业时，应围绕控制区边界测定辐射水平。检测人员应佩戴个人剂量计，并携带剂量报警仪。检测机构在环境条件存在影响检测的风险和隐患时，应停止检测，并经有效处置后，方可恢复检测活动。当相邻检测区域的检测活动不相容或相互影响时，检测机构应对相关区域进行有效隔离，采取措施消除影响，防止干扰。

五、案例与分析

案例8–6（注：本案例为节选某检测机构设施和环境控制规定相关内容）

4.1　检测环境与设施要求

4.1.1　检测部门应实行检测区域与办公场所分离，防止对检测工作质量产生不利影响。

4.1.2　检测部门负责检测的所有场所（室内或检测现场）所需设施和环境条件，

确保满足标准规定的基本要求。具体要求按下列规定执行：

（1）公司或检测现场采光应当保证有利于检测人员的操作。

（2）公司或检测现场温度、湿度、通风能保证满足检测工作的需要。

（3）公司或检测现场能保证检测场所的消防措施持续有效，保护人员和财产安全。对于工作中有辐射及严重危害人体健康的区域，应有明显的危险区域标识。

（4）公司或检测现场保证有良好的管理，布局合理、整齐、清洁。

（5）环境条件必须保证在用设备性能完好、运行正常，必须保证所用的监测、计量和安全装置在有效期内。

…………

4.2　检测工作安全和健康

（1）公司应根据实际情况制定切实可行的规定，以确保危险化学品、高温、射线辐射等危及安全的因素和环境得到有效控制，保障检测过程中人员的安全。

（2）为保障检测工作过程中人身和设备安全，应严格遵守检测人员安全职责管理规定。

（3）对易产生有毒物质、有害物质、废液的检测，应限定场所进行或在作业场所采取有效的处理措施，确保符合环境和健康的要求。

（4）在检测场所应配备相应的消防器材并放置在醒目易取的位置。

…………

剖析：

未明确监督和记录检测环境条件，当检测设施和环境条件不满足要求时，停止检测的控制要求，且该检测机构在监督抽查时未能提供检测环境条件监督和记录的见证资料。这些不符合《特种设备检测机构核准规则》附件 D 第 D4.3 条“应当建立检测设施和环境条件的控制规定……监督和记录检测环境条件，当检测设施和环境条件不满足要求时，停止检测”的要求。

监督和记录检测环境条件是确保检测结果可追溯的重要手段。如果没有明确的监督和记录，就难以追踪和验证特定检测时的环境条件，从而降低数据可靠性和可信度。在不同时间或不同地点进行检测时，环境条件的差异会对检测结果产生影响，造成检测数据存在误差，没有可比性。同样，缺少监督和记录，会导致检测结果的分析和解释缺少依据，并且在检测过程中很难确定潜在的干扰因素或异常情况，从而延误对检测过程中的问题处理或修正。

检测机构应制定明确的检测环境条件监督和记录控制要求，包括检测环境条件的监测方法、监测设备和工具、监测频率和标准等。确保这些控制要求能够满足规范、标准和检测的要求；明确记录机制，定期、规范记录所监测到的环境条件数据；确保所有相关人员都遵循这些控制要求。

另外，检测机构还应当明确在检测设施和环境条件不满足要求时，停止检测的控制要求。如果不明确该要求，会造成检测人员在检测设施和环境条件不满足要求的情况下开展检测工作，导致检测数据不可靠或无效，严重的还可能造成质量事故和安全事故。

第九章　合同控制

本章重点阐述检测机构对质量管理体系的合同控制要求，通过对《特种设备检测机构核准规则》附件 D 第 D5.1 条的相关专业术语进行解释，识别客户沟通、合同评审、合同偏离 3 个质量控制环节，并对质量控制点逐一进行分析，提出控制要求。

第一节　规则简析

一、规则原文

D5.1　合同控制

建立和实施合同控制程序，并且达到以下要求：

（1）客户的要求（如检测方法、检测数量、检测比例、抽样要求、执行标准、检测报告格式等）明确，并且形成文件（合同）；

（2）在核准项目范围内从事检测工作，有充分的能力和资源满足客户要求；

（3）开展检测的条件能够得到满足，如进入现场的安全要求、开展检测的工作条件等；

（4）合同偏离应当与客户沟通并且得到确认；

（5）明确合同评审的职责、范围、程序、内容和方式。

二、术语

1. 合同

合同指检测机构与客户之间以一定形式（书面、电子数据交换、电子邮件、口头等）达成一致的、双方都同意的协议。它是民事主体之间设立、变更、终止民事法律关系的协议。

检测服务合同是委托方为委托检测机构对产品、设备或相关项目进行检测和评估而达成的协议，旨在获得可靠、客观的检测结果。对于简单的检测服务合同，通常采用合同双方签字确认的检测委托单、报检单等形式表现。

2. 合同偏离

合同偏离指在履行合同时，合同一方因各种原因无法满足原合同条款的约定，与原合同约定产生偏差。例如，检测方法、技术参数、规格、检测服务交期等与原合同约定有偏差。

3. 合同评审

合同评审指检测机构接到客户委托（标书）后，为了确认能够及时、准确完成检测任务，根据委托（标书）逐条对自身检测能力、资源条件等进行确认，扫除检测过程中的不确定因素，确保检测服务合同顺利正确实施的活动。

4. 标书

标书指由发标单位编制，向投标者提供对检测任务的主要技术、质量、工期等要求的招标文件。

三、条文简析

1. 条文主题

条文对检测机构的客户沟通、合同评审和合同偏离过程提出管理与控制要求。

2. 控制目的

控制目的是保证检测机构真正理解客户要求，在核准的检测范围内开展检测活动；确保检测机构检测能力、资源条件满足客户要求，明确开展检测活动需要的检测条件，并充分识别合同偏差；通过合同评审确保检测机构的合同控制能持续满足《特种设备检测机构核准规则》及相关安全技术规范和客户的要求。

3. 控制范围

对检测机构中与合同控制相关的客户沟通、合同评审、合同偏离等过程进行控制。

4. 质量控制环节与质量控制点

合同控制质量控制环节与质量控制点见表 9–1。

表 9-1　合同控制质量控制环节与质量控制点

控制环节		控制点		控制要求		
序号	名称	序号	名称	主要控制内容	工作见证	责任部门 / 岗位
1	客户沟通	（1）	客户要求接收	明确业务受理部门和受理人员，对接客户	检测委托单、标书	经营管理部、检测部
		（2）	客户要求识别	根据客户要求识别相关法律法规要求	—	经营管理部、检测部
		（3）	客户要求确认	与客户确认识别出的客户要求，并形成文件（合同）	检测委托单、合同、报检台账等	经营管理部、检测部
		（4）	检测条件沟通确认	检测安全条件、工作条件满足检测需要，有不良天气应对措施	检测委托单、合同、报检台账等	经营管理部、检测部
2	合同评审	（5）	合同识别	识别合同类别，分常规合同和特殊合同	检测任务单、报检台账等	经营管理部、检测部
		（6）	常规合同评审	明确常规合同的范围、评审流程、评审形式、签订要求	检测任务单、报检台账、合同评审记录等	经营管理部、检测部、其他有关部门、机构负责人
		（7）	特殊合同评审	明确特殊合同的范围、评审流程、评审形式、评审内容、签订和变更要求	合同台账、合同评审记录、合同变更表、合同	经营管理部、检测部、其他有关部门、机构负责人
3	合同偏离	（8）	偏离识别	逐条对比客户要求，如有不一致，应记录不一致情况及原因，并填写合同偏离表	合同偏离表	经营管理部、检测部
		（9）	沟通确认	有合同偏离时，应与客户沟通确认，并形成书面文件	合同、合同偏离表	经营管理部、检测部

第二节　客户沟通

客户要求是指客户的目标、需要、愿望以及期望，是客户购买产品和服务的动机。客户提出要求后，检测机构应与客户进行充分沟通，识别客户要求，消除理解上的偏差，并对客户要求进行确认。

一、客户要求接收

客户要求的提出方式通常包括书面方式和口头方式。书面方式如标书、检测申请单、在线申报、电子邮件、实时通信等，口头方式如面谈或电话等。对口头方式提出的，检测机构应做好记录。

检测机构应有明确的客户要求受理部门（通常为经营管理部）及业务受理人员。业务受理人员应具备一定检测知识及沟通能力，了解检测机构基本的检测范围及检测能力。

二、客户要求识别

检测机构业务受理人员接到客户要求后，应当对客户要求进行识别，正确、清晰地理解客户要求，包括检测方法、检测数量、检测比例、抽样要求、执行标准、检测报告格式、目标完成日期等。如客户未能直接提出，或对检测工作必要的要求不清楚，业务受理人员应协助、支持客户明确必要的要求。

除客户通过书面或口头等方式提出的明确要求外，检测机构应进一步识别客户未明确提出的潜在要求，以及相关的法律法规中的要求。

三、客户要求确认

检测机构应与客户确认检测要求，并形成文件（委托书、合同等）。对于常规且客户要求非常明确的检测任务，业务受理人员确认符合要求后，做好记录并向检测部下达检测任务；如客户要求需要进一步确认的，应在委托书或合同中予以记载。

四、检测条件沟通确认

检测机构应当将开展检测活动需要的检测条件提前告知客户，如进入现场的安全要求、开展检测活动的各项准备工作及对不良天气条件影响的应对措施等。

1. 安全要求

为检测活动提供健康、安全的检测条件是检测机构、客户及相关方共同的责任，也是检测活动顺利开展的前提和基础条件。通常情况下，客户及检测机构首先应对检测现场进行环境健康及安全风险识别，识别潜在的风险并采取必要的风险管控措施，并清晰、明确地告知需要进入现场的检测人员及管理人员，必要时应进行相应培训，或/并对现场检测活动进行工作许可审批。应当规定进入现场需要配备的个体防护装备、监测设备，并应明确提供方。

检测机构应提前告知客户检测活动相关风险、管控措施及客户需要配合的安全条件。根据相关法律法规要求，对需要采取特殊管控措施的特殊设备，如 γ 射线探伤机的移动及临时存储，应明确相关要求。

特种设备检测活动中常见高风险作业及管控措施如下：

（1）高处作业时应具备必要的作业平台，并有预防人员及设备高处坠落的条件等；

（2）可能存在易燃易爆、有毒气体风险时，应进行通风置换，实时监测；

（3）在密闭空间内进行检测时，应当具备强制通风条件；

（4）射线检测会产生放射性危害，检测现场应当有合适的防护条件，确保检测活动对周边人群及环境影响符合法律法规要求。

2. 工作条件

检测机构应提前告知客户开展检测活动需要的工作条件，包括检测活动必需的辅助工装、设施等资源要求，以及检测现场环境控制等。通常，根据检测项目、检测方法的特点及要求，考虑以下工作条件：

（1）检测对象附着物或其他物体的清理、拆除；

（2）搭设便于开展检测活动，符合安全要求的脚手架、作业平台或轻便梯；

（3）支持检测活动的必要配合人员；

（4）开展检测活动需要的水、电等资源；

（5）现场或检测对象表面光照度要求；

（6）现场或检测对象温度要求。

检测场所环境条件是检测工作的重要条件，环境条件不符合要求可能对检测结果造成不良影响，甚至导致检测结果无效或检测工作无法正常开展。如果检测场所环境条件对检测质量有影响，应消除影响；不能消除的，应采取有效控制措施，同时做好监测和记录。

3. 不良天气应对措施

不良天气条件会给特种设备检测工作安全、检测质量带来挑战。例如，雨雪天气会使设备表面湿滑，检测人员容易滑倒、坠落；影响需要防水或对环境湿度有要求的仪器设备，干扰检测工作。大风天气可能导致特种设备或检测平台摇晃、摆动，影响检测人员、设备安全。雷电天气可能对特种设备、检测人员、检测设备造成雷击伤害。极端高温天气容易导致检测人员中暑，有些检测设备的检测性能、检测对象的物理特性等会因为高温而发生变化，导致检测结果不准确。

因此，需要根据实际检测需要，对不良天气采取应对措施，如必要的情况下采取防雨、防雪、防雷措施。在无法采取有效应对措施确保检测人员、设备安全，以及对检测结果的影响无有效弥补措施的情况下，应停止检测。

第三节　合同评审

合同评审是指合同签订前，检测机构与客户充分沟通，理解客户要求，对检测机构自身的技术能力、资源条件能否满足客户要求逐条逐项进行可行性、有效性审查，消除理解上的差异，确保检测机构有能力和资源实现合同要求。

检测机构应编制合同评审相关程序文件，明确合同评审流程、范围、内容，并应有效实施和保持，记录必要的评审过程和评审结果。

合同评审可以采取多种形式，如审查评审、会签评审、会议评审等。审查评审通常由合同评审经办人员在合同签署前，报相关部门负责人审核并签字确认。常规合同评审一般采用审查评审。会签评审通常由合同评审经办人员将合同部分内容（如合同变更内容）分发给相关部门，将各部门的评审意见汇总后，交由主管经理批准。会议评审通常由经营管理部组织，主管经理主持，检测部、技术质量部、材料设备部、财务部等相关部门参加，专题进行某合同的评审。会议评审应做好会议记录，形成评审结论，并由参加会议评审的人员签字确认。特殊合同评审一般采用会议评审。

一、合同识别

检测机构受理检测任务（检测项目），应根据客户要求的复杂程度及检测机构的资源能力进行必要的识别，并区别不同情况组织相关人员根据相应程序进行合同评审。通常，根据检测任务的不同，检测合同分为常规合同和特殊合同。

二、常规合同评审

对常规、重复且客户要求明确的检测任务，可以采用常规合同评审，通常无须抽调专门人员，经营管理部可独立完成。对简单的检测任务，可以简化评审流程，由经营管理部业务受理人员确认并受理，即可视为完成合同评审。对客户要求需要进一步确认的，应在报检单或检测委托单中予以记录。

对需要落实工作量、判断工期能否满足客户要求的，业务受理人员无法决定时，应及时报经营管理部、检测部负责人，由相关部门负责人审核，必要时与客户沟通确认后，相关部门负责人签字确认，方可视为完成合同评审。

对检测方法偏离相应标准但以前有相同情况并完成了会议评审，签订了检测合同，且与客户要求一致的，由经营管理部、检测部、技术质量部审核，签字确认后报检测机构分管领导审阅签字，可视为完成合同评审。

三、特殊合同评审

对首次开展的检测项目，以及检测技术质量要求高，工作量较大、检测资源需求大，合同周期长或合同金额大的检测任务，检测机构应明确合同评审形式、评审流程、评审内容和合同变更要求。

1. 评审形式

特殊合同评审形式通常宜采用会议评审或会签评审，形成书面评审结论，由相关评审人员签字确认。

2. 评审流程

（1）经营管理部接到客户要求或标书后，会同检测部、技术质量部组织制定实施方案或投标文件。

（2）经营管理部组织相关部门及人员召开合同评审会议，一般至少包括检测部、技术质量部、财务部、材料设备部、综合管理部及其他部门必要人员。

（3）相关部门分别从商务、技术、资源条件、合法合规等方面进行评审，并由授权人员在合同评审记录上签字。

3. 评审内容

（1）合同评审基本内容。合同评审基本内容一般包括合同相关方名称、地址，检测目的，检测方法及项目，检测数量，检测比例，抽样要求，执行标准，合同期限，检测条件，检测报告要求等。

（2）合同评审重点内容。

1）检测技术能力评审重点，一般包括以下内容：

①检测项目是否在检测机构取得的特种设备检验检测核准证核准的项目范围内，不得超范围或超有效期限进行特种设备检测活动。

②要求使用的标准及方法是否满足相关法律、法规、规章、安全技术规范和标准的要求。对客户要求的检测方法，检测机构能否满足，暂时不能满足时有无适当的保证措施。

③现有的检测工艺文件（包括工艺规程、操作指导书）能否满足客户要求，不能满足时能否及时编制，必要时还应完成工艺验证。

2）检测资源能力评审重点，一般包括以下内容：

①检测人员能力（资质、级别等）、检测人员数量是否满足客户要求，不能满足的应采取何种应对措施；

②检测设备和器材（检测能力、检测精度、设备和器材数量等）是否满足客户要求；

③采取的技术措施、检测方法、质量保证措施能否满足各项检测要求；

④根据收费标准、付款方式，评估检测机构的财务能力是否满足客户要求。

3）检测条件评审重点，一般包括以下内容：

①进入现场的安全要求是否满足检测需要；

②现场的工作条件是否满足检测需要；

③有无不良天气应对措施。

4. 合同变更

合同生效后，在执行过程中，如一方提出需要修改合同，检测机构应与客户协商确定合同变更内容，做好记录，对变更部分进行合同变更评审，同时采取有效措施防止偏离合同造成相关方利益损失，并评估已经完成的检测工作是否偏离合同。如合同变更涉及重大变化，应重新进行合同评审。

第四节　合同偏离

检测机构在受理检测任务、投标以及合同执行过程中，由于技术能力、资源条件及其他不可控因素，有可能无法满足合同约定而产生偏差，导致合同偏离。无论何种原因导致合同偏离，检测机构都应对偏离进行控制，并与客户沟通协商并书面确认。

一、偏离识别

检测机构在受理检测任务时或接收标书后，应逐条对比客户要求，如有不一致，即检测机构的技术能力、资源条件等与客户要求有偏差，无论正偏差还是负偏差，都应记录，必要时形成合同偏离表。

在合同执行过程中，因各种原因导致实际执行与合同约定不一致的，无论是检测机构原因还是客户原因，都应识别并形成书面记录。

二、沟通确认

对合同生效前识别的偏离，经营管理部应积极与客户沟通协商，达成一致后可以修改相应条款后再签订，或采用补充条款等其他形式书面确认。

对合同执行过程中的偏离，检测机构应及时联系客户并沟通协商，协商一致后书面确认。

经营管理部如无法与客户就合同偏离协商一致的，应报告机构负责人或主管经理。

第十章　工作指令控制

本章重点阐述检测机构对质量管理体系的工作指令控制要求，通过对《特种设备检测机构核准规则》附件 D 第 D5.2 条的相关专业术语进行解释，识别工作指令下达和项目部设立 2 个质量控制环节，并对质量控制点逐一进行分析，提出控制要求。

第一节　规则简析

一、规则原文

D5.2　工作指令控制

应当建立和实施工作指令控制程序，并且达到以下要求：

明确工作指令下达的途径和方式，配置满足检测工作要求的检测资源（包括检测人员、检测设备、检测设施等），任命管理人员并且明确其职责和权限，对检测活动实施有计划的监督（明确监督的频次、方式等）。

设立项目部的，还应当满足以下要求：

（1）项目部的成立经过批准，项目部资源（包括管理人员、关键岗位人员、检测人员、检测设备、检测实施及场地、质量管理体系文件等）配置满足合同及检测工作的需要，任命管理人员、关键岗位人员；

（2）明确管理人员、关键岗位人员和检测人员职责、权限和相互关系；

（3）制定项目部质量管理要求，并且有效实施。

二、术语

1. 工作指令

工作指令指检测机构有关职能部门（如经营管理部）根据接收的检测任务性质、类别、方式和要求等，向检测机构内部下达的检测任务或检测计划。常见形式有检测任务书、派工单或检测工单等。

2. 项目部

项目部指检测机构为管理、实施特定的项目或计划，实现项目目标而设立的组织。项目部应经过检测机构批准，有明确的职责和权限，并配置满足项目需求的检测资源。

三、条文简析

1. 条文主题

条文对特种设备检测机构的工作指令下达、项目部设立过程提出管理与控制要求。

2. 控制目的

通过工作指令控制程序，明确检测机构工作指令的下达途径和方式、检测资源配置要求，任命管理人员并明确其职责和权限，对检测活动实施有计划的监督；确保检测机构项目部设立程序规范，组织结构完备，职权清晰。

3. 控制范围

对检测机构工作指令下达和项目部设立进行控制，包括工作指令下达途径和方式、检测资源配置、管理人员任命、检测工作监督、项目部设立及管理要求等。

4. 质量控制环节与质量控制点

工作指令控制质量控制环节与质量控制点见表 10–1。

表 10–1　工作指令控制质量控制环节与质量控制点

控制环节		控制点		控制要求		
序号	名称	序号	名称	主要控制内容	工作见证	责任部门 / 岗位
1	工作指令下达	(1)	工作指令下达途径和方式	确保指令传递的准确、完整	检测指令单	经营管理部、检测部
		(2)	检测资源配置	检测人员、设备、设施满足检测要求	—	经营管理部、检测部
		(3)	管理人员任命	任命相关管理人员，并明确其职责和权限	任命文件	机构负责人
		(4)	检测工作监督	制订监督计划，明确监督频次、方式	监督计划表	技术质量部

续表

控制环节		控制点		控制要求		
序号	名称	序号	名称	主要控制内容	工作见证	责任部门／岗位
2	项目部设立	（5）	设立要求	审批，资源配置满足检测要求	任命文件	机构负责人、检测部
		（6）	组织结构	人员职责、权限及关系	任命文件、组织结构图	检测部
		（7）	质量管理要求	符合检测现场实际情况，并与质量目标和质量方针保持一致	相应文件	检测部

第二节　工作指令下达

一、工作指令下达途径和方式

检测机构受理检测任务或检测服务合同生效后，业务受理部门应及时发起检测工作指令，将检测任务信息及时、准确地下达给检测部。检测部接到工作指令后，应对检测前的准备工作进行识别，确认满足检测要求后，将工作指令下达至具体实施检测的班组或检测员。设立项目部的，可以由项目部受理检测任务，并发起工作指令，经过审核确认后，下达至项目部作业班组。

工作指令通常通过书面方式或信息化管理系统方式下达。书面方式有派工单、邮件等；信息化管理系统是指数字化平台，如企业办公软件、项目管理软件等。检测机构应根据自身情况，结合检测任务特点，合理选择工作指令的下达方式，确保指令信息完整、准确。

二、检测资源配置

检测部接受工作指令后，应根据检测任务识别和配置所需要的检测资源。

1. 检测人员

检测人员应具备相应的资格证书和顺利完成检测任务必要的经验和能力，人员数量要满足按计划完成检测任务的需求。

2. 检测设备

检测设备性能应满足检测任务要求，有检定、校准要求的应在有效期限、有效范围内使用。

3. 检测工艺文件

检测工艺文件相关因素的具体范围或要求能覆盖检测任务的需要，不能覆盖时应重新编制。

4. 检测设施

应具备满足检测任务需要的必要检测设施，如射线检测（胶片法）手工处理时应具备必要的暗室，并有专门的评片室。

三、管理人员任命

检测机构应任命管理人员，如检测指令发起部门（人员）、确认部门（人员）、检测现场负责部门（人员）及检测工作指令执行部门（人员），并明确其职责和权限。

1. 经营管理部

经营管理部负责接收客户委托，并与客户沟通确认检测要求，待特种设备检测合同生效后，负责将合同信息下达至检测部（发起检测工作指令）。成立项目部的，可以由项目部接收客户委托，确认客户要求后发起检测工作指令。

2. 检测部

检测部负责检测工作指令的确认及检测工作的具体实施。检测部接到检测工作指令后，根据检测工作指令要求，识别并判断需要的检测资源。

（1）检测人员资格及级别符合要求，并具备必要的检测经验及能力，人员数量满足检测工作要求。

（2）检测设备、仪器满足检测任务要求且状态良好，设备数量满足检测工作要求。

（3）检测用耗材、辅助材料满足检测任务要求。

（4）检测用工艺文件、表卡齐全。

（5）检测工件、检测现场设施、检测环境条件（如水、电、照明、通风、作业平台等）符合检测任务要求。

检测部确认检测资源条件后，向检测现场负责人下达检测工作指令。检测现场负责人、检测人员根据检测工作指令完成检测准备工作后，按照检测工艺文件实施检测工作。

3. 技术质量部

技术质量部负责策划、制订并实施检测活动的监督计划，审核检测方案或操作指导书。

四、检测工作监督

检测机构应根据客户要求及检测项目实施周期等，制订检测活动监督计划，明确监督频次、方式，按照检测机构质量监督程序的要求实施统一的监督。

第三节 项目部设立

检测机构为管理、实施检测，可以根据检测服务合同或检测工作需要设立项目部。项目部的设立应经检测机构批准，并配备满足合同及检测工作需要的资源，任命管理人员、关键岗位人员，并明确管理人员、关键岗位人员和检测人员职责、权限和相互关系，制定项目部质量管理要求并有效实施。

一、设立要求

检测机构根据检测服务合同或检测工作需要设立项目部的，应配备满足合同和检测工作的检测资源，并由机构负责人批准。检测资源主要如下：

1. 检测人员

应根据检测项目、方法、技术要求等情况，配备相应检测人员。检测人员的数量应满足检测工作要求。无损检测每种方法（项目）应至少有2人持有相应Ⅱ级证书。

2. 检测设备

应根据检测项目、方法、技术要求等情况配备检测设备，检测设备数量应满足检测工作要求，对检测工作有重大影响的关键设备应及时维护保养，确保状态良好，必要时可以配备备用设备。对有检定、校准要求的设备，应根据规定进行检定或校准，并在有效期内使用。

3. 检测设施及场地

应有必要的检测设施，满足日常办公、设备存放及调试、试块及耗材存放、资料存储的需要。应根据不同检测方法的不同要求，配备必要的专用场地，如胶片射线检测需要配备暗室及评片室。

4. 质量管理体系文件

应根据检测项目和方法，准备满足检测工作需要的法律、法规、安全技术规范和标准，并应配备质量手册、程序文件、工艺规程和操作指导书，以及必要的表单、设备操作手册等。

项目部管理人员（项目经理）、关键岗位人员（技术负责人、质量负责人、检测责任师）应具备必要的经验和能力并承担相应职责，按照相关程序的要求，由机构负责人任命。

二、组织结构

应明确项目部管理人员、关键岗位人员和检测人员的职责、权限和相互关系。

图 10-1 所示为项目部组织结构图的两种示例。

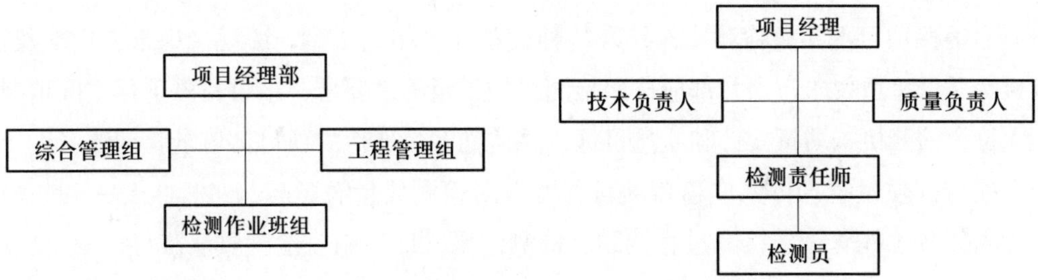

图 10-1　项目部组织结构图的两种示例

1. 项目经理职责、权限

项目经理全面主持项目部日常工作，负责项目部检测资源的调度，确保检测资源满足检测工作要求；负责外部沟通，包括客户及相关方的沟通协调，汇报检测进度、检测结果；主动接受当地有关部门的安全监察和监督检查。

项目经理可以根据项目部规模及需求，设置项目副经理，并在项目经理职责、权限范围内授予副经理必要的权限。

2. 项目部技术负责人职责、权限

项目部技术负责人负责项目部的技术管理，评价检测设备性能和人员技能；负责现场检测法律、法规、安全技术规范、标准的配置，并跟踪其状态；监督项目检测责任师和检测员的检测工作；审核、批准项目部检测方案或检测作业指导书；确定特殊对象的特殊检测方法、技术和工艺规程；对检测结果进行分析、评定或解释；处理现场出现的技术问题并将处理结果向检测机构技术负责人报告。当现场出现重大技术问题时，应由检测机构技术负责人处理。

3. 项目部质量负责人职责、权限

项目部质量负责人负责项目现场质量管理工作，负责项目现场质量管理体系的建立，并保证有效运行；处理现场出现的质量问题并将处理结果向检测机构质量负责人报告。当现场出现重大质量问题时，应由检测机构质量负责人处理。

4. 项目部检测责任师职责、权限

项目部检测责任师负责监督、指导检测员工作；根据检测规程，结合检测对象的具体检测要求编制项目检测方案或检测作业指导书。

5. 项目部检测员职责、权限

项目部检测员按照检测工艺文件要求调试和校准检测仪器，实施检测操作；记录检测数据，整理检测资料；按照规范、标准规定，评定检测结果，编制或审核检测报告。

三、质量管理要求

为确保项目部实施检测工作符合特种设备检测相关法律、法规、规章、标准及检测机构质量手册要求，项目部应按照检测机构质量管理要求，结合检测项目实际情况，建立符合检测机构质量方针和质量目标，并体现客户期待的项目部质量管理体系。

项目部质量管理体系应覆盖项目部所有对检测质量有影响的过程、要素和领域，如检测任务委托管理、检测过程控制、检测结果验证控制、检测质量监督控制、现场文件管理等，并确保严格有效执行。

1. 检测任务委托管理

项目部检测任务委托管理应符合合同控制相关程序要求，业务受理人员接收检测任务委托单时，应对委托单内容进行审核，确保客户要求准确、完整，并由双方签字确认。

2. 检测过程控制

项目部检测过程控制应符合检测机构检测过程控制相关程序要求，由具有相应资格的检测人员严格根据检测细则、工艺、方案实施检测，并形成检测记录。检测过程中使用的检测设备、检测工具及对检测结果有影响的辅助材料应符合检测要求。

3. 检测结果验证控制

检测实施完成后，为确保检测结果正确，项目部应根据检测机构相关程序的要求对检测结果进行验证。

4. 检测质量监督控制

项目部应根据检测机构质量监督相关程序对检测过程进行有效监督，并形成质量监督记录，通常由项目部质量负责人负责。

5. 现场文件管理

项目部应根据检测机构文件控制相关程序对现场的文件进行有效控制，确保现场使用的法律、法规、安全技术规范、标准正确、有效，使用的质量手册、程序文件、检测工艺文件有效受控。

第十一章　检测过程控制

本章重点阐述检测机构对质量管理体系的检测过程控制要求，通过对《特种设备检测机构核准规则》附件D第D5.3条的相关专业术语进行解释，识别检测过程策划、检测人员资格、检测实施、检测过程监督、项目部签字管理、内控覆盖6个质量控制环节，并对质量控制点逐一进行分析，提出控制要求。

第一节　规则简析

一、规则原文

D5.3　检测过程控制

建立和实施检测过程控制程序，并且达到以下要求：

（1）由具有相应资格的人员从事检测工作；

（2）按照检测细则、工艺、方案实施检测，形成检测记录和信息；

（3）对检测的资源、质量、技术、安全、业务管理等有计划地进行监督；

（4）设立项目部的，项目部应当保存管理人员、关键岗位人员和无损检测人员的签字样式、授权签字领域或者范围；

（5）设立项目部的，内部审核和管理评审应当覆盖项目部。

二、术语

1. 授权签字领域或者范围

授权签字领域或者范围由检测机构授权决定，每位被授权的签字人只能在被授予的领域或者范围内签字，超出被授权的领域或者范围的，签字无效。

检测机构通常可以根据被授权签字人的检测资质及能力，在检测机构许可范围内授予每位签字人部分或全部签字权限。

通常，应在检测机构质量手册中明确规定每位签字人的授权领域或者范围。

2. 签字样式

检测机构应当保存授权签字人的签字样式，并应与实际使用一致，不一致时可以认定为无效签字。设立项目部的，项目部应当保存管理人员、关键岗位人员和无损检测人员的签字样式，授权签字领域或者范围。

三、条文简析

1. 条文主题

条文提出了检测过程控制程序的建立和实施以及与检测有关的要求。

2. 控制目的

建立检测过程控制程序，正确识别检测实施过程的质量控制环节和质量控制点，确保检测过程由具有相应资格的检测人员根据检测工艺文件正确实施检测，并按要求形成检测记录和信息，对检测资源、质量、技术、安全、业务管理等有计划地进行监督，使检测机构的检测实施过程能持续满足《特种设备检测机构核准规则》及相关安全技术规范和客户的要求，确保检测机构质量管理体系的有效运行。

3. 控制范围

对检测机构检测过程中的检测过程策划、检测人员资格、检测实施、检测过程监督、项目部签字管理、内控覆盖等进行控制。

4. 质量控制环节与质量控制点

检测过程质量控制环节与质量控制点见表 11–1。

表 11–1　检测过程质量控制环节与质量控制点

控制环节		控制点		控制要求		
序号	名称	序号	名称	主要控制内容	工作见证	责任部门 / 岗位
1	检测过程策划	（1）	检测实施过程	检测实施过程的顺序和相互关系	检测流程图	检测部

续表

控制环节		控制点		控制要求		
序号	名称	序号	名称	主要控制内容	工作见证	责任部门 / 岗位
2	检测人员资格	（2）	检测人员资格	特种设备检验检测人员证	检测人员清单	经营管理部、检测部
3	检测实施	（3）	技术文件确认	检测细则、工艺、方案满足检测工作需要	—	检测部
		（4）	检测记录和信息	检测记录要真实、准确、充分，更改时可追踪	检测记录、检测结果通知单、返修通知单	检测部
4	检测过程监督	（5）	监督计划	检测资源、质量、技术、安全、业务管理	监督计划表	技术质量部
		（6）	监督记录	—	监督记录表	技术质量部
5	项目部签字管理	（7）	主要人员及检测人员签字管理	管理人员、关键岗位人员、无损检测人员	签字授权表	检测部
6	内控覆盖	（8）	内部审核	内部审核覆盖项目部	内审计划、内审报告	技术质量部
		（9）	管理评审	管理评审覆盖项目部	管理评审报告	技术质量部

第二节 检测过程

一、检测过程策划

特种设备检测实施过程不是一个简单的过程，往往包含检测的准备和实施、检测结果评定、检测报告出具等多个子过程或要素。检测机构应当根据检测项目、检测方法的特点，正确识别检测实施子过程及其顺序，并根据各子过程的相互关系，对特种设备检测实施过程进行策划，确保检测过程符合法律法规和客户的要求。图 11–1 所示为特种设备检测实施过程图示例。

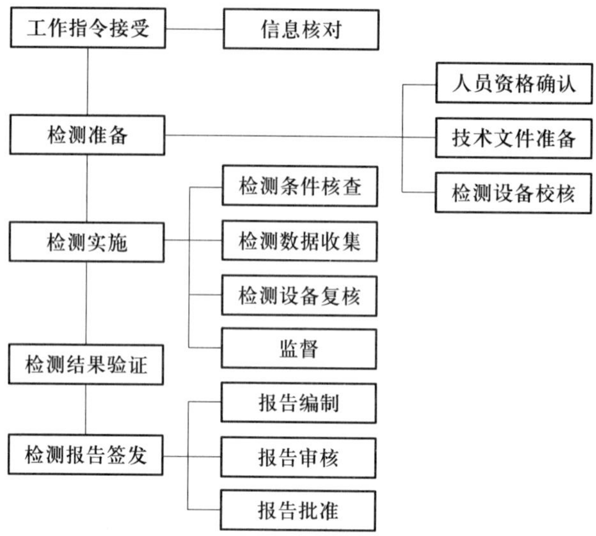

图 11-1　特种设备检测实施过程图示例

二、检测实施

检测实施是指检测人员使用检测设备或工具按照检测细则、工艺、方案执行具体检测工作并采集检测数据。检测实施中检测人员的能力、检测实施的过程、检测设备或工具的状态、现场的检测条件等会直接影响检测质量。因此，需要对这些过程和要素进行有效控制，确保检测质量符合相关法律、法规、规章、标准及检测机构质量管理体系和客户的要求。

检测人员接到检测工作指令后，要对工作指令的信息进行核对。检测工作需要的信息至少包括客户要求的检测时间、检测地点及检测工作内容，还要有具体的检测项目名称、客户联系人及联系方式等。当检测工作需要的信息不全，不能满足实际工作需要时，应向工作指令发出部门（人员）提出需要补充的信息，待补充完整后才能接受指令。

1. 检测准备

检测人员接受工作指令后，应及时开始检测实施前的准备工作，以确保检测工作质量、进度满足客户要求。通常，检测准备工作至少包括：

（1）检测人员资格复核。对计划参加检测工作的检测人员资格进行复核，确保检测人员资质能够覆盖工作内容，资质许可的检测方法、项目、级别、有效期限能够满足检测工作需要。对于周期长的检测项目，可以有计划地分阶段安排检测人员，并根据计划和检测工作的实际需要，动态调整检测人员。

（2）检测技术文件准备。根据检测工作需要，准备工艺规程、作业指导书（工艺卡）及相关的记录表（卡）。现有的技术文件无法满足检测工作需要时，如无适合的作业指导书，应根据工艺规程结合检测工作需要编制，并根据程序完成工艺验证及审批。

（3）检测设备校核。对计划使用的检测设备，应根据要求进行校核，对有计量或校准要求的设备，还应核对有效期，确保检测设备状态良好，满足检测工作要求。

2. 检测条件核查

检测人员进入检测现场时，应对现场检测条件进行核查，确保现场安全要求已经落实，现场安全风险已经识别，采取了有效的风险管控措施；进入现场需要的劳动防护用品、检测设备已经配备；必要的安全培训（交底）、工作许可审批已经完成；现场的作业平台牢固、可靠，检测工作必需的辅助设施、设备齐全，检测对象的标识、标记、材质、规格等与检测委托书一致，水电资源、现场环境（温度、光照度等）符合检测工作要求；现场天气条件不会对检测人员、设备的安全造成不良影响，不会影响检测工作质量。

3. 检测执行（记录）

检测数据收集的准确性直接决定检测结果的准确性，因此必须严格依法依规按照既定的工艺文件执行检测数据收集工作。

抽样检测时，要确保抽样的数量、位置等符合相关法律、法规、规章、标准和客户要求。

检测人员应严格按照作业指导书（工艺卡）选择检测设备，设置检测工艺参数，并严格按照作业指导书（工艺卡）和操作规程规定的方法、方式进行检测工作。检测过程中，检测人员应注意观察，确保检测设备、仪器的状态始终良好，检测数据、信号、痕迹显示等没有明显异常，出现异常时应及时采取复核或补救措施，必要时可以中止检测，待排除异常后再重新检测。

检测人员应及时、准确、真实地记录检测过程中观察到的痕迹显示、数据等，形成检测记录。通常，不同的检测方法、项目需要记录的检测内容不尽相同。为了确保检测记录的完整、准确，检测机构应根据检测方法、项目的不同要求，编制相应的检测记录表，以对检测记录质量进行有效控制。

检测记录应包含足够的信息，并且保证该检测在尽可能接近原条件的情况下能够复现。检测记录包括检测人员、记录人员、结果校核人员，记录识别编号，被检测对象的唯一性编号、技术参数、状态和检测环境条件，检测设备的唯一性标识，技术参数，检测项目及内容，检测部位描述，检测依据、数据、结果及日期。

检测记录应避免有涂改现象，记录有误确实需要更改的，应当把正确内容及日期填写在旁边，并由更改人员签名确认，必要时还应说明更改的原因。对于电子存储的记录，应当采取同等的措施，以避免原始数据丢失或者改动；确实需要改动，应对改动的内容、日期、人员进行跟踪控制。

现场检测完成后，检测机构应及时发出检测结果通知。如被检设备或工件不合格需要返修处理，应及时向相关方发出返修通知书，必要时在相应处做好返修标记。

4. 检测设备复核

特种设备检测过程中，为了确认所使用的检测设备的状态符合检测要求，保证检测工作的可信度，应根据相关标准和程序要求进行检测设备复核。

5. 检测结果验证

特种设备现场检测完成后，为确保检测结果正确、有效，应对检测结果进行验证。通常，既要对检测记录符合项（合格项）的相关数据进行验证，也要对判定为不符合项（不合格项）的数据进行验证。

验证方法可采用由检测人员自校、互校后交高级别资质人员复核的形式，必要时也可采用比对实验的方法进行复查，如不同操作人员比对、不同检测设备比对和标准试块比对等。

检测结果验证发现检测过程中有不符合项时，应按检测机构相应程序进行分类和处理。

6. 检测报告签发

特种设备现场检测完成后，检测人员应依据检测记录按照相应程序要求编制检测报告，提交审核人员审核确认后，由授权批准人员签字批准并盖检测专用章。

三、检测过程监督

检测机构质量负责人负责检测过程的监督。检测机构应根据机构规模，任命若干监督员，对日常检测活动进行监督。监督员应熟悉各项检测方法、程序，了解检测工作的目的，知道如何评价检测结果。

检测机构应按照质量监督程序的要求，编制监督计划表，有计划地对检测机构的资源、质量、技术、安全、业务管理等进行监督。监督的主要内容及重点通常包括：

（1）检测人员资格、级别及现场检测人员的配置情况；

（2）检测人员（包括在培人员）的检测活动；

（3）核查对检测结果有影响的检测设备，如使用记录是否规范，有计量或检定周期要求的设备是否在有效期内等；

（4）对检测结果有影响的材料情况；

（5）检测工艺文件情况，如是否受控，能否满足检测工作需要；

（6）与检测相关的设施及环境控制是否满足检测要求；

（7）检测记录填写、校核是否完整、规范；

（8）执行标准是否正确，检测结论是否准确；

（9）检测报告的编制、审核、批准是否规范等。

对现场检测过程的质量监督，可以组织监督员到现场对检测操作过程进行监督检查，监督方式除观察检测操作外，还可以对已检部位进行复检、复评。

监督员监督检查时，应及时、详细地填写监督检查记录表，监督检查时应与被检测人员、项目管理人员等被监督方进行充分沟通，对发现的不符合项应按相应程序处理。

四、项目部签字管理

检测机构根据检测任务需要设立项目部的，项目部应当保存管理人员、关键岗位人员和无损检测人员的签字样式、授权签字领域或范围。

五、内控覆盖

检测机构根据内部审核程序编制年度内审计划时，应覆盖所有的项目部。检测机构应根据内审计划对项目部进行内部审核，形成内部审核报告。针对内部审核过程中发现的改进项和不符合项，检测机构应与项目部充分沟通，确保相关人员理解，并按相应程序采取纠正或改进措施，确保项目部检测质量符合检测机构质量管理要求，质量管理体系能持续改进。

检测机构根据管理评审程序编制管理评审计划时，也应覆盖所有的项目部。项目部的质量管理体系建立和实施情况、检测质量、检测安全等应作为管理评审输入的一部分，纳入检测机构管理评审（会议）中，并在评审记录中体现。

第十二章　检测方法控制

本章重点阐述检测机构对质量管理体系的检测方法控制要求，通过对《特种设备检测机构核准规则》附件 D 第 D5.4 条的相关专业术语进行解释，识别建立检测方法控制要求、选择检测方法、检测方法偏离处置、制定检测工艺文件等过程，并对各过程中所涉及的质量控制环节和质量控制点逐一进行识别和分析，提出控制要求。

检测方法控制要求的建立和实施涉及质量手册和检测方法控制相关程序文件的编写、外来检测方法标准的控制以及检测工艺文件的编制，其作为文件控制过程的通用要求在第三章中已作解读，本章对相关内容不再赘述。

第一节　规则简析

一、规则原文

D5.4　检测方法控制

应当建立和实施检测方法控制程序，并且达到以下要求：

（1）使用有关法律、法规、规章和安全技术规范规定的检测方法；

（2）有关法律、法规、规章和安全技术规范中未规定检测方法时，选用成熟的、公认的检测方法，否则对选用的检测方法进行技术评审；

（3）当检测方法发生偏离时，履行允许偏离的审批手续。

二、术语

1. 安全技术规范

安全技术规范是国家（主要是相关主管部门）为了预防生产过程中的伤亡事故，保障劳动者安全和减轻繁重的体力劳动而规定的各种安全技术规定。与特种设备检测相关的安全技术规范包括《特种设备无损检测人员考核规则》（TSG Z8001—2019）、《特种设备检测机构核准规则》（TSG Z7002—2022）等。

特种设备安全技术规范通常会涉及无损检测应用的要求。例如，《固定式压力容器安全技术监察规程》（TSG 21—2016）第6.2.2.6条“无损检测监检”中规定，无损检测记录与报告审查的内容应包括无损检测实施的时机、比例、部位、执行的技术标准和评定级别与该规程及产品标准、设计文件规定的符合性。安全技术规范通常不会直接引用实施无损检测的方法标准，检测标准一般在具体的产品制造规范和监检或定检的技术规范中予以明确。

2. 标准方法

标准方法是指在特定领域或行业中被广泛接受和认可的一套规范化的做事方式或步骤。这些方法往往是经过研究和实践验证的，能够提供解决问题或完成任务的可靠方式。标准方法的使用有助于确保结果的质量、可靠性和一致性，并且通常被用于指导和规范从业者的行为。在不同的领域，标准方法可能会有所不同，它们可以是专业组织、国际标准化组织或行业协会制定的。这些方法可能涉及工程、科学、医学、管理、生产等各个领域。在《特种设备检测机构核准规则》附件D中，法律、法规、规章和安全技术规范规定的检测方法，成熟的、公认的检测方法，可以认定为标准方法。

3. 非标准方法

非标准方法是指在特定领域或行业中未被广泛接受或认可的做事方式或步骤。这些方法可能是针对特定情况或问题而开发的，缺乏普遍性和通用性。非标准方法可能是个人或团队根据其经验、创造力或特定需求而开发的，不是基于广泛研究和实践的规范化流程。因此，非标准方法可能缺乏可靠性和验证性，并且在不同情境下的适用性有限。虽然非标准方法可能在某些情况下表现良好，但它们通常不受到行业标准或规范的指导，可能存在风险或不确定性。在《特种设备检测机构核准规则》附件D中，除法律、法规、规章和安全技术规范规定的检测方法，以及成熟的、公认的检测方法外的检测方法，均应当被认定为非标准方法。

4. 方法偏离

方法偏离指在一定范围或程度上对标准方法规定条件的超出。

5. 允许方法偏离

允许方法偏离指在保障数据和结果质量及满足客户要求的原则下，对检测方法的规定进行一定的调整、修改、延伸、扩展、补充，经形成文件、技术判断、授权批准和客户同意后，进行使用或放行。

三、条文简析

1. 条文主题

条文提出了检测方法的控制要求。

2. 控制目的

对检测方法选择、验证或确认、应用、偏离允许等过程进行控制，确保检测方法在检测活动中得到适宜、正确的应用，并满足质量管理体系的相关要求和保证检测结果准确、可靠。

3. 控制范围

检测机构应将对本机构质量管理体系运行和检测结果有影响的所有检测方法纳入控制范围。

4. 职责分配

通常情况下，检测方法的控制职责分配如下：

（1）机构负责人对检测方法的控制全面负责。

（2）技术负责人负责组织有能力的人员参与质量手册关于检测方法控制要素和检测方法控制相关程序文件的编制，负责组织制定无损检测工艺规程和工艺规程的审批，负责组织非标准方法的确认和方法偏离的技术审查及批准。

（3）检测技术部负责检测方法标准的收集、查新及开展标准方法验证，负责对检测作业指导书的制修订实施控制。

（4）综合管理部负责将检测方法（包括方法标准、检测工艺规程、作业指导书等）作为质量管理体系文件的组成部分进行管理和控制。

第二节　检测方法

检测方法控制包括建立检测方法控制程序和正确、有效实施检测方法两方面。前者从形式上讲，属于文件的控制，相关要求见第三章“文件控制”的内容。以下就正确、有效实施检测方法的活动过程进行分析和识别，并提出该活动的质量控制要点。

一、质量控制目的

通过正确选择检测方法和有效实施方法验证或确认，确保检测方法在检测活动中得到适宜、正确的应用，满足有关法律、法规、规章、安全技术规范、标准和质量管理体系的相关要求，保证检测结果准确、可靠。

二、质量控制环节与质量控制点

检测方法质量控制环节与质量控制点见表 12-1。

表 12-1　检测方法质量控制环节与质量控制点

控制环节		控制点		控制要求		
序号	名称	序号	名称	主要控制内容	工作见证	责任部门 / 岗位
1	建立检测方法控制要求	(1)	检测方法分类选择原则	标准方法、非标准方法	质量手册、程序文件	技术负责人、技术质量部
2	选择检测方法	(2)	选择原则	优先选用、其次选用、技术评审	质量手册、程序文件	技术负责人、技术质量部
		(3)	技术评审	评审方案、实施评审、评审报告、报告审核批准	评审方案、评审记录、评审报告	技术负责人、责任部门及人员
3	检测方法偏离处置	(4)	方法偏离	提出、技术评审、审核、批准	申请、评审方案、评审记录、报告	技术负责人、责任部门及人员
4	制定检测工艺文件	(5)	工艺规程	编制、审核、批准、发布	工艺规程	责任部门及人员
		(6)	作业指导书	编制、批准	作业指导书	责任部门及人员

1. 建立检测方法控制要求

《特种设备检测机构核准规则》提出了对检测方法的控制要求，检测机构应将该要求纳入本机构的质量管理体系文件，转化到质量手册和相关程序文件中，对检测方法实施控制。

质量手册应就检测方法控制提出要求。要覆盖《特种设备检测机构核准规则》附件 D 第 D5.4 条“检测方法控制”提出的全部基本要求。《特种设备检测机构核准规则》关于“检测方法控制”的要求，是针对检测活动所依据的检测方法提出的，未涉及检测活动具体实施所依据的检测工艺规程和操作指导书。《特种设备检测机构核准规则》附件 D 第 D2.4 条“作业指导书”明确了包括检测工艺规程、操作指导书的作业指导书是质量管理体系文件的组成部分，并要求“检测机构应当依据有关法律、法规、规章、安全技术规范及相关标准，结合检测对象特点制定检测作业指导书”，对于检测工艺规程、操作指导书未提出具体的控制要求。因此，检测机构在质量手册“检测方法控制”章节中应对通常作为质量管理体系第三层次文件的检测工艺规程、操作指导书从专业技术层面进一步提出控制要求，有关检测工艺规程和操作指导书的编号、制修订、发布、受控的要求通常在文件控制程序中规定。

检测机构应当制定检测方法控制程序（该程序的名称可以是检测方法控制程序，也可以是其他合适的名称，如“方法的选择、验证和确认”），该程序的控制范围应与质量手册相关章节的内容相协调，是针对质量手册提出的检测方法控制范围和要求作出的如何实施和实现的可操作性规定，包括进一步明确检测方法所涉及的检测领域与专业（如无损检测、安全阀校验或电梯检验）、检测方法控制的职责划分等。检测机构制定的检测方法控制程序可以包括允许方法偏离的控制内容，也可以单独制定方法偏离的控制程序。如果将允许方法偏离的控制内容写在检测方法控制程序中，该程序文件应给出开展检测方法标准验证、非成熟方法技术评审和允许检测方法偏离等活动的记录表格。

2. 选择检测方法

根据《特种设备检测机构核准规则》关于检测方法控制的要求，检测机构实施检测前，应首先选择、使用有关法律、法规、规章和安全技术规范规定的检测方法。例如，《固定式压力容器安全技术监察规程》（TSG 21—2016）第 3 章中规定，压力容器的无损检测包括射线、超声、磁粉、渗透和涡流检测等，应当采用《承压设备无损检测》（NB/T 47013）系列标准规定的方法；采用未列入《承压设备无损检测》或者超出其适用范围的无损检测方法时，应当按照规定通过新工艺评审。

《特种设备检测机构核准规则》附件 D 第 D5.4 条“检测方法控制”中就有关法律、法规、规章和安全技术规范中未规定检测方法的情况，规定了“选用成熟的、公认的检测方法，否则对选用的检测方法进行技术评审”。这里包含两层含义：一是若法律、法规、规章、安全技术规范未规定检测方法的，如果有其他成熟的、公认的检测方法，检测机构可以选用，不需要对成熟的公认方法进行技术评审；二是如果没有成熟的、公认的检测方法，选择使用非成熟、非公认的检测方法，则必须对所选择的新技术、新方法进行技术评审。

如果检测机构选用的检测方法是非标准方法，则需要对所选用的非标准方法进行方法技术评审和确认。非标准方法通常指除国家标准、行业标准、地方标准、团体标准、国际标准、国外的先进国家标准、国外知名组织标准外的标准，主要指企业标准。检测机构如果采用非标准方法，应对检测方法进行技术评审，即需要检测机构提供有关设计、研究、试验的依据、数据、结果及其检测报告等技术资料，向国家市场监督管理总局申报，由国家市场监督管理总局委托安全技术咨询机构或者相关专业机构进行技术评审，评审结果经过国家市场监督管理总局批准后，方可投入生产、使用。在特种设备检测行业，检测机构使用非标准方法的情况极少，这里不做进一步的深入讨论。检测机构依据选择的检测方法标准，如相关的国家标准和特种设备检测行业标准，结合检测机构的检测设备能力和检测对象特点编制检测工艺规程，即使以企业标准的形式发布，也不属于非标准方法范畴，不需要开展检测方法确认。

3. 检测方法偏离处置

检测机构在依据检测方法标准和检测工艺规程实施具体的检测活动时，有时会出现因检测对象特殊状况而无法按照完全符合检测方法标准和检测工艺规程所规定的条件实施检测的情况，这在设备、装置的在役检测中较为多见。

检测方法的偏离包括检测方法实施时机、检测位置、检测比例、专业方法、检测技术、检测参数以及检测条件的偏离，各种各样的具体情况可能会引起上述所列出的某一种偏离，也可能导致两种或两种以上的偏离。当检测对象受客观具体条件所限，无法正确、有效按照检测方法标准和检测工艺规程实施检测时，允许检测机构进行检测方法偏离处置，但必须履行审核和批准手续。审核和批准检测方法偏离的专业检测责任师和技术负责人，应严格遵守“非必要不偏离、凡偏离必审批”的总原则。对于任何检测方法的偏离，检测机构应当提前或及时告知相关方（如业主、委托方、监理等），并获得同意。检测方法偏离应遵循以下原则：

（1）检测方法偏离应不违反法律法规及检测机构自身的质量方针；

（2）检测方法偏离的发生应不得影响检测结果的准确性、可靠性和有效性；

（3）检测方法偏离后的检测活动应是可控制、可追溯的；

（4）检测方法偏离的发生应是突发性、一次性、被动性的，检测方法偏离应经形成文件、技术判断、授权批准和客户同意后才允许发生。

当检测方法偏离发生时，检测机构应对方法偏离形成相关的方法偏离文件。一是将检验检测方法偏离的原因，检测方法规定要求的差异及允许差异程度和范围，以及受影响的检测方法性能技术判断程序形成文件，文件的详略程度应能够确保相关检测活动实施的一致性和检测结果的有效性。二是将识别检测方法偏离受影响的方法性能、对检测方法偏离做出技术判断、实施检测活动偏离的人员能力要求形成文件。三是将检测方法偏离的申请、批准、执行、结果与报告描述等实施要求形成文件。

实施检测方法偏离技术判断的人员应了解和熟悉相关领域检测方法的原理，掌握影响方法特性的关键因素和偏离的关键步骤（环节）。必要时，检测机构应进行人员培训，规定其通过考核、授权后方可上岗。检测方法允许偏离的判定可通过设置可接受的测量不确定度（或测量误差），以及进行统计假设和显著性水平检验等作为依据。检测机构在进行技术判断前，技术管理层应根据与检测方法规定要求的差异及允许差异程度和范围，充分识别发生偏离可能受到影响的方法性能特性，并对其影响作出详细说明。

检测机构可通过以下一种或多种技术手段对检测方法偏离所受到的影响进行判断：

（1）使用参考标准或标准物质评估偏倚和精密度；

（2）对影响结果的因素进行系统性评审；

（3）通过改变受控参数来控制检验方法的稳健度；

（4）与其他已确认的方法进行结果比对；

（5）组织实验室间比对；

（6）根据对检测方法原理的理解以及检测方法的实践经验，评定结果的测量不确定度。

检测机构应编制检测方法偏离的技术判断报告，报告中应包含允许偏离发生的原因、偏离内容（包括允许偏离的最大区间或范围）、技术判断程序、技术判断依据、技术判断结论、技术判断人员、审核人员及批准人员、报告日期等。

4. 制定检测工艺文件

检测工艺文件包括检测工艺规程和操作指导书两个层次的文件。

检测工艺规程是检测方法标准在检测机构实施的指导性工艺文件，一般包括编制目的、适用范围、依据标准、相关术语与定义及技术要求，其中技术要求部分包括人员、仪器设备、标准试块或对比试块、环境条件、辅助或消耗材料、技术规范、记录和报告等方面的要求。检测机构应当根据本机构相关专业的资源条件和所从事的检测业务范围，将依据的检测方法转化成符合本机构实际情况的检测工艺规程。

操作指导书是针对具体的检测对象，规定采用哪一台仪器设备和对比试块，建立什么检测参数条件，按照什么操作方式、顺序、步骤实施检测的操作性工艺文件。操作指导书应依据相关方法标准、工艺规程编制，其内容与要求不能超出标准和规程的规定。操作指导书要具有可操作性和指导性。因为操作指导书是针对已经确定的检测对象编制的，一些检测参数条件就必须是确定的，与检测对象不相关的内容不需要出现在作业指导书中。

比较检测工艺规程和操作指导书，可以看出二者有以下显著不同，检测机构在制定这两类文件时应予以关注：

（1）检测工艺规程是编制、审核、批准三级签字，操作指导书是编制和审核二级签字。检测机构在制定检测工艺规程和操作指导书时，要注意制定人员的技术水平和专业资质的相关要求。《特种设备无损检测人员考核规则》（TSG Z8001—2019）规定，Ⅱ级、Ⅲ级专业人员可以编制相关专业的工艺规程，但Ⅱ级专业人员资格年限需在4年以上；操作指导书编制人员可以是Ⅱ级、Ⅲ级专业人员，对于Ⅱ级专业人员则没有持证4年以上的特别要求。

（2）检测工艺规程应有明确的版本号和修订次序号，对于操作指导书的版本控制则没有明确的要求。这主要是因为检测工艺规程是指导性和管理性文件，通常具有相对较长时间的稳定性，若所依据的检测方法标准未发生变更，检测机构检测业务、仪器设备资源没有发生大的变化，检测工艺规程一般不会发生版本的更新。

检测工艺规程发布实施后，在贯彻实施中有时会发现文件编制存在细节上的不合理、不完善，甚至有错误，这就需要通过文件的定期审核和不定期的发现，不断完善检测工艺规程。这种检测工艺规程的持续改进往往是通过文件的修订而不是换版实现的，所以检测工艺规程既要设定版本代码，还应设定修订次序号。

对于操作指导书，它通常是针对具体的检测对象编制的实施性技术文件，随着检测工作的结束，其作用或功能就完成了。如果之后不再有相同名称、材料、规格和质量要求的检测对象再次进行检测，则该操作指导书即可作为技术文件随工程项目的记录和报告归档。相对检测工艺规程而言，操作指导书是专用的、短时的，因此《承压设备无损检测 第1部分：通用要求》（NB/T 47013.1—2015）对操作指导书没有提出版本控制的要求。但在实际工作中，从文件控制角度来说，对操作指导书也宜规定版次要求。一方面，操作指导书在特种设备定检工作中会以1年、3年或5年为周期重复使用。每隔一定时间后的再次使用，检测条件（如设备性能、被检对象等）会发生变化，因此对操作指导书进行适当的修订就显得必要。对于这种情况，对原来的操作指导书进行修订使用，就比制定新的操作指导书更加科学、规范、合理和简便。另一方面，对于一项有较多相同或同类检测对象的检测任务，初期编制的操作指导书在检测实施过程中可能存在技术条件的不断优化和改进，因而需要对操作指导书进行修订和完善。从这个角度看，为操作指导书设定版次也是必要和合理的。

第十三章　服务和供应品控制

本章重点阐述检测机构对质量管理体系的服务和供应品控制要求，通过对《特种设备检测机构核准规则》附件 D 第 D5.5 条的相关专业术语进行解释，识别服务方和供应方管理、服务和供应品采购和验收等过程，并对各过程中所涉及的质量控制环节和质量控制点逐一进行识别和分析，提出控制要求。本章通过典型案例，剖析服务和供应品控制中各质量控制环节与质量控制点常见的问题与不足，并为服务和供应品控制程序的建立提供指引。

第一节　规则简析

一、规则原文

D5.5　服务和供应品控制

应当建立和实施服务和供应品控制程序，对影响检测质量的服务（包括检测设备检定和校准服务、维修和维护保养等）和供应品（包括软件、试块、耗材、标准物质等）的管理达到以下要求：

（1）对服务方和供应方进行评价，建立合格服务方和供应方档案；

（2）对采购技术要求进行评审；

（3）对采购的服务和供应品进行验收；

（4）供应品进行适宜的储存。

二、术语

1. 服务

服务指检测机构可从外部获得的用于支持机构提高管理水平和检测能力的活动，如人员培训、仪器校准服务等。

2. 合格服务方

合格服务方指具有相关资质，并能够为检测机构提供符合要求的服务活动的外部组织。

3. 供应

供应指检测机构可从外部获得的用于支持其实施检测活动所需的产品，如仪器、标块、胶片及专用软件等。

4. 合格供应方

合格供应方指具有相关资质，并能够为检测机构提供符合要求产品的外部组织。

5. 合格服务方 / 供应方评价

合格服务方 / 供应方评价指通过收集服务方 / 供应方的相关资质、服务 / 供应范围、服务 / 供应品质量等信息识别外部组织满足检测机构采购要求的过程。

三、条文简析

1. 条文主题

条文提出了服务和供应品采购的控制要求。

2. 控制目的

对服务方和供应方选择、识别、评价、监督等环节进行控制，确保采购的各项服务和供应品满足检测机构质量管理体系运行和检测活动的要求。

3. 控制范围

检测机构应将对本机构质量管理体系运行和检测结果有影响的所有服务方及其活动、供应方及其产品全部纳入控制范围。

（1）服务的主要类型及其内容。对于已核准和准备核准的检测机构而言，其质量管理体系运行应符合《特种设备检测机构核准规则》、质量管理体系等文件的要求，开展核准范围内的检测活动需满足《承压设备无损检测》（NB/T 47013）系列标准相关部分的要求。任何一家检测机构不可能独立完成所有的质量管理和检测活动，因此必然依赖于外部机构的服务。检测机构获得满足要求的服务活动，是通过对服务方的选择与控制实现的。

不同规模、能力和水平的检测机构所需服务的种类、内容和程度是不尽相同的，通常包括以下类型和内容：

1）人员培训，包括无损检测人员专业资格培训、最高管理者质量管理体系职责培训、内审员培训、新技术 / 新标准培训等；

2）仪器设备校准 / 检定，包括检测仪器设备、标准试块的校准 / 检定；

3）仪器设备的维修和维护保养；

4）能力验证，包括无损检测相关专业初次核准的能力验证、CNAS 认可机构提供的能力验证（测量审核）、实验室间比对等；

5）技术咨询，包括质量管理体系建立咨询、新开展的检测项目咨询等；

6）租赁，包括检测设施、检测仪器设备，如曝光室、γ 源等。

（2）供应品。供应品包括除检测仪器设备（检测设备配备控制见第八章）之外的检测专用软件、标准试块、对比试块、消耗材料、辅助材料等。对于可能影响检测结果准确性、可靠性的器材，《特种设备检测机构核准规则》附件 D 提出了对供应品采购需实施控制的要求。这类供应品应严格按照相关要求，从供应方的识别、评价、选择，到供应品的合同签订、供应品验收和保存等实施控制。

对于贵重、耐用的供应品，在采购的时候往往同时购买产品制造商对其产品提供的售后服务，如设备维修、软件升级等。对于这种情况，为了便于管理和实施，通常把供应品的售后服务纳入供应品管理的范畴。

检测机构对于供应品采购的控制，不只是对采购的检测器材质量、性能的控制，更重要的是通过对供应方资质与能力的评价与选择，保障供应方提供满足要求的供应品。

4. 过程识别与控制环节

《特种设备检测机构核准规则》附件 D 第 D5.5 条规定，检测机构应当对影响检测质量的服务（包括检测设备检定和校准服务、维修和维护保养等）和供应品（包括软件、试块、耗材、标准物质等）实施管理。检测机构编制该程序文件时，宜将服务和供应品区分识别，分别管理。虽然服务与供应品是两类不同的、宜分别管控的对象，但从管理的角度讲，服务和供应品在过程识别和环节控制上存在基本相同的情况，为避免重复，将二者合并叙述。

服务和供应品控制所涉及的过程，通常包括需求提出、外部机构资质与能力调查、合格服务方和供应方评价并建立服务方和供应方档案（包括合格服务方和供应方维护）、采购技术要求的评审与批准、服务与供应品验收、供应品存储等过程。

5. 职责分配

通常情况下，服务和供应品采购的控制职责分配如下：

（1）机构负责人负责合格服务方和供应方的批准；

（2）技术负责人负责合格服务方和供应方审核，负责实施重大 / 关键设备的验收；

（3）综合管理部负责合格服务方和供应方评价资料的归口管理，负责组织对新购仪器设备验收，以及对资产及使用状态、相关技术资料的归口管理；

（4）检测技术部负责合格服务方和供应方的选择、资料收集和评价，负责检测仪器、器材采购需求的提出，参与仪器设备的验收。

各检测机构因规模、管理模式、岗位、职责、权限设置的不同，服务和供应品采购的管理存在差异性。

第二节　服务方和供应方管理

一、质量控制目的

保证采购合格的服务和供应品。

二、质量控制环节与质量控制点

服务方和供应方管理是服务与供应品控制的重要过程。服务方和供应方管理质量控制环节与质量控制点见表 13–1。

表 13–1　服务方和供应方管理质量控制环节与质量控制点

控制环节	控制点		控制要求		
名称	序号	名称	主要控制内容	工作见证	责任部门 / 岗位
服务方和供应方管理	（1）	服务和供应品需求	识别服务和供应品	档案	技术质量部
	（2）	服务方和供应方评价	资料收集、组织评价、结论审批	资料、评价记录、审批记录等	技术质量部
	（3）	服务方和供应方名录及档案	编制名录、建立档案	名录、档案	技术质量部

1. 服务和供应品需求

检测机构向社会提供检测服务，首先需要从社会获得各种资源、条件。检测机构从外部组织获得资源与条件，即服务和供应品的采购。检测机构对于服务和供应品的具体需求，来自对检测机构的核准要求，检测机构的检测范围、检测对象，以及对检测能力与水平的期望。

《特种设备检测机构核准规则》对从事特种设备无损检测、电梯检测和安全阀校验的检测机构提出了检测人员、场地设施、仪器设备、管理体系等各方面的条件要求，宏观上提出了总体的资源条件要求。例如，对于无损检测机构涡流检测专业核准而言，需要1名涡流Ⅲ级人员、4名涡流Ⅱ级人员，至少配备2台具有阻抗平面显示功能的多频涡流检测仪。在《特种设备检测机构核准规则》对于资源条件总体框架的基本要求之下，检测机构需要结合本机构的检测专业方法、检测对象以及期望达到的检测能力与管理水平，合理配置相关的资源。如果某检测公司长期具有大量的涡流检测业务，并且除电力、化工系统的热交换器管的检测外，还涉及金属表面漆层厚度的检测业务，那么该检测公司按照《特种设备检测机构核准规则》相关的基本要求配备人员、仪器设备，显然不能完全满足检测业务的需求。

检测机构对供应品的需求主要包括两大类：一类是办公用品，如办公桌、电脑、文件柜、空调、车辆等，这些供应品的质量、性能与检测结果无关，不需要纳入合格供应方采购程序控制；另一类是检测用品，如检测仪器、对比试块、检测用材料与附件、专用测试分析软件等，这些器材的质量与性能直接影响检测结果的准确性、可靠性，因此需要纳入合格供应方采购程序控制。本章仅叙述除检测仪器外的对比试块、检测用材料与附件、专用测试分析软件等供应品的控制。

常规用检测器材、周期性的仪器检定/校准和每年度实施的人员取证培训等需求的提出、识别、审核、批准，可以参照检测机构以往的流程和方式从简实施。对于新增类型业务需要采购的器材、涉及寻求新的检定/校准服务，检测机构技术质量部对于这类新增需求，应从需求的识别开始，做好对需求的准确认识、把握，必要时检测部门、技术质量部或技术负责人可组织相关技术人员对需求的必要性、充分性、适宜性、可行性、经济性进行评审。例如，某无损检测公司根据市场的需求，要采用X射线数字成像技术对承压设备受压元件焊接接头进行检测，因此该公司至少面临着以下新的需求：DR[①] 检测人员培训服务、DR成像板和双线型像质计采购、能力验证服务以及双线型像质计的测定等。《承压设备无损检测 第11部分：射线数字成像检测》（NB/T 47013.11—2023）规定的具体要求即可作为采购DR成像板和双线型像质计性能、指标需求的识别途径之一。

检测机构对标准试块、消耗材料、辅助器材的需求，通常由检测技术人员、检测部门以年度或月度计划的形式提出，对这样的需求，通常是在已建立的合格供应方目录中选择供应方。对于临时非常用器材的采购，也可以纳入合格供应方目录的渠道办

① DR指射线数字成像。

理。对于新方法、新技术所需设备的采购，以及人员的培训和仪器的校准，通常由检测部门负责人、技术负责人或机构负责人提出，对这类新需求，技术负责人或机构负责人应组织对需求的必要性、方法的有效性、设备的先进性、应用的经济性等方面实施严格、全面的识别和评价。

2. 服务方和供应方评价

服务方和供应方评价包括初选、收集资料、能力调查和评价等几个环节。检测技术人员或部门负责人可通过以往的采购经验、渠道或同行咨询、网上查询等方式，初步确定采购可选厂商、代理商、服务商。检测技术人员、检测部门负责人将服务 / 供应品需求的技术指标报给采购部门（如综合管理部），采购部门可采取现场调研、电话问询、邮件往来、微信沟通等方式向目标服务方和供应方索取营业执照、业务范围、相关资质、产品资料、认可服务项目、供应品 / 服务价格、用户市场、售后服务等资料。对于仪器设备的代理商，有质量管理专家认为代理商不制造检测仪器，提供的是仪器或材料销售的代理服务，倾向于将代理商纳入服务方行列。本书编写团队认为，从供应方与服务方管理的角度来说，代理商提供的与生产厂家提供的是一样的“硬件”设备，而服务方提供的通常是“软件”服务，因此建议检测机构将代理商作为供应方实施管理。鉴于上述情况，检测机构技术人员在向代理商收集相关信息和资料时，应特别关注代理商是否与所代理产品的生产厂家签署代理协议，是否具有仪器设备的售后维修承诺和能力。

关于仪器检定 / 校准服务方的选择，检测机构首先要清楚检定、校准及核查在概念上的区别，其次是明确无损检测仪器设备检定、校准或核查的要求。按照《中华人民共和国计量法》的规定，检定是由法定的计量技术机构依据计量检定规程（范）对特定的检测、测量装置或仪器进行测试、评价的活动。对提供检测仪器性能测试、评价的服务方的评价，检测机构必须清楚检定、校准、核查的区别和适用对象。属于依法检定的无损检测仪器，只能选择政府授权的法定计量技术机构进行检定；对于不属于依法检定的无损检测仪器、标准物质（如黑白密度片、电磁涡流测厚膜片），应选择校准；采用自校准方式，应满足校准标准装置经过计量检定合格的条件；设备核查、期间核查是检测机构的内部质量控制活动，不需要送外部机构实施。对检测仪器设备检定、校准服务方实施合格服务方和供应方评价，除获得证明其法律地位的组织机构证书（事业单位）、营业执照（企业）和计量授权（计量法定机构）证书、校准实验室认可证书外，检测机构应进一步关注该机构获得检定授权或校准认可的能力范围。这种能力范围是以证书附件的方式详细给出的，尤其对于检定 / 校准能力范围广的综合性计量机构，检测机构技术部门或技术人员要细致识别出该机构哪些项目、哪些参数、哪些量程能够满足本机构的需求，而不是简单把机构完整的能力表不加识别地作为合格服务方评价的支撑材料。

合格服务方和供应方的选择和评价是一项专业性较强的工作，无论是仪器设备采购还是检定/校准，使用设备的检测技术人员对相关要求都更为熟悉，因此服务方和供应方的选择应由检测技术人员、检测部门或技术负责人提出，技术质量部依据相关程序文件规定负责组织检测技术人员实施合格服务方和供应方评价，并做好评审过程的合格服务方、合格供应方评价记录，相关部门和责任人签署评审意见和签名。

3. 服务方和供应方名录及档案

经评审合格的服务方和供应方，交机构负责人批准后分别纳入合格服务方名录和合格供应方名录。合格供应方名录中的供应品信息应当具体、完整、齐全，使其具有良好的指导性和操作性。

检测机构应对合格服务方和供应方评价过程中收集的全部资料分类归档，并按规定期限保存。需要归档、保存的资料和记录主要包括：

（1）合格服务方和供应方法律地位证明、代理商的营业执照和业务代理证明、获得的质量管理体系或（和）校准实验室体系认可证书、培训许可证明等；

（2）与购买产品相关的技术资料（如仪器使用说明书等）、与检定/校准项目相关的能力表；

（3）合格服务方和供应方评审记录；

（4）合格服务方和供应方名录；

（5）合格服务方和供应方的监督与维护记录。

检测机构对合格服务方和供应方的识别、评审和批准既是一项有计划的年度质量管理活动，也是一项可能随机发生的日常质量活动。一方面，已经通过评审纳入合格服务方和供应方名录的服务方或供应方，其相关能力可能扩大或缩小，资质证书周期也会发生变化，甚至法律地位可能注销；另一方面，在对合格服务方和供应方采购产品或服务过程中，也会遇到产品质量、售后维修、服务进度等不能很好满足要求的情况。鉴于此，对已纳入检测机构合格服务方和供应方名录的外部组织定期进行监督、维护是必要的。

除对合格服务方和供应方名录的外部组织定期进行日常监督、维护之外，检测机构在拓展新的检测业务中会有新的器材采购、人员培训、仪器检定/校准的需求，对这种新需求的不定期识别、评审及批准，可以作为定期评价的必要补充，纳入合格服务方和供应方名录维护的工作范畴。

对已纳入合格服务方和供应方名录的外部组织日常监督的重点在于收集其产品和服务质量反馈信息以及资质、能力变化。如果产品质量和服务能力未出现明显问题，日常管理中不需要追加评审；反之，则需要对其进行再识别和再评价，确定不能持续满足要求的，应及时从合格服务方和供应方名录中剔除。对于公司注销、名称变更或认可周期变化的，检测机构应及时收集、更新合格服务方和供应方的相关资料，并更新合格服务方和供应方名录中的有关信息。

三、案例与分析

案例 13–1

在某无损检测机构评审中，评审员要求检测机构提供磁粉检测用提升力试块的计量溯源证明。该检测机构提供了从 A 厂购买的提升力试块和在 B 计量检定机构出具的测试报告，报告中给出了该试块长、宽、高（厚）的尺寸测量数据：299.95 mm × 150.01 mm × 12.95 mm。

评审员询问送检过程，陪审人员告知年初公司办公室刚好有人到北京出差，就将试块委托办公室人员带到 B 计量检定机构。经评审员进一步核查，A 厂和 B 计量检定机构均在合格供应方 / 服务方名录中。其中，“供应品 / 服务项目”栏中，A 厂填写内容为“无损检测标准试块”，有供应方有效期内营业执照和 ISO 9000 质量管理体系证书；B 计量检定机构填写内容为“仪器检定、校准”，有 CNAS 实验室认可证书。

剖析：

1. 比较好的方面

● 基本明确磁粉检测用提升力试块需要计量溯源的要求。

● 基本明确对服务方和供应方要进行合格评价，并建立合格服务方和供应方名录。

2. 存在的问题与不足

● 未识别磁粉检测用提升力试块计量溯源的目的和要求。

● 合格供应方名录的“供应品 / 服务项目”栏中对于供应方的供货内容填写“无损检测标准试块”不够具体，应明确是用于交流磁轭提升力测试的提升力试块。

● 合格供应方名录的“供应品 / 服务项目”栏中对于服务方的服务内容填写“仪器检定、校准”不够具体，应明确检定提升力试块重力。

● 仅收集了服务方的资质证书，未收集服务方相关的校准服务能力材料。

● 专业技术人员未将校准服务需求完整、准确传递给送检人员，导致非专业人员盲目找到服务机构，由服务方收发室“大爷”将形状规则的钢板试块安排在长度室检定。

第三节　服务和供应品采购和验收

一、质量控制目的

无论是服务还是供应品，采购和验收是获得合格品（包括服务）过程的两个环节，目的都是获得符合要求的合格品，并为保证检测结果的准确性、可靠性提供追溯。

二、质量控制环节与质量控制点

服务和供应品的采购，应在上节所述的合格服务方和供应方名录中选择服务方和供应方。对于不在名录中的产品和服务，应先进行需求识别、服务方和供应方评价，经批准纳入合格服务方和供应方名录后，方可实施采购。

服务和供应品采购和验收质量控制环节与质量控制点见表 13–2。

表 13–2　服务和供应品采购和验收质量控制环节与质量控制点

控制环节		控制点		控制要求		
序号	名称	序号	名称	主要控制内容	工作见证	责任部门／岗位
1	采购申请	（1）	充分性	申请、审批	申请表	综合管理部
2	合同准备	（2）	合同要求	合同合法性，技术要求完整性、适宜性、可行性，价格经济性等	合同	综合管理部
3	验收	（3）	验收	完整性验收、性能验收	验收记录	综合管理部及责任人员
4	记录存档	（4）	存档	存档资料完整	档案	综合管理部

1. 采购申请

在合格服务方和供应方名录中选择仪器设备厂商、代理商或培训、校准服务方，服务方和供应方的资质和总体能力水平在合格服务方和供应方评价活动中已经得到解决，采购申请重点关注的是相关服务项目或产品质量的具体性能指标、采购进度、采购价格。

2. 合同准备

综合管理部负责办理采购合同双方的签字、盖章，检测技术部在合同签订后应跟踪合同或委托的履行状况，必要时可考虑到供应方或服务方现场对产品制造或培训、检定 / 校准过程实施监督，以保证采购能够如期、保质保量完成。

对于日常价格不高的仪器设备采购和检定 / 校准委托，检测机构通常不签订正式文本合同或技术协议书，而是采用填报器材采购单或委托外检申请单的方式在机构内部执行审批程序。对于这类常规的采购，负责审批的相关责任部门、责任人员应严格履责，细致审查采购单或申请单中重要、关键指标的要求是否明晰和完整。

合同或委托单签订前，技术质量部应负责对合同或委托单使用的文本是否为有效版本进行审查。

3. 验收

验收的依据是采购合同和（或）技术协议、检测标准相关要求等，由综合管理部组织检测技术部实施。对于检测设备、器材，验收通常包括两方面内容：一是完整性验收，即检查装箱单、装箱物品、资料是否齐全、完整，包括主机、附件、备件、连线、出厂合格证、使用说明书、软件光盘等；二是仪器设备性能验收，即开机运行，根据采购合同确定的性能参数、技术指标逐项测试验收。重大设备的验收工作通常在供需双方人员同时在场的情况下进行，以避免或减少纠纷。设备验收应注意对购置发票的真伪、项目名称的核查，有些检测机构采购时为了逃避交税会出现不索要发票的情况，这种行为不仅违法违规，而且会给后期检测机构核准设备资产造成麻烦。

检测机构往往忽略对检测仪器检定 / 校准服务的验收，或者普遍错误地将检定规程中对检测仪器性能指标的要求作为检定 / 校准结果是否符合要求的验收指标，这都是不符合验收要求的。检测机构首先应明确经检定 / 校准的检测仪器必须进行验收，其次应明确验收的依据是相关检测标准中对检测仪器性能指标的要求，而不是检定规程（规范）中对仪器设备性能指标的要求。对于检定合格的检测仪器，也要依据相关检测标准对检测仪器性能指标的要求进行验收确认。

4. 记录存档

检测技术人员应做好服务和供应品采购和验收全过程的记录。

对检定 / 校准结果的验收，应依据检测标准相关要求填写检定 / 校准结果确认记录。

供应品采购应保存以下见证材料：采购合同或采购申请单，合同审批记录或经审批的申购单，产品合格证、使用说明书、相关的软件、光盘，器材验收记录，器材购置发票、入库记录、资产管理记录等。

服务采购应保存以下见证材料：合同审批记录或经审批的外检委托单，相关的培训通知、获得的培训证明，检测仪器检定 / 校准证书，检测仪器检定 / 校准结果确认记录等。

上述服务和供应品采购相关见证材料，应依据检测机构相关规定保存。有的资料、记录作为服务和供应品控制要素，保存在综合管理部；有的作为仪器、设备控制要素随仪器的使用管理保存在检测技术部。

第十四章　样品控制

《特种设备检测机构核准规则》附件 D 第 D5.6 条对"抽样及样品控制"提出了管理要求，包括两个方面的内容：一是抽样控制；二是样品控制。对于检测机构，抽样控制的要求来源于《检测和校准实验室能力的通用要求》（GB/T 27025—2019/ISO/IEC 17025：2017），从该标准的表述可以看到，在全球各种领域、行业、类型的检测或校准实验室，抽样活动的应用越来越广泛，并且已经成为独立于检测之外，且与检测比肩的一项技术活动。但就特种设备检测实际工作而言，绝大部分委托检测都是针对送样或指定样品实施 100% 检测，基本不涉及抽样检测。依据相关技术规范和（或）标准，少部分承压设备的定期监检存在对焊缝按一定比例（如 20% 或 5%）实施抽检，对热交换器冷凝管按 10% 比例进行抽查等情况。这类涉及抽样检测的规程或标准往往只提出抽检的比例，或要求在焊缝抽查中尽量选择 T 字形的环焊缝、纵焊缝的结合部位，对于抽样采用什么规则、方法均没有给出具体的要求。因此，在特种设备无损检测行业，基本上不涉及抽样检测，绝大多数无损检测机构在编制质量管理体系文件时删去"抽样控制"这一要素。

《安全阀安全技术监察规程》（TSG ZF001—2006）中"安全阀型式试验抽样规则"规定，用于型式试验的安全阀样品按名称型号（结构）随机抽取 2 件不同规格的样品（一般应当为大直径、低压力和小直径、高压力的组合）进行型式试验。一般情况下，型式试验的样品抽样基数应不少于 5 件。当型式试验不合格需要复验时，应当加倍抽取复验样品。实际工作中，安全阀的型式试验由专门的型式试验许可机构实施，而检测机构开展的安全阀定期校验是对生产单位委托的安全阀实施 100% 的校准，也不存在抽样活动。

本章重点阐述检测机构对质量管理体系的样品控制要求，通过对《特种设备检测机构核准规则》附件 D 第 D5.6 条的相关专业术语进行解释，识别和分析样品标识和管理的质量控制环节和质量控制点，提出控制要求。本章通过典型案例，剖析样品控制中各质量控制环节与质量控制点常见的问题与不足，并为样品控制程序的建立提供指引。

第一节　规则简析

一、规则原文

D5.6　抽样及样品控制

必要时，建立和实施抽样及样品控制程序，并且达到以下要求：

（1）明确抽样及样品的管理对象及范围；

（2）明确抽样方式和方法，并且符合安全技术规范及相关标准的要求；

（3）明确样品接收、保护、储存、留样、处置的规定；

（4）建立样品台账，并且对样品进行唯一性标识。

二、术语

1. 样品

样品指被检测的对象，可以是原材料、装置、设备、零件、部件等。在特种设备检测活动中，通常将送到检测机构固定场所实施检测的原材料、零件、部件称为样品，而固定装置、设备不纳入样品管理范畴。

2. 样品标识

样品标识指区别于其他被检测对象的标记和（或）编码。

3. 抽样检测

抽样检测指按一定规则、要求从全部被检测对象中抽取对于全部样品具有代表性的部分样品所进行的检测。

三、条文简析

1. 条文主题

条文提出了抽样及样品控制的要求。

2. 控制目的

对抽样及样品处置中的接收、保护、使用、储存、留存、处置等过程进行控制，确保抽样及样品控制满足检测机构质量管理体系运行和检测活动的要求。

3. 控制范围

控制范围包括对检测机构质量管理体系运行和检测结果有影响的所有与抽样和样

品管理有关的活动。

《特种设备检测机构核准规则》对于“建立和实施抽样及样品控制程序”的表述，不同于建立和实施其他控制程序所采用“应”，而是“必要时”。相对于“必要时”，即存在“非必要时”。是否必要，由检测机构所从事检测活动本身的特点及法定或委托要求确定。检测活动不可能脱离检测对象实施，因此检测机构建立样品控制程序是必要的；对委托样品实施100%检测或指定部位的抽查检测，不存在抽样要求和活动，这种情况在特种设备检测机构普遍存在，条文使用“必要时”，即明确了建立和实施抽样控制程序的要求不是必要的。如果检测活动不涉及抽样，编制样品控制程序即可；如果检测活动包括抽样，则需要编制抽样及样品控制程序。

4. 职责分配

通常情况下，样品控制职责分配如下：

（1）由负责客户委托任务接收和报告发放的技术质量部负责样品的接收与返还；

（2）检测部门负责检测过程中的样品保护、存储、留存、处置及标识。

各检测机构因规模、管理模式、岗位、职责、权限设置的不同，样品控制的管理存在差异性。

第二节　样品标识和管理

一、质量控制目的

对样品从接收到归还全过程中各个环节进行控制，确保样品不会发生混淆、品质退化、丢失、损坏。

二、质量控制环节与质量控制点

样品标识和管理质量控制环节与质量控制点见表14–1。

表14–1　样品标识和管理质量控制环节与质量控制点

控制环节		控制点		控制要求		
序号	名称	序号	名称	主要控制内容	工作见证	责任部门/岗位
1	样品接收	（1）	委托接收	样品状态及相关信息描述	委托单	技术质量部

续表

<table>
<tr><th colspan="2">控制环节</th><th colspan="2">控制点</th><th colspan="3">控制要求</th></tr>
<tr><th>序号</th><th>名称</th><th>序号</th><th>名称</th><th>主要控制内容</th><th>工作见证</th><th>责任部门/岗位</th></tr>
<tr><td rowspan="3">1</td><td rowspan="3">样品接收</td><td>（2）</td><td>样品接收</td><td>样品实物状态、数量与委托信息的对应性、符合性</td><td>委托单、台账</td><td>技术质量部、检测部</td></tr>
<tr><td>（3）</td><td>样品标识</td><td>样品编号</td><td>委托单、台账</td><td>技术质量部、检测部</td></tr>
<tr><td>（4）</td><td>保存</td><td>存放安全与环境</td><td>—</td><td>技术质量部、检测部</td></tr>
<tr><td rowspan="2">2</td><td rowspan="2">样品状态识别与保护</td><td>（5）</td><td>检测状态</td><td>待检、已检区分标识，合格、不合格区分标识</td><td>—</td><td>检测部</td></tr>
<tr><td>（6）</td><td>样品保护</td><td>存放环境与方式</td><td>—</td><td>检测部、技术质量部</td></tr>
<tr><td rowspan="3">3</td><td rowspan="3">样品处置</td><td>（7）</td><td>交付</td><td>交付数量与状态</td><td>委托单、台账</td><td>技术质量部</td></tr>
<tr><td>（8）</td><td>暂存</td><td>存放环境与标记</td><td>委托单、台账</td><td>技术质量部</td></tr>
<tr><td>（9）</td><td>处理</td><td>符合规定、告知客户</td><td>委托单、台账</td><td>技术质量部</td></tr>
</table>

1. 样品接收

样品接收是通过检测委托实现的。客户委托检测时，既可能将书面委托资料和实物样品一起交付检测机构负责检测样品接收、发放和归还的管理部门或人员；也可能将书面委托资料交检测部门样品管理人员，将实物样品交给检测人员；还有可能将检测委托资料和实物样品一起送到检测场所，直接交给检测人员。第一种常见于客户委托检测样品的数量较少、规格较小的情况；第二种经常出现在样品数量较多或者尺寸较大，送到检测机构负责样品接收的部门再转到检测场所比较困难或麻烦的情况；第三种多是委托方与检测机构比较熟悉，直接将委托单和样品送到检测现场。无论是上述哪一种交付情况，检测机构相关部门、人员都应当按照样品控制程序中关于委托任务接收、处置的相关规定，由管理部门或人员负责样品委托单的信息核对、确认和签字，检测人员负责样品状态、数量的检查和清点，做好样品在接收后、交付客户前的保护、保存和处置工作。

客户送检的样品，少则一个，多则成百上千，无论数量多少，检测机构都应当对每一个样品予以编号。样品控制程序应对样品编号作出明确规定。通常，如果委托样品本身带有零件编号，最好直接采用委托方的编号，检测机构在接收样品时应当注意委托方对样品的编号有无错误，确认每个样品的编号具有唯一性；如果委托方没有对样品实施编号，检测机构相关人员应对每一件样品赋予可识别的唯一性编号。

样品编号时机有检测前、检测中和检测后 3 种情况。对于样品数量不大，如不超过 10 个，比较适合检测前编号，这样在检测过程中不会把已检测、未检测样品混淆在一起。对于同批次检测的几十件、上百件相同规格样品，比较适合在检测中或检测后进行编号。如果检测过程中需要细致记录样品缺陷情况，如缺陷数量、位置、大小等信息，应在记录样品缺陷前赋予样品唯一性编号；如果对批量零件的检测目的只是依据给定的判据做出合格与否判别，而不涉及缺陷信息，如混料分选，则可采用检测后对样品编号的方式。这种编号方式的好处在于，不需要在编发报告时逐个甄选合格、不合格样品的编号，可以将合格样品连续编号，对不合格样品再赋予唯一可识别的连续编号。需要注意的是，采用检测后统一对样品编号的方式，在检测过程中绝不能将检测过的样品再混淆到未检测的样品中。

样品编号应注意：①编号不应对样品的状态和使用造成影响，如不能在精密零件上使用机械刻蚀或电化学腐蚀方法制作编号；②编号在检测过程中不应模糊、消失，如对于委托进行超声、磁粉或渗透检测的样品，样品编号不得因耦合剂的涂抹或清洗剂的冲刷导致无法辨识；③编号不应影响检测结果，如在较大尺寸零件的检测部位使用油漆编号标识，则标识区域的油漆对超声、磁粉和渗透检测结果都会造成不利影响。

检测机构应将样品台账记录表纳入样品控制程序实施受控，受控的样品台账记录表应包括以下记录栏目：①检测样品（或零件）名称、规格、数量；②委托单位名称、委托日期、委托人姓名及联系电话；③委托单号或派工单号、检测报告号；④检测部门和（或）检测人员、检测完成日期；⑤取件人姓名及联系电话、取件日期；⑥其他。

2. 样品状态识别与保护

样品状态识别是指样品在接收后、返还前，检测机构在样品存放期间对样品从时序维度和质量维度进行的多种状态的识别。从时序维度上分，样品可分为“待检”“在检”和“已检”3 种状态。再从质量维度上分，“已检”状态的样品可分为“合格”“不合格”和“待处理”3 种状态。无论是时序维度的 3 种状态，还是质量维度的 3 种状态，在样品检测状态标记上应该做出严格区分，严禁混淆。

检测机构对检测样品可能需要先后实施不同方法的检测，如对铸件做射线检测和渗透检测，对焊接件（焊接接头）实施超声检测和磁粉检测。检验机构在样品控制程序中应对流转于不同检测工序（方法）中样品的状态管理作出具体、适宜的规定，做到在不同的检测工序阶段，样品状态识别保持相对独立，避免因检测工序交叉而造成混乱。

检测样品在检测机构存放期间，检测机构对客户的财产负有不可推卸的保护责任，必须防止样品损坏和丢失。样品人为、故意损坏或丢失的情况极为罕见，但不经意中发生了损坏或丢失的风险是存在的。例如，对于数量大、尺寸比较小的紧固件，不小心碰落到地上，如果未及时寻找就可能造成丢失；对于钢铁材质的样品，使用水作为超声检测的耦合剂，或是采用水基的磁悬液实施磁粉检测，检测后如果没有及时擦拭干净，则很容易造成样品表面腐蚀。

3. 样品处置

破坏性试验如拉伸、弯曲、冲击试验和金相检验，试验后样品被破坏，无法实施重复试验，因此通常要求检测机构将样品保存一段时间，用于事后可能发生的对检测过程和检测结果的追溯。检测试验的样品按规定保存一定期限后可进行废弃处理。无损检测是一种非破坏的检测手段，样品检测后合格样品即可投入使用；对有超标缺陷的样品，或是委托方带回修复，或是直接报废，一般不会留在检测机构。

在检测实施中，会出现因检测部位或其附近表面状态不满足检测条件需要进行特殊处理的情形，如焊缝附近的喷溅、焊瘤，会影响超声探头的扫查或对射线底片影像的判读，需要对检测样品进行打磨处理；或者在检测部位发现较浅的表面缺陷，打磨后即可满足验收要求。这种涉及对样品的打磨或加工处理，如果由检测人员实施，应在处理样品之前获得委托方的同意。

第三节　案例与分析

案例 14–1（注：本案例为某无损检测公司的样品控制程序）

WHJC/CX–29–2022 样品处置和管理程序

1　目的

对检验样品的接收、传递、存储和处置进行控制，以保证检验样品在整个检验检测过程及保管期间不会发生混淆、品质退化、丢失、损坏。

2　适用范围

适用于公司检验工作中检验样品的接收、传递、存储和处置的管理。

3　职责

3.1　检验部门负责现场检验受检样品的管理，并负责受检样品的接收、标识、交接、保管和处置工作。

3.2　综合业务部负责客户送检样品的管理，并负责受检样品的接收、标识、交接工作，对在检期间的检验样品管理实施监督。

3.3 技术质量部负责对检验样品管理情况进行检查。

4 工作程序

4.1 检验样品的接收与传递

4.1.1 综合业务部在受理客户委托检验时，对检验样品的状态和附件及资料进行详细的记录，并进行唯一性标识。样品自身有唯一性标识的按样品编号，样品自身无唯一性标识的按照作业文件中规定编号。

4.1.2 当没有发现检验样品潜在缺陷时，综合业务部应注明“检验样品没有发现明显外观缺陷，其他隐含缺陷待查”。

4.1.3 在交接双方对检验样品的数量、外观缺陷、附件、资料和检验样品可检性登记确认后，样品管理员应征求客户对检验样品及技术资料储存和保密要求。当客户有特殊要求时，检验样品管理员应要求客户在检验委托合同中注明详细要求。

4.1.4 检验部门确定检验项目负责人后，项目负责人应领取待检样品及技术资料，保管样品并做好检验准备工作。

4.1.5 检验部门检验项目负责人应将检验后的剩余检验样品送回综合业务部，综合业务部签字接收。

4.1.6 如果检验部门现场受理客户委托检验时，由检验部门按上述程序处理。

4.2 检验样品的储存和处置

4.2.1 综合业务部应对检验样品在本部门期间的保存、安全、保密、完好负责，并对在检期间的检验样品管理实施监督。当某些样品有安全保护要求时，应采取必要的安全措施，以保护样品的状态和完整性。

4.2.2 检验样品的储存条件应达到规定要求，当储存条件达不到客户要求时，应及时向客户声明，或者经客户同意采取其他储存方式。

4.2.3 检验结束后，综合业务部应通知客户领回检验样品及其附件和技术资料。对客户明确表明不收回的检验样品，综合业务部应按照安全环保的要求妥善处理。

4.3 检验样品的保密

4.3.1 检验样品的管理应遵循保密的规定。检验样品流转过程中，各阶段检验样品的负责人应对检验样品的保密承担责任。

4.3.2 检验样品在受检中不允许无关人员参观。检验样品的技术资料不允许无关人员阅览和带离检验场所。

4.3.3 涉及专利产品和专利技术的检验样品公司一律退回客户。

5 相关文件

WHJC/CX-02 保护和保密客户所有权管理程序

WHJC/CX-13 检验检测过程控制程序

6　记录

WHJC/CJS LH–01 理化委托检测协议书

WHJC/CJS WS–01 无损委托检测协议书

剖析：

对照《特种设备检测机构核准规则》关于样品控制的要求，可以看到该样品处置和管理程序主要存在以下不足：

- 无损检测机构从事的活动为检测活动，《特种设备检测机构核准规则》在总则中也明确了从事特种设备无损检测、电梯检测和安全阀校验的机构属于特种设备检测机构。本案例的样品处置和管理程序从目的、适用范围、职责到工作程序等，通篇只有检验，没有涉及检测。

- 对于样品，涉及“现场检验受检样品”和“客户送检样品”。前一类是指在现场检测的在建或在用的项目、装置，如锅炉、压力容器、压力管道等，不属于《特种设备检测机构核准规则》附件 D 第 D5.6 条“抽样及样品控制”所规范的检测对象。将这类离开检测机构现场对在建、在用装置实施检测的对象，纳入样品处置和管理程序，应该加以必要的说明。从引用的记录表单 WHJC/CJS LH–01 理化委托检测协议书看，后一类客户送到检测机构固定场所的样品，疑似主要指委托理化试验的样品。理化检测不属于《特种设备检测机构核准规则》规范的范畴，同样需做出必要的说明。

- 该样品处置和管理程序中“职责”分 3 条，分别规定了公司检验部门、综合业务部和技术质量部对不同类样品的管理职责。对于现场检验受检样品，检验部门除了负责“受检样品的接收、标识、交接”，还负有样品“保管和处置”的责任。一般说来，对于现场的大型设施或装置，无损检测机构难以承担样品“保管和处置”的责任，该责任主要针对无损检测机构对送到固定场所检测的小型样品而言，而第 3.2 条对用户送检样品管理负责的综合业务部的职责中却缺失了“保管和处置”的内容。除此之外，第 3.3 条中技术质量部“负责对检验样品管理情况进行检查”的内容与第 3.2 条中综合业务部“对在检期间的检验样品管理实施监督”的内容存在交叉、重叠，甚至冲突。

- 关于样品的标识。第 4.1.1 条规定了“综合业务部在受理客户委托检验时，对检验样品的状态和附件及资料进行详细的记录，并进行唯一性标识。样品自身有唯一性标识的按样品编号，样品自身无唯一性标识的按照作业文件中规定编号”。对于自身无唯一性标识的送检样品，该条款应给出统一的样品标识规定，而不应只写“按照作业文件中规定编号”。对样品唯一性标识作出规定是样品控制程序的重要内容之一。

- 第 3.1 条规定“检验部门负责现场检验受检样品的管理”，第 4.1.5 条规定“检验部门检验项目负责人应将检验后的剩余检验样品送回综合业务部，综合业务部签字接收”。这里不仅出现了前后规定不一致的问题，而且检验部门负责现场检测，针对的是大型设施和装置，不应出现“检验后的剩余样品”。

- 该样品处置和管理程序未就《特种设备检测机构核准规则》附件 D 第 D5.6 条“建立样品台账，并且对样品进行唯一性标识”作出规定。

通过本案例，分析无损检测机构编制样品控制程序的不足，希望检测机构在编制样品控制程序时加以避免。该样品处置和管理程序中提到了对客户委托检测样品及其相关信息的保密内容，还是值得借鉴学习的。

第十五章　检测工作安全控制

本章重点阐述检测机构对质量管理体系的检测工作安全控制要求，通过对《特种设备检测机构核准规则》附件 D 第 D5.7 条的相关专业术语进行解释，识别检测工作安全控制中危险源和风险的识别与评价、风险控制、安全应急、安全培训 4 个质量控制环节，并对各质量控制环节涉及的质量控制点逐一进行识别和分析，提出控制要求。本章通过典型案例，列举了无损检测机构、电梯检测机构、安全阀校验机构在检测工作安全控制过程中的危险源识别、风险评价、风险控制以及综合应急预案和现场处置方案等，供检测机构参考。

第一节　规则简析

一、规则原文

D5.7　检测工作安全控制

应当建立和实施检测工作安全控制程序，并且达到以下要求：

（1）对检测过程中的危险源和潜在的风险进行识别、评价；

（2）制定和实施风险控制、安全应急措施；

（3）定期评审风险控制措施，演练安全应急措施；

（4）对人员进行安全培训。

二、术语

1. 危险源

危险源指可能导致人身伤害、财产损失和环境破坏的根源、状态、行为或其组合。

2. 危险源识别

危险源识别指通过系统性的方法和程序，识别和确定危险源。危险源识别是一个重要的过程，用于发现和理解潜在的风险，以便采取相应的措施来控制和减少这些风险。

3. 风险

风险指某一特定危险情况发生的可能性与后果的组合。

4. 潜在风险评价

潜在风险评价指识别和评价特定场景下存在的不确定性因素，确定潜在风险发生的具体概率和潜在影响程度、范围和可能的后果。它是风险管理过程中的一个重要环节，在风险预警和风险控制方面起着关键作用。

5. 风险控制

风险控制指通过采取一系列预防性和应对性的措施，减少或消除潜在风险的发生及其对检测机构或个人造成的不利影响。

6. 风险控制措施

风险控制措施指为减少或消除潜在风险发生的可能性及其对检测机构、项目或活动的不利影响而采取的具体行动和策略。

7. 安全应急

安全应急指在发生紧急情况或突发事件时，采取相应的措施和应对策略以保护人员生命安全、财产安全和环境安全的行动。安全应急的目标是迅速响应，应对紧急情况，使潜在风险最小化，并恢复正常的运营状态。

8. 安全应急措施

安全应急措施指在发生紧急情况或突发事件时，为了保护人员生命安全、财产安全和环境安全而采取的具体行动和策略。

9. 安全应急演练

安全应急演练指模拟紧急情况和突发事件，以检验和提高检测机构的应急响应能力、机动性和反应速度的行动。安全应急演练有助于逐步发现应急预案中的问题和缺陷，及时进行应急预案的修订和完善，提高检测机构和人员的应急响应能力。

三、条文简析

1. 条文主题

条文提出了检测机构检测工作安全控制程序的建立和实施，以及检测工作安全控制应达到的要求。

2. 控制目的

控制目的是在进行各种检测活动时，确保人员和设施得到充分的保护，以防止潜在风险或质量问题。

（1）保护人员安全。检测过程会涉及检测设施、检测设备、工具或化学物质等，存在安全风险。采取风险控制措施，可以减少或消除检测人员在检测过程中可能遇到的伤害风险，确保人员的健康和安全。

（2）防止事故发生。检测过程可能涉及高温、高压、电危害、辐射等危险因素，如果没有适当的风险控制措施，可能导致事故发生，造成人员伤害或设备损坏。采取风险控制措施，可以降低事故的发生概率及事故带来的潜在损失。

（3）防止污染和环境破坏。有些检测过程涉及挥发性物质、有毒物质、有害物质或废弃物的处理。采取风险控制措施，可以减少物质的泄漏或排放，防止对环境造成污染或破坏。

（4）保障数据的可靠性。检测结果的准确性对于实际应用的可靠性至关重要。对检测过程进行安全控制，可以确保检测设备和仪器的正常运行，防止干扰因素的介入，从而保障检测数据的准确性和可靠性。

（5）符合法规和标准。检测过程的安全控制有着明确的法规和标准要求。遵守和执行这些法规和标准，可以确保检测过程符合法律法规的规定，并满足行业标准的要求。

3. 控制范围

（1）危险源和风险的识别与评价。检测机构应当根据所开展的检测业务特点，明确检测过程中危险源和风险的识别与评价的职责、程序与要求，形成相应的识别、评价结果。

（2）风险控制措施和安全应急措施。检测机构应当根据危险源和风险的识别与评价结果，制定并实施风险控制措施，将风险降低到可接受的程度。另外，应当制定安全应急措施，确保事故发生后能够及时采取有效措施，降低事故所造成的损失。

（3）评审风险控制措施，进行安全应急演练。检测机构应当定期对风险控制措施的有效性进行评审，并根据评审结果，改进风险控制措施；为确保安全应急措施的有效性，机构应当定期组织应急演练，对应急演练效果进行评估，并根据评估结果改进安全应急措施，提升有关人员的应急能力。

（4）安全培训。检测机构应当定期或不定期地组织检测人员进行安全培训，并对培训效果进行考核和评价，以提升检测人员的安全意识和安全管理能力。只有通过安全培训和考核合格的检测人员，方可上岗从事相应的检测工作。

4. 质量控制环节与质量控制点

根据《特种设备检测机构核准规则》附件 D5.7 条的规定，检测机构应当建立《检测工作安全控制程序》，识别检测工作安全控制过程中所涉及的控制环节和控制点。检测工作安全质量控制环节和质量控制点见表 15-1。

表 15-1　检测工作安全质量控制环节和质量控制点

<table>
<tr><th colspan="2">控制环节</th><th colspan="2">控制点</th><th colspan="3">控制要求</th></tr>
<tr><th>序号</th><th>名称</th><th>序号</th><th>名称</th><th>主要控制内容</th><th>工作见证</th><th>责任部门 / 岗位</th></tr>
<tr><td rowspan="4">1</td><td rowspan="4">危险源和风险的识别与评价</td><td>（1）</td><td>危险源识别</td><td>危险源识别因素、要求、方法</td><td>相应文件</td><td>技术质量部、相关人员或部门</td></tr>
<tr><td>（2）</td><td>危险源评价</td><td>评价程序</td><td>相应文件</td><td>技术质量部</td></tr>
<tr><td>（3）</td><td>风险识别</td><td>危险源、识别方法、内容</td><td>相应文件</td><td>技术质量部、相关人员或部门</td></tr>
<tr><td>（4）</td><td>风险评价</td><td>评价作用、方法、程序、报告</td><td>相应文件、风险评价报告</td><td>技术质量部</td></tr>
<tr><td rowspan="3">2</td><td rowspan="3">风险控制</td><td>（5）</td><td>风险控制措施的制定</td><td>制定原则、方式和内容</td><td>相应文件</td><td>技术质量部</td></tr>
<tr><td>（6）</td><td>风险控制措施的实施</td><td>制订实施计划、计划实施</td><td>风险控制措施实施计划、实施过程记录</td><td>综合管理部、相关人员或部门</td></tr>
<tr><td>（7）</td><td>风险控制措施的评审</td><td>定期评审、措施的合理性和有效性、评审报告</td><td>评审记录、评审报告</td><td>综合管理部</td></tr>
</table>

续表

控制环节		控制点		控制要求		
序号	名称	序号	名称	主要控制内容	工作见证	责任部门/岗位
3	安全应急	（8）	应急预案的制定	制定原则、程序	应急预案	技术质量部
		（9）	应急预案的分类	综合应急预案、专项应急预案、现场处置方案	相应文件	综合管理部
		（10）	应急预案的演练实施	演练程序、演练计划、计划实施、应急预案评价、评价报告	演练计划、演练实施记录、评价报告（记录）	综合管理部、相关人员或部门
4	安全培训	（11）	培训计划	计划编制、审核、批准	培训计划	综合管理部
		（12）	培训实施	培训方案、实施过程记录	培训方案、签到表、培训记录等	综合管理部
		（13）	培训效果评价	评价方法、评价时机、评价标准、评价表、评价报告	培训效果评价办法（管理规定）、评价表、评价报告	综合管理部、技术质量部

5. 职责分配

通常情况下，与检测工作安全相关的职责分配如下：

（1）机构负责人全面负责各项安全管理工作。

（2）综合管理部负责收集和宣贯安全生产、劳动保护方面的各项方针、政策、法律、法规、规章、安全技术规范、标准以及有关规章制度；组织制修订安全管理方面的有关程序和制度；负责组织开展安全管理活动，对安全管理工作进行检查；负责监督、实施重大事故隐患的整改；负责个体防护装备、检测现场安全防护设施器具及检测实验室和办公场所安全设施的配置保障工作；负责危险物品处置；负责检测机构内部的安全培训工作等。

（3）检测部门负责所开展的检测和技术服务活动的安全工作。

（4）检测人员负责所承担的检测工作中的人员和设备设施安全。

（5）安全管理员负责检测机构或所在部门具体的安全管理和监督工作。

第二节　危险源和风险的识别与评价

海因里希法则又称“海因里希安全法则”“海因里希事故法则”，是美国著名安全工程师海因里希通过调查55万件机械事故提出的300 ∶ 29 ∶ 1法则。这个法则的含义：在机械生产过程中，每发生1起重伤或死亡事故，必然有29起轻微事故和300起未遂事故。因此，对危险源和风险进行识别、评价，采取风险控制措施，防患于未然，是保障检测工作安全的重要环节。

一、危险源识别

检测事故的起因通常与人的不安全行为、物的不安全状态、作业环境缺陷、管理缺陷有关。检测机构应当根据检测业务范围，运用适当的危险源识别方法，对危险源进行充分的识别。

1. 危险源识别因素

（1）人的因素。人的因素包括心理、生理性危险和有害因素及行为性危险和有害因素。

1）心理、生理性危险和有害因素如下：

①负荷超限，如体力负荷超限、听力负荷超限、视力负荷超限等；

②健康状况异常；

③从事禁忌作业；

④心理异常，如情绪异常、冒险心理、过度紧张等；

⑤识别功能缺陷，如感知延迟、识别错误等；

⑥其他心理、生理性危险和有害因素。

2）行为性危险和有害因素如下：

①指挥错误，如指挥失误（包括检测过程中各级管理人员的指挥）、违章指挥等；

②操作错误，如误操作、违章操作等；

③监护失误；

④其他行为性危险和有害因素，如脱岗等违反劳动纪律的行为。

（2）物的因素。物的因素包括如物理性危险和有害因素、化学性危险和有害因素、生物性危险和有害因素。

1）物理性危险和有害因素如下：

①设备、设施、工具、附件缺陷，如强度不够、刚度不够、稳定性差、密封不良、耐腐蚀性差、应力集中、外形缺陷、运动部件外露、操作器缺陷、制动器缺陷、控制器缺陷等；

②防护缺陷，如无防护，防护装置、设施缺陷，防护不当，支撑不当，防护距离不够等；

③电危害，如带电部位裸露、漏电、静电和杂散电流、电火花等；

④噪声，如机械性噪声、电磁性噪声、流体动力性噪声等；

⑤振动危害，如机械性振动、电磁性振动、流体动力性振动等；

⑥电离辐射，如X射线、γ射线、α粒子、β粒子、中子、质子、高能电子束等的电场；

⑦非电离辐射，如紫外辐射、激光辐射、微波辐射、超高频辐射、高频电磁场及工频电场；

⑧运动物危害，如抛射物、飞溅物、坠落物、反弹物，以及土、岩滑动，料堆（垛）滑动，气流卷动，撞击等；

⑨明火；

⑩高温物体，如高温气体、高温液体、高温固体等；

⑪低温物体，如低温气体、低温液体、低温固体等；

⑫信号缺陷，如无信号设施、信号选用不当、信号位置不当、信号不清、信号显示不准等；

⑬标志缺陷，如无标志、标志不清晰、标志不规范、标志选用不当、标志位置缺陷、标志设置顺序不规范等；

⑭有害光照，如直射光、反射光、眩光、频闪效应等；

⑮信息系统缺陷；

⑯其他物理性危险和有害因素。

2）化学性危险和有害因素如下：

①理化危险，包括爆炸物、易燃气体、易燃气溶胶、氧化性气体、压力下气体、易燃液体、易燃固体、自反应物质或混合物、自燃液体、自燃固体、自热物质和混合物、遇水放出易燃气体的物质或混合物、氧化性液体、氧化性固体、有机过氧化物、金属腐蚀物；

②健康危险，包括急性毒性、皮肤腐蚀/刺激、严重眼损伤/眼刺激、呼吸或皮

肤过敏、生殖细胞致突变性、致癌性、生殖毒性、特异性靶器官系统毒性——一次接触、特异性靶器官系统毒性——反复接触；

③吸入危险；

④其他化学性危险和有害因素。

3）生物性危险和有害因素如下：

①致病性微生物，如细菌、病毒、真菌等；

②传染病媒介物；

③致害动物；

④致害植物；

⑤其他生物性危险和有害因素。

（3）环境因素。环境因素包括室内作业场所环境不良、室外作业场地环境不良、地下（含水下）作业环境不良及其他作业环境不良。

1）室内作业场所环境不良如下：

①室内地面湿滑；

②室内作业场所狭窄；

③室内作业场所杂乱；

④室内地面不平；

⑤室内梯架缺陷；

⑥地面、墙和天花板上的开口缺陷；

⑦房屋地基下沉；

⑧室内安全通道缺陷；

⑨房屋安全出口缺陷；

⑩采光照明不良；

⑪作业场所空气不良；

⑫室内温度、湿度、气压不适；

⑬室内给水、排水不良；

⑭室内涌水；

⑮其他室内作业场所环境不良。

2）室外作业场地环境不良如下：

①恶劣气候和环境；

②作业场地和交通设施湿滑；

③作业场地狭窄；

④作业场地杂乱；

⑤作业场地不平；

⑥交通环境不良，如航道狭窄、有暗礁或险滩，其他道路、水路环境不良，道路急转陡坡、临水临崖；

⑦脚手架、阶梯和活动梯架（包括这些设施的扶手、扶栏和护栏、护网等）缺陷；

⑧地面及地面开口缺陷（包括升降梯井、修车坑、水沟、水渠等）；

⑨建（构）筑物和其他结构缺陷；

⑩门和周界设施缺陷；

⑪作业场地基础下沉；

⑫作业场地安全通道缺陷，如无安全通道，安全通道狭窄、不畅等；

⑬作业场地安全出口缺陷，如无安全出口、设置不合理等；

⑭作业场地光照不良；

⑮作业场地空气不良，如自然通风差或气流过大、缺氧、有害气体超限等；

⑯作业地面温度、湿度、气压不适；

⑰作业场地涌水；

⑱排水系统故障；

⑲其他室外作业场地环境不良。

3）地下（含水下）作业环境不良如下：

①隧道/矿井顶板缺陷或片帮；

②隧道/矿井作业面缺陷；

③隧道/矿井底板缺陷；

④地下作业面空气不良，如无风、风速超过规定的最大值或小于规定值、氧气浓度低于规定值、有害气体浓度超限等；

⑤矿井火灾；

⑥地下火；

⑦冲击地压（岩爆）；

⑧地下水；

⑨水下作业供氧不当；

⑩其他地下（含水下）作业环境不良。

4）其他作业环境不良如下：

①强迫体位，如生产设备、设施的设计或作业位置不符合人类工效学要求而易引起作业人员疲劳、劳损或事故的一种作业姿势；

②综合性作业环境不良，指有两种以上作业环境致害因素且不能分清主次的情况；

③以上未包括的其他作业环境不良。

（4）管理因素。

1）检测机构安全管理组织结构不健全。

2）检测安全责任制不完善或未落实。

3）检测安全管理规章制度不完善或未落实。这些规章制度如下：

①建设项目“三同时”制度（建设项目的安全设施必须与主体工程同时设计、同时施工、同时投入生产和使用）；

②安全风险分级管控；

③事故隐患排查治理；

④教育培训制度；

⑤操作规程；

⑥其他检测安全管理规章制度。

4）检测安全投入不足。

5）职业健康管理不完善。

6）其他管理因素缺陷。

2. 危险源识别要求

检测机构在识别危险源时需要满足以下要求，以确保有效识别潜在的危险源，为后续的风险评价和控制提供依据，同时提高检测工作场所和工艺的安全性，保护人员的健康和安全。

（1）全面性。危险源识别需要全面覆盖检测工作场所、设备、工艺流程、操作方法等方面，不能遗漏可能存在的危险源。

（2）系统性。识别危险源应建立在系统化的基础上，包括对检测工艺流程、设备、环境等进行全面分析和评估。

（3）预见性。危险源识别应具备预见性，即通过对现有和潜在的危险源进行分析，预判可能带来的风险，以便采取相应的控制和防范措施。

（4）综合性。危险源识别需要综合考虑不同来源的危险源，如物理、化学、生物、机械和电气等方面，以确保全面识别可能存在的风险。

（5）专业性。危险源识别需要具备相应领域的专业知识和经验，以确保准确识别危险源，减少主观判断和误判。

（6）及时性。危险源识别需要定期进行，并随着检测工作环境、设备、工艺等的变化进行更新，以确保风险评价的及时性和准确性。

（7）合作性。危险源识别需要多部门、多岗位的合作，包括安全管理人员、技术人员、操作人员等，共同完成危险源识别的任务。

3. 危险源识别方法

危险源识别是安全管理的重要环节，常用的方法如下：

（1）观察和体验法（安全巡查）。通过观察和体验工作场所、设备、操作过程等，发现可能存在的危险源。这涉及对检测工作环境、设备状态、人员行为等方面的仔细观察和感知。

（2）文献资料法。通过研究和分析相关的文献资料，如安全手册、操作规程、事故报告等，了解潜在的危险源，以便借鉴经验和教训，提前警示可能存在的风险。

（3）专家评估法。请相关领域的专家进行评估，根据其丰富的知识和经验，识别潜在的危险源。专家的意见和建议对于发现隐蔽的危险源往往非常有价值。

（4）风险分析法。使用风险评估工具和方法，系统分析和评估工作场所、工艺流程、设备操作等方面的风险因素，以识别危险源。常用的风险分析方法包括安全检查表法（SCL）、作业危害分析（JHA）、事件树分析（ETA）、事故树分析（FTA）、危险与可操作性分析（HAZOP）和层次分析法（AHP）等。

（5）事故案例分析法。通过研究已经发生的事故案例，分析其原因和根源，识别可能存在的危险源。这有助于吸取教训，加强对潜在危险源的认识。

（6）设备检查和测试法。定期对设备（包括设备的机械状况、电气设备的绝缘状况、控制系统的运行状况等）进行检查、维修和测试，以发现和排除潜在的危险源。

上述常用的危险源识别方法可以全面地识别潜在的危险源，检测机构可以根据实际情况，选择合适的方法或结合多种方法进行综合分析识别。

二、风险评价

风险评价是运用安全系统工程的原理和方法对系统中存在的风险因素进行分析和评价，判断系统发生危害事件（事故）的可能性及其后果的严重程度，从而为制定防范措施以及管理和决策提供科学依据，以达到最低事故率、最少损失和最优的安全投资效益。

1. 风险评价的作用

风险评价的最终目的在于防范风险，实现系统安全，有效预防事故发生，减少财产损失和人员伤亡。对此，风险评价的重要作用主要表现在以下几个方面：

（1）提升系统整体的本质安全水平。运用安全系统工程的原理和方法，对系统内所有与安全相关的各个组成要素及影响因素进行客观、科学、准确的评价，得出全面的风险应对解决方案，提升系统整体的本质安全水平。

（2）全面提高评价对象的安全管理水平。科学、有效的风险评价可以改变传统的安全管理模式，变事后处理为事先预防，变简单的纵向管理为全面的系统管理，变经验管理为目标管理，从而全面提高安全管理工作的有效性。

（3）建立系统安全的最优方案，为管理和决策提供科学依据。通过安全评价分析系统存在的危险源及其分布部位、数量、事故概率、事故严重程度，预测和提出应采取的安全对策措施，决策者可以根据评价结果选择系统安全最优方案和管理决策。

（4）合理控制安全成本和安全投入。风险评价可以确定系统风险的大小。依据风险可接受准则，结合评价对象的具体工作实际，妥善协调、处理安全投入与经济效益的关系，寻求安全成本与安全投入的最佳解决方案，实现投资回报的最大化。

2. 风险评价的方法

检测机构可以采用风险矩阵评价法（LS）、作业条件危险性评价法（LEC）和风险程度分析法（MES）等对风险进行评估。本书仅介绍作业条件危险性评价法的使用。

（1）作业条件危险性评价法基本内涵。作业条件危险性评价法是指针对具体的作业环境和条件，通过对作业条件、危险因素及其概率、危害后果等要素进行综合分析，确定潜在风险的级别和应对措施。这种方法适用于特定作业条件和任务的评估，可以帮助识别和管理风险。对于具有潜在危险性的作业条件，K.J. 格雷厄姆和 G.F. 金尼认为，影响危险性的主要因素有发生事故或危险事件的可能性、暴露于这种危险环境的频率、事故一旦发生可能产生的后果，通常用以下公式来表示：

$$D=L\times E\times C$$

式中　D——作业条件的危险性；

L——事故或危险事件发生的可能性；

E——暴露于危险环境的频率；

C——发生事故或危险事件的可能结果。

（2）事故或危险事件发生的可能性（L）。事故或危险事件发生的可能性与其实际发生的概率相关。用概率来表示时，绝对不可能发生的事故或危险事件，其概率为 0；必然发生的事故或危险事件，其概率为 1。但在考察一个系统的危险性时，绝对不可能发生事故或危险事件是不确切的，即概率为 0 的情况不确切。所以，将实际上不可能发生的情况作为打分的参考点，定其分值为 0.1。

此外，在实际生产条件中，事故或危险事件发生的可能性范围非常广泛，因而人为地将“完全出乎意料、极少可能发生”的情况分值定为 1；“能预料将来会发生”事故或危险事件的分值规定为 10；在这两者之间再根据可能性的大小相应地确定几个中间值，如将“可能发生，但不经常”的分值定为 3，“相当可能发生”的分值规定为 6。事故或危险事件发生的可能性分值见表 15–2。

表 15-2　事故或危险事件发生的可能性分值

分值（L）	事故发生的可能性
10	能预料将来会发生
6	相当可能发生
3	可能发生，但不经常
1	完全出乎意料，极少可能发生
0.5	很不可能发生，可以设想
0.2	极不可能发生
0.1	实际上不可能发生

（3）暴露于危险环境的频率（E）。作业人员暴露于危险环境的次数越多、时间越长，则受到伤害的可能性就越大。为此，K.J. 格雷厄姆和 G.F. 金尼规定了连续出现在潜在危险环境的暴露频率分值为 10，一年仅出现几次的暴露频率分值为 1。以 10 和 1 为参考点，在其区间根据在危险环境的暴露情况划分，并对应地确定其分值。例如，每月一次暴露的分值定为 2，每周一次暴露或者偶然暴露的分值为 3。当然，根本不暴露的分值应为 0，但这种情况实际上是不存在的，是没有意义的。暴露于潜在危险环境的频率分值见表 15-3。

表 15-3　暴露于危险环境的频率分值

分值（E）	暴露于危险环境的频率
10	连续暴露
6	每天工作时间内暴露
3	每周一次暴露或者偶然暴露
2	每月一次暴露
1	每年几次暴露
0.5	非常罕见暴露

（4）发生事故或危险事件的可能结果（C）。事故或危险事件的可能结果可在很大范围内变化，以工伤事故为例，从轻微伤害到多人死亡，其范围非常广泛。因此，K.J. 格雷厄姆和 G.F. 金尼将需要救护的轻微伤害分值规定为 1，并将此作为一个基准点；将造成多人死亡的可能结果分值定为 100，并将其作为另一个基准点。在两个基

准点之间，插入相应的中间值，列出表 15–4 所示的发生事故或危险事件的可能结果分值。

表 15–4　发生事故或危险事件的可能结果分值

分值（*C*）	发生事故或危险事件的可能结果
100	大灾难，多人死亡或造成重大财产损失
40	灾难，数人死亡或造成很大财产损失
15	非常严重，1 人死亡或造成一定财产损失
7	严重，重伤或较小的财产损失
3	重大，致残或很小的财产损失
1	引人注目，需要救护的轻微伤害

（5）确定危险性。确定 *L*、*E*、*C* 的分值后，按公式进行计算，即可得危险性分值。据此，根据表 15–5 即可确定作业条件的危险性。

表 15–5　危险性分值

风险等级	分值（*D*）	危险性
A 级	＞320	极其危险，不能继续作业
B 级	160～320	高度危险，立即整改
C 级	70～160	显著危险，需要整改
D 级	20～69	一般危险，需要注意
E 级	＜20	稍有危险，可以接受

作业条件危险性评价法简单易行，风险等级划分比较清楚、醒目。但是，该法主要根据经验来确定 *L*、*E*、*C* 3 个因素的分值及划定风险等级，因此具有一定的局限性。该法是一种作业条件危险性的局部评价，故不能普遍适用。此外，在具体应用时，还可根据自己的经验、具体情况对该评价方法进行适当修正。

3. 风险评价的程序

不同风险评价方法的风险评价程序基本相同，一般包括确定评价对象、选择评价方法、实施风险评价、分析评价结果、核定风险等级、编制风险评价报告等。最终形成的风险评价报告应当真实可信，充分描述风险评价的过程，给出具体的评价方法、基础数据来源和分析计算过程。风险评价报告不但要给出明确的评价结论，同时应根据评价结果给出防范风险、减少危害的对策措施及其相关建议。

第三节　风险控制与安全应急

风险控制是风险管理的重要环节，检测机构应当制定和切实采取有效的风险控制措施，控制检测工作风险。另外，检测机构还应当制定和实施安全应急措施，系统地识别潜在的紧急情况或事故，做好应急准备，针对紧急情况或事故及时做出响应，预防和减少可能引发的人身伤害、健康损害、财产损失和环境影响等。

一、风险控制

风险控制是检测机构通过采取一系列措施来减少或消除潜在风险的过程。它涉及对可能的风险进行识别、评估和处理的过程，包括识别可能对检测活动产生不利影响的各种风险；对已识别的风险进行定量或定性评估，根据风险的性质和评估结果，制定相应的风险控制措施；建立有效的监控机制，定期跟踪和评价已采取的风险控制措施的效果，并及时调整和改进措施。

作为有效的风险控制措施，必须达到以下几点：一是消除或减弱检测过程的危险和危害；二是处置危险和有害物，使其在规定的限度内；三是预防检测仪器、设备和有关装置失灵或操作失误产生的危险和危害；四是有效预防重大事故和职业病危害的发生；五是发生事故时，为遇险人员提供自救和互救条件。

1. 风险控制措施的制定原则

检测机构在制定风险控制措施时，应根据具体情况确定其完整性和适当性。关键是要综合考虑风险的严重性、概率、成本效益、可行性以及法律法规等因素，以确保措施的有效性和可靠性。风险控制措施的制定一般应当遵循如下原则：

（1）可行性。风险控制措施不仅要考虑成本效益，还要兼顾实际可行性和可操作性。

（2）安全性。采取风险控制措施后，应当能够将风险降低到可接受的程度，从而达到保护人员生命安全、财产安全和环境安全的目的。

（3）可靠性。风险控制措施在一定条件下应能够始终保持稳定、正常、可用，确保符合预期，并在服务寿命内保持一致。

（4）可扩展性。风险控制是一个系统性的过程，需要综合考虑各种类型的风险，并综合运用不同的风险控制方法和工具，以降低单一控制措施失效的风险，达到最佳效果。可拓展性可以通过多个层面的控制和多个控制措施的组合实现。

（5）技术先进性。在制定风险控制措施时，提倡和追求技术的创新、进步和领先性。通过引入新的技术和方法，不断改善和提升控制措施的有效性和效率。

（6）持续性。风险控制是一个持续的过程，需要进行风险监测、评估和调整。随着环境和情况的变化，风险控制措施需要不断更新和适应。

2. 常见的风险控制措施及内容

对于不同的行业和领域来说，具体的风险控制措施存在不同，检测机构要根据机构的实际情况具体制定。常见的风险控制措施如下：

（1）工程技术措施。工程技术措施是指通过改变作业人员或自然环境来降低风险或减少灾害的措施。合理地实施工程技术措施，可以最大限度地减少潜在的风险，并保障人员、设备和环境的安全。工程技术措施内容通常如下：

1）结构改善。对建筑物、桥梁、道路和其他工程结构进行设计和改进，使其能承受地震、风暴、洪水等外界力量的作用。例如，进行现场检测工作时，搭建安全、可靠的脚手架。

2）防护壳与隔离。建立物理障碍、防护措施或屏障，以保护人员和设备免受威胁。

3）空气净化与防护。利用空气过滤器、通风系统等来净化室内空气，防止有害物质侵入或积聚。例如，在相对密闭的空间内进行检测工作时，应采取空气净化与防护措施。

4）消防系统。消防系统包括火灾自动报警系统、喷淋灭火系统等，用于检测和控制火灾、提供紧急疏散途径以及灭火。

5）安全警示标识。在危险区域设置正确的安全警示标识，以提醒人员注意潜在的风险和采取必要的防护措施。

6）自动化与远程监测。利用自动化和远程监测技术，减少人员暴露于危险环境的时间，提高操作效率，并及时响应潜在威胁。

7）等级保护。根据危险程度，对检测设备、场所和信息进行分级保护，确保关键检测设施和数据的安全性。

（2）安全管理措施。安全管理措施是指为了保护人员、设备和环境的安全，根据风险评估和可行性分析的结果，针对具体检测工作场所或活动场所的特点制定的安全管理规范和操作规程。制定和实施适当的安全管理措施，有助于检测机构及时发现潜在问题和改进的机会，确保安全管理措施的有效性和可执行性，并进一步提高检测机构的安全管理水平。安全管理措施内容通常如下：

1）安全政策和制度。安全政策和制度规定和明确检测机构的安全方针和目标，并确立相应的安全制度和程序，包括安全责任、权限、沟通和报告机制等。

2）风险评估和管理。识别和评估潜在的危险源、风险和威胁，采取相应的控制措施，并建立监测和应急预案。

3）设备和工具安全。确保检测设备、工具符合相关标准，定期对检测设备、工具进行检修和维护，保障检测设备、工具的安全性能。为检测人员提供必要的防护装备，保障检测工作安全进行。

4）现场管理和清晰标识。对检测工作场所进行合理布局和管理，包括通道、危险区域等，提供清晰、明确的安全警示标识。

5）定期审查和检查。定期对安全管理措施进行审查和评估，包括对安全政策、程序和流程的检查，以确保其符合法规和标准要求。定期检查和审核安全管理措施的执行情况，及时纠正问题和改进措施，确保其持续有效。定期检查和测试安全设备和系统的运行情况，确保其正常工作并符合要求。

6）安全巡查。定期进行现场的安全巡查，检查安全设备和安全管理措施的执行情况，并记录发现的问题和存在的风险。

7）应急措施和处理。建立应急预案，组织应急演练，提高人员对突发事件的应对和处理能力。

8）数据分析。通过分析事故记录、安全报告和其他相关数据，识别潜在的事故隐患和风险，并及时采取措施进行改进。

（3）培训教育措施。安全教育培训是指通过教授相关知识和技能，提高检测机构和人员对安全问题的认识和能力。通过培训，人员可以了解安全风险和危害，并学会正确使用个体防护装备，遵守安全操作规程，应对紧急情况等。这有助于创建安全文化，提高人员的安全意识和能力，减少事故发生的可能性，保护人员的身体健康和生命安全。教育培训措施内容通常如下：

1）职业健康与安全法规。掌握相关法律、法规、规章、安全技术规范以及相关标准对检测安全的要求，包括合理的工作条件、防护要求等。

2）预防措施。掌握常见的安全风险和危害，以及如何预防事故和避免伤害，如正确使用检测设备和工具、良好的工作姿势、防止滑倒等。

3）紧急情况应对。指导人员正确应对火灾、地震、危险化学品泄漏等突发情况，包括疏散程序、紧急呼叫、急救技能等。

4）个体防护装备和安全设备使用。人员应正确使用和维护个体防护装备（如安全帽、手套、护目镜、报警仪等）以及其他安全设备（如灭火器、紧急呼叫装置等）。

5）应急计划和演练。组织应急演练，使人员熟悉应急计划，以应对紧急情况。

6）安全意识培养。强调安全意识的重要性，提高人员对安全问题的敏感度，鼓励人员主动参与安全管理和提出改进建议。

（4）个体防护措施。个体防护措施是指人员为了保护自己免受潜在危害和伤害的影响而采取的预防措施。个体防护措施的目标是保护人员的健康和安全，并确保工作和生活环境的安全。个体防护措施可以根据具体的检测工作环境和检测工作任务进行调整和扩展。个体防护措施内容通常如下：

1）个体防护装备（PPE）的使用。个体防护装备包括安全帽、安全鞋、护目镜、耳塞、呼吸面具、手套等。根据具体的检测工作环境和风险评估，人员应佩戴适当的个体防护装备。

2）遵守安全操作规程。遵守安全操作规程是确保人员安全的关键。这包括正确操作和维护检测设施、设备、工具，遵守操作规程，避免违规行为，确保自身和他人的安全。

3）危险识别和风险评估。个体应该具备识别潜在危险因素的能力，并参与风险评估和管理过程。通过了解和应对可能存在的危险，采取相应措施来减少潜在风险。

4）健康和安全培训。接受适宜的健康和安全培训，增强个体对安全问题的认识、理解和应对能力。培训内容可以包括紧急情况应对、个体防护装备的正确使用、事故预防等。

5）个体责任。人员应对自己的安全负责，并积极参与安全管理和提出改进建议。

（5）应急处置措施。应急处置措施是指在突发事件或紧急情况下，采取一系列预先计划好的措施来应对和处理事态的过程。它旨在迅速降低事件的影响，确保人员的安全，并最大限度地保护财产和环境。应急处置措施内容通常如下：

1）制定应急预案，准备应急物资；

2）开展应急演练，提高检测机构和人员的应急能力。

3. 风险控制措施的实施和评审

风险控制措施的实施和评审是一个循环和逐步完善的过程。通过实施和评审，确保风险得到有效控制，并及时适应变化的风险环境；通过不断地监控和评审，及时调整和改进措施，以便有效地识别和应对风险，确保检测机构的持续发展和安全运营。

（1）风险控制措施的确定。检测机构根据危险源识别、风险评价结果以及风险控制措施的制定原则，确定相应的风险控制措施。风险控制措施是多种措施的组合，检测机构在选择控制措施的层级顺序时需要综合考虑风险的严重程度、措施的可行性、应急响应能力以及法规和标准的要求等。检测机构通常按照以下原则和要求确定风险控制措施：

1）消除。通过合理的设计（如制定检测方案、大纲、细则等）和科学的管理，尽可能从根本上消除危险和有害因素。例如，用无害化的检测工艺代替包含危险和有害因素的检测工艺，实现自动化和使用遥控技术；引入机械提升装置以消除手举或提重物这一危险行为等。

2）替代。在无法消除危险和有害因素时，可采取减少危险和有害因素的措施，如使用较低的动力、电流、压力、温度，采用局部通风装置，检测中以低危害方式代替高危害方式，设置消除静电装置、减振装置、消声装置等。

3）预防。当消除危险和有害因素确有困难时，可采取预防性技术措施，如设置射线透照区，使用安全护屏、漏电保护装置、安全电压等。

4）标示、警告和（或）管理控制措施。设置安全标志、危险区域标识、发光标识、人行道标识、警告器或警告灯、报警器，编制安全规程，建立设备检查、门禁控制、作业安全、操作牌和工作许可制度等。在易发生故障和危险性较大的地方配置醒目的安全色、安全标志，必要时设置声、光或声光组合报警装置。例如，在射线检测时设置醒目的透照区安全标志、射线超剂量报警等。

5）个体防护装备措施。穿戴护目镜、耳塞、安全帽、安全鞋、面罩、安全带、口罩和手套等。

6）工程技术控制措施。安装通风系统、机械防护、联锁装置、隔声罩等，在无法消除、预防、减少危险和有害因素的情况下，尽可能将检测人员与危险和有害因素隔开。例如，检测时采用遥控方式作业，使用安全罩、防护屏，穿防护服，戴防毒面具等。当检测人员操作失误或设备运行达到危险状态时，联锁装置应能终止危险、危害的发生。

（2）风险控制措施的实施。实施风险控制措施需要全面规划、协调和执行。同时，要建立持续的风险管理体系，通过定期的风险评价和风险控制措施评审，确保风险得到有效控制和管理。风险控制措施实施程序如下：

1）制订实施计划。检测机构根据风险评价的结果，确定哪些风险是最重要和紧迫的，制订具体的风险控制措施实施计划，确定适当的风险控制措施类型和方法。

2）计划实施。检测机构根据制订的风险控制措施实施计划，开始实施风险控制措施。这可能涉及制定政策和规程、改善工作流程、加强培训和教育、安装和维护设备等。应确保风险控制措施的实施符合相关法律法规和标准的要求。

3）监控和评审。检测机构应持续监控风险控制措施的有效性，定期进行风险控制措施评审，以确保措施的持续有效性。根据评审机构的意见和建议修订和改进风险控制措施，以适应新的风险和变化的环境。

4）培训和沟通。检测机构应为所有相关人员提供培训和教育，确保他们了解风险控制措施的重要性和执行方法。加强内部沟通和信息共享，确保所有人理解和采取适当的风险控制措施。

5）持续改进。检测机构根据实际风险控制措施实施效果和反馈，对风险控制措施进行调整和改进，提高风险控制效果和降低风险。

（3）风险控制措施的评审。风险控制措施的评审是确保风险控制措施有效性和适用性的重要环节，评审的目标是确定风险控制措施是否达到了预期的效果，是否存在缺陷，有无改进的空间，并提供改进风险控制措施的建议。检测机构应对风险控制措施进行定期评审，评审时需要综合考虑以下几个方面的因素：

1）风险控制措施的合理性。针对每个危险源，评价拟采取的风险控制措施是否符合风险控制措施的制定原则，是否符合可行性、安全性、可靠性、可扩展性以及技术先进性、持续性的原则。

2）风险控制措施的有效性。使用危险源和风险评价方法，对采取风险控制措施之后的危险源和风险进行评价，确定剩余风险的可接受程度。换言之，评审采取的风险控制措施是否有效，是否达到了预期的目的。

3）进一步拟定风险控制措施，再次评价风险控制措施的有效性。对风险控制措施进行评价后，风险控制措施未达到预期效果的，应当重新拟定风险控制措施。应对重新拟定的风险控制措施进行评价，直至风险控制措施达到了预期目的。

检测机构应对风险控制措施的评审结果进行书面记录，包括评审目标、范围、数据、评价结果、改进建议等，并编制评审报告。评审报告应提交给相关的管理层，以确保评审结果得到充分的关注和处理。

二、安全应急

应急预案是指在紧急情况或突发事件发生时，为保障人员、财产和环境的安全，提前编制的一系列应急措施和行动计划。应急预案旨在指导检测机构在紧急情况下迅速响应和应对，以最大限度地减少损失和风险，并保护关键资源和利益。检测机构应制定安全应急措施或应急预案。

1. 应急预案的制定

（1）应急预案的制定原则。制定应急预案时，应当遵循以下原则，以确保应急预案的有效性和适用性：

1）合规性和合法性。应急预案应当符合相关法律、法规、规章、安全技术规范以及相关标准的规定，确保在紧急情况下的应对行动符合法律法规的规定。

2）立足实际。应急预案的制定应当考虑检测业务的特点、环境条件和可能面临的紧急情况，确保应急预案切实可行，并与实际情况相符。

3）完整性和综合性。应急预案应当包括组织结构、指挥协调、通信流程、资源调度、行动计划等，形成一套完整的指导体系。

4）适应性和灵活性。应急预案应当具备适应不同情况的灵活性，能够根据实际情况进行调整和应对。

5）预见性和主动性。应急预案应当具备预见性，考虑可能发生的紧急情况，并提前做好准备。同时，应急预案也应当鼓励主动性，促使检测机构能够快速响应和主动应对紧急事件。

6）协同性。应急预案应鼓励各部门之间的协作和沟通，促进信息交流和资源共享，以实现整体的应急响应和协调。

7）持续改进和更新。应当定期对应急预案进行审查和更新，以反馈实际的经验教训，不断提高应急预案的有效性和适应性。

8）培训和演练。应急预案的实施需要与人员培训和定期演练相结合，以提高人员的应急意识和实践能力，确保应急预案的有效实施。

（2）应急预案的制定程序。检测机构应当制定应急预案，具体的制定程序因检测机构的管理模式、检测业务范围和实际需求而有所差异。制定应急预案是一个系统性的过程，需要充分考虑各方面因素，确保应急预案的科学性、实用性和有效性。制定应急预案的程序通常包括以下几个方面：

1）确定制定需求和目标。明确制定应急预案的目的和范围，确定所需制定的应急预案类别和类型，如综合应急预案、专项应急预案等。

2）组织成立制定应急预案工作组。确定该工作组负责人和成员，明确各成员的任务和职责。

3）收集信息和分析评估。收集与应急情况相关的信息和数据，进行综合分析评估，包括确定可能的风险、灾害类型、可能的影响范围、资源和设施情况等。

4）制定应急响应策略。根据信息和评估结果，制定应急响应策略和原则，明确应对紧急情况的指导思想和指导原则。

5）制定应急预案框架。制定应急预案的框架结构，确定应急预案的内容和章节划分，确保应急预案的逻辑性和完整性。

6）细化内容。根据应急预案框架，细化应急预案的各个章节和具体内容，包括应急组织机构、任务分工、资源调配、应急处置流程、通信联络、应急培训等。

7）审定和征求意见。将制定的应急预案进行内部审定，确保应急预案的准确性和合理性，同时征求相关部门、专家和相关方的意见和建议，完善应急预案。

8）审核和批准。将制定完成的应急预案提交上级主管部门或决策机构进行审核和批准，确保应急预案的权威性和合法性。

9）发布和宣传。正式发布批准的应急预案，并通过适当的渠道向相关人员宣传和培训，确保应急预案能够被有效地理解和实施。

10）定期更新和演练。根据实际情况和发展需求，定期对应急预案进行更新和修订，并定期组织应急演练和培训，提高应急响应能力和效果。

2. 应急预案的分类

应急预案通常包括综合应急预案、专项应急预案和现场处置方案。

（1）综合应急预案。综合应急预案是指为应对多种类型紧急情况或突发事件所制定的综合性应急预案。综合应急预案整合了不同类型紧急情况的应急措施和行动计划，旨在统一指导和协调不同紧急情况的应急行动。综合应急预案应当定期评估和更新，以保持其有效性和适应性。其内容通常包括以下几点：

1）组织和指挥。明确应急指挥机构和指挥人员，明确组织结构和职责分工，确保紧急情况下的有效指挥和协调。

2）风险评估与预警。对可能的紧急情况进行风险评估，制定预警机制，及早发现和预警可能的风险和威胁。

3）通信与联络。建立应急通信系统，确保信息在紧急情况下的沟通和共享，包括内部通信、对外联络和应急信息传递。

4）紧急情况概述。对可能发生的紧急情况进行概述和分类，包括自然灾害、事故等。

5）应急措施和行动步骤。针对不同类型的紧急情况，制订具体的行动计划和应急措施，包括人员疏散、应对紧急事件、紧急救援、资源调配等。

6）安全设施和应急装备。规划和配置安全设施和应急装备，包括应急指挥机构、紧急避难场所、通信设备、救援器材等。

7）人员培训和演练。制订培训计划和演练方案，提高人员的应急意识和应对能力，检验应急预案和措施的有效性和可行性。

8）协调与合作机制。建立跨部门和跨机构的协调合作机制，促进信息、资源共享，提高整体的应急响应能力。

9）评估与改进。定期评估综合应急预案的有效性，根据实际情况进行调整和改进，保持其适应性和可行性。

10）合法性和合规性。确保综合应急预案符合相关法律法规的要求，遵循法律程序和规范。

（2）专项应急预案。专项应急预案是针对特定类型紧急情况或突发事件而制订的应急行动计划。它是在综合应急预案的基础上，针对特定的紧急情况或事件进行深入研究和规划，以确保在发生相关事件时能够迅速、有序地应对和处置。专项应急预案通常针对一类特定的紧急情况，如自然灾害（如地震、洪水、台风等）、火灾、化学品泄漏、爆炸、公共卫生突发事件、恐怖袭击等。专项应急预案应该定期进行评估和更新，以适应不断变化的紧急情况和应急需求，并在实践中进行演练，提高应急响应水平。其内容通常包括以下几点：

1）事件概述。对特定类型的紧急情况进行详细描述，包括可能的原因、影响范围和可能造成的损失。

2）应急行动方案。制订具体的行动计划和应对措施，包括人员疏散、事件应对、救援行动、资源调配、设备使用等。

3）任务分工和职责。明确不同责任部门和人员的职责分工，确保团队协作，高效应对紧急情况。

4）周边资源和协助。列出可以提供支援和协助的外部机构及其资源，并明确联系方式和合作机制。

5）通信与联络。建立有效的通信系统和联络机制，确保快速、准确、及时的信息传递。

6）人员和资产安全保障。制定安全保障措施，包括安全区域设立、应急设施使用、人员和资产保护等。

7）公众和媒体沟通。制定公众和媒体沟通策略，确保对外信息传递的一致性和准确性。

8）事后评估和总结。制订事后评估和总结计划，对应急响应过程进行评估和反思，以不断改进和提升应急响应能力。

9）培训和演练。制订培训计划和演练方案，提高人员的应急意识和应对能力，确保应急预案的有效实施和应急能力的提升。

（3）现场处置方案。现场处置方案是针对特定紧急情况或突发事件所制定的实际操作指南和行动计划。它是专项应急预案的一部分，其目的是确保现场响应团队能够在紧急情况下有序、高效地开展工作，并在最短的时间内控制局势、减少损失。现场处置方案应当清晰、简明扼要，内容重点突出。其内容通常包括以下几点：

1）事件概述。简要描述紧急事件的性质、规模、影响范围等基本信息，使团队成员能够明确所面临的紧急情况。

2）目标和指导原则。明确应急响应的总体工作目标、工作原则和指导方针，确保团队成员在现场处置中朝着相同的目标努力。

3）队伍组成和责任分工。明确每个团队成员的职责和任务分工，确保团队在现场处置中高效协作。

4）紧急通信与联络方式。提供紧急通信和联络的方式，确保团队成员能够及时、准确地进行沟通和联系。

5）行动流程和步骤。概述指导团队行动的关键步骤和流程，使团队成员了解应该采取的行动和具体的工作流程。

6）重点工作任务和优先级。指明关键工作任务和应优先处理的事项，确保团队在紧急情况下能够有条不紊地工作。

7）资源调配和支援。说明资源调配和支援的程序和要求，帮助团队成员准确了解资源的利用方式和获取渠道。

8）安全注意事项和防护措施。提醒团队成员现场安全注意事项和必须采取的防护措施，确保人员和环境的安全。

9）监测和评估要点。列出需要监测和评估的关键要点，以帮助团队成员进行实时的风险评估和事态发展预测。

10）其他事项。根据实际需要，可能包括其他与现场处置相关的重要事项或提示。

3. 应急预案的演练实施

检测机构组织应急演练是为了测试和评估应急预案的有效性和实施情况，提高应急响应团队的应对能力和协作能力，以更好地应对紧急情况和突发事件。组织一次完整的应急演练一般包括如下程序：

（1）规划和准备。确定应急演练的目标和目的，选择适合的演练场景和情境，制订详细的演练计划，分配角色和任务，并组建演练团队等。

（2）设计演练场景和情境。基于预定目标和演练计划，设计逼真的演练场景，模拟真实的紧急情况或突发事件，并制定相应的演练脚本，制定演练的起始条件和触发信号等。

（3）演练准备。通知演练人员，确认演练时间和地点；确保所需资源和设备（如通信设备、急救器材等）准备就绪；进行相关培训和指导，确保演练人员具备必要的知识和技能等。

（4）实施演练。根据设定的演练场景和情境，组织演练人员进行演练活动；按照预定的流程和步骤，执行各项任务；实际模拟应急响应过程，确保演练人员在应急情况下能够有效配合和协作等。

（5）演练评价。根据预定的评价标准和指标，对演练过程和结果进行评价；收集演练人员的意见和反馈，了解演练中出现的问题和改进的建议；记录关键观察点和演练过程中的关键事件等。

（6）演练总结和分析。对演练过程和结果进行总结和分析，识别存在的问题和潜在风险；列出改进措施和建议，着重弥补识别到的缺陷和漏洞；根据评价结果编写演练总结评价报告等。

（7）改进措施的实施。根据演练总结评价报告中的建议和改进措施，逐步修订完善应急预案、安全程序和培训计划；针对演练人员的不足之处，开展进一步培训和提升应急响应能力的活动等。

（8）演练评价报告和记录。撰写详细的演练评价报告，包括演练的目的、流程、演练人员、评价结果和改进建议等；归档和保存重要的演练记录、演练脚本和相关文档。

应急预案的救援流程如图 15-1 所示。

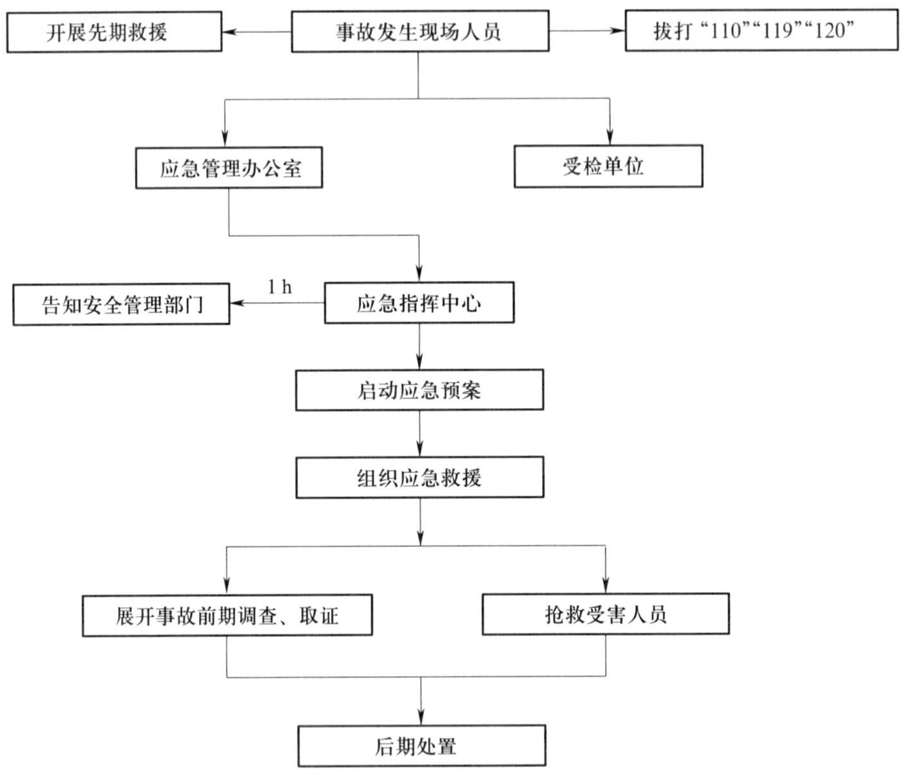

图 15-1　应急预案的救援流程

第四节　安全培训

检测机构对检验检测人员应当坚持“先培训、后上岗”的原则，组织检验检测人员在上岗前进行安全培训，确保检验检测人员熟悉相关的法律、法规、规章、安全技术规范、标准以及检测机构的各种规章制度和操作规程，具备必要的安全知识和岗位技能。检验检测人员经考核合格，方可上岗。

一、安全培训的目的和作用

安全培训可提高人员安全意识，促进安全行为，使人员遵守法律规定，减少事故伤害，提高工作效率，增强团队合作，同时为检测机构树立良好形象，确保人员的健康与安全，保障生产和经营的正常进行。

（1）安全培训可以帮助人员认识和理解检测工作场所的安全风险，提高人员的安全意识，使其主动采取预防措施，减少事故和伤害的发生。

（2）通过安全培训，人员可以学习安全操作方法和行为准则，掌握必要的安全技能，培养良好的安全习惯，进而在工作中采取有效的安全行动，降低工作风险。

（3）安全培训能够提供必要的安全知识和技能，使人员熟悉和掌握工作中的安全风险，预防和减少事故的发生，减少人身伤害和财产损失。

（4）安全培训有助于人员了解和遵守相关法律法规和规章制度，明确工作中的安全要求和责任，避免法律风险和安全风险，保护自己和他人的安全。

（5）通过安全培训，人员能够了解和掌握安全操作方法和程序，提高工作技能和效率，减少工作的中断和延误，保持安全和高效的工作环境。

（6）安全培训常常以团队为单位开展，可促进人员之间的合作和沟通，建立信息共享和相互支持的团队文化，提升团队整体的安全素质。

（7）通过积极开展安全培训，检测机构能够展现对人员安全和健康的高度关注，增强人员对机构的信任和认同，塑造良好的形象。

二、安全培训的内容

安全培训的内容根据检测机构业务范围、管理模式的不同而有所差异。此外，根据具体需求，安全培训的内容还可以包括其他相关方面，如安全检查、危险品管理、突发事件应对等。对于不同级别、岗位的人员，安全培训的内容还可以进行定制化和差异化，以满足其岗位需求。安全培训一般包括以下几个方面的内容：

（1）安全政策和安全管理体系。介绍特种设备检测有关的法律、法规、规章、安全技术规范以及有关标准的要求，介绍检测机构建立的安全制度和安全管理体系的基本要求和目标，强调人员在工作中应遵守相关规定和程序，确保个人和他人的安全。

（2）安全意识和责任。强调个人的安全责任和义务，培养人员的自我保护意识。

（3）工作场所安全。介绍工作场所的安全规定和标准，包括消防安全、电气安全、机械设备使用安全、化学品和危险物品的安全等，教育人员如何正确使用设备和材料，预防和应对潜在的危险和风险。

（4）个人防护和安全设备。介绍个体防护装备（如安全帽、安全鞋、护目镜、呼吸器、报警仪等）和安全设备的正确使用方法，教育人员在工作中正确佩戴和使用必要的个体防护装备和安全设备，以保护自身的安全。

（5）紧急疏散和逃生。培训人员如何在紧急情况下快速、有序地疏散和逃生，包括熟悉疏散通道、紧急出口和安全集合点等，以提高应急响应能力。

（6）应急响应和处理。教育人员应急响应和处理的基本原则和程序，包括报警、拨打急救电话、提供紧急救援等，培训人员正确的应急响应和处置技能。

（7）事故和伤害报告与调查。介绍事故和伤害报告的要求，并指导人员如何进行相应的事故和伤害报告，以及事故调查和分析的基本原则和方法。

三、安全培训计划的制订和实施以及安全培训效果评价

检测机构应当将安全培训纳入机构年度培训工作计划。在开展安全教育培训时，应当组织进行新上岗和转岗职工的岗前培训、在岗培训和继续教育培训。检测机构应当为安全教育培训提供相应的资源（如资金、时间等），确保安全教育培训工作顺利开展。在制订安全培训计划时，应当关注安全教育内容的覆盖性，还要考虑不同人群对安全培训教育的不同需求，如违章人员专项安全教育、调岗人员或离岗后重新上岗安全教育等。

注：本节中所涉及的安全培训计划的制订和实施以及安全培训效果评价可参照本书第七章第四节的要求实施。

第五节　案例与分析

一、危险源识别、风险评价、风险控制

本部分对检测机构可能涉及的检测项目（RT、UT、MT[①]、PT[②]、ECT[③]、AE[④]、TOFD、PA、MFL 等）对应的危险源进行识别，对风险进行评价，并给出风险控制措施。本部分采用作业危害分析法对危险源进行识别，采用作业条件危险性评价法对风险进行评价，根据评价结果给出风险控制措施。

本部分呈现的危险源识别、风险评价、风险控制措施，仅为检测机构提供分析路径和参考，不能直接引用。检测机构应根据实际情况，如管理水平、人员素质、装备配备等因素，对危险源进行识别，进行风险评价，并根据风险评价结果采取有效的风险控制措施。

1. 无损检测项目（射线检测）

本部分对无损检测项目（射线检测）的危险源识别、风险评价、风险控制基于以下假设或条件：

---

① MT 指磁粉检测。

② PT 指渗透检测。

③ ECT 指涡流检测。

④ AE 指声发射检测。

（1）参与检测的无损检测人员均已经取得相应的无损检测资质；

（2）参与检测的无损检测人员进入检测现场前，身体健康，心理健康，无异常；

（3）参与检测的无损检测人员、管理人员、辅助人员有基本的责任心，无人为破坏的主观意愿；

（4）需要高处作业的场所已搭建脚手架以及必要的护栏；

（5）检测现场基本具备检测条件；

（6）已为现场检测人员、管理人员、辅助人员配备必要的个体防护装备，如射线报警仪、安全帽、安全鞋、工作服、手套、安全带等；

（7）已建立并颁布实施安全管理制度；

（8）已对现场检测人员、管理人员、辅助人员进行安全培训等。

无损检测项目（射线检测）的危险源识别、风险评价、风险控制措施见表15-6。

表15-6　无损检测项目（射线检测）的危险源识别、风险评价、风险控制措施

序号	危险源	事故发生的可能性（L）	暴露于危险环境的频率（E）	可能结果（C）	危险性（D）	风险等级	结论	风险控制措施
1	身体健康异常	3	1	3	9	E级	可以接受	—
2	心理健康异常	1	1	3	3	E级	可以接受	—
3	操作错误	1	1	7	7	E级	可以接受	—
4	指挥错误	1	1	7	7	E级	可以接受	—
5	监护错误	1	1	3	3	E级	可以接受	—
6	脱岗	3	2	7	42	D级	需要注意	制定奖惩措施，对人员进行培训
7	脚手架强度、刚度、稳定性不足	1	1	15	15	E级	可以接受	—
8	无防护、防护缺陷	3	1	15	45	D级	需要注意	明确防护确认，填写确认记录

续表

序号	危险源	事故发生的可能性（L）	暴露于危险环境的频率（E）	可能结果（C）	危险性（D）	风险等级	结论	风险控制措施
9	带电部位裸露、漏电	3	1	15	45	D级	需要注意	明确用电确认，填写确认记录
10	X射线、γ射线	1	0.5	7	3.5	E级	可以接受	—
11	坠落物	3	1	15	45	D级	需要注意	明确佩戴安全帽，注意观察
12	高温物体	1	1	7	7	E级	可以接受	—
13	低温物体	1	1	3	3	E级	可以接受	—
14	易燃液体	1	1	7	7	E级	可以接受	—
15	标志缺陷	3	1	3	9	E级	可以接受	—
16	放射性物质	1	0.5	7	3.5	E级	可以接受	—
17	高处作业	3	1	15	45	D级	需要注意	明确必须佩戴安全帽、安全带，现场检查
18	作业环境不良	6	3	7	126	C级	需要整改	对作业环境进行检查、整改，直至具备作业条件
19	相对密闭空间作业	6	2	15	180	B级	立即整改	配备通风设备，设专人监护
20	制度不健全	6	6	3	108	C级	需要整改	完善制度
21	制度未执行	6	6	3	108	C级	需要整改	对有关人员进行培训，建立奖惩机制

2. 电梯检测项目

本部分对电梯检测项目的危险源识别、风险评价、风险控制措施基于以下假设或条件：

（1）参与电梯检测的电梯检验人员均已经取得电梯检验资格；

（2）参与电梯检测的电梯检验人员进入检测现场前，身体健康，心理健康，无异常；

（3）参与电梯检测的电梯检验人员、管理人员、辅助人员有基本的责任心，无人为破坏的主观意愿；

（4）检测现场基本具备检测条件；

（5）已为现场电梯检验人员、管理人员、辅助人员配备的必要的个体防护装备，如安全帽、安全鞋、工作服、手套、安全带等；

（6）已建立并颁布实施安全管理制度；

（7）已对电梯检验人员、管理人员、辅助人员进行安全培训等。

电梯检测项目的危险源识别、风险评价、风险控制措施见表 15-7。

表 15-7　电梯检测项目的危险源识别、风险评价、风险控制措施

序号	危险源	事故发生的可能性（L）	暴露于危险环境的频率（E）	可能结果（C）	危险性（D）	风险等级	结论	风险控制措施
1	身体健康异常	3	1	3	9	E 级	可以接受	—
2	心理健康异常	1	1	3	3	E 级	可以接受	—
3	操作错误	3	2	15	90	C 级	需要整改	对人员进行培训、考核
4	监护错误	3	3	15	135	C 级	需要整改	制定奖惩措施，对人员进行培训
5	脱岗	1	2	15	30	D 级	需要注意	制定奖惩措施，对人员进行培训
6	无防护、防护缺陷	3	3	15	135	C 级	需要整改	对防护条件进行确认，填写确认记录
7	带电部位裸露、漏电	1	1	15	15	E 级	可以接受	—

续表

序号	危险源	事故发生的可能性（L）	暴露于危险环境的频率（E）	可能结果（C）	危险性（D）	风险等级	结论	风险控制措施
8	坠落物	1	1	15	15	E级	可以接受	—
9	标志缺陷	3	2	3	18	E级	可以接受	—
10	高处作业	3	3	15	135	C级	需要整改	明确必须佩戴安全帽、安全带，现场检查
11	作业环境不良	6	3	3	54	D级	需要注意	改善作业环境，记录作业条件
12	制度不健全	3	2	3	18	E级	可以接受	—
13	制度未执行	6	6	3	108	C级	需要整改	对有关人员进行培训、考核，建立奖惩机制

3. 安全阀校验项目

本部分对安全阀校验项目的危险源识别、风险评价、风险控制措施基于以下假设或条件：

（1）参与安全阀校验的作业人员均已经取得安全阀校验资质；

（2）参与安全阀校验的作业人员进入校验现场前，身体健康，心理健康，无异常；

（3）参与安全阀校验的作业人员、管理人员、辅助人员有基本的责任心，无人为破坏的主观意愿；

（4）校验现场基本具备校验条件；

（5）已为现场作业人员、管理人员、辅助人员配备必要的个体防护装备，如安全帽、安全鞋、工作服、手套等；

（6）已建立并颁布实施安全管理制度；

（7）已对作业人员、管理人员、辅助人员进行安全培训等。

安全阀校验项目的危险源识别、风险评价、风险控制措施见表 15-8。

表 15-8　安全阀校验项目的危险源识别、风险评价、风险控制措施

序号	危险源	事故发生的可能性（L）	暴露于危险环境的频率（E）	可能结果（C）	危险性（D）	风险等级	结论	风险控制措施
1	身体健康异常	3	1	3	9	E级	可以接受	—
2	心理健康异常	1	1	3	3	E级	可以接受	—
3	操作错误	3	2	7	42	D级	需要注意	制定奖惩措施，对人员进行培训
4	脱岗	3	3	3	27	D级	需要注意	制定奖惩措施，对人员进行培训
5	吊装固定缺陷	3	2	3	18	E级	可以接受	—
6	管路缺陷	1	0.5	7	3.5	E级	可以接受	—
7	安全阀固定缺陷	3	2	3	18	E级	可以接受	—
8	无防护、防护缺陷	1	1	7	7	E级	可以接受	—
9	带电部位裸露、漏电	1	1	15	15	E级	可以接受	—
10	抛射物、飞溅物、反弹物	3	2	7	42	D级	需要注意	使用个体防护装备，对人员进行培训
11	高温物体	1	1	7	7	E级	可以接受	—
12	低温物体	1	1	3	3	E级	可以接受	—
13	易燃液体	1	1	7	7	E级	可以接受	—
14	压缩气体	3	2	15	90	C级	需要整改	采取隔离防护措施

续表

序号	危险源	事故发生的可能性（L）	暴露于危险环境的频率（E）	可能结果（C）	危险性（D）	风险等级	结论	风险控制措施
15	标志缺陷	1	1	3	3	E级	可以接受	—
16	高处作业	1	1	7	7	E级	可以接受	—
17	作业环境不良	3	3	3	27	D级	需要注意	定期对作业环境进行检查、整改、记录
18	制度不健全	6	6	3	108	C级	需要整改	完善制度
19	制度未执行	6	6	3	108	C级	需要整改	对有关人员进行培训，建立奖惩机制

二、综合应急预案

综合应急预案示例如下。

1. 总则

（1）适用范围。本预案适用于 ××× 机构及所设项目部发生的辐射事故、高处坠落事故、火灾事故、触电事故、有限空间内事故、坍塌事故、交通事故等突发事故的综合性工作方案。

（2）响应分级。依据事故性质、严重程度、可控性和影响范围等因素，事故响应分为项目级、机构级、社会级 3 级响应。

1）项目级：启动现场处置方案，以项目为单位组织应急处置，并上报机构，做好扩大响应的准备。

2）机构级：启动机构综合应急预案，立即组织应急处置，同时上报所在地应急管理部门。

3）社会级：启动机构综合应急预案，进行先期处置，同时立即上报所在地应急管理部门。

2. 应急组织机构及职责

（1）应急组织机构。应急指挥部由总指挥、副总指挥及各应急工作小组组成。应急工作小组分别为应急处置组、物资供应组、警戒疏散组、医疗救护组、综合协调组。

应急组织机构及人员如图 15-2 所示。

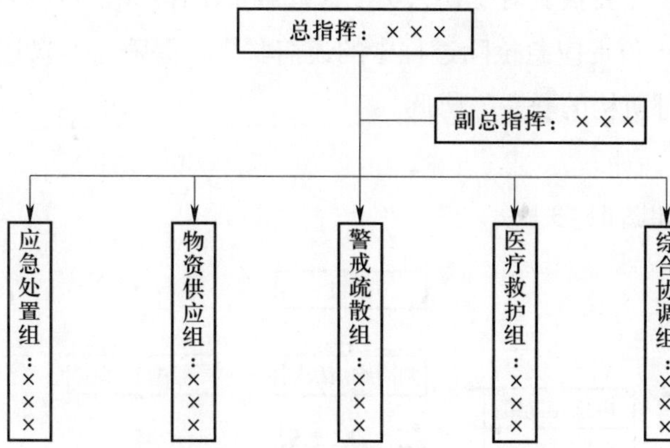

图 15-2 应急组织机构及人员

应急组织机构人员联系方式见表 15-9。

表 15-9 应急组织机构人员联系方式

联系人	联系电话	所属单位	职务	备注
×××	×××	×××	×××	×××

（2）职责。

1）总指挥。

①负责启动本机构应急预案。

②负责指挥本机构应急工作小组现场救援工作。

③负责本机构应急行动中物资及人员调配。

④负责第一时间或指定他人如实向上级主管部门报告事故情况。

⑤当上级主管部门到达现场后，负责报告事故及企业自救等情况，移交指挥权并协助指挥。

⑥负责组织事故善后处理工作。

2）副总指挥。

①协助总指挥。

②总指挥不在机构时，自动承担总指挥职责。

3）应急工作小组。

①应急处置组：具体负责实施应急指挥部制定的事故处置方案和安全技术措施。

②物资供应组：主要保证应急物资和设备的及时调度和供应。

③警戒疏散组：主要负责事故发生后现场的警戒、维持秩序、疏散等工作。

④医疗救护组：主要负责对受伤人员的医疗救护工作。

⑤综合协调组：负责应急抢险过程中的通信联络，保障通信畅通，负责各小组之间的协调以及与外部机构的联系、协调。

3. 应急响应

应急响应流程如图 15-3 所示。

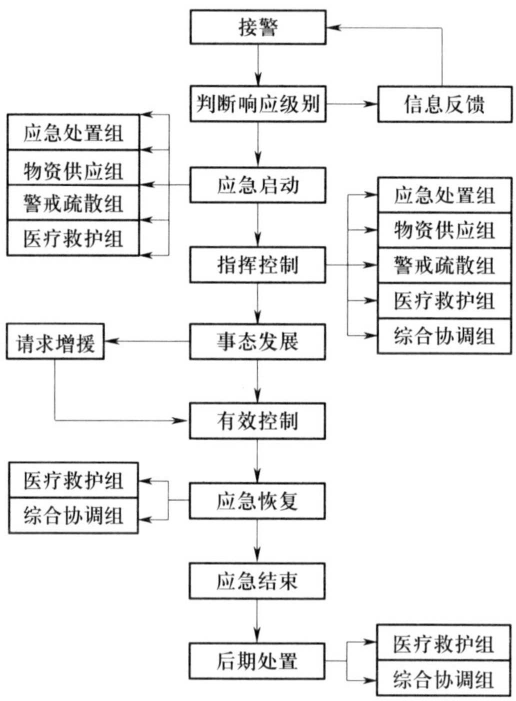

图 15-3　应急响应流程

（1）响应分级。各级事故响应见表 15-10。

表 15-10　各级事故响应

响应分级	响应条件	控制事态能力
项目级	事故危害和影响局限于单一项目部，不需要检测机构配置资源便能处置	项目内部可以控制
机构级	事故危害和影响超过单一项目部，但仍局限于检测机构范围，调集检测机构内部资源可以处置	检测机构内部可以控制，但可能需要外部力量保障
社会级	事故危害和影响超过检测机构范围，需要地方政府统筹协调社会资源才能处置	只有借助外部力量才能控制

（2）信息报告。

1）信息接报。

①事故发生后，事故现场第一发现人应报告项目（部门）负责人，项目（部门）负责人应拨打应急值班电话或直接报告应急副总指挥和总指挥。紧急情况下，可越级报告，或拨打“110”或“119”，有人员受伤的应拨打“120”。事故报告流程如图 15-4 所示。

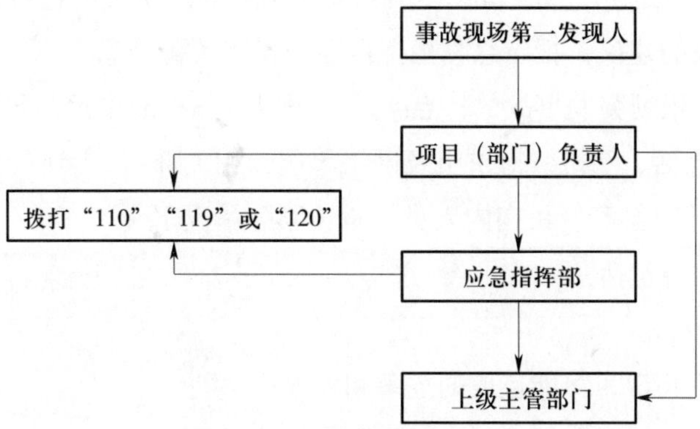

图 15-4　事故报告流程

②机构应急指挥部设立 24 小时值班电话：×××-×××。

③报告应包括以下内容：

a. 事故发生单位概况；

b. 事故发生的时间、地点以及事故现场情况；

c. 事故的简要经过；

d. 事故已经造成或者可能造成的伤亡人数（包括下落不明的人数）和初步估计的直接经济损失；

e. 已经采取的措施；

f. 其他应当报告的情况。

④机构应急总指挥接到报告后，应当在 1 h 内向事故发生地县级以上人民政府应急管理部门和负有安全生产监督管理职责的有关部门报告。情况紧急时，事故现场有关人员可以直接向事故发生地县级以上人民政府应急管理部门和负有安全生产监督管理职责的有关部门报告。在事故报告后出现新情况时，应按有关规定及时补报。

2）信息处置与研判。应急指挥部接到事故报告后，依据本预案响应分级标准，判断是否达到响应级别，由总指挥宣布启动对应的应急响应，并遵守以下原则：

①若达到某个级别响应启动条件，事态存在较大扩大可能性，应急总指挥宣布启

动下一级别预警，并按本预案预警部分有关规定进行预警响应准备；

②事故造成严重不良影响或严重社会影响的，应提升一个响应级别；

③响应启动后，应注意跟踪事态发展，科学分析处置需求，及时调整响应级别，避免响应不足或响应过度。

（3）预警。

1）预警启动。

①发布渠道。机构应急指挥部人员收到事故信息、预警信息后，立即进行确认，提出发布预警等级的建议，报应急总指挥批准后发布预警信息。

②发布方式。根据突发事故的特点，可采用以下一种或多种预警发布方式：

a. 通过固定电话、手机、对讲机及网络等通知相关部门、岗位、人员；

b. 大声呼喊、鸣笛等使机构内人员警觉（紧急情况下）。

③预警信息内容包括：

a. 预警级别；

b. 事故的基本情况，可能造成的危害和程度；

c. 预警范围，包括应急组织、应急队伍及相关部门；

d. 建议采取的应急措施。

2）响应准备。应急总指挥宣布预警启动后，应开展的应急响应准备工作如下：

①集结应急救援人员，组成应急工作小组，按职责做好分工，保持随时待命状态；

②物资供应组准备就绪应急物资、防护用品及车辆；

③各部门安排值班人员，随时保障后勤服务。

3）预警解除。当应急预警启动后，响应事故得到有效控制，无继发可能时，应急总指挥宣布解除预警，将信息传递到各应急工作小组和部门。

（4）应急处置。应急处置流程见表 15-11。

表 15-11　应急处置流程

序号	任务	工作内容	责任者
1	现场确认	了解事故现场状况，如人员受伤情况、事故起因、事态发展情况、事故区域及周边潜在风险情况	总指挥
2	确定救援方案	组织专家制定救援方案，确认救援方案的安全性和可行性	总指挥
3	技术支持	机构专业技术人员随时对新情况进行判断，制定应急措施	总指挥

续表

序号	任务	工作内容	责任者
4	警戒疏散	确定警戒区域范围，安排人员实施警戒，维持现场秩序，引导人员疏散，清点疏散人员	警戒疏散组
5	人员搜救、工程抢险	按确定的方案实施人员搜救和工程抢险工作	应急处置组
6	医疗救治	调集医疗救护物资对受伤人员进行现场救护，联系、引导救护车辆，安排人员护送受伤人员就医	医疗救护组
7	现场监测	随时监测现场事态发展情况，发现新情况随时报告总指挥	应急处置组
8	环境保护	采取必要措施防止污染扩大，尽量减少对环境的破坏	应急处置组
9	物资保障	安排救援车辆，调配应急物资	物资供应组
10	联络协调	保证通信联络畅通，各小组之间以及与外部机构能随时联系和协调	综合协调组

（5）应急支援。当事态发展而机构救援力量不能控制时，立刻求助上级应急管理部门。上级接手后，服从上级指挥。

（6）响应终止。当事故处置工作已经结束，次生、衍生事故和事故危害已经被消除，经现场有关专家确认，由总指挥宣布应急响应工作结束。

4. 后期处置

（1）事发项目负责清理事故现场和工作恢复，将污染物分类，按无害化要求分别处理。若项目自身力量无法完成，向机构申请同意后可求助外部专业力量。

（2）待事故影响已经消除，事故原因已经查明，采取有效的预防措施，得到机构批准后，方可恢复工作。

（3）医疗救护组负责组织对受伤人员的救治，机构及时支付医疗救治费用。对事故中受到伤害的人员，由人力资源部负责善后工作，落实保险理赔事项，并按照规定的范围给予一定赔偿。

（4）应急救援评估。应急结束后，事发项目（项目级）或机构应急指挥部（机构级）应编写应急处置总结报告，报告至少包括以下内容：

1）应急处置过程；

2）应急处置过程中动用的各种资源；

3）应急处置过程中遇到的问题、取得的经验和吸取的教训；

4）对应急预案修改的建议。

5. 应急保障

（1）通信与信息保障。

1）应急指挥部内所有人员应保持通信畅通，手机 24 小时不关机，否则应及时告知应急指挥部常设联系人其他联系方式。

2）在紧急情况下充分利用电视、广播等手段进行联系，必要时启动人工应急机制，保障信息畅通。

（2）应急队伍保障。机构按照“平战结合，反应迅速”的原则，建立健全应急队伍体系，做到专业齐全、人员精干、装备精良、反应迅速，持续提高突发事件应急处理能力。

（3）物资装备保障。物装部负责应急物资的采购和检查，配备应急处置所需的抢修工器具及通信、交通等各类装备和抢险物资。

（4）其他保障。

1）财务资产部将应急工作资金纳入资金预算，保障资金需求。

2）机构人员自有车辆可临时作为应急车辆使用，及时调运有关物资和设施。

三、现场处置方案

高处坠落事故现场处置方案

（1）事故风险描述。

1）事故发生的区域。在施工现场高于 2 m（含 2 m）的工作平台、脚手架等高处作业时。

2）事故危害程度。发生高处坠落后，可引起人员轻伤、重伤，甚至人身死亡事故。

3）事故可能出现的征兆。在高处作业时，下方没有架设安全网；作业人员精神状态不佳，疲劳作业；平台不牢固，有空洞；在 6 级大风天气露天作业；未定期检查安全带等。

4）事故可能引发的次生、衍生事故处置不当，可能引起受伤人员伤情加重。

（2）应急工作职责。

1）项目经理。

①接到报告后第一时间赶到事故现场了解情况，并负责现场应急处置的组织、指挥、协调工作。

②随时向机构应急指挥部报告事故信息和处置情况。

③在事故险情扩大的情况下，向机构应急指挥部申请响应升级。

④事故处置完毕，分析事故原因，制定有效预防措施，写出事故总结报告。

2）现场人员。发现异常情况应及时报告，在确保自身安全的情况下，对高处坠落伤亡人员进行先期急救处置。

（3）应急处置。

1）应急处置程序如图 15-5 所示。

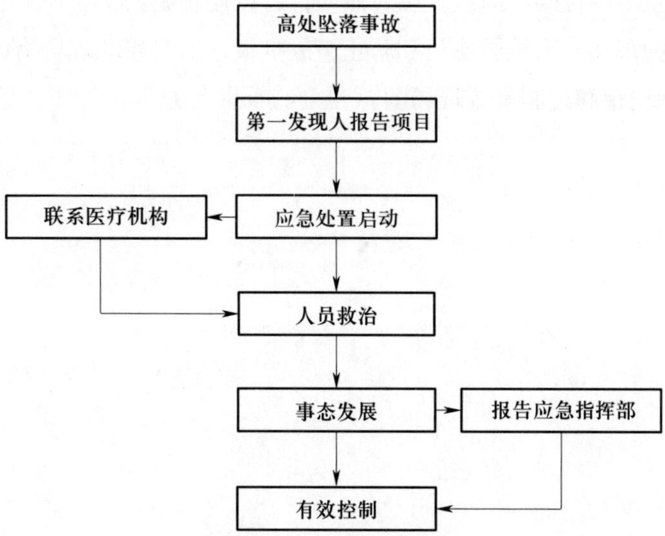

图 15-5　应急处置程序

2）现场应急处置措施。

①发现有人高处坠落，应迅速赶赴现场，检查伤员情况，不要晃动伤员。

②立即拨打应急电话或“120”急救电话。

③发现坠落的伤员，首先看其是否清醒，能否自主活动。若伤员能站起来或移动身体，则应让其躺下，用担架搬运，因为某些内脏伤害当时可能感觉不明显。

④若伤员已不能动或不清醒，切不可乱抬，更不能将其背起来送往医院，这样极容易拉脱伤员脊椎，造成永久性伤害。此时应进一步检查伤员是否骨折，若有骨折，应采用夹板固定。

⑤若坠落在地坑内，也应按上述程序救护。若地坑内杂物太多，应由几个人小心抬抱伤员，将其放在平板上抬出。若坠落在地井中，伤员无法平躺时，则应小心将伤员抱入筐中吊上来，施救时应注意避免伤员脊椎受力。

（4）注意事项。

1）在对伤员进行救治时，必须对伤情进行初步判断，不可盲目施救，避免施救不当造成伤员伤情恶化。

2）对休克伤员做心肺复苏时应使其保持平仰卧位，胸外心脏按压操作时不能用力过大和频率过快。

3）在搬运和转送伤员过程中，颈部和躯干不能前屈或扭转，绝对禁止一个抬肩一个抬腿的搬法，以免发生截瘫或加重伤情。

4）伤员在高处时，在救护中必须采取防止再次高处坠落的安全措施，如救护人员登高时应随身携带必要的安全带和牢固的绳索等。

5）如事故发生在夜间，应设置临时照明灯，以便于施救。

6）注意保护现场。为抢救伤员和防止事故扩大，需要移动现场物件时，应做出标志并拍照，详细记录和绘制事故现场图。

第十六章　检测报告控制

本章重点阐述检测机构对质量管理体系的检测报告控制要求，通过对《特种设备检测机构核准规则》附件D第D5.8条的相关专业术语进行解释，识别检测报告控制中的检测报告格式、检测报告出具与更正、检测报告管理3个过程，并对各过程所涉及的质量控制环节与质量控制点逐一进行识别和分析，提出控制要求。本章通过典型案例，剖析检测报告控制中各质量控制环节与质量控制点常见的问题与不足，并为相关内容的策划与建立提供指引。

第一节　规则简析

一、规则原文

D5.8　检测报告控制

建立和实施检测报告控制程序，并且达到以下要求：

（1）检测报告格式符合有关安全技术规范及相关标准的要求，采用客户要求的格式时，将其纳入质量管理体系进行控制；

（2）内容齐全、完整，至少包括检测依据、结果和结论，必要时，还包括对检测结论的解释和说明；

（3）内容正确、准确，用词规范、简洁、准确，表达清晰无歧义，检测报告不得修改；

（4）检测报告由机构负责人或者其授权的人员批准；

（5）明确检测报告的编号、审批、收集、储存、保存期限和处置的规定；

（6）检测报告应当印有标识，用于识别、追溯检测报告的真实性；

（7）检测报告发出后需要更正时，对于不影响检测结论的更正，可以采用补充说明的方式，书面传递给客户；对于影响检测结论的更正，要向客户提供更正后的检测报告，并且将原检测报告收回，一并归档；

（8）检测报告需要加盖检测机构公章或者专用章，其印章应当有专人保管，并且建立使用管理规定。

二、术语

1. 检测报告

检测报告指客观记载检测对象（含检测部位）、检测依据、检测方法、检测条件、检测数据、检测结果、检测结论（必要时还应当包括对结论的理解、解释和所需要的信息）的书面证明。检测报告是体现检测机构检测活动质量的重要技术记录和最终产品。检测报告应准确、清晰、客观地反映检测结果，并使用法定计量单位。

2. 检测报告格式

检测报告格式指依据安全技术规范、标准等要求制定的包含规定标识、固有信息、需要记载栏目的表格制式，即规定的格式文件，其本身是质量管理体系文件。检测报告的固有标识（通常包括单位名称、文件名称、文件编号、状态标识、报告编号等）纳入报告格式管理。同一检测机构中，各种检测报告格式的风格（标题、字体、字号等）应尽量标准、统一。

3. 检测报告标识

检测报告标识指检测报告的唯一性标识，即为识别检测报告与检测记录的对应关系，便于信息追溯及存档检测报告的检索，确保检测报告的完整性等而设置的记号。

三、条文简析

1. 条文主题

条文规定检测机构应当建立和实施检测报告控制程序，并对检测机构的检测报告提出管理和控制要求。

2. 控制目的

控制检测报告各过程，确保检测报告符合相关法规标准的要求，并及时向客户提供准确、清晰、客观的检测报告，防止存档检测报告损坏、丢失或被随意更改和不恰当处置。

3. 控制范围

检测机构在核准资质范围内从事检测活动，根据检测情况，依据相关法规标准，出具全部检测报告。

4. 过程识别和控制环节

根据《特种设备检测机构核准规则》附件 D 第 D5.8 条的要求，检测机构应当建立和保持检测报告控制程序。识别检测报告控制所涉及的过程，通常包括检测报告格式、检测报告出具与更正、检测报告管理（含发放、存档、借阅和补发、保存期限及销毁）等。不同的检测机构也可以根据机构自身实际情况及质量管理的需要（如实现电子化、信息化管理），确定检测报告控制过程。

（1）检测报告格式。检测机构应当对检测报告格式进行策划，确保检测报告形式与内容满足有关安全技术规范、标准和客户的要求。检测报告格式涉及的信息应当齐全、完整。

建立检测报告控制程序时，应当对检测报告格式的编制和更改（以下简称检测报告格式的制修订）、标识作出明确规定，对格式中需要的信息提出原则性要求。报告格式的控制属于文件控制范畴，应符合检测作业指导文件的控制要求，控制环节一般与作业指导文件的控制环节同步，即在制定作业指导文件时应同步制定相应的报告格式并确定报告格式信息。

（2）检测报告的出具与更正。检测机构应当对检测报告的出具与更正进行控制，包括报告编制与审批人员、报告编制与审批、报告编制与审批时限、报告编制与审批人员签名、用章（含印章）管理、不符合报告更正等。

（3）检测报告管理。检测报告管理包括检测报告形成后的报告发放、存档和必要的借（查）阅、复制与补发以及报告保存与处置等环节。

5. 职责分配

通常情况下，检测报告控制职责分配如下：

（1）检测报告格式由各作业指导文件编审人员按相应作业指导文件的编制程序进行编制、审核和批准；

（2）检测人员负责检测报告的编制，对检测报告的真实性、准确性、检测报告内容与检测原始记录的一致性负责；

（3）检测报告的审核人员应对检测报告的完整性、有效性负责；

（4）检测报告的批准或签发人员应对检测报告的整体合法有效性负责；

（5）其他人员应按照程序规定各司其职，并做好工作见证。

各检测机构因规模、管理模式、岗位、职责、权限设置的不同，对检测报告的管理可能存在差异性。

第二节　检测报告格式

检测机构一般以检测报告的形式向客户提交检测数据、结果和结论，保证检测报告格式统一，内容齐全、完整。检测机构应按照有关安全技术规范或标准的要求，对检测报告的格式和内容作出统一规定，并对客户要求的报告格式进行合规性确认。

一、质量控制目的

检测机构应保证检测报告格式符合相应安全技术规范、标准和客户的要求。

二、质量控制环节与质量控制点

检测报告格式作为检测报告控制的一个过程，其质量控制环节与质量控制点见表 16–1。

表 16–1　检测报告格式质量控制环节与质量控制点

控制环节		控制点		控制要求		
序号	名称	序号	名称	主要控制内容	工作见证	责任部门 / 岗位
1	识别检测报告格式制修订时机	（1）	检测报告格式形成时机	管理评价、相关方需要等	—	技术质量部 / 有关部门
2	报告格式策划	（2）	策划要求	依据、参与制修订人员要求、制修订期限等	制修订计划	技术质量部或有关部门 / 技术负责人
		（3）	制修订计划	计划内容，计划的编制、审核、批准	制修订计划	技术质量部或有关部门 / 技术负责人
3	报告格式制修订组织与实施	（4）	制修订准备	制修订准备	文件制修订申请	技术质量部或有关部门 / 制修订负责人
		（5）	制修订实施	制修订过程、记录格式形成	—	技术质量部 / 制修订负责人

续表

控制环节		控制点		控制要求		
序号	名称	序号	名称	主要控制内容	工作见证	责任部门/岗位
4	报告格式输出	（6）	报告格式审批	输出形成的报告格式及过程记录、记录格式审核和批准	文件编制、审批记录	技术质量部/质量负责人/技术负责人
5	报告格式标识	（7）	唯一性标识	按标识规定进行标识	记录格式文件	技术质量部
		（8）	版本标识	按标识规定进行标识［《质量管理体系 基础和术语》（GB/T 19000—2016）未强制规定］	记录格式文件	技术质量部
		（9）	有效状态标识	按标识规定进行标识	记录格式文件	技术质量部
6	报告格式发布	（10）	报告格式发布	正式发布通知、文件内容发布	发布文件	技术质量部
7	受控文件清单	（11）	受控文件清单	建立或更新受控文件清单，对报告格式实施受控	受控文件清单	技术质量部

1. 识别检测报告格式制修订时机

检测报告格式是质量管理体系文件的一种，制修订的时机与上级文件相同。当发生以下情况时，技术质量部应当启动报告格式的制修订，同时启动其上级质量管理体系文件制修订工作，反之亦然：

（1）检测依据发生改变的；

（2）检测机构其他管理体系需要同步协调的。

2. 报告格式策划

（1）策划要求。技术质量部应当依据文件评审结果或其他文件制修订建议，对检测报告格式的制修订进行策划。报告格式策划除遵循质量管理体系文件的一般规定外，还应满足如下要求。

1）策划基本要求如下：

①策划参与者必须是本机构较高级别的检测持证人员；

②策划完成时限应当与安全技术规范和标准实施时限高度吻合。

2）报告制修订原则如下：

①安全技术规范、标准有要求的，一般直接采用有关安全技术规范或标准规定的统一格式与内容。

②安全技术规范、标准没有要求的，应在各项作业指导文件中对采用的检测报告格式作出规定。

③采用客户要求的格式时，检测机构技术负责人应当对报告格式予以确认。通常，符合安全技术规范、标准要求的，将其纳入本单位质量管理体系进行控制；不符合安全技术规范、标准要求的，应当向客户说明，客户仍然需要采用时，应当在检测合同中予以说明。

④检测报告格式内容应当齐全、完整。通常，对于抽样检测报告以及需要对检测结果进行说明或做出意见和解释的检测报告，均应在报告格式中设置载明相关信息的栏目。

（2）制修订计划内容。技术质量部应当编制检测报告格式的制修订工作计划，计划内容至少包括制修订的检测报告格式、可能影响的质量管理体系文件、启动制修订的原因、制修订负责人、制修订参与人、需要解决的问题、达到的目的、修订时限安排、审批要求等。

（3）制修订活动审批。制修订计划应当经相应岗位责任人员进行审核和批准，通常由质量负责人审核，机构负责人批准。

3. 报告格式制修订组织与实施

检测报告格式制修订工作一般由技术质量部组织，并明确制修订负责人。制修订负责人具体牵头实施，根据报告格式制修订计划要求开展制修订工作。

（1）制修订准备。检测报告格式的制修订准备按照文件控制程序中规定的文件制修订准备要求执行。

（2）制修订报告格式应达到的要求。检测报告格式的设计应涵盖并满足检测机构所有检测业务范围，不同检测项目的报告格式既要考虑其共性，还应考虑其特殊要求。报告格式应包含足够的信息，并尽可能全面地反映检测活动的全过程，设计时应重点考虑其充分性、实用性、规范性和方便性，必要时还应制定报告编制说明，以尽量避免被误解或误用。通常情况下，法规标准对检测报告格式有统一规定的，从其规定；没有规定的，应至少包括以下内容：

1）标题（例如“××检测报告”）、检测数据、结果、结论；

2）检测机构资质认定标识（必要时）；

3）检测机构的名称、地址；

4）检测的地点；

5）唯一性标识（如系列号）、页码标识、报告结束标识；

6）客户的名称和联系方式；

7）所用检测方法的识别；

8）被检对象的描述、标识以及状态；

9）检测日期，对结果的有效性和应用有重大影响的样品接收日期和抽样日期；

10）报告的编制、审核、批准的日期及相应人员的签名或等效标识；

11）如与结果的有效性或应用相关时，所用抽样计划和抽样方法的说明；

12）结果仅与被检对象有关的声明；

13）适当时，结果应带有的测量单位；

14）确保报告不被部分摘用的声明等。

当须对检测结果进行说明时，报告还应包含以下内容：

1）对方法的补充、偏离或删减说明，以及特定检测条件的说明（如环境条件）；

2）适用时，给出符合（不符合）要求或规范的说明；

3）必要时，测量不确定度的信息；

4）适用且需要时，提出意见和解释；

5）特定检测方法或客户要求的附加信息；

6）客户提供的数据应予明确标识，当客户提供的信息可能影响结果的有效性时，报告中应有免责声明。

（3）制修订实施。通常，检测报告格式的制修订由作业指导书建立人员实施，当作业指导书建立人员不在岗时，一般由具有相应资质或能力的人员实施。

4. 报告格式输出

检测报告格式制修订完成后，制修订人员填写文件制修订审批记录，并附检测报告格式文件，提交给有关人员进行审批。

（1）审批人员的资格。审批人员应符合相应法规标准和检测机构自身规定的要求。一般情况下，审核人员为各专业的检测责任师，批准人员为检测机构总技术负责人或授权的专业技术负责人。

（2）审批实施。审批人员应对检测报告格式与信息分别进行审核和批准，并在文件制修订审批记录中签字确认。如在审核过程中发现报告格式需要更正时，应与报告格式制修订人员进行沟通，必要时，应将更正内容和意见提交机构技术管理部门讨论确定。

5. 报告格式标识

应当按照文件控制程序中文件标识的规定，对报告格式文件予以标识。

（1）报告格式的文件编号通常由文件的唯一性代号和版本代号组合形成。报告格式如果能够识别有效状态，可以不设置版本标识。

（2）制修订的报告格式文件应有更改状态标识，用以确定该报告格式的有效状态。状态标识通常在文件编号后加年代号，如果一年内有多次修订时，可以在年代号后加序列号表明更正次数，便于追踪和识别，如RTBG—01—2021、RTBG—01—2021A。

（3）报告标识。检测报告标识一般包括唯一性标识、页码标识和报告结束标识。唯一性标识是为反映检测报告与检测记录的对应关系，便于信息追溯以及存档检测报告的检索等而设置的；页码标识和报告结束标识是为确保检测报告的完整性而设置的。检测机构一般应根据其业务特点、习惯做法及有关法规标准的要求等对报告进行标识。检测机构一般应建立独立的检测报告标识规则，对报告标识的控制作出具体规定。在建立检测报告控制程序时，对检测报告标识的过程控制可直接引用报告标识规则中的相关规定。

6. 报告格式发布

报告格式发布按照文件控制程序中文件发布的要求执行。

7. 受控文件清单

报告格式文件正式实施后，技术质量部应当及时更新受控文件清单，确保受控文件清单和实际发布实施的质量管理体系文件一致。更新的受控文件清单应当在机构内部公示。

三、案例与分析

案例16-1（注：本案例为选取的无损检测机构鉴定评审和监督检查时发现的不符合项）

检测报告控制程序中缺少对报告格式、保存、借阅、销毁及不符合报告处置的控制要求。

检测报告控制程序中缺少对报告标识的控制要求。

抽查的2019年的射线检测报告格式不是格式体系文件发布的格式。

公司使用的射线检测报告、超声波检测报告由客户提供，信息内容不符合《承压设备无损检测》（NB/T 47013）系列标准的规定。

抽查的2019年的射线检测报告、超声波检测报告为客户要求的格式，未纳入公司质量管理体系文件。

剖析：

公司质量负责人对《特种设备检验检测机构质量管理体系要求》理解不透彻，建立的报告控制程序不完善，相关责任人员对无损检测报告的格式不够重视等。

第三节 检测报告出具与更正

一、质量控制目的

规范检测报告编制与审批的各控制环节，保证检测报告与检测记录的对应关系和一致性，以确保检测报告的真实性、准确性、有效性、完整性和合法性。

二、质量控制环节与质量控制点

检测报告出具与更正作为检测报告控制的一个过程，涉及的质量控制环节与质量控制点见表 16–2。

表 16–2 检测报告出具与更正质量控制环节与质量控制点

控制环节		控制点		控制要求		
序号	名称	序号	名称	主要控制内容	工作见证	责任部门 / 岗位
1	报告编制与审批人员	（1）	人员资格	资格确认、人员替代	—	技术质量部
		（2）	人员职责	职责规定	—	技术质量部
2	报告编制与审批	（3）	编制过程	格式选择、编制依据、填写方式等	各类检测报告	检测部
3	报告编制与审批时限	（4）	编制时限	报告编制时间控制	各类检测报告	检测部
4	报告编制与审批人员签名	（5）	签名	签名方式、规定	各类检测报告	检测部
5	用章（含印章）管理	（6）	印章保管和交接	专人管理、交接规定、交接记录	印章管理记录	综合管理部
		（7）	印章使用	用章登记	用章管理记录	检测部
		（8）	印章停用	停用规定	印章管理记录	综合管理部

续表

控制环节		控制点		控制要求		
序号	名称	序号	名称	主要控制内容	工作见证	责任部门/岗位
6	不符合报告更正	（9）	更正指令下达	不符合信息确认、更正方式、指令要求内容，指令审批	报告更正指令单	技术质量部/有关部门
		（10）	更正实施	更正人员，补充说明、更正报告，审核、批准	补充说明、更正报告	检测部
		（11）	更正传递	不符合报告的收回、注销、归档并记录，政府监督管理部门的报告	不符合报告处置记录、政府监督管理部门的报告文件	技术质量部/有关部门

1. 检测报告编制与审批人员

（1）人员资格及替代。

1）检测报告编制人员。检测报告编制人员即检测实施人员，应具备相应项目的特种设备检测资格。通常，检测机构规定检测报告的编制人员必须具备一定的工作经验，并经过必要的培训、考核，获得必需的许可、授权或任命等形式的授权签字权限。检测报告编制人员因特殊情况不在岗时，应由具备相应资格的人员替代，替代人员必须具备同等授权签字权限。

2）检测报告审批人员。通常，检测报告的审核人员为相应检测项目的检测责任师或检测机构授权的授权审核人。检测报告审核人员的资格必须满足安全技术规范、标准要求的持证级别和持证年限，并由检测机构任命（有正式的任命文件），授与签字权限。当审核人员不在岗时，可以由替代人员进行检测报告审核。替代人员应当具备与审核人员相同的资格与能力，并经检测机构任命和签字授权。

通常，检测报告的批准或签发人员为该检测机构的技术负责人或者机构负责人及授权签发人。技术负责人或授权签发人的资格与能力必须满足安全技术规范、标准要求的持证级别和持证年限，并由检测机构任命（有正式的任命文件），授与签字权限。当批准人员不在岗时，可以由替代人员进行检测报告批准。替代人员应当具备与批准人员相同的资格与能力，并经检测机构任命与签字授权。

（2）人员职责。检测机构应明确检测报告编制与审批人员的职责及要求。通常情况下，检测报告编制人员应对检测报告内容信息与检测原始记录一致性负责；检测报告审核人员对检测报告依据资料的完整性、规范性负责，对检测报告的格式正确性、数据计算转换的准确性、检测方法的有效性、人员资格的符合性进行把关；检测报告批准人员应对检测报告的整体合法有效性负责，对检测依据和检测方法的充分性、有效性和结论正确性负责。

2. 报告编制与审批

（1）检测报告编制规定。技术质量部在组织制定检测报告控制程序时，应当明确规定报告的基本编制要求。对于检测报告信息的具体填写要求，应当制定“填写规定”或在作业指导书中规定。检测报告的编制规定通常包括以下内容：

1）检测报告编制人员应当具备的资格；

2）检测报告编制人员职责；

3）检测报告信息的填写方式，如手写记录、电子输入等；

4）检测报告信息的规范性用词（通常制定规范信息描述用词列表）；

5）检测数据的修约与单位换算等（通常在作业指导书中予以具体规定）；

6）检测人员的签字方式，如手写签名、电子签名等。

（2）检测报告编制实施。检测报告编制应当在检测原始记录基础上完成，信息填写应客观、真实、规范、准确，与检测原始记录高度吻合。检测报告编制遵循以下要求：

1）编制前应正确选择检测报告的格式，采用现行有效的版本；

2）检测报告应依据相应检测记录按报告编制说明填写信息；

3）检测报告应当采用电子文本，不得使用手写文本；

4）检测报告编制完成，应当按照标识规定对检测报告进行报告唯一性（报告编号）标识、页码标识、报告结束标识；

5）对于打印的纸质检测报告，不得在原报告上直接更改和更正。

（3）检测报告审核规定。审核人员对检测报告进行审核时，应当一同审核检测原始记录和其他技术资料，审核范围及内容一般如下：

1）提交的原始资料是否完整。原始资料通常包括检测任务书或工作指令单、操作指导书、检测原始记录、检测结果通知书或检测联络单等。

2）检测报告是否采用规定的格式。检测报告格式应当是机构正式发布的有效版本，当要求采用客户提供的报告格式时，应当将其纳入质量管理体系文件管理。

3）检测依据是否正确、齐全、有效。检测报告中应当有检测依据并且正确、有效。

4）检测方法与检测过程是否正确。检测方法应当是操作指导书规定的方法，检测项目、检测过程应当充分、完整。

5）检测报告与原始记录的信息是否一致。检测报告应当与对应的原始记录、操作指导书、委托单等有可追溯关系，记录和报告的数据应当一致。

6）检测数据和信息是否准确、规范。检测数据计算转换应当准确，计量单位应当正确，测量不确定度表述应当符合要求等。

7）检测报告的标识是否正确、规范。检测报告标识的审核通常涉及检测报告标识、原始记录标识、仪器设备标识、样品标识、检测部位记录标识等。

8）检测结果、结论的准确性。

9）检测人员资格的符合性、检测日期的齐全与准确性。

10）对检测发现的问题有处理意见的，应审核意见的正确合理性等。

（4）检测报告批准规定。检测报告批准在审核完成后实施，经审核完成的检测报告提交检测机构所任命的检测报告签发人进行批准。批准应当注意的事项如下：

1）检测人员、审核人员的资格与权限是否符合要求；

2）检测报告的检测项目是否在核准范围内；

3）检测报告的各级签字手续是否完整；

4）涉及检测方法偏离的，偏离是否被允许；

5）检测报告是否被委托方接受，或有无充分的证据表明本报告是经得起审查的；

6）报告是否与国家法律法规、政策相悖。

3. 报告编制与审批时限

为确保检测报告及时出具，检测机构应对报告编制与审批时限作出规定。通常情况下，应按相关安全技术规范、标准的要求或与客户的约定执行。如法规标准未作规定，或未与客户进行约定，检测机构应根据实际情况，对每种类别的检测报告审批时限作出具体规定。

4. 报告编制与审批人员签名

检测报告的编制与审批人员应当在报告出具各阶段如实签名。采用电子签名时，应当按照电子签名规定签署，不得代签。签名时应标注日期。

5. 用章（含印章）管理

（1）印章保管和交接。

1）检测报告印章应当有专人保管，通常包括以下管理要求：

①检测报告印章通常由机构负责人指定专人保管，如果检测项目部需要单独领用检测报告印章，项目部应当指定专人保管，并到公司综合管理部门备案；

②检测印章保管必须有印章管理记录，内容至少包括印章名称、管理部门、枚数、制作日期、启用日期、领取人、保管人、批准人、图样等信息。

2）检测印章保管人因事离岗时，不可私自委托他人代管，须由印章管理部门负责人指定人员暂时代管，并遵循以下要求：

①因工作需要，确需将印章带出使用的，由用印人填写印章使用审批单，内容至

少包括印章名称、印章枚数（或编号）、用印名称（如检测报告）、用印人、用印起始日期等，由印章管理负责人审核，机构负责人批准，方可带离；印章带出期间，借用人只可将印章用于申请事由，并对印章的使用后果承担一切责任。

②印章移交应当办理手续，签署移交证明。印章交接记录内容至少包括印章名称、移交人、接交人、监交人、移交时间、移交说明、图样等。

（2）检测报告印章使用。检测报告印章使用应符合以下规定：

1）明确印章使用范围。通常，在检测报告、检测意见通知或检测工作联络单上加盖检测报告印章。

2）明确印章使用程序。印章使用应当由用印人提出申请，经管理部门负责人审核、机构负责人批准，填写印章使用审批单后方可用印。一般严禁在空白检测报告上用印。因工作特殊确需用印时，须经机构负责人或授权代理人签字同意，且在工作结束后，必须及时向机构负责人报告用印空白文件的使用情况，未使用的必须立即收回作废，已使用的按照检测报告存档规定存档。

（3）印章停用。检测印章停用应当经机构负责人批准，及时将停用印章送印章管理部门封存或销毁，建立印章上交、存档、销毁的登记档案。检测印章存在以下情况，必须停用：

1）机构名称变动时；

2）印章损坏无法使用时；

3）印章遗失或被窃，声明作废。

6. 不符合报告更正

（1）不符合报告更正指令。检测报告发出后，如果在内部各项检测质量考核活动、外部各项检查与评审中提出有不符合报告的，以及客户提出异议的，技术质量部应当及时收集不符合信息，并组织相关检测技术人员进行确认，启动不符合控制程序、纠正措施控制程序，采取有效的更正措施，消除不符合信息。

确认需要对检测报告进行更正时，技术质量部应当及时下达检测报告的更正指令。更正指令单通常包括更正人员、更正方式、更正说明（不符合信息、正确信息）、更正期限、审核与批准。

（2）不符合报告更正。

1）检测报告更正通常分以下两种方式：

①对于不影响检测结论的更正，出具检测报告更正通知书或者检测报告补充说明文件；

②对于影响检测结论的更正，应当重新出具检测报告。

2）收到报告更正指令的部门或相关人员应当及时实施检测报告的更正，其处置方式如下：

①采用检测报告更正通知书或者检测报告补充说明文件方式更正的，其通知书或说明文件应当包括原检测报告名称、编号、原不符合信息在报告中的位置、正确的信息内容、检测单位名称及盖章（检测机构公章或检测专用章）；

②采用重新出具检测报告方式更正的，按照检测报告编制、审批控制相关程序进行。

（3）不符合报告的更正传递。技术质量部根据更正方式确定不符合报告的更正信息传递方式，具体如下：

1）对于不影响检测结论的更正，采用发放不符合报告的补充说明或检测报告更正通知书的方式；

2）对于重新出具检测报告的，按检测报告发放的相关规定发放检测报告，并填写发放记录，发放记录中应当注明“更正发放”。

不符合报告的更正传递同时还应当执行以下规定：

1）当检测结论的更正结果为“不合格”时，除重新出具检测报告更正并发放外，还应当及时书面报告负责该设备登记的政府监督管理部门。向监督管理部门书面报告的内容至少包括设备使用单位、设备名称、存在问题、不合格结论、报告单位名称及盖章等。

2）对于重新出具检测报告的更正，应当回收原不符合报告，将不符合报告注销标注，与更正检测报告一并归档，在检测报告台账中注明更正情况。

三、案例与分析

案例 16–2（注：本案例为某检测机构检测报告控制程序关于检测报告用章规定的内容）

4.8　检测用章管理

4.8.1　本公司检测印章的制作、启用、领用、停用执行印章管理制度。

4.8.2　本公司向客户出具的所有无损检测报告，在结论页加盖“无损检测专用章”后方可生效。

4.8.3　公司“无损检测专用章”由综合办公室指派专人管理，管理员必须经公司总经理同意。

4.8.4　检测报告打印移交综合办公室后由“无损检测专用章”管理员盖章，并填写印章使用申请审批记录（内容包括印章名称、印章编号、检测报告编号目录、用印人及用印日期），提交综合办公室主任审核、公司总经理批准。

4.8.5　管理员不得将“无损检测专用章”交其他人员在检测报告上盖章。

4.8.6　管理员不得在空白检测报告上盖章。

4.8.7　当印章管理员不在岗时，离岗前办理印章移交手续，执行印章管理制度的印章移交规定。

4.8.8　在离公司 500 km 以上成立的项目部，可以领用“无损检测专用章”，项目部的印章管理员按照公司规定指派。

4.8.9　项目部的检测报告用章管理执行以上条款规定。

剖析：

- 该内容指出了印章制作、启用、领用、停用规定的关联文件。
- 该内容明确了用章申请、审核、批准程序及职责。
- 该内容明确了印章使用的具体规定。
- 该内容明确了用章的例外许可规定。

第四节　检测报告管理

一、质量控制目的

对检测报告发放、存档、借（查）阅、补发以及报告保存与处置等进行控制，保证检测报告在流转过程中不被损坏、丢失、更改和不恰当地处置。

二、质量控制环节与质量控制点

检测报告管理作为检测报告控制的一个过程，涉及的质量控制环节与质量控制点见表 16–3。

表 16–3　检测报告管理质量控制环节与质量控制点

控制环节		控制点		控制要求		
序号	名称	序号	名称	主要控制内容	工作见证	责任部门/岗位
1	检测报告发放	（1）	发放方式	程序文件规定的发放方式	—	技术质量部
		（2）	发放实施	接收方身份核实、发放登记、接收方接收确认，填写发放记录	报告发放记录	技术质量部/有关部门

续表

控制环节		控制点		控制要求		
序号	名称	序号	名称	主要控制内容	工作见证	责任部门/岗位
2	检测报告存档	(3)	存档条件	存档条件确认记录、条件检查，填写档案室环境条件记录	档案室环境条件记录	技术质量部
		(4)	存档方式	程序文件规定的存档方式	—	技术质量部
		(5)	存档实施	报告交接、检索标识、报告台账编制	报告交接记录、报告台账	技术质量部/有关部门
3	检测报告借(查)阅	(6)	借(查)阅申请	申请内容、审核与批准	借(查)阅申请审批记录	技术质量部/有关部门
		(7)	借(查)阅实施	办理借(查)阅手续，填写借(查)阅记录	借(查)阅申请审批记录	技术质量部/有关部门
4	检测报告复制与补发	(8)	复制与补发申请	申请内容、审核与批准	复制与补发申请审批记录	技术质量部/有关部门
		(9)	复制与补发实施	办理补发手续，填写补发记录	复制与补发申请审批记录	技术质量部/有关部门
5	保存期限识别	(10)	保存期限识别	识别不同种类记录的保存期限	—	技术质量部
6	检测报告处置	(11)	处置申请	处置申请，申请的审核、批准	处置申请	技术质量部
		(12)	过期留用	过期留用标识，填写留用记录	留用记录	技术质量部
		(13)	资料移交	达到保存期限移交客户	交接记录	技术质量部
		(14)	销毁	填写销毁记录	销毁记录	技术质量部

1. 检测报告发放

为保障客户利益和保密，防止检测报告误发，应当明确检测报告的发放职责与发放方式。通常由技术质量部或综合管理部门执行检测报告的发放，发放方式分为直接交客户领用人、邮寄以及网络电子发放。

（1）直接交客户领用人。当采用这种发放方式时，报告的发放人员应当核实接收方的身份，确认身份后进行报告发放，并填写检测报告发放记录。

（2）邮寄。当采用这种方式发放时，邮寄人应与客户取得联系，确认客户的邮寄地址与收件人信息，保留邮寄证据，并填写检测报告发放记录。

（3）网络电子发放。检测机构已经完善网络信息化平台的，客户可以通过密钥的形式在平台获取检测报告电子版，下载并打印。平台应当具有自动识别客户下载和打印的痕迹。

检测报告发放记录内容至少应包括发放方式、检测报告名称、检测报告对应编号、发放人签字、发放日期、领用人身份信息、领用说明（领用时为领用人签字，邮寄时为邮寄单据编号）等。

2. 检测报告存档

应当明确检测报告的存档职责、程序与存档方式，保证对被检对象检测数据、结果和结论等的可追溯性，并确保检测报告不被损坏、丢失。

检测报告（含相关技术资料）可以采用纸质方式存档；检测机构具备电子方式存档条件的，则可以采用电子方式存档。各存档方式应当满足相应条件。

（1）纸质方式存档应满足的条件如下：

1）检测机构应当配置满足本机构技术档案存放需求的专用场所，场所面积应能够满足档案分类存放与检索要求。

2）检测报告存放场所的环境条件应当满足纸质档案存放要求，避免不良的环境条件导致检测报告损坏。管理人员应当对检测报告存放场所环境条件（如温度、湿度）、保存情况进行日常检查，并填写记录，记录内容至少包括场所名称、实际温度、实际湿度、保存情况说明、记录人、记录日期等。

3）检测报告通常与检测原始记录一同存档，必要时可以将检测报告信息转换为数字信息存储。

4）应当明确检测报告存档流程与要求，通常包括检测报告的交接、检索标识、建立台账等。为明确检测报告交接的责任，管理人员应当填写检测报告交接记录，记录内容通常包括交接报告名称或种类、数量、交接时间、交接双方签字等。检测报告台账通常每年编制一次，内容通常包括客户单位名称、检测报告名称、编号、检测日期等。

（2）电子方式存档应满足的条件如下：

1）形成的电子检测报告及其他电子资料应当真实、有效；

2）建立的电子管理信息化平台应当比纸质方式更加准确、完整，能有效地进行检测报告的编制、审核、批准、发放等各环节管理与控制；

3）应当能够保证电子检测报告的长期保存，以及与其他技术资料的关联和便于检索；

4）应当设置电子检测报告使用的各项管理权限。

3. 检测报告借（查）阅

应当明确检测报告借（查）阅的控制流程与职责，防止检测报告在借（查）阅过程中被损坏、丢失、更改和不恰当地处置。

（1）检测机构内部人员需要借（查）阅检测报告时，应当由借（查）阅人员提出申请，档案管理部门负责人审核，质量负责人批准后方可进行。管理人员应填写检测报告借（查）阅记录，记录内容一般包括借（查）阅报告名称、编号、借（查）阅时间、归还期限、借（查）阅原因说明、借（查）阅人签字。

（2）检测机构外部人员需要借（查）阅检测报告时，应当由报告管理人员提出申请，借（查）阅人提供相关需求证明或文件，档案管理部门负责人审核，机构负责人批准后方可进行。管理人员填写检测报告借（查）阅记录，借（查）阅需求证明或文件一并存档。

4. 检测报告复制与补发

检测机构应当明确检测报告复制与补发的控制流程与职责要求，杜绝检测报告复制与补发的随意性，维护检测报告的法定性、权威性和有效性，同时防止因检测报告的复制与补发而产生违法行为以及不必要的纠纷。检测报告的复制与补发流程通常为申请单位提出申请、检测机构对复制与补发申请进行确认、实施复制与补发、相关材料存档等。

（1）申请单位提出申请。申请单位申请检测报告复制与补发时，通常应当递交以下材料：

1）原报告领取的证明原件（如报告领取单、缴费凭证等）或加盖公章的复印件；

2）报告复制与补发申请书，内容至少包括被检设备信息（如设备名称、型号、规格、所在地等）、报告补发原因说明（如遗失、损坏等），应加盖申请单位公章（公章与检测报告中客户单位名称应一致）；

3）办理人员身份证原件（或加盖公章的复印件）、单位的工作证明或单位介绍信；

4）申请单位的组织机构代码证书复印件（需盖公章）；

5）申请单位授权委托书。

（2）实施复制与补发。检测机构的档案管理人员应当对申请材料的真实性、符合性进行核实，经确认符合要求后，按照内部复制与补发控制程序办理相关手续。内部控制流程通常包括报告复制与补发申请、审批、实施复制与补发、登记等。档案管理人员填写检测报告复制与补发记录，内容至少包括申请单位、复制与补发报告名称、编号、复制与补发情况说明、申请人及身份信息、复制与补发日期、申请人签名、经办人签名、审批签字等。检测报告复制与补发一般由技术负责人审核，机构负责人批准。

涉及制造、安装特种设备检测报告的，一般在复制与补发报告盖章处标注“复制与补发”字样。

申请材料与报告复制与补发记录一并存档。

5. 保存期限识别

检测机构应当识别各类检测报告的保存期限，确保检测报告的保存管理符合法律、法规、安全技术规范、标准和客户要求。检测报告保存期限通常按照以下要求规定：

（1）法律、法规、安全技术规范、标准对检测报告保存期限的规定；

（2）相关方（如政府、客户）的要求；

（3）检测机构的规定。

为确保检测报告在一定期限内得到有效保存，应明确规定各种检测报告的保存期限。检测报告的保存期限应当同时满足各项规定的要求。例如，《承压设备无损检测 第1部分：通用要求》（NB/T 47013.1—2015）第7.4.4条规定，无损检测报告的保存期应符合相关法规标准的要求，且不得少于7年。

6. 检测报告处置

对于超过保存期限的检测报告，应当予以处置，检测机构应明确检测报告处置的程序（如提出申请、申请批准、履行处置程序等）、要求与有关职责（如审批职责、履行处置程序等）。

技术质量部负责策划报告处置活动，编制报告处置申请，内容包括需要处置的报告种类、名称列表、报告编号列表、处置理由、数量、处置方式（如留用、移交、销毁）等。

通常由技术质量部实施检测报告处置，必要时由质量负责人监督执行，并填写处置记录。检测报告的处置方式如下：

（1）过期留用。对超过保存期限的检测报告，如果确需留用的，应当规定在过期留用报告上加盖作废标识，通常在过期留用报告上加盖“作废留用”或“废止留用”印章。

（2）移交。对超过保存期限的检测报告，如法律、法规、安全技术规范、标准要求移交或客户要求移交的，应当办理交接手续，填写移交记录，内容包括移交的检测报告种类、报告名称列表、报告编号列表、数量、交接日期、交接双方签字等。

（3）销毁。通常，对需要销毁的检测报告实施销毁的程序与要求可以按照文件销毁的相关规定执行。

三、案例与分析

案例 16–3（注：本案例为选取的无损检测机构鉴定评审和监督检查时发现的不符合项）

检测报告管理程序中缺少检测用章、报告保存、报告借阅、报告销毁的控制要求。

检测报告控制程序文件中缺少对报告（纸质）保存、借阅的规定。

检测报告控制程序中未对报告出具的时效性作出规定，未制定报告存档和发放记录表。

缺少 2016 年度检测报告归档记录。

未提供检测报告登记发放记录。

未建立检测报告登记发放台账。

剖析：

检测机构在建立报告控制程序时未充分掌握无损检测机构质量管理体系的要求，未对检测报告的保存、借阅等提出具体要求，对检测报告的归档、发放程序控制不严，对检测报告质量管理记录归档不够重视。

第十七章　检测质量监督控制

本章重点阐述检测机构对质量管理体系的检测质量监督控制要求，通过对《特种设备检测机构核准规则》附件 D 第 D5.9 条的相关专业术语进行解释，识别检测质量监督计划、检测质量监督实施 2 个质量控制环节，并对各质量控制点逐一进行识别和分析，提出控制要求。本章通过典型案例，剖析检测质量监督控制过程中各质量控制环节与质量控制点常见的问题与不足，为检测质量监督控制程序的建立提供指引。

第一节　规则简析

一、规则原文

D5.9　检测质量监督控制

应当建立和实施检测质量监督控制程序，制定[①]监督计划，明确监督的组织、方式、实施要求和结果处置等。监督可以选用以下方式：

（1）定期考核检验、检测人员的工作能力和质量；

（2）定期评审已发出的检测报告；

（3）利用相同或者不同方法进行重复检测；

（4）参与检测能力评价与验证活动。

① 此处应为“制订”。为与规则原义保持一致，使用“制定”，余同。

二、术语

1. 检测质量监督

检测质量监督指对检测质量目标、过程、服务或行业标准的执行进行监视、验证和评估的活动，其目的是确保所监督对象的质量符合既定的标准、要求和期望，确保检测的可靠性、准确性和合规性。检测质量监督一般由熟悉各项检测方法、程序、目的和结果评价的人员实施，主要从人、机（机器）、料（材料）、法（方法）、环（环境）等方面进行监督。

2. 能力评价

能力评价指对人员、组织或机构在特定领域内所具备的实际能力或水平进行评估和量化的过程。能力评价有助于客观地评估人员、组织或机构在特定领域中的知识、技能、经验和潜力，并提供反馈和参考，以促进人员、组织或机构的发展和进步。

3. 能力验证

能力验证指通过一系列目标性评估活动来验证人员、组织或机构在特定领域或任务中的能力和技能水平。它旨在客观地评估人员、组织或机构在特定领域中的实际能力，并确定其是否达到事先设定的标准或要求，这一过程往往由专业机构或实验室完成。

三、条文简析

1. 条文主题

条文提出了检测机构检测质量监督控制程序的建立和实施，明确监督计划的制订、监督的组织、监督的方式、监督的实施和结果处置等控制要求。

2. 控制目的

对检测质量监督过程进行控制，确保监督活动的有效性和可靠性，确保检测质量符合预期标准和要求，预防和纠正质量问题，提高客户满意度，维护声誉和信誉，促进持续改进和质量提升。

3. 控制范围

应当对所有直接影响检测质量的过程、要素进行控制，通常包括以下内容：

（1）人员能力，如检测人员的资格、技术能力等；

（2）检测仪器设备、设施，如检测设备的数量、精度、量程、性能及其检定或校准状态，检测设施的符合性等；

（3）作业指导文件，如检测细则或工艺、检测仪器设备操作规程、检测仪器设备内部校准规程、期间核查规程、安全措施、应急措施、记录或报告（证书）编制或填写要求；

（4）检测实施，如检测人员配备、检测设备配备、作业文件配备、检测工作纪律执行、检测记录形成、检测发现的问题及处置等；

（5）检测结果，如报告出具和管理，报告的规范性、正确性、及时性、合法性等。

4. 质量控制环节和质量控制点

检测质量监督质量控制环节和质量控制点见表 17-1。

表 17-1　检测质量监督质量控制环节和质量控制点

控制环节		控制点		控制要求		
序号	名称	序号	名称	主要控制内容	工作见证	责任部门／岗位
1	检测质量监督计划	（1）	制订质量监督计划	计划内容、编制、审核和批准	质量监督计划	技术质量部、质量负责人、机构负责人
		（2）	质量监督计划分类	年度质量监督计划、临时质量监督计划	质量监督计划	技术质量部、质量负责人、机构负责人
2	检测质量监督实施	（3）	质量监督实施程序	制订监督实施计划、监督实施准备、监督实施、监督资料存档	质量监督实施计划、监督过程实施记录	技术质量部、质量负责人、质量监督员
		（4）	质量监督方式及实施要求	监督方式、目的、内容、标准、要求、结果处置、记录	质量监督控制程序	技术质量部、质量负责人
		（5）	质量监督结果处置	结果处置、数据分析	监督、评价、数据分析记录	技术质量部、质量负责人、质量监督员、检测人员

5. 职责分配

通常情况下，检测质量监督职责分配如下：

（1）机构负责人批准检测质量监督计划及改进的意见和建议；

（2）质量负责人负责审核检测质量监督计划及改进的意见和建议，批准检测质量监督实施计划；

（3）技术质量部负责制订检测质量监督计划和实施计划并组织实施，监督不符合项的整改，进行数据和信息统计分析，寻求改进的意见和建议；

（4）质量监督员负责实施质量监督活动，形成监督记录。

第二节　检测质量监督计划

为确保检测质量满足相关标准和法规的要求，确保检测结果的准确性和有效性，检测机构应在检测实施过程中识别检测质量控制的薄弱环节，有针对性地策划检测质量的监督工作，制订检测质量监督计划或检测质量监督策划方案，实施检测质量监督活动，查找不足并加以改进，使检测机构的质量管理水平和技术能力得到不断提升。

一、制订检测质量监督计划

检测质量监督计划或检测质量监督策划方案是一份详细的文件，用于策划、规划和指导质量监督活动的执行。检测机构在编制检测质量监督计划时，应充分考虑机构的实际情况，并确保检测质量监督计划的可行性和有效性。同样，检测质量监督计划的具体内容也会根据检测机构的需求和质量监督的特点而有所不同，以下介绍检测质量监督计划通常包括的内容。

1. 目标和范围

应确定检测质量监督目标，以指导整个检测质量监督过程。目标应该是可衡量、可实现的，并与检测机构的整体目标相一致。应说明要监督的内容、对象或范围，若有需要，还可以明确监督的工作流程、环节或阶段。

2. 质量标准和要求

应确定检测质量监督计划所依据的质量标准和要求。这些标准和要求可以是法规规定、国家标准、行业标准或检测机构内部制定的规定。应明确需要满足的质量指标、性能参数等。

3. 监督方式和频率

应确定适用的监督方式和频率，如定期考核检测人员的工作能力和工作质量，定期评审已发出的检测报告，参与检测能力评价与验证活动等。

（1）监督方式的确定。检测机构在确定监督方式时，一般应当考虑以下几个因素：

1）法律法规和标准要求；

2）监督的目标和需求；

3）检测机构自身具备的开展检测质量监督活动的能力；

4）检测机构在检测实施过程中存在的薄弱环节；

5）过去开展检测质量监督活动的情况。

（2）监督频率的确定。检测机构在确定监督频率时，一般应当考虑以下几个因素：

1）法律法规和标准的要求；

2）客户要求和反馈；

3）风险程度和关键过程；

4）以往的检测质量监督记录情况。如果以往的检测质量监督出现多次质量问题，那么监督频率就要增加。

另外，对于检测机构在检测质量监督过程中涉及的抽样，应明确每类监督方式的抽样数量、抽样时机、抽样职责、抽样要求等。

4. 监督组织和职责

应明确负责检测质量监督的组织，确定监督组织的人员和职责，如质量负责人、质量监督员、部门负责人等。检测机构应当选择合适的质量监督员，确保职责清晰，有助于有效执行检测质量监督任务。

质量监督员是实施检测质量监督工作的专业技术人员，一般由机构负责人任命，其业务素质水平直接决定监督工作的成效，应由检测工作中专业技术水平高、业务精通、经验丰富、作风正派并且具备一定管理水平的人员担任。

（1）质量监督员应当具备的能力。质量监督员应能够识别其他检测人员检测工作不规范之处，具备对检测结果进行评价的能力和水平。除技术上的要求外，质量监督员还应熟悉与业务相关的法律法规和安全技术规范，以及检测机构的质量手册、程序文件和作业指导文件等，以便全面掌握检测全过程及各阶段的相关质量要求。

（2）质量监督员的工作职责。质量监督员根据监督计划或监督实施计划，依据检测质量监督工作标准，实施检测质量监督。质量监督员应识别检测实施过程中质量管理体系运行及检测工作中的不符合问题，做好相关的监督记录，统计分析检测质量监督结果，提出改进的意见和建议；必要时，督促、验证不符合项的整改。

注：质量监督员的选择要具有客观性和公正性。

5. 监督时间安排

应制定详细的检测质量监督时间安排表，包括各项监督活动的具体时间和地点安排，确保各项监督任务按时完成，并合理利用资源。

6. 监督记录和报告

应明确检测质量监督计划的相关记录和报告要求，包括监督活动的过程记录、问题发现和解决的记录、监督结果等，确保记录和报告管理的规范性和有效性，便于溯源和分析。

7. 持续改进措施

根据检测质量监督结果和反馈信息，确定出现问题时的纠正措施，不断改进和优化检测质量监督计划或检测质量监督策划方案。

8. 编制、审核和批准

检测质量监督计划通常由技术质量部编制，质量负责人审核，机构负责人批准。

二、检测质量监督计划分类

检测质量监督计划通常分为年度检测质量监督计划、临时检测质量监督计划。

1. 年度检测质量监督计划

检测机构通常在每年年初，根据机构的质量目标、业务需求、资源情况以及在检测实施过程中识别出来的质量控制薄弱环节，确定每个季度或每个月的检测质量监督重点、对象、方式和时间安排，用于规划和组织全年的检测质量监督活动。年度检测质量监督计划的制订有利于提前预判和安排好检测质量监督工作，确保整年的检测质量监督活动有序展开。年度检测质量监督计划经审批后方可实施。

2. 临时检测质量监督计划

临时检测质量监督计划通常是在年度检测质量监督计划之外制订的，针对特定问题、事件或需求的临时性检测质量监督计划，该计划应得到审批。例如，参加行业内部能力比对活动、出现重大检测质量问题、出现突发安全风险、接到相关投诉或市场监管部门提出要求等时，检测机构需要制订临时检测质量监督计划来加强监督和纠正问题。临时检测质量监督计划通常会调动检测机构内外部的资源，进行紧急的现场检查、抽样测试、调查研究等工作，以迅速解决问题并预防类似问题再次发生。

无论是年度检测质量监督计划还是临时检测质量监督计划，都是为了确保检测服务的质量，使其符合法规和标准要求，以及满足客户的期望。这些计划是质量管理体系的重要组成部分，帮助检测机构建立起稳定、连续的检测质量监督机制，提升质量管理水平和质量绩效。

三、值得关注的问题

检测质量监督计划的制订是为了确保计划的有效性和实施的可行性，检测机构在制订检测质量监督计划时，应关注以下问题：

1. 准确性和全面性

检测质量监督计划应准确地反映检测服务的质量需求和要求，包括相关的质量标准、法规规定、客户要求等。监督计划应全面考虑在检测实施过程中识别出来的所有质量控制薄弱环节。

2. 可行性和可操作性

检测质量监督计划应根据检测机构的实际情况和可行性制订。检测质量监督计划应考虑机构的资源限制、技术条件、人员安排等，并确保各项监督活动的可操作性。

3. 基于风险和关键点

检测质量监督计划应基于风险和关键点制订。风险评估可以帮助确定需要重点监督和控制的领域，关键点分析可以揭示影响检测服务质量的关键节点，确保重点监督和资源的合理分配。

4. 清晰的职责分配

检测质量监督计划应明确负责质量监督的职责分配，即明确每个人员的职责和要求，以及监督组织的协作关系，确保监督任务的执行和质量得到有效的控制。

第三节　检测质量监督实施

检测机构的检测质量监督实施是为了确保检测服务符合质量标准，达到客户期望，并持续改进质量管理体系。它是检测机构进行质量控制和质量改进的重要手段，能够帮助发现问题、纠正偏差，以及提供数据支持和决策依据。通过实施有效的检测质量监督，检测机构可以不断提高检测质量、客户满意度和业务绩效等。

一、检测质量监督实施程序

为了保证检测服务的质量达到预期要求，确保检测结果的有效性、准确性和真实性，检测机构应严格按照检测质量监督计划实施检测质量监督。检测质量监督实施程序如下：

1. 制订检测质量监督实施计划

检测质量监督计划得到审批后，针对计划中的每次检测质量监督，一般应当由技术质量部依据检测质量监督计划制订检测质量监督实施计划。实施计划内容通常包括监督方式、监督组成员、监督组负责人、质量监督员、涉及的检测人员、抽样数量、抽样要求、执行的监督标准、监督时限安排、记录的要求、结果处置等。实施计划应当经过审核和批准，一般由技术质量部负责人审核，质量负责人批准。

2. 监督实施准备

实施计划得到审批后，技术质量部应按照实施计划准备、协调监督实施需要的资源，如人员、设备、材料、文件等，明确每个责任人的具体任务，确保责任人具备相关资质、专业知识和技能，以确保监督工作顺利开展。

3. 监督实施

监督组按照实施计划规定的时间和方式进行监督检查，收集相关的数据和信息，如抽样检测结果、数据记录、检查报告等，并对这些数据进行分析、判断，确定检测服务是否符合质量标准，并识别潜在的质量问题，确定是否存在不合格项。不合格项可能包括检测结果存在偏差、设备技术参数不满足要求、检测工艺不符合标准要求等问题。监督组针对不合格项进行记录和追踪，并对监督过程中发现的问题进行分析，找出问题的根本原因，并提出改进措施，防止同类问题再次发生。

4. 监督资料存档

在整个监督实施过程中，检测机构应按照体系文件要求对相关文件进行管理，并存档，以备查验和追溯。相关文件包括检测质量监督计划、检测质量监督实施计划、检测质量监督过程记录、检测质量监督报告不符合处置记录或报告、数据分析见证及改进的记录和见证等。

二、检测质量监督方式及实施要求

检测质量监督方式是指对检测质量进行监督和控制的方式和方法。检测质量监督方式对于保障检测质量、提高客户满意度和机构效益、推动持续改进等具有重要的作用。检测机构应该根据法律法规、标准规范和客户的要求，选择适合的检测质量监督方式，并根据需要不断进行改进与优化。以下列举的是检测机构在检测质量监督过程中所涉及的监督方式及实施要求。

1. 定期评价人员能力

（1）评价目的。定期评价人员能力，确保参与检测人员的资格、能力、水平满足相应岗位的需要。

（2）评价内容。检测机构应当结合岗位职责、任职要求，对检测人员的能力进行评价，评价的内容通常如下：

1）教育经历：检测人员受教育的经历，包括专业、学历、学位等。

2）培训经历：检测人员从业以来接受的与特种设备相关的教育、培训情况，包括检测机构内部培训和外部有关培训，如特种设备相关知识、质量管理培训等。

3）特种设备检验检测资格：检测人员取得的特种设备检验检测资格证情况，包括类别、级别等。

4）专业技术职称：对检测人员获得的专业技术职称进行适宜性评价，可以按专业类别、等级进行，以满足检测机构对专业技术人员的资源需求。

5）工作经历：检测人员的工作经历，特别是与特种设备相关的工作经历，如特种设备生产、检测以及使用、管理等工作经历。

6）其他：检测机构内部培训考核上岗的要求及有关经历，与特种设备有关的其他工作情况，如作为专家参与行业有关鉴定评审、监督抽查、培训、考核、事故调查等。

（3）评价标准。检测机构应当结合机构的实际情况、岗位职责、任职要求，制定有针对性的检测人员能力评价标准。评价标准应当涵盖与特种设备检测有关的所有岗位，内容至少包括评价项目（指标）、评价内容、评价准则、评价结果判定与使用等。

（4）评价要求。评价通常应当满足以下要求：

1）抽样。评价一般应当覆盖所有与特种设备检测有关的岗位及人员。对新上岗人员、转岗人员以及评价不满足要求经培训考核合格重新上岗人员，应当重点评价。

2）评价职责。应明确检测人员能力评价的职责。评价通常由技术质量部统一部署和组织实施，组成质量监督组或评价小组。

3）评价方式。通常采取会议方式对检测人员能力进行评价。应当对需要评价的检测人员逐一进行评价，形成评价记录，给出评价结果和结论。

4）结果处置原则。评价能力不满足任职要求的，应当对人员岗位进行调整，或针对人员存在的问题与不足，进行有针对性的培训和考核，如参加相应的专题培训，取得相应的检测资格证等。相关培训可以结合继续教育同步进行。

5）评价记录。评价活动应当形成翔实的评价记录和结论性意见，记录的内容至少包括检测人员姓名、岗位、岗位职责、任职要求、评价项目、评价内容、存在的问题、评价结果与结论等。

6）存档管理。检测人员能力评价记录应当归入检测人员执业档案中保存。

2. 定期评价检测仪器设备、设施能力

（1）评价目的。定期评价检测仪器设备、设施能力，确保检测使用的仪器设备的种类、数量、精度、量程、检定或校准状态等满足检测工作的需要，检测设施满足规定的要求。

（2）评价内容。检测机构应当结合承担的检测工作实际情况，定期对检测仪器设备、设施的情况进行评价，评价的内容通常如下：

1）仪器设备种类、数量、精度和量程。应当根据所检测特种设备的类别和核准项目，结合有关特种设备安全技术规范和标准的要求，对检测机构的检测仪器设备种类、数量、精度和量程是否持续满足核准和检测工作的要求进行评价。

2）检定或校准。应当对检测仪器设备的检定或校准情况进行评价，确保检测仪器设备按照检定或校准计划实施有效的量值溯源；应对检定或校准结果进行确认，确保只有经检定或校准合格且符合使用要求的检测仪器设备才能投入检测工作中。

3）检测设施。对核准项目需要的检测设施进行符合性评价，确保检测工作的合法性和合规性。

（3）评价标准。检测机构应当制定检测仪器设备、设施评价标准，识别检测机构检测工作所需要的检测仪器设备、设施，评价标准应当明确检测仪器设备的类别、数量、精度、量程、检定或校准要求以及相应检测设施的要求等。

（4）评价要求。评价通常应当满足以下要求：

1）抽样。一般应当覆盖所有与特种设备检测有关的检测仪器设备，应当对新购置设备、损坏修复后设备、刚完成检定或校准的设备进行重点评价。检测设施应当逐一评价。

2）评价职责。应明确检测仪器设备能力评价的职责，通常由技术质量部统一部署和组织实施，组成质量监督组或评价小组。

3）评价方式。评价工作由评价小组具体实施，通常可以采取现场核查、测试的方式对检测仪器设备的能力进行评价。应当对需要评价的检测仪器设备、设施逐一进行评价，形成评价记录，给出评价结果和结论。

4）结果处置原则。评价发现检测仪器设备和设施种类、数量、精度与量程不满足《特种设备检测机构核准规则》要求的，检测机构应当采购或租赁（允许租赁的）新的设备设施，以满足相应要求，确保不影响检测工作的开展和检测机构的资质；经评价设备设施种类、数量、精度和量程不满足检测工作的实际需要，但满足《特种设备检测机构核准规则》要求的，可以通过租赁的方式来满足实际要求，且应当与出租方签订租赁协议，明确使用和管理的相关要求等。

5）评价记录。评价活动应当形成翔实的评价记录和结论性意见，内容至少包括检测仪器设备或设施名称、编号、数量、量程、精度等级、评价项目、评价内容、存在的问题、评价结果与结论等。

3. 定期评价作业指导文件

（1）评价目的。评价作业指导文件，确保与检测有关的作业指导文件的符合性、适宜性、充分性和有效性。

（2）评价内容。检测机构应当结合所承担的检测工作实际情况，定期对作业指导文件进行评价，评价的内容通常如下：

1）检测细则或工艺。检测细则或工艺的种类应当齐全，编制依据应当充分、正确、有效，检测项目应当齐全、合理，检测要求应当充分、明确、正确等。

2）检测仪器设备操作规程。操作规程种类应当齐全，重大检测仪器设备和使用操作复杂、使用容易出现问题的检测仪器设备均应当有操作规程，其编制依据应充分。应明确检测仪器设备的使用程序、操作步骤、注意事项等，并将操作规程与检测仪器设备一同发放或领用。

3）检测仪器设备内部校准规程、期间核查规程。对于采取内部校准的检测仪器设备，应当编制检测仪器设备内部校准规程；需要进行期间核查的仪器设备，应编制期间核查规程。内部校准规程、期间核查规程种类应当齐全，满足实际需要，其编制依据应充分。内部校准规程、期间核查规程内容应包括准确识别出校准、期间核查的环境条件要求，标准物质及其检定要求，校准（核查）项目、校准（核查）程序、测试要求、数据记录、数据处理、校准报告等方面的要求。

4）安全措施。对危险因素的识别应当准确、齐全、合理，拟订的安全措施应当齐全、有效。应根据所检测的特种设备特点及其使用环境条件等，识别和制定针对各类别、品种特种设备的检测安全措施，识别存在的风险因素。安全措施要有针对性，包括检测人员的安全要求（如安全培训、安全防护要求）、检测对象要求（如通风、断水、断电等）、安全环境要求（如使用单位管理人员配合、防护设施等）。

5）应急措施。针对危险因素拟订的应急措施应当齐全、有效。应根据所检测的特种设备特点，识别检测中存在的安全风险，制定应急措施。应急措施制定要有针对性，必要时进行定期演练。

6）记录和报告（证书）编制或填写要求。根据每类记录和报告（证书）的特点，结合检测要求，明确编制或填写要求、内容。应根据不同检测类别的差异，识别出不同的、有针对性的编制或填写要求，并作出细致、明确的规定。

（3）评价标准。检测机构应当制定作业指导文件评价标准，识别每类作业指导文件评价的差异，制定针对性、可操作强的评价准则。评价标准应当做到评价项目清晰，评价依据及要求充分，评价结论准确。

（4）评价要求。评价通常应当满足以下要求：

1）抽样。一般，评价应当覆盖所有与特种设备检测相关的作业指导文件。

2）评价职责。应明确作业指导文件评价的职责，通常由技术质量部统一部署和组织实施，组成质量监督组或评价小组。

3）评价方式。评价工作由评价小组具体实施，通常可以采取会议的方式对作业指导文件进行评价，必要时可以组织验证。应当对需要评价的作业指导文件逐一进行评价，形成评价记录，给出评价结果和结论。

4）评价重点。应对以下内容进行重点评价：

①新增加的特种设备类别、品种的检测，既有的或新制订的作业指导文件的适宜性；

②新增的检测仪器设备，其操作规程的适宜性；

③新增的内部校准设备，其内部校准规程的适宜性；

④新增的检测项目对应的安全措施与应急措施的齐全性和适宜性；

⑤不符合发生频次比较高或发生严重不符合的有关领域等。

5）结果处置原则。评价发现作业指导文件种类不满足使用要求，或内容不齐全、不完整、不准确的，应当启动文件控制程序实施文件制修订，确保文件的符合性、适宜性、充分性和有效性。

6）评价记录。评价活动应当形成翔实的评价记录和结论性意见，内容至少包括文件名称、文件编号、评价项目、评价要求、存在的问题、评价结果与结论等。

注：该监督方式可以与文件控制的“文件评审”活动结合进行。

4. 内部能力比对

（1）比对目的。定期或不定期组织内部能力比对，提升检测人员的技术能力水平，保障检测设备的可靠性。

（2）比对内容。检测机构应当结合所承担检测工作实际情况，定期或不定期地组织内部能力比对活动。内部能力比对通常分为针对检测人员的和针对检测设备的 2 种。

1）针对检测人员的内部能力比对如下：

①对同一受检对象或类似（或存在相同缺陷）的受检对象，组织不同的检测人员使用相同的方法进行重复检测，验证检测人员发现问题的能力、检测方法使用的熟练程度、工艺纪律的执行情况、检测结果处置以及作出检测结论的能力等；

②使用相同的方法和检测仪器设备对同一对象进行重复检测，验证检测人员的熟练程度；

③评价存在问题的检测技术资料，由不同检测人员进行技术审查，发现问题并提出问题处理的意见和建议，验证检测人员发现以及处理问题的能力等。

2）针对检测设备的内部能力比对。通常可以对同一受检对象，由同一检测人员采用相同的方法、使用不同的检测设备进行重复检测，验证不同检测设备的能力。

（3）比对标准。检测机构应当制定内部能力比对的评价标准，明确内部能力比对的项目、组织方式、评价方式、得分要求、结果判定准则等。

（4）比对要求。比对通常应当满足以下要求：

1）抽样。应当明确内部能力比对参加的范围。例如，有关的检测部应当参加每个比对项目，并根据检测部规模的不同，派出合适数量的检测人员参与能力比对活动。

2）职责。通常由技术质量部统一部署和组织实施，技术质量部应当制订内部能力比对计划（一般包括能力比对项目、比对方式、各检测部派出人员数量、时间、地点、有关要求等），发布能力比对通知，准备并组织实施能力比对活动，分析能力比对结果并形成能力比对报告等。根据检测机构规模大小的不同，也可以由检测部组织实施能力比对活动。

3）比对原则。应当确保内部能力比对的客观性、公平性、公正性。

4）结果处置原则。内部能力比对发现结果不满意的，应当启动不符合控制程序，如暂停相应检测人员工作、停止使用相应检测仪器设备等，待问题得到有效解决后，方可恢复相应人员上岗或投用相应的仪器设备。

5）比对记录。比对活动应当形成翔实的比对记录和结论性意见，通常包括内部能力比对计划、内部能力比对活动通知、有关人员检测记录、内部能力比对报告等。

5. 定期或不定期评价检测记录和检测报告（证书）

检测机构通常在检测报告（证书）编制完成以后进行定期或不定期检测记录和检测报告的评价。评价可以由检测部自行组织，也可以由技术质量部结合内外部反馈情况组织。当然，评价时机也可以选择在检测报告（证书）审核、批准的过程中或者检测报告（证书）发出以后。该项评价工作与通常所说的“检测报告（证书）考评”的区别，主要在于评价的目的、评价的时机和评价组织的主体不同，两者也可以通过技术质量部的系统策划、组织而一并实现。

（1）评价目的。定期或不定期评价检测记录和检测报告（证书），督促检测人员提升检测工作质量并增强责任心，强化部门的质量考核与督导。

（2）评价内容。检测机构应当结合承担的检测工作实际情况，定期或不定期地对检测记录和检测报告（证书）进行评价，评价的内容通常包括但不限于以下几点：

1）检测合法性。

①检测机构应当在核准的范围内从事特种设备检测工作。

②检测作业指导文件应当按照相应的检测安全技术规范编制，检测报告（证书）中的检测依据应当是现行有效的安全技术规范。

③检测人员应当持有相应类别、级别的特种设备检验检测资格证。

④检测机构应当使用正式发布的检测记录和检测报告（证书）格式。

2）检测项目齐全性。检测项目应当齐全、准确，且符合相应安全技术规范的要求，不能存在错检和漏检等现象。

3）检测内容正确性。缺陷定性、定位、定量应准确且符合相关标准；检测发现问题的处理意见应正确；结论参数和相关描述应符合规定要求，检测结果和结论应准确；检测、审核、批准人员资格及签名应符合要求等。

4）填写规范性、齐全性和一致性。检测记录和检测报告（证书）中受检工件、检测使用仪器设备等信息应齐全，信息填写、更正应规范，检测记录与检测报告（证书）中的相关信息应一致等。

（3）评价标准。检测机构应当制定检测记录和检测报告（证书）评价标准，明确评价项目、评价指标、评价方式、得分要求、结果判定准则等。

（4）评价要求。评价通常应当满足以下要求：

1）应明确检测记录和检测报告（证书）评价的抽样要求。例如，本部门对每位检测人员每年至少抽查的数量或频次要求，是否需要覆盖每位检测人员，是否需要覆盖每类业务，是否需要覆盖每种检测结论；对新开展的检测项目、新入职的检测人员、评价不合格（或结果不满足要求）经培训考核合格后重新上岗的检测人员，加大抽查比例的要求等。

2）应当明确检测记录和检测报告（证书）评价的职责，可以由检测部自行制定，也可以由技术质量部统一制定。

3）无论是检测部组织的评价，还是技术质量部统一组织的评价，均应当采取随机的方式抽取检测记录和检测报告（证书）。对于检测部组织的评价，应当由检测记录和检测报告（证书）编制人以外的其他检测人员对记录和报告（证书）进行评价，并形成评价记录和评价意见。对于技术质量部统一组织并由各部门实施的评价，也可以由其他部门的检测人员组成评价小组对检测记录和检测报告（证书）进行互评，形成评价记录和评价意见。

4）评价发现检测记录和检测报告（证书）存在问题的，应当形成“不符合项”记录，按照不符合控制程序的规定对不符合项进行处置。

5）应当制定检测记录和检测报告（证书）评价记录，评价活动应当形成翔实的评价记录和结论性意见，内容至少包括检测记录和检测报告编号、检测项目、检测人员、评价项目、评价内容及要求、存在的问题、评价结果与结论等。

6. 复检验证

（1）验证目的。定期或不定期组织复检验证，提升检测人员的技术能力，强化责任心。

（2）验证内容。检测机构应当结合承担的检测工作实际情况，定期或不定期地组织复检验证，复检验证的内容通常包括以下几点：

1）现场检测条件。通过对检测现场的检查和复核，确认检测时所具备的检测条件，如受检工件的状态、条件等。

2）检测项目齐全性。依据检测细则或检测规程，对照检测记录和检测报告（证书），核查检测项目的齐全性和准确性。

3）错检和漏检。对照检测记录和检测报告（证书），对检测发现的问题一一进行复核，特别是缺陷定性、定位、定量的准确性；对未发现问题的检测项目，也应当进行复检，确认是否存在错检或漏检现象。

4）结论和问题处理准确性。对照检测记录和检测报告（证书），核查检测所发现问题的处理方式、方法和要求的正确性，以及相关的结果与结论的准确性。

5）检测记录规范性。核查检测记录填写的规范性、内容的齐全性、问题描述的准确性。

6）与有关人员座谈。了解检测准备的通知情况（如通知时间、通知内容等）、现场检测人员、检测时间、检测过程、问题交流与沟通等。

（3）验证标准。检测机构应当制定复检验证评价标准，明确复检验证项目、组织方式、得分要求、结果判定准则等。

（4）验证要求。复检验证通常应当满足以下要求：

1）应当明确复检验证的抽样要求。例如，每名检测人员每年至少抽查的数量要求，是否需要覆盖每位检测人员，是否需要覆盖持证种类，是否需要覆盖不同的检测结论；对新的检测项目、新入职的检测人员、评价不合格（或结果不满足要求）经培训考核合格后重新上岗的检测人员，加大抽样比例的要求等。

2）通常由技术质量部统一部署和组织实施复检验证，技术质量部应当制订复检验证实施计划（通常包括验证项目、复检验证人员、抽查计划安排等），组织实施验证，收集复检验证资料和信息并形成复检验证结果报告。当然，根据检测机构规模大小的不同，也可以由检测部组织实施复检验证。

3）无论是技术质量部统一组织，还是由检测部组织实施，复检验证一般应当分布在全年内进行，没有特殊情况的，不允许在较短的时间内完成全年的复检验证抽查计划。另外，抽样时应当做到"四随机"（复检验证时间随机、检测人员随机、检测对象随机、复检验证人员随机），确保复检验证的客观性、公正性。

4）复检验证发现存在问题的，应当启动不符合控制程序，及时进行纠正。发现存在严重问题的，应当扣发或召回检测报告（证书），重新安排并协调检测，暂停相应检测人员工作，对相应检测人员重新培训考核合格后上岗，并加大对相应人员的监督力度。

5）验证活动应当形成翔实的验证记录和结论性意见，内容至少包括验证对象基本情况、验证时间、验证地点、验证人员、检测人员、基本检测情况、复检验证项目、存在的问题、验证结果与结论等。

7. 定期评价已发出的检测报告（证书）

检测机构定期评价已发出的检测报告（证书）的监督方式，通常称为检测报告（证书）考评监督方式。

（1）评价目的。定期评价已发出的检测报告（证书），确保检测报告（证书）的合法性和合规性，降低检测机构和检测人员的责任风险，提升检测质量。

（2）评价内容。检测机构应当结合所承担检测工作实际情况，定期评价已发出的检测报告（证书），评价的内容通常包括"定期或不定期评价检测记录和检测报告（证书）"的全部内容，重点强调以下几点：

1）检测合法性。检测报告（证书）用章应符合要求。

2）检测结论准确性。检测结果和结论应正确，包括单项、分项结果和结论及其对综合结论的影响。

3）检测项目齐全性。检测项目应齐全、准确，不应存在错检和漏检等现象。

4）描述合理性。检测情况描述应符合要求，特别是缺陷定性、定量、定位以及缺陷的处理情况。

5）信息一致性。检测报告（证书）的信息应当源自检测记录且与检测记录信息一致，检测记录的信息不得少于检测报告（证书）。

（3）评价标准。检测机构应当制定已发出的检测报告（证书）的评价标准，明确评价项目、评价指标、评价方式、得分要求、结果判定准则等。

（4）评价要求。评价通常应当满足以下要求：

1）应当明确检测报告（证书）评价的抽样要求。例如，检测报告（证书）的抽样比例，是否需要覆盖每位检测人员，是否需要覆盖每个检测项目；对新开展的检测项目、新入职的检测人员、评价不合格（或结果不满足要求）经培训考核合格后重新上岗的检测人员，加大抽样比例的要求等。

2）应当明确检测报告（证书）评价的职责，通常由技术质量部统一部署和组织，由专职或兼职的质量监督员实施。

3）通常由技术质量部在每年年底或次年年初制订已发出的检测报告（证书）评价计划，内容一般包括抽样数量、抽查要求、评价组组成、评价标准、评价时间、评价地点等。在每年年初评价上一年度的检测报告（证书）。评价计划应当经过审批，一般由技术质量部负责人审核，质量负责人批准。

4）评价发现已发出的检测报告（证书）存在问题的，应当启动不符合控制程序，及时进行纠正。发现存在严重问题（检测结论错误或影响使用安全）的，应当召回检测报告（证书），协调相关方重新安排检测；暂停相关检测人员工作，相关检测人员重新培训考核合格后上岗，并加大对相应人员的监督力度。

5）评价活动应当形成翔实的评价记录和结论性意见，内容至少包括检测报告编号、评价项目、评价内容、存在的问题、评价结果和结论等。

8. 客户走访评价

（1）评价目的。检测机构通过客户走访评价，发现存在的问题，识别改进的机会，从而提升检测工作质量和服务能力。

（2）评价内容。检测机构应当结合承担的检测工作实际情况，进行客户走访，评价的内容通常包括以下几点：

1）检测及时性。检测工作安排应及时、到位。

2）检测报告（证书）及时性。检测报告（证书）应按照要求及时出具和发放。

3）检测工作质量。检测人员能力应满足检测工作的需要，应按照安全技术规范和标准的要求实施检测，检测发现的问题应客观、准确，应提出改进的建议等。

4）检测收费合理性。检测收费依据应充分，检测收费应执行相关收费标准。

5）检测人员服务态度。检测人员的服务态度、工作作风应良好等。

（3）评价标准。检测机构应当制定客户走访评价标准，明确评价项目、评价指标、评价方式、得分要求、结果判定准则等。

（4）评价要求。客户走访评价通常应当满足以下要求：

1）应当明确客户走访的抽样要求。例如，客户的抽样比例，是否需要覆盖每类客户，是否需要覆盖每位检测人员；对重点客户、新入职的检测人员、以往评价结果较差的检测人员，加大抽样比例的要求等。

2）应当明确客户走访评价的职责，通常由综合管理部统一部署和组织实施，也可以由技术质量部组织实施。

3）制订客户走访评价计划，内容一般包括抽样数量、走访组组成、走访要求、评价标准、走访安排等。客户走访计划应当经过审批，一般由综合管理部或技术质量部负责人审核，质量负责人批准。

4）客户走访评价发现存在问题的，应当启动不符合控制程序，及时进行纠正，必要时启动预防措施。

5）评价活动应当形成翔实的评价记录和结论性意见，内容至少包括走访客户信息、评价项目、评价内容、评价记录、评价结果和结论等，并且由客户签字。

9. 能力比对和能力验证

这里的能力比对和能力验证两种监督方式，主要是指由国家或地区相关机构、标准化组织、行业组织、专业机构或实验室等组织开展的活动。检测机构参加能力比对和能力验证活动，并将其与机构内部质量监督（如内部能力比对和复检验证）相结合，能够有效识别检测机构间的能力差异，促进检测人员技能的提升，提高检测机构的整体能力和水平。

（1）活动目的。能力比对和能力验证的目的如下：

1）促进检测机构能力建设。能力比对和能力验证活动作为一项技术性很强的工作，在方案设计、前期对样品及方法的研究、样品传递设计、数据统计等各个环节都需要认真准备。因此，检测机构经常参加能力比对和能力验证活动，可以及时发现检测工作中存在的问题并采取相关措施予以改进。对能力比对和能力验证结果的分析，可以发现自身与其他检测机构之间的差距，找到管理与技术上的漏洞，明确改进的方向，以达到满意的控制效果。能力比对和能力验证活动的开展，也可以使检测人员得以锻炼，提高检测能力，为检测机构的持续发展和能力建设提供人力资源保障。

2）扩大检测机构影响力。参加能力比对和能力验证活动并获得满意的结果，可以充分证明检测机构的检测能力，增强检测机构检测结果的可信度，获得更广泛的社会认同，从而提高检测机构的影响力和品牌效应。

3）增强检测机构质量控制能力。参加能力比对和能力验证活动，可以监控检测机构的运行状态，发现存在的质量问题，提出改进方法和纠正措施，从而保证检测机构的检测工作质量。

（2）活动要求。活动要求具体如下：

1）能力比对和能力验证的相关要求由组织方或发起方制定，检测机构作为参与者，应当关注相关的记录和结果，尤其是活动中发现的问题与改进的见证资料，为检测机构检测质量监督效果评价提供外部信息支撑。

2）检测机构通常由技术质量部负责收集监管部门、行业社团、技术机构组织的能力验证和能力比对活动的信息，论证参加能力比对和能力验证的必要性，组织相关人员按照要求参加能力验证和能力比对活动，并对能力验证和能力比对结果进行分析，及时采取必要的改进措施。

10. 检测机构和检测人员能力评价

检测机构和检测人员能力评价由行业社团组织。

（1）评价目的。除能力比对和能力验证的重要意义外，检测机构和检测人员评价的目的还包括以下 3 点：

1）促进检测机构的品牌建设。检测机构能力评价结果对检测机构进行了分级，为集约化、市场化、专业化背景下相关方的选择提供了参考。

2）提供检测机构和检测人员的定位依据。通过参加检测机构和检测人员能力评价活动，检测机构能够判断本机构的能力与水平在行业内所处的档次，进而明确发展方向和远景目标；能够判别所拥有的检测人员在行业同类别、同等级人员中所处的位置，进而明确人才发展战略，为检测机构的可持续发展提供人才保障。

3）作为检测人员绩效考核的参考。检测人员能力评价结果对检测人员进行了分级，为检测机构内部实施绩效考核提供了参考信息，对提升检测人员技术能力及降低检测责任风险具有较强的现实意义。

（2）评价要求。评价要求具体如下：

1）检测机构应当积极参加检测机构和检测人员能力评价；

2）检测机构和检测人员能力评价的相关要求由行业社团制定，检测机构作为需求者，应当由技术质量部论证参加能力评价的必要性并进行充分的准备，本着真实、准确的原则收集评价需要的相关数据和信息，协调评价过程中相关问题的处置；

3）检测机构的管理层应当充分关注检测机构和检测人员能力评价的需求、过程和结果，适时组织修订检测机构的质量方针和质量目标。

三、质量监督结果处置

质量监督结果处置是指处理和解决检测质量监督过程中发现的问题和异常情况的过程。当检测机构在检测质量监督过程中发现不符合项时，应启动不符合控制程序，填写不符合处理单，责成相关责任人员及时纠正，必要时启动预防措施。发现严重不符合项时，应当考虑召回已发出的检测报告（证书），暂停相关人员的检测工作等。

另外，检测机构应对检测质量监督中的检查数据进行充分的统计分析，得出检测机构需要系统改进的意见和建议，采取持续的改进，以提升检测质量，提高检测能力。

第四节　案例与分析

案例 17-1（注：本案例为某检测机构 2023 年度检测质量监督计划）

××-JL2809-2021

2023 年度检测质量监督计划

记录编号：JL2801-202301-001

监督目的	确保检测人员规范实施检测过程，检测结果准确、可靠，检测报告数据准确，检测信息齐全			
监督项目/参数	**监督内容**	**被监督人员**	**监督频次或（日期）**	**监督组**
射线检测	检测原始记录信息是否齐全，填写是否规范；检测结果的评判是否正确；检测报告是否满足要求；检测人员能力和资质是否满足要求	孙某飞、王某国、刘某飞、王某	2023 年 3 月	监督组长：李某 监督员：孙某体 监督员：王某哲
超声检测	检测原始记录信息是否齐全，填写是否规范；检测结果的评判是否正确；检测报告是否满足要求；检测人员能力和资质是否满足要求	何某、张某、徐某	2023 年 6 月	监督组长：李某 监督员：孙某体 监督员：王某哲
磁粉检测	检测原始记录信息是否齐全，填写是否规范；检测结果的评判是否正确；检测报告是否满足要求；检测人员能力和资质是否满足要求	王某丽、孙某文、王某国	2023 年 7 月	监督组长：李某 监督员：孙某体 监督员：王某哲
渗透检测	检测原始记录信息是否齐全，填写是否规范；检测结果的评判是否正确；检测报告是否满足要求；检测人员能力和资质是否满足要求	王某、张某、刘某飞	2023 年 10 月	监督组长：李某 监督员：孙某体 监督员：王某哲
……	……	……	……	……
编制人：姜某轩	备注：			

剖析：

- 检测机构2023年度质量监督计划中缺少监督依据、监督范围、监督方式以及监督计划的审核和批准等。
- 检测机构2023年度质量监督计划不符合《特种设备检测机构核准规则》附件D第D5.9条“应当建立和实施检测质量监督控制程序，制定监督计划，明确监督的组织、方式、实施要求和结果处置等”的要求。

质量监督计划的内容一般包括监督目的、监督依据、监督范围、监督对象、监督组织、监督方式、监督时间或监督频次、编制、审核、批准等。本案例中的2023年度质量监督计划缺少监督依据、监督范围、监督方式以及监督计划的审核和批准等内容，不具有可操作性，导致该监督计划无法实施。

监督依据是指用于进行监督和评估的法规、标准、指导文件或相关信息的集合。它提供了对检测质量和合规性进行监督的基础。目的是确保监督活动的一致性、有效性和可衡量性。同时，它也为监督人员提供了明确的监督指导依据，确保监督工作能够按照标准和规范进行。监督依据提供了进行质量评估和改进的依据和参考。检测机构通过明确监督依据，可以实现对检测质量和检测合规性的有效监督，减少质量风险，提高检测质量水平。如果在监督计划中缺少监督依据，将导致监督衡量标准缺失、无法有效监督、质量管理失控和无法进行持续改进等问题。

监督范围是指监督活动所涵盖的具体范围或对象，是制订有效监督计划的重要组成部分，它确定了监督工作的边界和要关注的特定领域。检测机构在确定监督范围时应考虑法律法规要求、机构的业务特点、风险关注点、客户需求和监督目标等。如果没有明确的监督范围，监督目标会变得模糊不清，监督人员难以确定他们应关注的具体问题，监督工作可能无法全面涵盖有关的监督过程，造成监督人员无法将监督重点放在适当的位置，或者忽略关键问题，导致监督结果不准确。

监督方式是指用于监督和评估检测活动、检测行为的具体方法和手段。不同的监督方式可根据不同的监督目标和实际情况确定。检测机构通过选择适当的监督方式，可以确保检测过程和检测结果符合质量标准和要求，提供优质的检测服务，增强客户满意度。如果监督计划中缺少监督方式，可能导致无法及时发现、纠正质量问题，无法达到标准和要求，使绩效和效率低下，以及导致缺乏数据支持和依据等问题。

检测机构在制订监督计划时，计划的审核和批准是确保计划有效性和可行性的一个重要环节。具体的审核和批准过程会因机构的规模、复杂性和要求而有所不同，有些机构可能还需要进行外部审核或经过监管机构的批准。因此，在实施监督计划之前，检测机构要确保严格遵守审核和批准程序，并根据情况做出相应的调整和改进。这样有助于确保监督计划的质量和可靠性，提高监督的有效性和效率。如果监督计划中缺少审核和批准环节，会导致计划的可行性不确定，无法识别风险和质量问题，决策制定不充分，人员执行难度增加等问题。

案例 17–2（注：本案例为某检测机构在监督抽查时发现的不符合项）

抽查检测机构检测质量监督实施过程中的质量监督记录，发现记录中缺少对不符合情况的描述、不符合的处置及整改情况说明等内容。

XXJJ–JL043–2021

质量监督记录

记录编号：JL043–202210–019

监督部门		监督项目 / 参数	监督日期	被监督检测人员	质量监督员
技术质量部		射线检测、超声检测	2022 年 10 月 21 日	吕某洋	孙某
监督内容		**质量监督情况描述**			
1	员工能力	检测人员是否持证上岗：是√　否 检测人员上岗前是否进行能力确认，是否有能力确认记录：是√　否 检测人员是否了解检测员岗位职责：了解　不了解√ 员工守则执行情况：优　良√　差 不符合描述：			
2	检测方法控制	检测 / 检验方法是否发生变更：是　否√ 检测 / 检验方法是否现行有效，是否有有效性核查材料和有效性核查记录：是√　否 必要时，实验室是否编写方法作业指导书，检测人员有无作业指导文件：是　否√ 检验方法和作业指导文件是否受控，是否有受控标识：文件受控√　未受控 不符合描述：			
3	环境控制	是否填写环境监控记录：是√　否 环境条件是否符合要求：是√　否 试验现场是否存在事故隐患：是　否√ 是否对外来人员进行管理，有无外来人员登记记录：有√　无 不符合描述：无			
4	设备控制	有无使用记录：有√　无 有无设备操作作业指导书：有√　无 必要时，设备是否进行了期间核查，核查结果：符合√　超差　临界 标准物质期间核查情况：合格√　不合格 设备有无校准状态标识：有√　无 设备是否进行维修、维护：是√　否 不符合描述：无			

续表

监督内容		质量监督情况描述
5	量值溯源	是否按计划检定 / 校准：是√ 否 有无外部检定或校准服务确认记录：有√ 无 设备是否在检定 / 校准有效期内使用：是√ 否 不符合描述：无
6	被测样品控制	被测样品是否进行登记：是√ 否 被测样品的交接有无责任人签名：有√ 无 被测样品是否按照受检状态分区放置：是√ 否 有无保密要求：有√ 无 样品是否有唯一性标识，流转是否安全：是√ 否 不符合描述：无
7	记录 / 数据控制	原始记录填写是否正确、规范：是√ 否 是否对所有的原始记录进行了核查：是√ 否 原始记录信息是否齐全，信息量是否充分：是√ 否 原始记录数据评判是否准确：是√ 否 不符合描述：无
8	检测报告控制	检测报告是否都有原始记录：是√ 否 原始记录与出具的报告中的结果是否一致：是√ 否 报告是否进行了三级审核：是√ 否 不符合描述：无
9	质量控制	是否进行了质量控制：是√ 否 质量监控结果：满意√ 超差 临界 不符合描述：无
对不符合工作的处置及整改情况说明：		

剖析：

● 检测机构的质量监督记录中，缺少对不符合情况的描述、不符合的处置及整改情况说明等内容。

● 质量监督记录不符合《特种设备检测机构核准规则》附件 D 第 D5.9 条“应当建立和实施检测质量监督控制程序……明确……结果处置”的要求。

质量监督记录是记录质量监督活动的文档。监督记录的内容应客观、真实、全面。记录人员要根据实际情况详细描述监督的过程、结果以及评价。监督记录应反映质量监督的全过程，包括监督对象、监督时间、质量目标、监督方法、监督结果、纠正措施等；监督记录应通过签名或电子签名等形式进行认可，并存档保存。相关部门应确保记录的准确性和合法性，并能提供有关证明材料。监督记录应根据检测机构的质量监督规定进行规范，并应保持连续性，确保记录的完整性和可追溯性。对于发现的问题、不合格的检测结果或其他可能引起质量问题的情况，应及时纠正，并详细记录相关内容和结果的处置情况。

结果处置是质量监督的最后一步，它表明了针对存在的问题或违规行为所采取的措施和结果。该案例中，检测机构应该严格按照《特种设备检测机构核准规则》、公司体系文件的要求以及监督实施的实际情况，补充、完善质量监督记录中的缺失内容和相关的支撑性文件。另外，监督员在实施监督过程中应随时记录监督的情况，无论是符合的还是不符合的，记录的内容都应翔实、具体，不能全部简单地记录符合或不符合而无实际支撑性的内容或资料。对于监督中发现的不符合项，监督员应立即进行纠正，如暂停检测工作和扣发检测报告等。同时，监督员还应组织检测人员分析不符合的原因，并对不符合工作的严重性和可接受性进行评价并记录；组织检测人员制定并实施纠正措施或预防措施，跟踪验证其有效性等。

第十八章　内部审核控制

本章重点阐述检测机构对质量管理体系的内部审核控制要求，通过对《特种设备检测机构核准规则》附件D第6.1条的相关专业术语进行解释，识别内部审核策划、内部审核实施2个过程，并对各过程中所涉及的质量控制环节和质量控制点逐一进行识别和分析，提出控制要求。本章通过典型案例，剖析内部审核控制过程中各质量控制环节与质量控制点常见的问题与不足，并为内部审核控制程序的建立提供指引。

第一节　规则简析

一、规则原文

D6.1　内部审核控制

应当建立和实施内部审核控制程序，验证质量管理体系实施的符合性和有效性，并且达到以下要求：

（1）内部审核由质量负责人策划并且组织实施，覆盖质量管理体系所有要素和部门；

（2）每年至少进行一次；

（3）制定内部审核计划；

（4）由经过培训且具有经验的人员担任审核人员，编制内部审核检查表、实施内部审核，审核人员独立于被审核的活动；

（5）及时采取纠正和纠正措施；

（6）出具内部审核报告。

二、术语

1. 内部审核

内部审核是指检测机构或组织内部对管理系统、质量管理体系、流程或程序进行独立的、系统性的审查，以评估其适用性、有效性和符合性的过程。

2. 内部审核策划

内部审核策划是指在进行内部审核前，制订一份计划或方案并安排相应资源来完成内部审核的过程。内部审核策划应考虑组织结构、资源、管理体系、内部流程、合规性和政策等方面，并详细规划每个审核任务的内容和时间表。

3. 内部审核计划

内部审核计划是指在进行内部审核时制订的一份详细计划，其中包括对审核目标、范围、时间表、资源和参与人员的规划。

4. 内部审核人员

内部审核人员是指负责执行内部审核任务的人员或外部的特定组织，是经过培训且具有经验的资质认证专业人员。

5. 内部审核报告

内部审核报告是指对检测机构的质量管理体系进行评估和审查的一种文档。该报告提供了关于检测机构是否符合标准、规程、法规和其他要求的信息，并可以帮助检测机构确定可能存在的风险、机会和改进的领域。

6. 内部审核策划和内部审核计划的区别和关系

内部审核策划和内部审核计划的区别和关系见表 18-1。

表 18-1　内部审核策划和内部审核计划的区别和关系

项目	内部审核策划（方案）	内部审核计划
内容	针对特定时间段所策划并具有特定目标的一组（一次或多次）审核安排	对（一次）审核活动和安排的描述
审核目标	一项审核方案涉及多次审核活动的目标，不同的审核活动也会有不同的目标	一次审核活动的具体目标，是审核方案目标的一部分
范围	一项审核方案可涉及全部体系、所有要素（过程）、所有部门	一项审核计划可能涉及全部体系、所有要素（过程）、所有部门，也可能涉及部分体系、要素（过程）和部门

续表

项目	内部审核策划（方案）	内部审核计划
建立 / 编制人员	通常是质量负责人及技术质量部负责人等管理人员	内部审核组组长
关系	审核方案包括对审核计划的要求	审核计划应符合审核方案的规定

三、条文解析

1. 条文主题

条文提出了检测机构内部审核控制程序的建立和实施，以及内部审核控制应达到的要求。

2. 控制目的

对内部审核策划进行控制，有助于检测机构有效管理资源，关注重要风险，明确目标和标准等，确保内部审核的有效性、全面性和连续性，以最大限度地发挥内部审核的效益和影响。对内部审核实施控制，使质量管理体系实施的符合性和有效性得到验证，有效支持管理决策和质量管理体系的持续改进。

3. 控制范围

对内部审核的全过程进行控制，包括内部审核策划、内部审核计划、内部审核实施（首次会议、现场审核、审核发现、审核结论、末次会议、审核报告）等，审核要求覆盖质量管理体系所有要素和部门。

4. 过程识别和控制环节

根据《特种设备检测机构核准规则》附件 D 第 6.1 条的要求，检测机构应当建立内部审核控制程序，识别内部审核控制所涉及的过程，通常包括内部审核策划、内部审核实施等。

（1）内部审核策划。检测机构应由质量负责人负责策划和组织实施内部审核。检测机构应制定内部审核方案，方案应得到审批。内部审核每年至少进行一次，且覆盖质量管理体系所涉及的所有要素和部门。审核人员应经过培训，具有经验，独立于被审核的活动等。

（2）内部审核实施。内部审核实施过程由内部审核组组长负责。内部审核组应编制内部审核计划，计划应得到审批。审核人员的要求、任务分配和职责应明确。审核人员应编制内部审核检查表，收集、验证、记录内部审核实施过程的信息；判定审核发现的结果，编制不符合报告。内部审核组组长编制内部审核报告。应对纠正和纠正措施进行审批、跟踪和验证等。

5. 职责分配

通常情况下，内部审核控制职责分配如下：

（1）机构负责人负责内部审核方案、内部审核报告的批准；

（2）质量负责人负责策划和组织实施内部审核，制定内部审核方案，审核内部审核计划和内部审核报告，指定内部审核组组长并选择审核人员，批准纠正、纠正措施，将内部审核的有关结果提交管理评审；

（3）技术质量部负责协助质量负责人组织开展内部审核工作，负责对纠正、纠正措施进行跟踪验证，并将有关审核记录统一汇总，归档保存；

（4）内部审核组组长负责组织内部审核实施全过程，包括组织审核人员编制内部审核检查表、制订内部审核计划、召开首次会议、现场审核、确认不符合项、召开末次会议、编制审核报告等；

（5）审核人员按程序要求编制内部审核检查表，实施内部审核，向内部审核组组长报告审核工作情况，对不符合项提出纠正要求，编制不符合报告，并协助技术质量部对纠正、纠正措施进行跟踪验证；

（6）被审核部门负责协助内部审核组开展内部审核实施工作。不符合项的责任部门或责任人负责制定与实施纠正、纠正措施等。

第二节　内部审核策划

一、质量控制目的

内部审核策划可确保高效、准确地实施内部审核工作，达到预期目的，为检测机构提供有价值的内部审核依据和建议。

二、质量控制环节与质量控制点

内部审核策划作为内部审核控制的一个过程，其质量控制环节与质量控制点见表18–2。

1. 制定内部审核方案

检测机构根据自身的规模、性质和复杂程度，针对特定时间段的一组（一次或多次）内部审核活动进行总体策划，由质量负责人策划并组织实施。每次内部审核都有其具体的目标，可以针对机构某一管理体系单一审核，也可以多体系结合审核或联合审核。为了使内部审核工作系统、有组织、有计划，确保质量管理体系的有效性，检测机构通常会制定内部审核方案（必要时）。

表 18-2　内部审核策划质量控制环节与质量控制点

<table>
<tr><th colspan="2">控制环节</th><th colspan="2">控制点</th><th colspan="3">控制要求</th></tr>
<tr><th>序号</th><th>名称</th><th>序号</th><th>名称</th><th>主要控制内容</th><th>工作见证</th><th>责任部门/岗位</th></tr>
<tr><td rowspan="2">1</td><td rowspan="2">制定内部审核方案</td><td>(1)</td><td>确立审核目标</td><td>目标与确立因素一致</td><td>法律法规、合同、管理体系等</td><td>质量负责人</td></tr>
<tr><td>(2)</td><td>审核方案的制定及要求</td><td>制定内容、编制、审批，审核范围、频次、人员等要求</td><td>审核方案</td><td>质量负责人、机构负责人</td></tr>
<tr><td rowspan="5">2</td><td rowspan="5">实施内部审核方案</td><td>(3)</td><td>审核方案发放和调整</td><td>发放范围、调整审批</td><td>审核方案发放记录</td><td>技术质量部、质量负责人</td></tr>
<tr><td>(4)</td><td>确定目标、范围和依据(准则)</td><td>每次审核的目标、范围和依据与审核方案一致</td><td>审核目标、范围和依据</td><td>技术质量部、质量负责人</td></tr>
<tr><td>(5)</td><td>协调和安排方案实施</td><td>日程计划、职责分配、信息提供</td><td>日程计划</td><td>技术质量部、质量负责人</td></tr>
<tr><td>(6)</td><td>实施审核</td><td>审核准备、审核实施</td><td>审核计划、实施记录、审核报告</td><td>审核组、质量负责人、被审核部门</td></tr>
<tr><td>(7)</td><td>管理和保持审核报告和记录</td><td>报告审核内容、批准、审核记录</td><td>审核报告、审核记录</td><td>技术质量部、质量负责人、机构负责人</td></tr>
<tr><td rowspan="2">3</td><td rowspan="2">监视和修改内部审核方案</td><td>(8)</td><td>监视审核方案</td><td>明确监视内容</td><td>体系文件</td><td>质量负责人</td></tr>
<tr><td>(9)</td><td>修改审核方案</td><td>识别方案修改</td><td>审核方案</td><td>质量负责人</td></tr>
<tr><td rowspan="2">4</td><td rowspan="2">评审和改进内部审核方案</td><td>(10)</td><td>评审审核方案</td><td>方案评审内容</td><td>审核方案</td><td>质量负责人</td></tr>
<tr><td>(11)</td><td>改进审核方案</td><td>识别改进内容、改进</td><td>审核方案</td><td>质量负责人</td></tr>
</table>

（1）确立审核目标。检测机构在内部审核策划时，要明确审核的目标（一组）。为了确保审核方案的有效实施，审核方案的目标应与质量管理体系的方针和目标相一致，并支持质量管理体系的方针和目标。确立目标时，可以从以下几个方面考虑：

1）法律法规和合同要求，以及检测机构承诺的其他要求；

2）管理体系要求；

3）管理的优先事项和重点项目；

4）相关方的需求和期望；

5）以往审核的结果；

6）发生失效、事件和客户投诉时所反映出的检测机构的绩效水平等。

检测机构每次开展内部审核时，审核目标都会因机构的需求不同而不同。例如，检测机构在核准前进行的审核，目标是评价机构是否满足《特种设备检测机构核准规则》的要求；检测机构在签订重大合同之前进行的审核，目标是验证本机构对合同要求的符合性等。

（2）审核方案的制定及要求。检测机构通常由质量负责人负责策划内部审核活动，制定审核方案，并经机构负责人审批。审核方案应包括在规定期限内高效地组织和实施审核所需的信息资源，涵盖审核目标、审核范围和详略程度、审核依据、审核频次与时机、审核日程安排、审核方式、审核方法、审核组的选择、审核所需资源、审核其他要求等内容。

1）审核目标。策划阶段需要设定内部审核的具体审核目标和预期结果。明确审核目标有助于指导内部审核的实施和评估结果的判断，确保实现规定的目标，促进质量管理体系的持续改进。质量负责人在制定审核方案时，应确立审核目标，具体内容见“确立审核目标”部分。

2）审核范围和详略程度。审核范围是指审核所覆盖的要素（过程）、活动、部门及场所，如审核的所有过程或部分过程、审核的所有部门或部分部门。详略程度是指审核内容的多少、详细与简略。审核范围和详略程度主要取决于检测机构的规模、性质，受审核的质量管理体系的性质、功能、复杂程度，适用的审核标准，每次审核的目标、范围、持续时间和审核次数，审核活动的数量、重要性、复杂性、相似性和地点，影响管理体系有效的因素，以往内部和外部的审核结论，以往审核方案的评审结论等。

3）审核依据。审核类型不同，审核依据也不同，在审核方案中要予以明确。审核依据如《特种设备检测机构核准规则》、检测机构的质量管理体系文件、法律法规及其他要求等。

4）审核频次与时机。内部审核通常分为常规审核和追加审核。质量负责人在进行内部审核策划时，对审核频次与时机的确定，应考虑审核范围和详略程度的决定性因素。

①常规审核。常规审核是按照计划和程序定期进行的审核，可以在管理评审之前一次完成，为管理评审提供质量管理体系运行较全面的信息；也可以采用滚动式进行，即每个月安排部分部门或部分过程分批完成审核。按照《特种设备检测机构核准规则》附件 D 第 6.1 条的要求，每年至少进行一次常规审核，确保覆盖质量管理体系所有要素和部门。

在体系建立初期，审核频次可以增加。各要素、各部门的审核频次，可以根据审核过程中发现问题的大小、多少以及重要程度来决定。如果拟审核的要素复杂，重要程度高，对质量管理体系的符合性和有效性影响大，或是在体系运行过程中存在的问题比较多，则应加大对这些活动的审核力度，或增加审核频次，或延长审核时间，确保通过内部审核后，提高质量管理体系的符合性和有效性。

②追加审核。追加审核是一种特别审核，是非计划性、不定期进行的审核，通常根据检测机构内部或外部的提示或举报来开展。例如，调查特定问题或风险、法律法规及其他外部要求发生变化、质量管理体系大幅修订、社会要求（或环境条件）发生变化或者发生严重的质量问题等，应开展追加审核。质量负责人应根据需要对审核方案进行修订，追加审核频次。

常规审核能确保检测机构内部审核控制的可靠性和稳定性，追加审核则可以帮助检测机构快速识别和解决重大风险和问题。两种审核相结合，有助于提高内部审核的效果和价值。

5）审核日程安排。内部审核策划阶段需要制定内部审核的日程安排，明确审核开始和结束的时间，安排好审核的进度和顺序。合理的日程安排有助于确保内部审核按时完成，并充分利用资源。检测机构的审核日程安排通常分为集中式年度审核日程安排和滚动式年度审核日程安排。

①集中式年度审核日程安排。检测机构通常在一年内进行 1 ~ 2 次集中式审核，即在几天内集中审核各要素、各部门。如果采用 1 次集中式审核，审核范围要覆盖质量管理体系所有要素和部门。如果采用 2 次集中式审核，可以每次选择审核某些要素和部门，但要保证在一年内完成所有要素和部门的审核。审核后的纠正、纠正措施活动及跟踪应在限定的时间内完成。集中式年度审核日程安排适用于中小型检测机构，以及未设置专门的内部审核部门或专职人员的机构。

②滚动式年度审核日程安排。检测机构通常在每个月对一个或几个要素和部门进行审核，审核后的纠正、纠正措施活动及跟踪陆续展开，持续时间比较长，但必须在一个审核周期内（一般为一年）确保所有要素和部门得到审核。重要的要素和部门可

增加审核频次。滚动式年度审核日程安排适用于大中型检测机构，以及设置专门的内部审核部门或专职人员的机构。

6）审核方式。审核方式通常分为按要素审核和按部门审核两种。

①按要素审核。检测机构审核时，按照要素实施，对同一要素的不同环节要审核与其相关的各个部门。该审核方式的优点是目标集中，判断清晰，能较好地把握体系中各个要素的运行状况。缺点是审核效率低，对检测机构的正常工作影响大。例如，每审核一个要素，就要涉及许多部门，所涉及的部门要按照要素的相关性，接受多次审核才能完成任务，严重影响检测机构的正常工作。假如要追溯某一要素的实施情况，可以选择采用要素审核的方式。

②按部门审核。按部门审核是检测机构普遍采用的一种审核方式，即在检测机构审核时，按照部门实施，对每个被审核部门所涉及的有关要素进行审核。这种审核方式强化了体系组织结构职能的概念。例如，检测机构的各职能部门在体系运行中承担了某些要素的管理职责，而检测人员则承担了检测现场的实际操作工作，管理职能和现场操作又有着内在的联系，通过部门审核则容易把握该部门的整体运行状况。该审核方式的优点是审核时间集中，审核效率高，对检测机构的正常工作影响小。缺点是审核内容比较分散，要素的覆盖可能不全面。

7）审核方法。审核方法是指在审核过程中获取证据的方法，通常包括面谈、查阅文件和记录、现场观察等。

①面谈。面谈是获取信息的重要方法，采用与被审核人员面对面沟通等方式。对面谈过程中获取的信息，特别是数据信息，应通过查阅记录或现场观察等方式来核实信息的准确性和真实性。面谈过程中，审核人员应少说多听，关注要点，与被审核人员总结和评审面谈的结果，并做好记录。

②查阅文件和记录。查阅文件和记录是现场审核必须采用的方法，有助于了解体系的要求，追溯体系发展和运行状况。审核人员通常采用抽样的方式，在同类记录和文件中选取有代表性的进行审核。需要查阅的主要记录包括文件评审、验证、确认记录，合格供应方/服务方评价记录，培训记录，文件控制记录，检测记录，不符合、纠正措施记录，内部审核记录，管理评审报告等。

③现场观察。现场观察即通过审核人员敏锐的观察力，在审核现场发现最真实的信息。该工作方法可用于判断检测机构在实际工作中是否遵守了程序文件和作业指导书的规定。这就需要审核人员在审核前，事先熟悉文件对现场的要求，并掌握有关的质量知识和法律法规知识，在审核过程中能准确判断有无重要的过程被遗漏。

8）审核组的选择。质量负责人根据审核活动的目标、范围、要素和部门以及审核日程安排，在审核方案中明确审核组的选择原则、基本要求和职责，确定审核组组长、审核人员或专家的配备。

①选择原则。审核组的选择通常应考虑以下几点：审核的范围和依据；实现审核目标所需要的审核组的整体能力，特别是审核人员的合理搭配；审核的复杂程度（越复杂的体系对审核组的要求越高）；审核人员独立于被审核的活动等。

②基本要求。审核组由审核组组长和审核人员（或专家）组成，一般为3~5人。审核组组长应具有管理和领导审核组的经验和技能，以便高效地开展审核。例如，审核组组长应平衡审核人员的强项与弱项，建立审核人员间的和谐工作关系，管理审核过程，代表审核组与各方人员沟通，引导审核组得出审核结论等。在审核人员选用时，一般应选用经过培训且具有经验的人员，且审核人员应当独立于被审核的活动，即审核人员不应审核自身参与的工作，避免任何利害冲突。

③审核组职责。

- 审核组组长。审核组组长应全面负责内部审核各阶段的工作；协助选择审核人员；制订审核计划，起草工作文件，为审核人员布置工作；代表审核组与被审核的部门负责人沟通、交流；及时向被审核的部门报告关键性的不符合情况；报告审核过程中遇到的重大障碍；有权对审核工作的开展和审核观察结果做出最后的决定；清晰、明确地报告审核结果，不无故拖延。

- 审核人员。审核人员应在确定的审核范围内工作；收集和分析与被审核的质量管理体系有关，并足以对其下结论的证据；将观察结果整理成书面资料；报告审核结果；验证与审核结果对应的纠正措施的有效性；收存、保管和呈送与审核有关的文件；保守审核文件的机密；谨慎处理特殊的信息；在任何时候遵守职业道德，保持客观、公正；配合和支持审核组组长的工作。

9）审核所需资源。检测机构为顺利开展内部审核工作，在内部审核策划时，应识别所需要配备的资源，如实施、管理和改进审核活动所必需的财务资源，审核人员实施审核需要了解和掌握的审核技术和方法，能实现特定审核目标的审核人员和技术专家，审核过程的时间、费用和其他审核需要等。

10）审核其他要求。审核方案中应明确审核的保密性、信息安全、健康安全以及其他类似事宜的要求，如在审核过程中获得的有关被审核部门的经济和技术秘密的保密要求、对特定行业信息的安全要求等。

另外，检测机构为了做好审核方案的管理工作，通常还会建立一个或多个对审核方案进行管理（控制）的程序，用于规定下列事项（适用时）：

①在考虑审核方案风险的基础上，策划和安排审核日程；

②确保信息的安全性和保密性；

③保证审核人员和审核组组长的能力；

④选择适当的审核组，并分配任务和职责；

⑤实施审核；

⑥适用时，实施审核后续工作，主要是纠正、纠正措施的验证；

⑦向机构负责人报告审核方案的实施概况；

⑧保持审核方案的记录，如有关审核方案的制定、实施、评审、改进的记录等；

⑨监视和评审审核方案的绩效和风险，提高审核方案的有效性。

检测机构应将对审核方案进行管理的程序形成规范性的文件，如内部审核控制程序、人员控制程序等，在制定审核方案时参照执行。

2. 实施内部审核方案

（1）审核方案发放和调整。质量负责人应将批准后的审核方案，向参与方案制定和方案实施的有关人员发放，并沟通落实审核方案的相关部分，定期通报进展的情况。如果在审核实施过程中出现方案部分内容需要调整的情况，应报机构负责人批准。

（2）确定目标、范围和依据（准则）。每次审核实施应基于形成文件的审核目标、范围和依据。质量负责人在每次审核实施时应确定审核目标，并与审核方案的目标一致。审核目标要规定每次审核要完成的任务，如确定所审核的质量管理体系与审核依据的符合程度，评价质量管理体系是否满足法律法规和合同要求以及受审核方所承诺的其他要求等。审核范围应与审核方案一致，涉及审核地点、审核活动、审核过程以及审核所覆盖的时间段。审核依据是确定审核结果的依据，如法律法规、标准、程序、方针、管理体系要求及合同要求等。如果审核过程中发生审核目标、范围、依据的变化，应根据需要修改审核方案，并重新批准。

（3）协调和安排方案实施。质量负责人根据审核方案的日程安排，协调审核组和被审核部门的日程安排，告知审核组组长实施每次审核的职责，提供审核组所需的资源。例如，质量负责人负责协调审核目标、审核依据（准则）和引用文件、审核范围、审核方式（方法）和程序、审核组的组成、被审核部门的联系方式、地点、日期和持续时间、配置的资源等。

当存在两个或多个审核组对同一部门进行联合审核时，质量负责人应进行协调，就审核方法达成一致，并考虑对审核资源和审核方案的影响。当审核过程中出现审核人员与被审核部门的利益冲突和能力方面的问题时，质量负责人应进行协调，调整审核组的规模和组成情况。

（4）实施审核。实施审核的内容详见本章第三节“内部审核实施”。

（5）管理和保持审核报告和记录。

1）审核报告。审核过程结束后，质量负责人应对审核报告进行审核，并将审核后的报告提交给机构负责人批准，确定后续审核的必要性。

2）审核记录。质量负责人应确保审核记录的形成、管理和保持，以证明已实施审核方案。记录的形式和详细程度应证明实现审核方案的目标。审核记录应包括以下 3 点：

①与审核方案相关的记录，如形成文件的审核方案的目标、范围和程度，审核方案风险的记录，审核方案有效性的记录等；

②与每次审核相关的记录，如审核计划、审核报告、不符合报告、纠正措施报告等；

③与审核人员相关的记录，如审核组成员的能力和绩效评价、能力的保持和提高等。

3. 监视和修改内部审核方案

（1）监视审核方案。质量负责人应对审核方案的实施情况进行监视，监视的内容包括以下 4 点：①评价与审核方案、日程安排和审核目标的符合性；②评价审核组成员的绩效；③评价审核组实施审核计划的能力；④评价来自机构负责人、被审核部门、审核组成员和其他相关方的反馈。

（2）修改审核方案。在对审核方案进行监视时，可能发现审核方案与实际情况不相符的情况，因此要考虑修改审核方案。例如，在审核时发现多个严重不符合项，需要增加审核次数；检测机构的组织结构发生重大调整，以及法律法规、标准、合同要求和检测机构所承诺的其他要求有变化等，应修改审核方案。

4. 评审和改进内部审核方案

（1）评审审核方案。质量负责人应评审审核方案，评定是否实现审核目标。从评审中得到的经验应用于持续改进审核方案过程的输入。评审时应考虑审核方案监视的结果、与审核方案的符合性、相关方进一步的需求和期望、审核方案记录、可替代的或新的审核方法、与方案有关的保密和信息安全事宜。

（2）改进审核方案。质量负责人应评审审核方案的总体实施情况，识别改进的内容，必要时改进、完善审核方案，并将审核方案的评审结果提交机构负责人。

三、案例与分析

案例 18-1（注：本案例为某检测机构内部审核控制程序的一部分）

4　工作程序和要求

4.1　年度内审策划

质量负责人根据公司当年工作任务的计划安排、拟审核的过程及区域的状况和重要性以及以往审核结果，策划本年度的内部审核方案并组织实施。

4.2　内部审核计划

内部审核计划由内审组组长负责编写，质量负责人审批后实施。

4.3　审核前准备

4.3.1　质量负责人应根据年度审核方案组建内审组。

4.3.2　内审人员依据内审计划文件，了解内审项目，结合受审方的特点，编制有可操作性的内部审核检查表，组长对检查表进行审核。

4.3.3　受审核方准备与本次审核相关的文件和质量记录。

4.4　审核实施

4.4.1　内审组将审批后的内部审核计划于实施前1周下发至受审核部门。

4.4.2　按照审核计划，首先由内审组组长主持召开简短的首次会议，明确本次内部审核的目的、内容和范围，说明检查的方法和要求，确定审核的日程安排。

4.4.3　审核人员按审核计划依据内部审核检查表实施审核。

4.4.4　审核情况及时记录在内部审核检查表中。

4.4.5　审核时，内审员把发现的问题报告内审组组长，经内审组组长确认后的不符合项填入不符合项报告，并将不符合项报告传递给受审方负责人确认。

4.4.6　内审组组长依据审核结果编写内部审核报告，并发放至被审部门负责人。

4.4.7　内部审核报告主要内容包括……

4.4.8　对存在的不符合采取纠正和纠正措施……

剖析：

1. 比较好的方面

- 明确内部审核的策划和组织实施由质量负责人负责。
- 明确内部审核计划的编制和审批。
- 明确内部审核的程序。
- 明确内部审核检查表的编制和审核。
- 明确内部审核报告的出具内容及所采取的纠正和纠正措施。

2. 存在的问题与不足

- 检测机构的内部审核控制程序中未明确审核范围（内部审核应覆盖质量管理体系所有要素和部门）、审核频次（每年至少进行一次）、内部审核计划的内容以及审核人员的要求等。

- 不符合《特种设备检测机构核准规则》附件D第D6.1条中“应当建立和实施内部审核控制程序……覆盖质量管理体系所有要素和部门……每年至少进行一次……制定内部审核计划……审核人员独立于被审核的活动”的要求。

为了确保内部审核计划的有效性，检测机构应在内部审核控制程序中明确内部审核方案或内部审核计划的制定内容和要求，如审核目标、审核范围、审核依据、审核频次与时机、审核日程安排、审核方式、审核方法、审核组选择、审核所需资源等。

检测机构应明确审核范围和频次的要求，确保审核的效果和效率。如果审核范围未明确，意味着审核人员无法确定应该审核的内容和目标，造成部分关键要素或部门的风险点未被审查和覆盖，导致审核结果不完整，无法有效识别和管理潜在风险。如果审核频次不明确，可能导致一些重要的风险或问题未能及时被审核和纠正。因此，检测机构在确定审核频次时，通常会依据风险评估、法规要求、业务需求等因素来确定。

另外，经过培训、具有经验且独立于被审核活动的要求，对于内部审核人员的选择至关重要。检测机构应在制定内部审核控制程序时，对审核人员的选择要求予以明确。内部审核人员应当熟悉质量管理，接受每年不少于16学时的特种设备质量管理体系知识培训，独立于被审核的活动，进行有效和准确的内部审核工作，提供客观、公正和有效的意见和建议，帮助检测机构改进业务管控和内部控制体系。

第三节　内部审核实施

一、质量控制目的

对内部审核实施进行控制的目的是验证检测机构质量管理体系实施的符合性和有效性，保障质量管理体系运行的持续改进，提高检测机构绩效和管理能力，增强利害相关方的信任和满意度。

二、质量控制环节与质量控制点

内部审核实施作为内部审核控制中的一个过程，其质量控制环节与质量控制点见表18–3。

1. 审核准备

内部审核是指在检测机构内部实施的具体审核活动，是内部审核方案实施的一部分，通过审核、查证管理体系标准和管理体系文件的实施情况，对管理体系运行状况是否符合标准和文件的要求作出客观判断，并据此对检测机构能否通过质量管理体系审核作出结论，是一种符合性审核。检测机构在内部审核实施前应做如下准备工作：

表 18-3 内部审核实施质量控制环节与质量控制点

控制环节		控制点		控制要求		
序号	名称	序号	名称	主要控制内容	工作见证	责任部门/岗位
1	审核准备	(1)	制订内部审核计划	要求、内容、编制、审核	内部审核计划	审核组组长、质量负责人
		(2)	内部审核任务分配	明确审核人员的要求、职责、任务	会议纪要、内部审核计划	审核组组长、审核人员
		(3)	内部审核文件准备	识别必要的内部审核文件，编制检查表	法律法规、审核方案、检查表等	审核组组长、审核人员
2	审核实施	(4)	首次会议	会议内容、签到	会议记录、签到表	审核组、质量负责人、被审核部门
		(5)	现场审核	信息收集、验证、证据记录要求	审核实施过程记录	审核组、被审核部门
		(6)	审核发现	审核结果判定、报告	不符合报告	审核组
		(7)	审核结论	汇总，分析审核结果，形成审核结论	会议记录	审核组
		(8)	末次会议	会议内容、签到	会议记录、签到表	审核组、质量负责人、被审核部门
		(9)	审核报告	内容、要求、编制、审批、报告分发	内部审核报告	审核组组长、质量负责人、机构负责人

（1）制订内部审核计划。审核组组长依据审核方案和检测机构提供的文件信息制订内部审核计划，计划内容至少包括审核目标、审核范围、审核依据和引用文件、审核实施的地点、审核实施的日期、审核实施的预期时间和期限、审核方式、审核人员的任务和职责、为审核的关键区域配置适当的资源等。计划制订完成后应与被审核部门沟通和确认，并提交质量负责人审核。计划审核通过后，由质量负责人将内部审核计划发送至各个被审核部门的负责人。

（2）内部审核任务分配。审核组组长可以直接分配审核任务或召开审核组会议协商分配任务，将具体的审核任务、过程、职能或场所分配给每位审核人员。分配任务时，应考虑审核人员的独立性和能力、资源的有效利用。为确保实现审核目标，可随着审核的进展调整所分配的任务，审核人员的职责和要求依据内部审核方案确定。

（3）内部审核文件准备。审核人员应按照各自承担的审核任务收集与审核有关的信息，并准备必要的内部审核文件（如内部审核检查表、审核抽样的方案、相关法规、标准、记录信息的表格等），用于审核过程的参考和记录审核的证据。内部审核检查表和表格的使用不应限制审核活动的范围和程度，可随着审核中收集的信息而发生变化。内部审核文件的准备应充分关注审核范围内管理体系的所有要素，提供的形式可以是任何媒介。内部审核文件的保存时间至少要到审核完成或审核计划规定的时限，审核人员在任何时候都应妥善保管涉及保密或知识产权信息的内部审核文件。下面重点对内部审核检查表的相关内容进行阐述。

1）内部审核检查表的编制。审核组组长应组织审核人员编制内部审核检查表。审核人员针对各自的任务，了解被审核部门所涉及的要素和体系文件对该部门的各项要求，了解有关法律法规文件对所涉及要素的要求等。审核人员在编制内部审核检查表时，应注意以下几个方面：

①按照标准、法律法规和质量管理体系文件的要求编制。

②关注每个部门、每个要素的典型问题，如市场部的合同评审、检测部的标准执行、综合管理部的供应商选择等。

③结合被审核要素和部门的特点，在检查表中突出被审核对象的特点。例如，对于被审核部门刚招入的员工，在检查表中应重点考虑人员培训问题等。

④抽样审核要具有代表性。例如，审核检测部的检测资料，通常抽取项目高峰期的检测记录。

⑤编制检查表时，应预估所需要的审核时间，预估审核时间不能超过计划审核时间，应留有一定的富余时间，防止临时出现某些情况需要增加审核内容或增加审核深度时无可利用时间。

⑥检查表应具有可操作性，明确抽样方法、检查方法等。

⑦按部门编制的检查表，要涉及质量管理体系的所有要素，具有全面性。

2）内部审核检查表的内容如下：

①被审核部门、审核时间、审核人员。

②审核内容。应列出审核的要点，确保审核全覆盖。

③审核思路（审核的步骤和审核方法）。

④审查记录。现场审核时记录审核的结果。

3）内部审核检查表的类型如下：

①按要素（过程）审核的检查表。按要素（过程）审核的检查表应确保覆盖此要

素所涉及的所有部门，即主要负责该要素的部门和协助的部门。内部审核检查表（按要素）示例见表 18-4。

表 18-4　内部审核检查表（按要素）示例

<table>
<tr><td colspan="8">受审核要素：</td></tr>
<tr><td>审核员：</td><td colspan="2">审核实施日期：</td><td colspan="5">审核依据：</td></tr>
<tr><th rowspan="2">检查项目</th><th colspan="6">检查方法</th><th rowspan="2">检查结果</th></tr>
<tr><th>提问</th><th>标准条款</th><th>文件条款</th><th>文件查阅</th><th>现场检查</th><th>审核部门</th></tr>
<tr><td></td><td></td><td></td><td></td><td></td><td></td><td></td><td></td></tr>
<tr><td></td><td></td><td></td><td></td><td></td><td></td><td></td><td></td></tr>
<tr><td colspan="4">编制 / 日期：（审核人员）　　年　月　日</td><td colspan="4">审核 / 日期：（审核组长）　　年　月　日</td></tr>
</table>

②按部门审核的检查表。检测机构内部审核检查表多采用此类型，按照部门编制的检查表，应涉及所审核部门的相关要素。内部审核检查表（按部门）示例见表 18-5。

表 18-5　内部审核检查表（按部门）示例

<table>
<tr><td colspan="8">受审核部门：</td></tr>
<tr><td colspan="4">审核员：</td><td>审核实施日期：</td><td colspan="3">审核依据：</td></tr>
<tr><th rowspan="2">规则条款</th><th rowspan="2">检查内容</th><th rowspan="2">是否适用</th><th rowspan="2">参考文件</th><th colspan="3">检查方法</th><th rowspan="2">检查结果</th></tr>
<tr><th>提问</th><th>文件查阅</th><th>现场检查</th></tr>
<tr><td></td><td></td><td></td><td></td><td></td><td></td><td></td><td></td></tr>
<tr><td></td><td></td><td></td><td></td><td></td><td></td><td></td><td></td></tr>
<tr><td colspan="4">编制 / 日期：（审核人员）　　年　月　日</td><td colspan="4">审核 / 日期：（审核组长）　　年　月　日</td></tr>
</table>

2. 审核实施

检测机构在内部审核准备结束后，以召开首次会议为内部审核实施的开端，审核人员根据审核依据、审核文件、内部审核检查表和计划安排进入现场实施审核。审核组对客观证据、审核发现的问题进行整理、分析和判断，与被审核部门沟通，确认得出审核结论，最后以末次会议结束现场审核。

（1）首次会议。在内部审核开始前，由审核组组长主持召开首次会议。参会人员包括审核人员、机构负责人（必要时）、质量负责人、被审核部门负责人及主要工作人员。会议应准时、简短、明了，通常会议时间不超过半小时。首次会议主要介绍审核目标、范围、依据、审核方法、审核组的组成和工作安排、保密和信息安全的事宜等，确认审核组与被审核部门就审核计划达成一致，确保所计划的审核活动能够实施。所有参会人员必须在首次会议的签到表上签字。

（2）现场审核。首次会议结束后，审核人员按照任务分配，进入所负责的区域（部门）开始现场审核。现场审核采用抽样的方式收集并验证与审核目标、范围和依据有关的信息，从而获得审核证据。现场审核是审核实施控制环节中最重要的一个控制点，现场审核结果是得出最终审核结论的依据。因此，在现场审核过程中，运用适宜的审核方法收集并验证信息，获得能够证实的审核证据是审核实施的关键。

1）信息收集。在现场审核过程中，审核人员采用的抽样方式具有风险性和局限性。要尽可能使抽样具有代表性、公正性和客观性，以减少风险。审核人员根据审核的范围、复杂程度以及抽样情况，采用观察过程环境和条件、与人员交谈、查阅相关文件（方针、目标、计划、程序、标准、指导书、执照和许可证、规范、合同和订单等）和记录（检测记录、会议纪要、审核报告等）等方式，收集与审核目标、范围和依据有关的信息。信息收集过程中，应重点关注与关键过程、关键岗位及体系运行有效性有关的信息。

2）信息验证。审核人员在审核过程中，运用适宜的方法和技巧收集很多信息，但是只有与审核依据有关并且能够证实的信息才能成为审核证据。当然，在实际审核中，不要求也没必要对获得的信息逐一进行证实，但在需要时这些信息应该能够被证实，由此确保审核证据信息是真实、客观存在的。验证方法通常可包括审核记录与文件规定的符合性、实际操作与文件规定的符合性、人员描述与文件规定的符合性及记录的一致性，必要时可以现场复检（验）来证实结果或记录的符合性、有效性和真实性。

3）证据记录。审核人员应记录获得的审核证据，记录的内容可包括证据获得的时间、地点及审核的对象、主题事件、主要过程和过程实施概要、观察到的事实、凭证资料、涉及的文件、记录、标识等。记录的审核证据应全面反映审核的情况，不应只记录有问题的信息，也应记录审核过程中能够证实被审核部门质量管理体系符合要求和有效运行的信息，特别是主要过程的符合性和有效性信息，并能为审核报告中相应的评价和结论提供依据。记录的信息应清楚、准确、具体并具有重查性。

4）值得关注的问题如下：

①现场审核要依靠内部审核检查表，对检查表的调整应谨慎。

②不合格项问题比较复杂时，要从多方面寻找客观证据。例如，检测人员未按操作指导书进行检测，原因可能是检测人员未经过培训，也可能是检测人员无法获取操

作指导书等，导致判断的依据不同。

③当发现不符合时，要调查研究到必要的深度。例如，检测结果比对不一致时，要追溯所执行的工艺是否一致，检测人员资质是否符合要求，检测设备量值溯源是否符合要求等。

④与被审核部门负责人共同确认事实。

（3）审核发现。

1）审核发现的符合和不符合。审核人员通常在每天审核结束后或是全部审核完成后，通过比较评价在审核现场获得的审核证据与相关法律法规、标准、体系文件、检测合同等文件的要求，确定审核发现及其符合性。对未满足要求的，即确认为“不符合”，应记录不符合项，并验证不符合的相关审核证据。审核人员应与被审核部门一起评审不符合项，并确认审核证据的准确性，以获得被审核部门的理解和认可。若出现意见分歧，可通过协商或重新审核来决定。

符合审核标准的审核发现，为审核组对检测机构质量管理体系进行总体评价提供了正面的信息基础，也为审核组得出适宜的审核结论提供了依据。

2）不符合的情况。现场审核形成的不符合项一般包括以下 3 种情况：

①质量管理体系文件的建立不符合有关的法律法规、标准和合同等要求；

②质量管理体系的实施不符合文件的规定；

③质量管理体系的实施不到位，没有达到预期目的。

3）不符合的类型。审核组发现的不符合项，按照严重程度分为严重不符合和一般不符合。

①严重不符合举例如下：

• 质量管理体系出现系统性失效。例如，在审核的多个部门或多个过程现场均发现同时使用不同版本的体系文件，这就说明整个体系文件管理失控。

• 质量管理体系实施失效。例如，设备台账与设备标识、设备量值溯源状态、设备使用情况等不符，出入库手续混乱，现场检测使用的设备与原始记录不符等，出现全面失效的现象。

• 可能产生严重后果。例如，检测人员无资质检测或设备未检定、校准，可能产生严重质量事故等。

②一般不符合举例如下：

• 对满足质量管理体系过程或体系文件的要求而言，个别的、偶然的、孤立的、性质轻微的不符合。例如，检测记录信息错误，未按照体系文件的要求进行修改并签字等。

• 对审核范围的质量管理体系而言，出现次要的问题。例如，文件控制过程中出现不符合项，但对于整个质量管理体系文件的控制效果影响是轻微的，没有构成系统性失效。

4）不符合的依据。根据发现的不符合项，审核人员应判定不符合标准的哪些条款。具体原则：应以客观事实为依据；就近不就远，即若有适用的具体条款，就不用综合性条款；审核中查出不符合事实，又发现不符合原因，应按原因适用的条款；在质量管理体系文件中，已作出规定的条款就是机构的“法规”，必须遵守。当判定不符合综合性条款时，一定要慎重，不能以偏概全、全面否定。

5）不符合的报告。审核人员将审核发现的情况汇总后，编制不符合报告（适用时），报告内容包括被审核部门或人员、审核人员、陪同人员、审核日期、不符合事实描述（发生的地点、时间、当事人、涉及的文件号、记录号等）、不符合严重程度、被审核要素和部门负责人签字确认、不符合原因分析、拟采取的纠正措施及完成的日期、纠正措施完成情况及验证等。

（4）审核结论。

1）分析、汇总审核结果。在末次会议召开之前，由审核组组长主持召开审核组总结会。将审核收集到的综合信息、审核发现和不符合报告进行一次汇总分析，目的是对质量管理体系符合性、有效性进行评价，并作出审核结论。对于质量管理体系的符合性和有效性，通常从以下几个方面进行评价：

①方针和目标的实现情况；

②资源、设施、环境条件满足要求的能力；

③关键活动、过程及风险有效控制的情况；

④法律法规要求的符合性和稳定性；

⑤检测工作质量的控制效果；

⑥数据的收集、分析与利用，持续改进措施的有效性；

⑦内部审核、管理评审、外部审核（国家、地方的监督抽查等）纠正措施等自我完善机制的有效性；

⑧客户的满意度。

审核组对汇总后的审核结果按条款和部门进行分类、分析。对上次内部审核和本次内部审核的审核情况进行纵向比较，分析检测机构在质量管理方面是否有所提升，明确出现薄弱环节的部门或过程。

2）形成审核结论。审核组在分析汇总审核结果后，形成审核结论。审核结论是考虑审核目标和所有审核发现后得出的最终结论。如果内部审核计划中有规定，审核结论可提出改进的建议或对审核过程的建议。

（5）末次会议。检测机构内部审核末次会议由审核组组长主持，时间通常不超过

1 h。参会人员包括被审核部门的负责人、质量负责人、审核人员等。末次会议提出审核发现与审核结论，重点应围绕不符合项提出纠正措施及改进建议等，使被审核部门了解审核发现和审核结论。必要时，审核组组长应告知被审核部门在审核中遇到的可能降低审核结论可信度的情况。由于审核是利用有限资源在有限时间内开展的，审核期间所收集的信息只建立在对可获得信息的抽样基础上，这导致所有的审核都具有一定的不确定因素，检测机构应对这种不确定性加以关注。末次会议应做好记录并保存，参会人员应签到。

（6）审核报告。

1）报告编制。内部审核的结论通常以报告的形式提交，由审核组组长编制。审核报告是管理评审的依据，可以在末次会议之前或之后编制。审核报告的内容至少包括审核目标、审核范围、审核标准、审核人员、被审核部门的参与人员、审核发现、审核结论、纠正措施实施要求、审核报告的分发等。审核报告中应避免出现末次会议未谈及的问题、模糊不清的论述、存在歧义的描述。

2）报告分发。审核报告完成后，由质量负责人审核，机构负责人批准，并按规定的日期分发给被审核部门和相关人员。

（7）审核后续活动。根据审核报告中提出的不符合项和改进建议，由检测机构各部门负责人在商定的期限内采取纠正和纠正措施实施整改。审核组或检测机构质量负责人应验证纠正和纠正措施的完成情况及有效性。审核后续活动实施的相关内容详见本书第十九章。

三、案例与分析

案例 18–2 （注：本案例为某检测机构在监督抽查时发现的不符合项）

抽查检测机构 2022 年内部审核计划时，发现审核人员李某为技术质量部副部长，在审核日程安排与分工时，审核人员李某负责的被审核部门包含技术质量部。

编号：× ×–JL1808–2022

2022 年内部审核计划

编号：JL1808–2022–010–001

审核目的	审核质量管理体系涉及的各部门所开展的质量活动及其结果是否符合要求，确定质量管理体系是否有效实施和保持，并为质量管理体系的改进提供依据
审核方式	按照部门审核
审核范围	覆盖质量管理体系所涉及的要素、部门及人员等
审核依据	《特种设备检测机构核准规则》（TSG Z7002—2022）和质量管理体系文件

续表

<table>
<tr><td>审核组长</td><td colspan="2">孙某云</td><td colspan="2">审核成员</td><td>李某、孙某琳</td></tr>
<tr><td>审核时间</td><td colspan="2">2022 年 10 月 18—20 日</td><td colspan="2">审核编号</td><td>×××-NBSH-001</td></tr>
<tr><td>首次会议时间</td><td colspan="2">2022 年 10 月 18 日
08：30</td><td colspan="2">末次会议时间</td><td>2022 年 10 月 20 日
16：30</td></tr>
<tr><td>审核报告计划
提交日期</td><td colspan="5">2022 年 10 月 21 日</td></tr>
<tr><th>序号</th><th>日期</th><th>受审部门</th><th>内审员</th><th colspan="2">审核内容</th></tr>
<tr><td>1</td><td>2022 年
10 月 18 日</td><td>管理层</td><td>孙某云</td><td colspan="2">《特种设备检测机构核准规则》附件 D 第 D3 条、第 D5.2 条、第 D7.1 条、第 D7.2 条</td></tr>
<tr><td>2</td><td>2022 年
10 月 18 日</td><td>人力行政部</td><td>李某</td><td colspan="2">《特种设备检测机构核准规则》附件 D 第 D4.1 条、 第 D4.2 条、 第 D7.1 条、第 D7.2 条</td></tr>
<tr><td>3</td><td>2022 年
10 月 19 日</td><td>技术质量部</td><td>李某</td><td colspan="2">《特种设备检测机构核准规则》附件 D 第 D1 条、第 D2 条、第 D5.3 条、第 D5.4 条、第 D5.9 条、第 D6.1 条、第 D6.2 条、 第 D6.3 条、 第 6.4 条、 第 D6.6 条、第 D7.3 条、第 D7.4 条</td></tr>
<tr><td>4</td><td>2022 年
10 月 19 日</td><td>市场营销部</td><td>孙某琳</td><td colspan="2">《特种设备检测机构核准规则》附件 D 第 D5.1 条、第 D5.5 条、第 D6.5 条、第 D7.1 条、第 D7.2 条</td></tr>
<tr><td>5</td><td>2022 年
10 月 20 日</td><td>无损检测部</td><td>孙某琳</td><td colspan="2">《特种设备检测机构核准规则》附件 D 第 D2.4 条、第 D2.6 条、第 D4.3 条、第 D5.3 条、 第 D5.4 条、 第 D5.6 条、第 D5.7 条、第 D5.8 条</td></tr>
<tr><td colspan="4">编制：孙某云（审核组组长） 2022 年 10 月 5 日</td><td colspan="2">审核：王某名（质量负责人）
2022 年 10 月 8 日</td></tr>
</table>

剖析：

● 检测机构 2022 年内部审核计划中，审核人员李某的审核工作未独立于被审核的活动。

● 李某的审核工作不符合《特种设备检测机构核准规则》附件 D 第 D6.1 条“应当建立和实施内部审核控制程序……审核人员独立于被审核的活动”的要求。

内部审核人员的独立性是指他们在实施内部审核时能够保持独立、客观和无偏见的态度，且不受干扰或影响。审核人员的独立性通常分为形式上的独立和实质上的独立。形式上的独立是指审核人员与被审核部门没有特殊的关系（如经济利益、兼任职务、亲属关系等），否则容易使审核人员在审核过程中的判断出现偏差。实质上的独立是指审核人员在开展审核工作过程中，应当不受个人或外界因素的约束、影响和干扰，保持客观、公正、无私的工作态度。

为了确保审核结果的客观性、准确性和公正性，审核组组长应在制定内部审核计划时，重点关注审核人员在被审核活动中的独立性，避免利益冲突、干扰和操控、主观偏见以及审核结果被干预等问题，从而提升内部审核工作的可靠性、可信度和有效性。

案例 18–3 （注：本案例为某检测机构内部审核报告）

内部审核报告

记录编号：JL1706–2022–10–001

审核目标：质量管理体系是否有效实施和保持，并为质量管理体系的改进提供依据
审核范围：公司质量管理体系所涉及的要素、部门及人员等
审核部门：人力行政部、技术质量部、检测部门
审核准则：《特种设备检测机构核准规则》（TSG Z7002—2022）和质量管理体系文件
审核成员：孙某（组长）　赖某森（组员）　曹某（组员）　刘某（组员）
审核报告发布日期：2022 年 10 月 12 日 发布范围：总经理、技术质量部、人力行政部、检测部门、审核组成员
审核综述： （1）单位在 10 月 10—12 日进行了建立质量管理体系以来的首次内部审核，本次内部审核采用现场查看、提问、查阅相关文件及记录等方法进行。 （2）质量管理体系的建立和实施基本符合审核依据的要求，各部门均能按体系文件的规定要求开展工作，尚未发现质量管理体系文件与标准相互冲突的地方，能够满足评审准则的规定。 （3）质量方针得以贯彻，实现了质量目标，截至本次内审，未发生客户投诉事件，未发生结果报告错误事件。 （4）本次内部审核证明本单位建立的质量管理体系文件能满足检测服务的需要，质量管理体系能够持续有效运行，基本符合《特种设备检测机构核准规则》（TSG Z7002—2022）和质量管理体系文件等相关规定。但在审核中也发现了以下 4 个不符合项： 1）查阅编号为 20220509 的渗透检测原始记录，未记录检测的环境温度； 2）查阅编号为 20220713 的检测委托单，未注明检测标准或依据； 3）设备仓库存放混乱，未按要求进行管理、摆放和标识； 4）编号为 20220503 的存档报告，未盖检测专用章。 （5）为确保体系的有效运行和不断改进，审核组提出以下建议： 1）各相关部门（人）认真学习掌握《特种设备检测机构核准规则》（TSG Z7002—2022）、质量手册和程序文件等规定，严格按要求开展质量管理和检测工作； 2）各部门和人员加强沟通。按管理体系文件规定履行职责，增强记录意识，对质量管理和技术运作的各个环节按规定进行记录，并妥善保管； 3）对单位所有设备、检测样品进行清理，按要求标识、控制、管理和使用，防止误用及混淆；

续表

4）各相关部门（人）应以此为契机，在日常的工作中及时总结、发现、举一反三，对出现的或潜在的不符合项及时制定措施，持续改进，以确保本单位的管理体系不断完善； 5）对本次审核中发现的不符合项，由相关部门（人）在2022年11月12日前完成整改，将整改材料报内审组，由技术质量部进行跟踪验证，并输入管理评审及在下次内审中予以关注	
编制：孙某	2022年10月12日

剖析：

● 检测机构的内部审核报告未按照内部审核控制程序的要求编制，审核部门缺少管理层、财务部和市场营销部，且缺少报告的审批人员签字。

● 内部审核报告不符合《特种设备检测机构核准规则》附件D第D6.1条中“应当建立和实施内部审核控制程序……出具内部审核报告”的要求。

内部审核的结论最终以报告的形式提交，审核报告是管理评审的依据，报告中的数据要齐全、真实、有效。如果审核报告中缺少关键信息或数据，检测机构就无法准确地识别和分析问题的根本原因，也难以采取必要的纠正措施和改进措施来解决问题，导致类似问题重复发生。另外，不完整的审核报告还会造成利害相关者对检测机构内部审核程序的不信任，质疑报告的准确性和可靠性，影响检测机构的声誉和信誉。

报告审批是确认报告已经经过必要的审查和授权的方式，缺少审批人员签字会造成审核报告被认为是非正式或未经授权的文件，从而影响报告的可信度。审核组组长应严格按照体系文件的要求编制内部审核报告，经质量负责人审核及总经理批准。

第十九章　不符合、纠正措施及预防措施控制

本章重点阐述检测机构对质量管理体系不符合、纠正措施、预防措施控制的要求，通过对《特种设备检测机构核准规则》附件 D 第 D6.2 条、第 D6.3 条及第 D6.4 条的相关专业术语进行解释，识别各过程中涉及的质量控制环节和质量控制点，并逐一进行识别和分析，提出控制要求。本章通过典型案例，剖析不符合、纠正措施及预防措施控制中各质量控制环节与质量控制点常见的问题与不足。

第一节　规则简析

一、规则原文

D6.2　不符合控制

应当建立和实施不符合控制程序，并且达到以下要求：

（1）对不符合的严重性进行评价，并且对其可接受程度做出判定；

（2）明确纠正及纠正确认的控制要求；

（3）采取纠正行动；

（4）对纠正的有效性进行验证；

（5）评价不符合再度发生的可能性。

D6.3　纠正措施控制

应当建立和实施纠正措施控制程序，并且达到以下要求：

（1）分析、确定不符合产生的主要原因；

（2）制定、评价、实施纠正措施；

（3）验证纠正措施的有效性。

D6.4 预防措施控制

应当建立和实施预防措施控制程序，并且达到以下要求：

（1）明确预防措施的启动时机与要求；

（2）明确潜在不符合收集的职责、方式和方法；

（3）分析、确定潜在不符合产生的主要原因；

（4）制定、评价、实施预防措施；

（5）验证预防措施的有效性。

二、术语

1. 不符合

不符合指不满足规定的要求或不在预期范围内。

2. 潜在不符合

潜在不符合指有发生的可能但尚未发生的不符合。

3. 纠正

纠正指为消除已发现的不符合所采取的措施。

4. 纠正措施

纠正措施指为消除不符合产生的原因并防止不符合再次发生所采取的措施。

5. 预防措施

预防措施指为消除潜在不符合或其他潜在不期望情况的原因，防止潜在不符合发生所采取的措施。

6. 确认

确认指通过提供客观证据，对特定的预期用途或应用要求已得到满足的认定。

7. 验证

验证指通过提供客观证据，对规定要求已得到满足的认定。

三、内容简析

1. 控制目的

对检测机构在质量管理体系运行及检测过程中发现的不符合和潜在不符合进行纠正，在必要时采取纠正措施、预防措施等，防止不符合再度发生和潜在不符合的发生，实现质量管理体系持续改进，应对风险，把握机遇。

2. 控制范围

控制范围涉及质量管理体系运行及检测工作各个环节发现的不符合和潜在不符合。

3. 过程识别和质量控制环节

为对不符合及潜在不符合实施有效控制，根据《特种设备检测机构核准规则》附件 D 第 D6.2 条、第 D6.3 条、第 D6.4 条的规定，检测机构应建立质量管理体系，对不符合要素提出控制要求，编制不符合控制程序、纠正措施控制程序和预防措施控制程序等程序文件，明确各要素控制的目的、范围、人员的职责和权限，识别质量控制环节和质量控制点，通过程序的有效运行，达到控制目的。

各检测机构因实际情况不同，可根据自身质量管理的需要，在满足《特种设备检测机构核准规则》要求的基础上，识别不同的质量控制环节和质量控制点。不符合控制、纠正措施控制和预防措施控制的质量控制环节举例如下：

（1）不符合控制。根据《特种设备检测机构核准规则》附件 D 第 D6.2 条的规定，结合检测机构实际情况，为达到不符合控制的目的，不符合控制过程一般包括不符合提出、不符合评价、不符合处置、纠正措施实施必要性判定和不符合统计等控制环节。

（2）纠正措施控制。经评价，发现的不符合如果存在再度发生的可能性，应采取纠正措施，执行纠正措施控制程序，以消除不符合产生的原因，防止不符合再度发生。为达到这一目的，纠正措施控制过程一般应包括不符合原因分析、纠正措施确认及实施、纠正措施有效性验证等控制环节。

（3）预防措施控制。与纠正措施实施的被动性不同，预防措施是检测机构针对潜在不符合采取的积极防范措施。主动发现检测机构在检测及质量管理活动过程中的潜在不符合是有效实施预防措施，防止潜在不符合发生的关键环节。预防措施控制过程一般包括预防措施启动时机和要求、潜在不符合确认、预防措施确认及实施、预防措施有效性验证等控制环节。

4. 职责分配

一般情况下，检测机构对不符合纠正、纠正措施及预防措施实施的职责按如下情况进行分配：

（1）检测机构所有人员都有责任和义务向技术质量部报告检测和质量管理各过程发现的不符合和潜在不符合；

（2）技术质量部负责不符合的归口管理，确定不符合，组织开展不符合的处置工作；

（3）技术部门应配合技术质量部进行不符合的处置工作；

（4）质量负责人负责一般不符合、可接受不符合的纠正、纠正措施的实施；

（5）机构负责人负责严重不符合、不可接受不符合的纠正、纠正措施的实施；

（6）根据潜在不符合的性质，机构负责人和质量负责人分别负责实施针对不同潜在不符合所采取的预防措施。

各检测机构因规模、管理模式、岗位、职责、权限设置的不同，不符合纠正、纠正措施及预防措施的管理存在差异性，应结合自身实际情况合理设置。

5. 纠正、纠正措施、预防措施之间的关系

纠正、纠正措施、预防措施之间既有关联又存在区别，为保障不符合处置的有效性，应分清三者之间的关系。结合术语解释，从定义、实施对象、实施目的、实施效果和实施时机 5 个方面比较纠正、纠正措施、预防措施，见表 19–1。

表 19–1　纠正、纠正措施与预防措施的比较

比较项目	定义	实施对象	实施目的	实施效果	实施时机
纠正	为消除已发现的不符合所采取的措施	针对的是不符合本身，就事论事	对发现的不符合进行处置，使之符合	当即发生作用，使不符合变为符合	发生不符合后，被动实施
纠正措施	为消除不符合产生的原因所采取的措施	针对的是不符合产生的原因	对不符合产生的原因进行处置，防止不符合再次发生	不能当即见效，需通过验证才能看到效果	发生不符合后，被动实施
预防措施	为消除潜在不符合产生的原因而采取的措施	针对潜在不符合产生的原因	防止潜在不符合产生	不能当即见效，需通过验证才能看到效果	不符合发生前，主动实施

第二节　不符合控制

一、质量控制目的

通过实施不符合控制，及时消除不符合产生的影响，防止不符合产生的后果扩大化；对不符合进行评价，根据评价结果明确管理的重点并做出采取纠正措施必要性的判定。

二、质量控制环节和质量控制点

不符合控制过程的质量控制环节和质量控制点见表 19–2。

表 19–2　不符合质量控制环节和质量控制点

控制环节		控制点		控制要求		
序号	名称	序号	名称	主要控制内容	工作见证	责任部门/岗位
1	不符合提出	（1）	不符合的来源	明确不符合来源于哪些过程，并对不符合的来源进行记录	不符合处置记录	技术质量部
		（2）	不符合描述	不符合描述的准确性、客观性、完整性	不符合处置记录	技术质量部
2	不符合评价	（3）	不符合严重性评价	不符合严重性评价方法制定、评价实施流程	不符合处置记录	技术质量部、质量负责人
		（4）	不符合可接受性评价	不符合可接受性评价方法制定、评价实施流程	不符合处置记录	技术质量部、质量负责人
3	不符合处置	（5）	不符合纠正方式的提出及确认	确定纠正方式并确认，实施纠正，明确相关职责和实施流程	不符合处置记录	技术质量部、质量负责人
		（6）	纠正实施	明确纠正实施流程及各岗位、部门职责，保证纠正的效果	不符合处置记录	技术质量部、质量负责人
		（7）	纠正实施有效性验证	明确纠正有效性确认方法、确认流程及各部门和岗位职责	不符合处置记录	技术质量部、质量负责人
4	纠正措施实施必要性判定	（8）	不符合再度发生的可能性评价	不符合再度发生可能性评价方法、评价实施流程	不符合处置记录	技术质量部、质量负责人
5	不符合统计	（9）	不符合统计	明确不符合统计方法、职责和实施流程，与《数据分析控制程序》进行衔接	不符合统计表	技术质量部、质量负责人

1. 不符合提出

质量管理体系的持续改进就是不符合发现、纠正、预防的循环过程，不符合控制是检测机构质量管理体系持续改进的重要方式。

（1）不符合的来源。检测机构应当在程序文件中明确不符合的来源，不符合可能来源于质量管理体系运行和检验检测的各个环节，如投诉与抱怨、仪器设备检定与校准、检测过程和结果质量监督、检测报告审批、管理评审、内部及外部审核等。在提出不符合时，应在相应记录中标明不符合的来源，便于对不符合项的分布进行统计分析。

（2）不符合描述。应准确、客观、完整地描述不符合事实，并注明不符合判定的依据。

2. 不符合评价

检测机构通过对不符合进行客观、实际的评价，可实现对不符合的分类、统计，并根据不同评价结果对不符合实施有针对性的管理，突出管理重点。

检测机构应在程序文件中明确不符合评价的程序、方法和职责。不符合评价一般包括以下两种评价方式：

（1）不符合严重性评价。根据《特种设备检测机构核准规则》附件 D 第 D6.2 条的规定，检测机构应对不符合进行严重性评价，目的是根据不符合的严重性对不符合进行分类管理，突出管理的针对性和重点，落实相关部门和岗位的管理责任，提高管理质量和效率。

严重性程度不同的不符合处置的审批流程不同，一般情况下，严重不符合的处置需经机构负责人批准。

为保证严重性评价的有效性和准确性，检测机构应在不符合控制程序中明确不符合严重性评价的方法和评价标准。关于不符合严重性评价，并未规定统一的标准，各检测机构应结合自身情况制定。

检测机构通常按照不符合对检测机构能力和管理体系运行产生影响的程度，将不符合分为严重不符合和一般不符合：

1）严重不符合。严重不符合举例如下：

①影响检测机构诚信的不符合，如检测数据造假、出具虚假报告等；

②影响检测机构技术能力的不符合，如技术负责人任职资格条件达不到要求、关键岗位人员缺失等；

③检测结果可靠性和准确性的不符合，如检测数据误差过大，影响检测结果；

④影响质量管理体系有效运作的系统性不符合、区域性不符合。例如，文件缺少某一要素的控制要求，导致该要素系统性失控（系统性不符合）；某一部门或多个部门整体未参加内审或内审时多个要素未覆盖（区域性不符合）；项目部质量监督时，发现整个项目部未配置作业指导文件或作业指导文件有问题（区域性不符合）。

2）一般不符合。一般不符合指随机的、孤立的、偶发的、易关闭的不符合，举例如下：

①某台检测设备未校准；

②检测原始记录存在修改而未签字；

③某超声检测原始记录缺少记录编号；

④内审发现的某项不符合纠正措施未得到验证。

3）一般不符合和严重不符合并没有严格的界限，某些情况下，一般不符合可能转变为严重不符合，举例如下：

①检测设备未校准，如果仅就该台设备而言，属于偶发的一般不符合；但该设备一直用于检测，影响某一个或几个工程检测结果的有效性，就转变为严重不符合。

②检测原始记录存在修改而未签字为一般不符合，但如果重复发生，就变为严重不符合；重复出现的一般不符合属于严重不符合。

③超声检测原始记录缺少记录编号，单独看属于一般不符合，如果该不符合产生的原因是检测机构未制定编号规则，则可能导致原始记录无法检索和追溯，产生系统性影响，则属于严重不符合。

（2）不符合可接受性评价。评价不符合的可接受性，同样是为了对不符合进行分类，便于检测机构有针对性地管理，突出管理重点。不符合的可接受程度不同，针对不符合所采取的处置措施、不符合处置的审批流程及职责权限也有所不同。不可接受不符合的处置一般应经机构负责人批准。

为保证不符合可接受性评价准确，检测机构应在不符合控制程序中规定不符合可接受性评价方法和评价标准，作为不符合评价的依据。不符合的可接受性评价并无统一标准，不同的检测机构对于不符合的可接受程度不同，各机构应结合自身实际情况制定。

通常来讲，不符合的可接受性评价与不符合的严重性评价不同，且无必然的联系。严重性评价一般依据不符合产生的影响程度，可接受性评价更倾向于依据不符合产生后果的严重程度。严重不符合如果尚未造成严重后果，有可能是可接受的；一般不符合如果产生的后果较为严重，也是不可接受的。举例如下：

1）一般不符合有可能是不可接受不符合。抽查某无损检测机构某特种设备超声检测报告，报告结论是合格的，但追踪检测设备状态时发现该检测设备超期未校准。检测设备超期未校准应为一般不符合，但对检测设备进行校准后重新对该特种设备进行检测，检测结果是不合格的，即该不符合的出现影响了报告结论，引起的后果是严重的，则该一般不符合是不可接受的。

2）严重不符合也有可能是可接受不符合。某检测机构项目部整体未参加内审，根据该不符合对质量管理体系的影响程度，该不符合应属于严重不符合，但由于发现及时，尚未引起严重的后果，则有可能属于可接受不符合；如果本次内审过程中，发现现场作业指导文件存在问题，需要修订，而该项目部由于未参加内审，仍按原作业指导文件进行检测，造成检测结果有误，影响检测结论，产生了严重后果，则该不符合属于不可接受不符合。

3. 不符合处置

不符合处置指的是不符合确定并经过评价后所采取的行动，包括不符合纠正方式的提出及确认、纠正实施、纠正实施有效性验证等。

（1）不符合纠正方式的提出及确认。对于发现的不符合应当进行纠正，明确不符合纠正方式，并对纠正方式进行确认。检测机构应当在程序文件中明确纠正方式的提出和确认的方法、职责和流程。例如，由质量管理人员或不符合发生的责任单位提出纠正方式，通过会议或工作群等形式对纠正方式进行讨论、论证，确定纠正方式，由相关负责人进行签字确认。不同严重程度和可接受程度的不符合，其纠正方式提出和确认权限有所不同：一般不符合的纠正方式可由质量管理人员直接提出，质量负责人进行确认；严重不符合和不可接受不符合纠正方式则可能需要经会议讨论，由质量负责人提出，经机构负责人进行确认。

不符合纠正方式应结合不符合严重性评价和可接受性评价结果来确定。如果不符合对过去检测结果产生影响，确认纠正方式时应考虑对过去检测结果影响的消除。

（2）纠正实施。纠正方式确认后，实施纠正，形成不符合纠正实施记录，客观、真实地反映纠正实施的具体情况，并经实施责任人签字确认。检测机构应当在程序文件中明确纠正实施及形成相关见证的流程和职责。

（3）纠正实施有效性验证。纠正实施一定阶段后，需要对纠正实施的效果进行验证。检测机构应明确纠正效果验证的方法、流程及职责，一般采用监督、评审等方法对纠正实施效果进行验证，具体验证方式应当由检测机构根据不符合的性质有针对性地确定，并明确验证方式的提出及确认的流程和职责。

4. 纠正措施实施必要性判定

根据不符合发生的原因，综合判断不符合再度发生的可能性，并据此确定是否采取纠正措施。对不符合再度发生的可能性进行评价和对纠正措施实施必要性的确认，一般由质量负责人负责。

当评价表明不符合可能再度发生时，应当采取纠正措施，纠正措施控制应按纠正措施控制程序的规定实施。

检测机构应当在不符合控制程序中明确不符合再度发生的可能性评价的方式、流程和职责。例如，以会议形式对不符合进行评价，确认有无必要采取纠正措施，并经质量负责人签字确认。对于一般不符合则可直接由质量管理人员做出采取纠正措施必要性的判断，并经质量负责人确认。

不符合的纠正、纠正措施的实施应注意以下问题：

（1）不是所有不符合都可以纠正，无法实施纠正的可采取纠正措施。例如，超声检测记录中缺少焊缝坡口形式及焊后热处理的信息，可能的原因是超声检测原始记录格式中未设置相应的栏目，且该不符合未对检测结果造成影响，而该记录格式已经使用2年，实施纠正的成本较高，则没有必要实施纠正，可采取纠正措施，防止以后出现类似的不符合。

（2）不符合的纠正应当与不符合的影响程度相适应，并考虑运营成本，避免过度纠正。对于一般不符合、可接受不符合，在对检测结果影响不大的情况下，如果纠正成本过高，可以不进行纠正，而采取适当的纠正措施，消除不符合发生的根本原因，避免不符合再次发生。

5. 不符合统计

不符合控制是检测机构持续改进工作的重要手段，检测机构应当鼓励相关人员及时发现不符合并定期进行不符合统计。不符合的发现贯穿于检测质量管理全过程，通过对不符合进行分类统计，为数据分析控制程序提供数据支持。对统计数据进行分析，可以发现不符合的分布规律和发展趋势，便于检测机构落实考核制度和管理责任，实施有针对性的管理，持续提高管理质量。

三、案例与分析

案例 19–1（注：本案例为检测机构不符合控制实施典型案例）

不符合描述：检测安全管理程序中缺少对危险源的辨识、风险评价、安全应急措施、安全培训、存档的控制要求。

对上述不符合项进行处置，按不符合控制程序的规定，填写不符合工作处置记录表。

不符合工作处置记录表

文件编号：××××–××××–×/×　　　　　　记录编号：××××–×××

不符合来源	□内部审核　■外部审核　□管理评审　□质量监督 □抱怨和投诉　□其他
不符合描述	检测安全管理程序中缺少对危险源的辨识、风险评价、安全应急措施、安全培训、存档的控制要求
不符合评价	不符合的严重性：□一般不符合　■严重不符合
	不符合的可接受性：□可接受　■不可接受
	质量负责人：×××　××××年××月××日

续表

不符合纠正	拟采取纠正： 按文件控制程序的规定，由技术质量部组织对检测安全管理程序进行修订 提出人：××× ××××年××月××日 质量负责人：××× ××××年××月××日 机构负责人：××× ××××年××月××日
	纠正实施： 已按文件控制程序的规定修订了检测安全管理程序，补充了相关内容 实施人：××× ××××年××月××日 质量负责人：××× ××××年××月××日 机构负责人：××× ××××年××月××日
纠正实施有效性验证	有效性验证方式、结论及见证资料： 于××××年××月××日对检测安全管理程序及相关文件进行评审，评审结论符合要求，详见文件评审记录（编号：××××-×××） 实施人：××× ××××年××月××日 质量负责人：××× ××××年××月××日
纠正措施实施必要性	不符合再度发生可能性：□无 ■有
	纠正措施实施必要性： 由于该不符合项有再度发生的可能性，应采取纠正措施，防止不符合再度发生 质量负责人：××× ××××年××月××日
其他必要说明	质量负责人：××× ××××年××月××日

解析：

1. 不符合严重性评价

“对危险源的辨识、风险评价、安全应急措施、安全培训、存档的控制要求”是无损检测机构质量管理体系关于安全控制要素的重要内容，缺少相应的内容，表明检测机构安全管理控制要素存在重大缺失，在安全控制要素建立方面存在较大失误，并对要素实施产生系统性影响，因此该不符合应为严重不符合。

2. 不符合可接受性评价

质量、技术、安全是无损检测机构质量管理体系建立和运行的核心，安全控制要素重要内容的缺失影响检测机构在安全管理方面的能力，影响政府和客户对检测机构在安全管理方面的信任度，可能造成无损检测机构发生事故，该不符合应为不可接受不符合。

3. 纠正及纠正实施

按文件控制程序的规定修订检测安全管理程序，补充相关内容，履行审批手续后发布实施，对相关人员进行培训。该不符合经评价为严重不符合和不可接受不符合，因此，该不符合的纠正及纠正实施应经机构负责人批准。

4. 纠正实施有效性验证

该不符合的纠正方式为文件修订，其纠正实施有效性验证方式一般为文件评审：评审修订后的文件与法规标准的一致性、符合性及实际可操作性，并形成评审记录，作为有效性确认的见证资料。

5. 不符合再度发生可能性评价

安全控制因素的重要控制内容缺失反映了检测机构管理机制和制度落实存在问题，体系运行有效性存在问题，人员工作态度和责任心存在问题。如果这些问题不能得到有效解决，该不符合具有再度发生的可能性。

第三节　纠正措施控制

一、质量控制目的

按照不符合控制程序的规定，评价发现的不符合再度发生的可能性。如果不符合有再度发生的可能性，应采取纠正措施，实施纠正措施控制，从根本上消除不符合发生的原因，防止不符合再度发生。

二、质量控制环节和质量控制点

纠正措施控制过程的质量控制环节和质量控制点见表 19–3。

1. 不符合原因分析

对于经评审确定实施纠正措施的不符合，检测机构应当进行调查研究，可通过召开质量分析会议等方法，找出不符合产生的原因，并将其过程和职责在纠正措施控制程序中作出明确规定。

不符合产生的原因可能是多方面的，应当通过对众多原因的分析，发现不符合产生的主要原因并从根本上消除，才能防止不符合再度发生。不符合产生原因分析分为两个过程：

（1）不符合产生原因的提出。程序文件中规定不符合产生原因提出的过程及职责。不符合涉及的各部门、岗位及技术质量部和管理层人员从不同角度和职责范围提出不符合发生的原因，并进行汇总。

表 19-3 纠正措施控制过程的质量控制环节和质量控制点

控制环节		控制点		控制要求		
序号	名称	序号	名称	主要控制内容	工作见证	责任部门 / 岗位
1	不符合原因分析	（1）	不符合产生原因的提出	不同部门、不同人员从不同角度和职责范围内提出不符合产生的原因	纠正措施实施记录	技术质量部
		（2）	分析并确认不符合产生的主要原因	明确不符合分析方法及原则，综合分析不符合产生的原因，确认不符合产生的主要原因，并明确相关职责和流程	纠正措施实施记录	技术质量部、质量负责人
2	纠正措施确认及实施	（3）	纠正措施的制定	不符合责任部门配合质量管理人员制定纠正措施	纠正措施实施记录	技术质量部、质量负责人
		（4）	纠正措施的评价	相关责任人员对纠正措施进行评价并确认，明确纠正措施评价及确认的职责和流程	纠正措施实施记录	技术质量部、质量负责人
		（5）	纠正措施实施	明确纠正措施实施过程的职责和流程，保留纠正措施实施书面证据	纠正措施实施记录	技术质量部、问题发生部门、质量负责人
3	纠正措施有效性验证	（6）	纠正措施验证的方法	明确纠正措施有效性验证方法	纠正措施实施验证记录	技术质量部、质量负责人
		（7）	纠正措施有效性验证流程	明确纠正措施有效性验证职责、程序及见证等	纠正措施实施验证记录	技术质量部、质量负责人

（2）不符合产生的主要原因分析与确认。对不符合产生的原因进行综合分析，确定主要原因，并对分析方法作出规定，明确不同类型的不符合在原因确认方面的职责和审批流程。例如，对于一般不符合，其产生原因的确认只需经过质量负责人审核即

可；对于严重不符合、不可接受不符合，其产生原因的确认则可能需要机构负责人进行审批。

2. 纠正措施确认及实施

（1）纠正措施的提出。在确认不符合产生的主要原因基础上，通过研究、分析，提出消除不符合产生原因，确保不符合不再发生的多种纠正措施，供检测机构有关方面对纠正措施进行评价并予以确认。

制定纠正措施过程应充分体现基于事实的决策方法这一管理原则，采取科学、系统、严谨的方法，以保证纠正措施实施的有效性。

（2）纠正措施的评价及确认。评价所采取的纠正措施能否保证不符合不再发生，同时考虑纠正措施是否与不符合的影响程度相适应，在进行充分调查、研究、分析、论证等基础上，确认所需采取的纠正措施。

检测机构应在程序文件中明确纠正措施提出、评价及确认的流程，如由技术质量部召集相关人员进行会议讨论，提出若干纠正措施，并进行评价，根据评价结果及不符合的严重程度，分别由质量负责人和机构负责人进行确认。

（3）纠正措施实施。明确纠正措施实施流程及相关人员职责，按照规定的程序实施纠正措施，保证实施过程中的执行力度，并保留纠正措施实施的书面记录。

3. 纠正措施有效性验证

（1）纠正措施验证方法。检测机构应当在程序文件中明确纠正措施验证的方法，一般包括资料评审、效果评估、过程监督、数据比对、能力验证等方式，机构可结合本单位实际情况，制定其他有效的纠正措施验证方法。

（2）纠正措施验证工作流程。检测机构应明确纠正措施验证相关人员的职责、工作程序及形成的见证性资料。根据采取的验证方法不同，可分别制定不同的工作流程。如果采取质量管理体系中规定的程序，如文件评审、质量监督等验证方法，可直接按照相关程序文件的规定实施验证；如果所采取的方法缺少程序性的规定，则在实施验证之前，应制定相应的纠正措施验证方法工作程序，并纳入机构质量管理体系进行受控管理。

三、案例与分析

案例 19-2

不符合描述：编号为 JCWY/GY.RT2018-002 的射线检测操作指导书中，透照方式填写不规范，一次透照长度、像质计位置、像质指数及曝光量均不符合《压力容器焊接规程》（NB/T 47015—2023）的规定。

射线检测操作指导书

<table>
<tr><td colspan="2">操作指导书编号</td><td>××××–×××</td><td>委托单编号</td><td>×××–××</td><td>验收规范</td><td>GB/T 20801</td></tr>
<tr><td colspan="2">执行标准</td><td>NB/T 47013.2—2015</td><td>检测技术等级</td><td>AB 级</td><td>合格级别</td><td>Ⅱ</td></tr>
<tr><td rowspan="4">检测概况</td><td>检件名称</td><td>蒸汽管道</td><td>检件类别</td><td>压力管道</td><td>检件编号</td><td>002#</td></tr>
<tr><td>检件规格 / mm</td><td>Ø700×8</td><td>检测比例</td><td>100%</td><td>检件材质</td><td>20#</td></tr>
<tr><td>检测部位</td><td>焊接接头</td><td>焊接方法</td><td>SMAW</td><td>坡口形式</td><td>V</td></tr>
<tr><td>热处理状态</td><td>未热处理</td><td>表面状态</td><td>外观检查合格</td><td>检测时机</td><td>焊后</td></tr>
<tr><td rowspan="10">检测条件及工艺参数</td><td>射线源种类</td><td>X 射线</td><td>设备型号</td><td>XXG–2005</td><td>焦点尺寸 /（mm×mm）</td><td>2.0×2.0</td></tr>
<tr><td>胶片规格 /（mm×mm）</td><td>300×80</td><td>胶片牌号</td><td>大铜锣</td><td>胶片等级</td><td>C5</td></tr>
<tr><td>透照方式</td><td>双壁透照</td><td>一次透照长度 /mm</td><td>260</td><td>最小焦距 / mm</td><td>102</td></tr>
<tr><td>透照焦距 / mm</td><td>850</td><td>水平偏移距离</td><td>—</td><td>透照次数</td><td>9</td></tr>
<tr><td>像质指数</td><td>13</td><td>像质计型号</td><td>Fe–Ⅲ</td><td>像质计位置</td><td>源侧</td></tr>
<tr><td>管电压 /kV</td><td>180</td><td>管电流 /mA</td><td>5</td><td>曝光时间 / min</td><td>3</td></tr>
<tr><td>增感屏（前屏）</td><td>铅铂 0.03 mm</td><td>增感屏（后屏）</td><td>铅铂 0.01 mm</td><td>底片黑度</td><td>2.0～4.5</td></tr>
<tr><td>冲洗方式</td><td>手工</td><td>显影条件</td><td>4～6 min，20℃ ±4℃</td><td>定影条件</td><td>15 min，20℃ ±4℃</td></tr>
<tr><td>干燥方式</td><td>自然干燥</td><td>散射线屏蔽</td><td>—</td><td>遮光板</td><td>—</td></tr>
<tr><td>工艺验证</td><td colspan="5">方法：在工件上按工艺要求透照一张底片，如果符合标准要求，证明工艺符合标准要求</td></tr>
</table>

注："SMAW"指保护金属电弧焊。

纠正措施实施记录

文件编号：××××-××××-×/×　　　　记录编号：××××-×××

<table>
<tr><td>不符合描述</td><td>编号为JCWY/GY.RT2018-002的射线检测操作指导书中，透照方式填写不规范，一次透照长度、像质计位置、像质指数及曝光量均不符合《压力容器焊接规程》（NB/T 47015—2023）的规定。
不符合处置记录表编号：××××-×××</td></tr>
<tr><td>不符合原因分析</td><td>（1）公司未对该作业指导书编制填写说明书，反映公司体系运行存在问题。
（2）编制人员的工作责任心、工作态度及业务能力存在问题
质量负责人：×××　××××年××月××日</td></tr>
<tr><td>拟采取的纠正措施及评价结论</td><td>拟采取的纠正措施：
（1）加强职责落实，进一步明确奖惩制度，强化各岗位人员责任心，提高质量管理体系运行的有效性。
（2）组织人员按文件控制程序的规定编制射线检测操作指导书的填写说明，并发布实施，培训宣贯。
（3）委托软件开发机构开发检测操作指导书智能编制系统。
评价结论：■可以实施　□不可实施
制定人：×××　××××年××月××日
质量负责人：×××　××××年××月××日
机构负责人：×××　××××年××月××日</td></tr>
<tr><td>纠正措施实施</td><td>纠正措施实施情况及见证资料：
建立和完善了奖惩制度，明确了各部门和岗位的具体职责，并与各部门负责人签订岗位责任书；已组织人员编制填写说明，并已经正式发布实施；已与软件公司签订软件开发协议，提交了软件开发需求，目前软件正在开发过程中。
见证资料名称及编号：《检测操作指导书填写说明》××××-×××、软件开发协议××××-×××、人员培训记录××××-×××
实施人：×××　××××年××月××日</td></tr>
<tr><td rowspan="2">纠正措施有效性验证</td><td>纠正措施有效性验证方法：
文件评审、过程监督、软件数据验证及测试
提出人：×××　××××年××月××日
质量负责人：×××　××××年××月××日</td></tr>
<tr><td>纠正措施有效性验证实施情况：
纠正措施实施一个月后，对岗位责任、检测操作指导书填写说明、编制完成的检测操作指导书进行评审；软件编写完成后，对软件进行数据验证及测试。
见证资料名称及编号：文件评审记录×××-×××、过程监督记录××××-×××、软件测试记录××××-×××
实施人：×××　××××年××月××日
质量负责人：×××　××××年××月××日</td></tr>
</table>

续表

纠正措施有效性验证结论	纠正措施有效性验证结论： ■实施有效 □存在问题 实施人：××× ××××年××月××日 质量负责人：××× ××××年××月××日 技术负责人：××× ××××年××月××日 机构负责人：××× ××××年××月××日
其他必要说明	软件开发已完成，从××××年××月××日开始，所有检测操作指导书均使用系统进行编制，各编制人员及时反馈软件使用过程中发现的问题，填写操作指导书编制系统问题反馈记录提交质量管理部 质量负责人：××× ××××年××月××日

解析：

1. 不符合原因分析

（1）管理机制问题。检测机构未针对操作指导书制定相应的填写说明，如“双壁透照”，属于未使用标准术语，应当在编制说明中作出规定；编制了填写说明，但培训、发布不到位。

（2）人员态度和责任心问题。思想上不重视，填写随意，如像质计位置、透照方式等。

（3）人员能力问题。人员知识和技能水平不足，未能充分理解标准中的相关规定，如曝光量的选择等。

（4）人员的偶然失误。上述不符合的产生也可能是人员偶然失误造成的，如像质计摆放位置。

2. 纠正措施

根据确定的不符合发生的根本原因，采取以下纠正措施：

（1）制定射线检测操作指导书填写说明，并进行培训、宣贯后发布实施；

（2）加强人员的工作态度和责任心教育，制定考核制度、奖惩机制；

（3）通过编制或引进使用智能化无损检测工艺文件编制系统，规范工艺文件的填写和自动选择并计算相关参数，减少人为失误。例如，系统可以根据工件规格自动匹配相应的透照方式，根据焦距和透照方式自动计算一次透照长度和最小曝光量，自动选择像质计类型和像质指数等。

由于该不符合属于严重不符合和不可接受不符合，纠正措施应经机构负责人批准。

3. 纠正措施验证

（1）评审所采取的纠正措施。例如，对操作指导书填写说明进行定期评审，发现其中存在的问题并持续改进；对机构制定的管理制度、奖惩机制进行评审，评价其合理性和有效性。

（2）监督所采取的纠正措施，定期抽查操作指导书的编制情况，对智能化检测工艺文件进行功能测试及数据验证等。

由于该不符合属于技术方面不符合，且为严重不符合和不可接受不符合，纠正措施验证结论应经技术负责人确认和机构负责人批准。

第四节　预防措施控制

一、质量控制目的

预防措施是针对检测机构质量管理体系运行和检测过程中发现的潜在不符合所采取的措施，以消除潜在不符合发生的原因，防止不符合的发生，持续改进质量管理体系。

预防措施的实施可提前消除检测机构存在的风险。预防措施是检测机构为改进质量管理体系，提高管理水平，更好地适应市场需求和外部机遇而采取的积极、主动的应对措施。对于检测机构来说，潜在不符合不一定不符合质量管理体系和法规、标准的要求，而是在更高的层次方面发现自身的不足，通过预防措施及时改进，更好地适应客户需求，把握外部发展所带来的机遇。

二、质量控制环节和质量控制点

预防措施控制的质量控制环节和质量控制点见表 19–4。

表 19–4　预防措施控制的质量控制环节和质量控制点

控制环节		控制点		控制要求		
序号	名称	序号	名称	主要控制内容	工作见证	责任部门 / 岗位
1	预防措施启动时机和要求	（1）	预防措施控制职责和要求	明确预防措施各质量控制环节和质量控制点的职责和控制要求	潜在不符合工作处置记录 / 预防措施实施记录	技术质量部、质量负责人
		（2）	预防措施启动必要性评价及启动时机确定	根据潜在不符合的影响程度，制定预防措施启动必要性评价标准，明确预防措施启动时机	预防措施实施记录	技术质量部、质量负责人

续表

控制环节		控制点		控制要求		
序号	名称	序号	名称	主要控制内容	工作见证	责任部门 / 岗位
2	潜在不符合确认	(3)	潜在不符合收集	明确潜在不符合的来源、发现潜在不符合的方法及潜在不符合收集的职责	预防措施实施记录	技术质量部
		(4)	潜在不符合原因分析	对确认启动预防措施的潜在不符合进行原因分析，明确原因分析的职责、方法和流程	预防措施实施记录	技术质量部、质量负责人
3	预防措施确认及实施	(5)	预防措施的提出	各部门、岗位提出预防措施	预防措施实施记录	技术质量部、质量负责人
		(6)	预防措施的评价及确认	相关责任人员对预防措施进行评价并确认拟采取的预防措施，明确预防措施评价及确认的方法、职责和流程	预防措施实施记录	技术质量部、质量负责人
		(7)	预防措施实施	明确预防措施实施过程的职责和流程，保留预防措施实施书面证据	预防措施实施记录	技术质量部、问题发生部门、质量负责人
4	预防措施有效性验证	(8)	预防措施验证方法	检测机构应在程序文件中明确预防措施的验证方法	预防措施实施验证记录	技术质量部、质量负责人
		(9)	预防措施验证流程	明确预防措施有效性验证的职责、流程和见证资料等要求	预防措施实施验证记录	技术质量部、质量负责人

1. 预防措施启动时机和要求

预防措施是针对潜在不符合采取的积极防范措施。在质量管理工作中，主动发现潜在的不符合，积极采取预防措施，将质量管理模式由事后纠正转变为事前预防，可以有效减少不符合的发生，持续提高质量管理水平。

预防措施是质量管理体系中重要的持续改进手段，实施预防措施是检测机构质量管理水平和工作主动性的重要体现。

（1）预防措施控制的职责和要求。为持续改进质量管理体系，检测机构应建立相应机制，鼓励主动采取预防措施，并编制预防措施控制程序，明确预防措施启动的时机及相关人员在预防措施实施方面的职责、要求等。

（2）预防措施启动必要性评价及启动时机确定。预防措施的启动应根据潜在的不符合对机构质量管理体系运行产生的影响程度而定，在权衡风险、利益和成本三者关系之后确定是否启动预防措施。

检测机构应当在预防措施控制程序中明确预防措施启动与否的判定标准，以作为质量管理相关人员确定预防措施启动与否的依据。

预防措施启动时机应当在潜在不符合发生之前。启动时机应当由质量管理人员会同潜在不符合涉及的部门和人员确定，并在程序文件中对启动时机的确定流程和人员职责作出规定，保证启动时机的有效性。适时启动预防措施可有效防止不符合的发生，持续改进质量管理体系。

例如，某机构在进行上半年质量目标考核时发现检测报告准确率这一质量目标低于机构年度质量目标，如果不进行控制，有可能造成机构年度质量目标无法实现这一潜在不符合。应及时启动预防措施，下半年开始加强检测报告审核力度，提高考核频次，确保实现年度质量目标。

2. 潜在不符合确认

（1）潜在不符合的收集。积极主动地发现潜在不符合是实施预防措施，持续改进质量管理体系的前提。潜在不符合的收集是预防措施实施过程中的一个重要控制环节，机构应在程序文件中明确潜在不符合的来源，同时采取激励政策鼓励检测机构人员积极拓展潜在不符合发现渠道，积极提出潜在不符合，启动预防措施控制程序，有效提高机构管理水平和应对风险的能力，持续改进质量管理体系。

潜在不符合通常来源于以下几个方面：

1）数据分析。利用数据分析、统计，发现质量管理体系某个方面的发展趋势，寻找质量管理体系改进的机会，是体系持续改进的重要方法，也是潜在不符合的重要来源；通过数据分析，找出质量管理体系改进之处，就属于发现潜在的不符合。

《特种设备检测机构核准规则》附录 D 还规定了数据分析应提供的信息和内容，即至少包含客户满意度、与检测质量和安全相关的活动结果、资源的匹配度等。

2）行业之间、同行之间相互借鉴。借鉴行业之间、同行之间的经验、教训，判断本机构是否存在潜在的不符合，及时采取预防措施。一个机构发现的不符合，也是另一个机构的潜在不符合。

3）管理评审。管理评审需要全面评价体系的充分性、适宜性和有效性，以及当外界要求发生变化后，体系是否仍然满足要求。

例如，新的法规出台后，对体系人员、设备、管理的要求发生变化，管理评审时会发现体系在适应新法规方面存在问题，这些问题即潜在的不符合。如果不采取预防措施，这些问题将成为不符合。

4）外部审核。外部审核是从另外一个角度对机构的质量管理体系进行全面诊断，在发现不符合的同时，提出一些合理的改进建议。这些改进建议所针对的即不采取预防措施就会发展成为不符合的潜在不符合。

5）内部审核。虽然内部审核的目的是审核体系实施的符合性，但通过内部审核，仍可以发现一些潜在的不符合。

6）检测质量监督。检测过程和结果质量监督控制是检测机构提高检测质量的重要手段，也是《特种设备检测机构核准规则》中规定的质量管理体系的重要因素，在这个过程中同样可以发现潜在的不符合。

（2）潜在不符合原因分析。确定启动预防措施后，应对潜在不符合的原因进行分析，并据此提出预防措施。预防措施的制定同样需要权衡风险、利益和成本三者关系，确定与潜在不符合相适应的预防措施，防止过度预防。

检测机构应当在预防措施控制程序中规定潜在不符合原因分析的方法、流程及相关人员的职责。

潜在不符合原因分析应充分利用数据分析结果及质量管理体系持续改进过程中所获得的信息，积极采用统计技术，对潜在不符合进行客观、科学的分析。

3. 预防措施确认及实施

（1）预防措施的提出。由潜在不符合涉及部门及质量管理人员共同提出预防措施。预防措施的提出应充分结合潜在不符合分析结果，保证预防措施的针对性和有效性。

检测机构应在程序文件中对预防措施提出的方法、方式、流程和相关人员的职责作出规定，并在实施过程中保留相关的见证。

（2）预防措施的评价及确认。针对潜在不符合产生的原因，为防止不符合的发生，检测机构应对提出的预防措施进行评价，在程序文件中明确预防措施评价和确认的方式、方法、流程和职责。

可通过研究、分析提出多种预防措施，并对不同预防措施的适宜性、有效性、充分性及风险、利益和成本进行客观、科学的评价，供机构有关方面做出决策，确定所采用的预防措施。

预防措施的确认应建立在充分调查、研究、分析、论证、试验、比较等基础上，以合理地确定预防措施，保证其有效性。

（3）预防措施的实施。为防止潜在不符合的发生，应在适当的时机实施预防措施。机构应明确预防措施实施的职责和流程，并保留预防措施实施的见证。

预防措施实施见证以记录的方式保留，记录内容一般包括过程、监督、检查、完成、验证等。

4. 预防措施有效性验证

预防措施实施后，应对其实施效果进行验证。检测机构应当制定预防措施验证的方法、流程和职责，预防措施有效性验证方法和流程可参照纠正措施有效性验证。

三、案例与分析

案例 19–3（检测机构预防措施实施典型案例及分析）

潜在不符合描述：根据走访客户取得的信息，公司大部分客户明年的检测项目由原来的 100%RT+30%UT 检测更改为 100%TOFD 检测，而目前我们公司还未取得 TOFD 资质核准，将会影响明年检测业务。

潜在不符合工作处置记录

文件编号：××××–××××–×/×　　　　记录编号：

潜在不符合来源	□内部审核 □外部审核 □管理评审 □质量监督 ■抱怨和投诉 □数据分析 ■其他：客户调查
潜在不符合描述	根据走访客户取得的信息，公司大部分客户明年的检测项目由原来的 100%RT+30%UT 检测更改为 100%TOFD 检测，且 TOFD 检测市场需求逐渐增加，而目前我们公司还未取得 TOFD 资质核准，将会影响明年检测业务 提出人：××× ××××年××月××日 质量负责人：××× ××××年××月××日
预防措施必要性确定	客户是检测公司赖以生存的基础，应根据客户需求及时调整公司的策略，有必要采取预防措施，应对市场机遇 质量负责人：××× ××××年××月××日
预防措施启动时机	立即启动 质量负责人：××× ××××年××月××日
其他必要说明	该问题已报总经理，应引起足够重视，各部门全力配合，立即启动预防措施，确保各项检测工作的安全 质量负责人：××× ××××年××月××日

预防措施实施记录

文件编号：××××–××××–×/×　　　　记录编号：

潜在不符合描述	根据走访客户取得的信息，公司大部分客户明年的检测项目由原来的 100%RT+30%UT 检测更改为 100%TOFD 检测，且 TOFD 检测市场需求逐渐增加，而目前我们公司还未取得 TOFD 资质核准，将会影响明年检测业务。 潜在不符合处置记录表编号：××××–×××

续表

潜在不符合原因分析及确定	（1）公司对TOFD市场前景预判不足。 （2）TOFD设备及人员成本较高，尚在权衡市场与成本之间的关系 质量负责人：××× ××××年××月××日
拟采取的预防措施及评价结论	拟采取的预防措施： （1）制订TOFD增项核准实施计划； （2）根据目前公司持证状况，制订培训计划，派出至少3名符合条件的检测人员进行TOFD个人资质取证； （3）根据TOFD增项核准要求，配备相应的检测设备； （4）组织编制TOFD增项要求的作业指导文件、记录表格； （5）组织相关人员做好TOFD增项核准能力验证准备工作。 评价结论：■可以实施 □不可实施 制定人：××× ××××年××月××日 质量负责人：××× ××××年××月××日 机构负责人：××× ××××年××月××日
预防措施实施	预防措施实施情况及见证资料： （1）已制订TOFD增项核准实施计划； （2）制订培训计划，合理安排检测工作，派出4名检测人员参加TOFD资质个人取证； （3）已根据规定购置齐全TOFD检测增项相关设备； （4）技术负责人组织TOFD持证人员编制了TOFD检测工艺规程、TOFD检测操作指导书及记录表格，确定了报告格式，并正式发布实施； （5）根据评审机构能力验证的要求，已做好能力验证准备，并进行了演练。 见证资料名称及编号：文件修订记录（×××-××）、人员培训计划（×××-××）、TOFD检测工艺规程（×××-××）、TOFD检测操作指导书（×××-××）、TOFD检测原始记录（×××-××）、TOFD检测报告（×××-××）、设备采购申请（×××-××）、设备验收记录（×××-××） 实施人：××× ××××年××月××日
预防措施有效性验证方法	预防措施有效性验证方法： 文件评审、过程监督 提出人：××× ××××年××月××日 确认人：××× ××××年××月××日
	预防措施有效性验证实施情况及见证资料： 对培训计划及实施、设备采购计划及实施、TOFD检测人员能力、能力验证演练等工作进行了过程监督，对TOFD检测工艺规程、TOFD检测作业指导书、TOFD检测原始记录及报告等文件进行了文件评审 见证资料名称及编号：文件评审记录（×××-××）、监督检查记录（×××-××） 实施人：××× ××××年××月××日 质量负责人：××× ××××年××月××日

续表

预防措施有效性验证结论	预防措施有效性验证结论： ■实施有效　□存在问题 实施人：×××　××××年××月××日 质量负责人：×××　××××年××月××日 技术负责人：×××　××××年××月××日
其他必要说明	总经理要求各部门全力配合，加快TOFD增项核准进度，满足客户和市场需求 质量负责人：×××　××××年××月××日

解析：客户和市场需求是检测机构质量管理体系运行的核心和关注焦点，持续满足客户的需求既是检测机构质量方针的重要内容，也是质量目标考核的重点。

本案例通过客户需求发现自身存在的潜在不符合，而这个潜在不符合并不是不符合质量管理体系相关要求，而是不能满足客户以后的需求，不能适应市场的发展。及时、主动地发现潜在不符合并采取预防措施，满足客户和市场的需求，对于企业的发展具有重要意义。该预防措施涉及技术方面，应经技术负责人确认；该预防措施还涉及资质增项，还应经机构负责人批准。

第二十章　投诉控制

本章重点阐述检测机构对质量管理体系投诉控制的要求，通过对《特种设备检测机构核准规则》附件 D 第 D6.5 条的相关专业术语进行解释，逐一识别和分析投诉控制涉及的质量控制环节和质量控制点，提出控制要求。本章通过典型案例，剖析了投诉控制中各质量控制环节与质量控制点常见的问题与不足。

第一节　规则简析

一、规则原文

D6.5　投诉控制

应当建立和实施投诉控制程序，并且达到以下要求：

（1）明确受理投诉的职责、途径、接受方式；

（2）明确投诉的处理流程及跟踪验证的规定；

（3）规定改进的途径。

二、术语

1. 投诉

投诉指客户对检测机构提供的检测技术服务质量和服务态度等方面不满意，向机构管理部门或上级主管部门提出书面或口头上的异议、抗议、索赔和要求解决问题等行为。

2. 抱怨

抱怨指客户对检测机构的检测技术服务质量和服务态度等方面未达到其期望和未

满足其需求表现出不满意的行为。

3. 抱怨和投诉的区别

抱怨是表达对事物的一种看法，即表达一种不满情绪；投诉是以合法的形式表达诉求，可能涉及法律赔偿。

抱怨是不满意的初始阶段，发展到一定程度有可能变为投诉。检测机构应及时了解客户的抱怨，并及时进行处理和改进。当客户的抱怨反映出检测机构存在不符合时，检测机构应及时纠正，必要时采取纠正措施，防止其再度发生，降低抱怨变为投诉的可能性。

客户表达不满意的方式有多种，尚未通过正常渠道以投诉的形式表达的不满意即抱怨，抱怨同样反映了检测机构的运行存在不符合或者达不到客户满意的情况。检测机构应建立方式多样化的沟通渠道，及时发现客户的抱怨并进行收集、处理和改进，防止抱怨变为投诉，以不断提高客户满意度。

三、条文简析

1. 条文主题

条文提出了检测机构投诉和抱怨的控制要求。

2. 控制目的

检测机构质量管理体系运行的核心是根据客户需求建立质量方针和质量目标。客户满意是检测机构关注的焦点，也是检测机构生存发展之根本。客户投诉和抱怨是检测机构及时发现运作过程中的不符合和客户多方面需求，实现持续改进的重要手段。对待客户投诉和抱怨，不同机构有不同的处置方式，所产生的效果也不相同。检测机构可以根据自身情况，结合自身特点，制定投诉控制程序，对客户投诉和抱怨进行有效控制，达到提高服务质量和客户满意度，进而提高市场竞争力的目的。

3. 控制范围

控制范围涉及检测机构质量管理体系运行和检测服务全过程所发现和收集的所有投诉和抱怨，如检测机构管理部门所收集的投诉、上级主管部门反馈的投诉、客户通过各种渠道所反馈的抱怨等。

4. 质量控制环节

为对运行过程中收集和发现的投诉和抱怨实施有效控制，根据《特种设备检测机构核准规则》附件 D 第 D6.5 条的规定，检测机构应当编制投诉控制程序，识别所涉及的质量控制环节和质量控制点。投诉和抱怨控制通常包括投诉和抱怨的收集、受理、处理及改进 4 个质量控制环节。

5. 职责分配

一般客户与影响较大客户投诉和抱怨处理的相关职责分配如下：

（1）检测机构全体人员均有责任和义务发现和收集各种渠道获得的客户抱怨；

（2）针对客户的业务部门如市场部、综合管理部，负责客户投诉和抱怨等信息的收集、整理；

（3）技术质量部负责组织投诉和抱怨原因分析、调查和处理；

（4）各职能部门配合技术质量部，实施投诉和抱怨处理；

（5）一般客户投诉和抱怨的处理由质量负责人进行审批；

（6）影响较大客户投诉和抱怨的处理还应当报机构负责人进行审批。

第二节　投诉和抱怨

一、质量控制目的

客户需求是检测机构关注的焦点，也是质量管理体系运行的核心。通过投诉和抱怨控制，检测机构可全面了解客户对其服务的不满意情况，并及时采取措施，持续改进质量管理体系，持续提高客户满意度，提高检测机构服务质量和水平，增强检测机构的市场竞争力。

二、质量控制环节与质量控制点

投诉和抱怨控制要素所涉及的质量控制环节通常包括投诉和抱怨的收集、受理、处理、改进等，具体质量控制环节和质量控制点见表 20–1。

表 20–1　投诉和抱怨控制过程的质量控制环节与质量控制点

<table>
<tr><th colspan="2">控制环节</th><th colspan="2">控制点</th><th colspan="3">控制要求</th></tr>
<tr><th>序号</th><th>名称</th><th>序号</th><th>名称</th><th>主要控制内容</th><th>工作见证</th><th>责任部门 / 岗位</th></tr>
<tr><td rowspan="2">1</td><td rowspan="2">投诉和抱怨的收集</td><td>（1）</td><td>收集方式</td><td>明确客户投诉和抱怨的收集方式，并规定相应的书面信息反馈方式</td><td rowspan="2">客户满意度调查表、客户投诉记录表、客户抱怨反馈记录表等</td><td rowspan="2">业务部、市场部、技术质量部、投诉和抱怨涉及部门</td></tr>
<tr><td>（2）</td><td>收集的职责和流程</td><td>明确客户投诉和抱怨方面信息收集的职责和流程</td></tr>
</table>

续表

控制环节		控制点		控制要求		
序号	名称	序号	名称	主要控制内容	工作见证	责任部门/岗位
2	投诉和抱怨的受理	（3）	调查	对客户投诉和抱怨进行调查，明确调查的职责和流程	客户投诉和抱怨受理记录	技术质量部
		（4）	受理	经调查属实后，确定责任部门和人员并予以受理，明确对客户投诉和抱怨进行受理的职责和流程	客户投诉和抱怨受理记录	技术质量部、质量负责人
3	投诉和抱怨的处理	（5）	原因分析及确认	分析客户投诉和抱怨的原因，明确原因分析及根本原因确认的方法、职责和流程	客户投诉和抱怨处理记录、不符合处理记录	技术质量部、质量负责人
		（6）	处理意见的提出及确认	根据分析结果，提出并确定处理意见，检测机构应明确客户投诉和抱怨处理意见提出并确定的职责和流程；针对不同问题性质，根据处理难度，向客户明确问题处理的时效性	客户投诉和抱怨处理记录、不符合处理记录	技术质量部、质量负责人、机构负责人
		（7）	处理实施	针对不同类别的投诉和抱怨，明确处理实施的要求、职责、流程及书面见证等	客户投诉和抱怨处理记录、不符合处理记录	技术质量部、质量负责人、机构负责人
		（8）	实施有效性验证	对客户投诉和抱怨所采取的处理方法的有效性进行验证，并反馈客户意见，提出验证方法、验证职责和流程	处理措施验证记录、客户投诉和抱怨处理记录	技术质量部
4	改进	（9）	提出改进途径	结合客户投诉和抱怨，提出改进检测机构服务质量及提高客户满意度的方法并确认，明确相关职责、流程和要求	投诉和抱怨处理记录、处理措施实施记录	技术质量部、投诉和抱怨涉及部门
		（10）	改进实施	按照确认的改进途径实施改进，明确改进实施的相关职责、流程和要求	—	技术质量部、投诉和抱怨涉及部门

1. 投诉和抱怨的收集

投诉和抱怨是客户对检测机构服务质量的反馈。广开言路，有利于全面了解检测机构在运行过程中存在的不足之处，并采取措施及时改进，持续提高客户满意度。投诉和抱怨的收集包括收集方式、收集的职责和流程两个质量控制环节。

（1）投诉和抱怨收集方式。检测机构应在程序文件中明确客户投诉和抱怨等信息的收集方式，其目的是尽可能全面地收集相关信息。客户投诉和抱怨的途径不同，其信息的收集方式必然有所不同。

投诉一般采用正式的形式来表达，如投诉至检测机构管理部门、上级主管部门、政府主管部门等。检测机构应根据投诉途径，在机构内部设置专门的客户服务部门，及时听取客户意见，保证投诉渠道畅通。除此之外，检测机构还要积极与上级主管部门或政府主管部门沟通，保证信息畅通，及时收集相关的投诉信息。投诉收集的方式一般包括但不限于以下几种：监督检查通报、媒体报告、投诉电话、投诉信件、投诉邮件、客户来访、举报等。

抱怨也是客户表达不满情绪的一种方式，与投诉不同的是，抱怨采取的方式多种多样，并不一定采取正式渠道进行反馈，但其所表达的不满意可能更加真实。检测机构应当重视客户抱怨，采取各种方式收集信息并改进，持续满足客户需求。客户抱怨信息收集方式一般有客户座谈、客户满意度调查、客户来访、网络用户留言，以及客户与客户之间的交流、行业交流、其他非正式场合之间的交流或不经意间流露出的不满等。检测机构应最大限度地征集客户抱怨，了解客户及相关方对检测机构服务的满意情况和存在的问题，及时进行改进，防止抱怨变为投诉，提高客户满意度。

（2）投诉和抱怨收集的职责和流程。在明确投诉和抱怨收集方式的前提下，检测机构应针对不同的收集方式明确相关人员的职责和收集流程。

一般，检测机构内部接到的投诉信息和上级主管部门、政府主管部门接到的投诉信息，其收集流程有所不同，机构应分别作出规定，保证信息收集的及时性和全面性。

客户抱怨方式多种多样，客户满意度调查是收集客户抱怨的一种常见的重要方式，但从各检测机构实施情况来看，客户满意度调查由于调查表设置内容单一、调查形式机械，远未达到预期的实施效果，未能收集到有用的客户抱怨。检测机构应规定客户满意度调查的职责和流程，精心策划客户满意度调查的内容和形式，确保通过客户满意度调查得到真正有用的信息，以有利于持续改进，防止客户满意度调查形式化。

由于许多抱怨信息并不能从正式渠道获得，而这些信息对检测机构的持续改进具有重要的作用，检测机构除明确投诉和抱怨收集的职责和流程外，还应建立激励机制，鼓励检测机构人员扩展信息收集渠道，多方面了解客户抱怨，为机构持续满足客户需求提供更多有价值的信息。

2. 投诉和抱怨的受理

所收集的投诉和抱怨在受理前应进行调查，其目的是确认投诉和抱怨的真实性，排除恶意投诉和同行间的诋毁。调查属实后，履行审批程序确认受理。

（1）调查。检测机构应结合自身实际情况确定投诉和抱怨调查的职责和流程，并在程序文件中予以明确。通常，应当根据所收集的投诉和抱怨的严重程度规定不同的职责和流程。例如，一般的投诉和抱怨，未对检测机构的运行产生重大的影响，由质量负责人组织调查；对于重要的投诉和抱怨，应当由机构负责人组织调查。

（2）受理。经调查属实，且客户诉求符合相关法规的规定，检测机构履行审批程序后对投诉和抱怨进行受理。检测机构应在程序文件中明确投诉和抱怨受理的职责、流程和记录。

3. 投诉和抱怨的处理

投诉和抱怨受理后，应进行原因分析，对发现的问题及时进行处理，消除对检测机构和客户的影响，提高客户满意度。投诉和抱怨是客户对检测机构不满意的一种表达，如果投诉和抱怨的问题属于机构质量管理体系运行的不符合，应按照不符合控制的要求进行处置，如采取纠正及纠正措施；如果投诉和抱怨的问题属于机构潜在的不符合，则应采取预防措施，防止潜在不符合的发生。

（1）原因分析及确认。检测机构应对投诉和抱怨进行原因分析，并在相应的程序文件中规定原因分析的方法、职责和流程。

投诉和抱怨原因分析遵循分级、分类的原则，不同严重程度、不同类别的投诉和抱怨所涉及的人员职责和责任部门不同，其原因分析的方法、参与人员、分析流程、结果确认等过程必然有所不同，检测机构应当有针对性地作出相应的规定。

投诉和抱怨原因分析的方法同不符合原因分析方法类似，应从机构管理机制、体系运行有效性及员工态度和能力等几个方面进行分析。一般，由技术质量部会同投诉和抱怨所涉及的责任部门提出问题发生的各种可能原因，通过讨论、提问、归纳、总结等各种方法进行原因分析并最终确认问题发生的根本原因。

（2）处理意见的提出及确认。通过原因分析，发现投诉和抱怨发生的根本原因，提出相应的处理意见。对于投诉和抱怨所体现出的机构运行中的不符合，除按处理意见实施处理外，还应按照不符合控制程序的要求进行处置；对于投诉和抱怨反映出的机构潜在的不符合，还应按照预防措施控制程序进行处置。

机构应针对不同级别、不同类别的投诉和抱怨制定相应的处置意见，提出并确定相应的职责和流程。

技术质量部会同相关领导和责任部门提出投诉和抱怨处理意见，经讨论确定最终的处理方案。

因为投诉和抱怨处理效率影响检测机构的对外形象和公信力，检测机构在确定处理意见的同时，还应当明确内部各部门之间协作的要求及问题处理反馈时限，提高处理效率。

（3）处理实施。确定处理方案后，应及时进入投诉和抱怨处理实施环节。各部门严格按照处理方案的要求，相互协作配合，及时对问题进行处理，保证处理反馈的时限性，同时保留处理实施的书面证据。检测机构应当在程序文件中对实施职责、实施流程、实施要求、记录要求作出明确规定。

（4）实施有效性验证。同纠正措施实施验证相同，对于客户投诉和抱怨所采取的处理措施、处理结果进行有效性验证，重点验证投诉和抱怨所反映问题的处理情况及客户满意情况。

4. 改进

投诉和抱怨均是客户表达其对检测机构服务质量不满意的途径，检测机构在保证对客户投诉和抱怨进行有效处理的前提下，针对投诉和抱怨所暴露出的不足之处，应进行充分分析，举一反三，发现投诉和抱怨尚未反映的问题，及时进行改进，持续提高客户满意度。

改进途径的提出必须建立在对客户投诉和抱怨所反映的深层次问题进行充分分析的基础上。检测机构应当明确问题分析的方式和方法，改进途径的提出、确定职责和流程，以及改进实施要求等内容，并严格按照规定实施，保留书面见证。

三、案例分析

案例 20–1（检测机构投诉和抱怨处置典型案例分析）

投诉和抱怨描述：该公司在 ××× 项目进行射线检测，现场两位操作人员均无射线检测资质证书。

投诉和抱怨处置记录

文件编号：××××–××××–×/×　　　　记录编号：

抱怨和投诉描述	该公司在 ××× 项目进行射线检测，现场两位操作人员均无射线检测资质证书
投诉来源及形式	■举报信　□网络投诉　□电话投诉　□主管部门转交　□邮件投诉 □其他 接收人：×××　××××年××月××日

续表

抱怨来源及形式	□客户座谈　□客户满意度调查　□网络留言　□个人交流　□其他 提交人：×××　××××年××月××日
调查及受理	调查结果：■属实　□不属实 是否受理：■是　□否 调查人：×××　××××年××月××日 受理人：×××　××××年××月××日
投诉和抱怨处理	原因分析： 该现场配备了一个持有RT Ⅱ资质证书人员和两个持有RT Ⅰ资格证的配合人员，但因其他项目工期紧张，持证人员被临时调至其他项目，公司人手比较紧张，还未来得及协调持证检测人员 质量负责人：×××　××××年××月××日
	■不符合　□潜在不符合　□其他 处理意见： 该现象已经显示公司质量管理体系运行存在不符合，按不符合控制程序规定对不符合进行处置。 暂停检测工作，公司尽快协调持证人员，对无证人员检测过的部位由持证人员重新实施检测，通过加班、增加检测力量等方式将延误的工期抢回来，并征得客户同意 质量负责人：×××　××××年××月××日 机构负责人：×××　××××年××月××日
投诉和抱怨处理实施及跟踪验证	处理实施情况： 已重新派工，按处理意见实施 实施人：×××　××××年××月××日
	跟踪验证情况： 投诉所反映的问题已解决，并向客户道歉，且通过加班和增加检验力量弥补了投诉问题给客户带来的损失，获得了客户的谅解 验证人：×××　××××年××月××日
改进	改进途径： 根据公司业务发展情况制订人员培训计划，增加公司人员储备，合理派工，确保项目进度和人员持证上岗 质量负责人：×××　××××年××月××日
其他必要说明	处理情况上报总经理，吸取教训，举一反三，杜绝类似问题再度发生 质量负责人：×××　××××年××月××日

解析：

上述案例是特种设备检测行业典型的举报投诉案例，检测机构为了节省人力成本，往往聘用无证人员进行检测操作，这是不允许的。检测人员必须持证上岗，且不同级别的检测人员有不同的岗位职责，无证人员只能在持证人员的指导下，从事一些检测辅助工作。

该类举报一经调查属实，属于严重违法，检测机构应实事求是地向客户和上级主管部门描述投诉所反映问题的实际情况和发生原因，并采取措施弥补由此给客户带来的损失，用真诚的态度求得客户的谅解。

检测人员按照法规的要求持证上岗是检测机构质量管理体系的重要内容，该投诉也反映了检测机构质量管理体系运行中存在不符合，应执行不符合控制程序，对问题进行纠正，必要时采取纠正措施，防止类似不符合再度发生。

对于此类投诉的处理及改进，类似于不符合的纠正和纠正措施，但两者侧重点不同：纠正和纠正措施倾向于质量管理体系持续改进；投诉的处理及改进则倾向于消除问题带来的影响，持续提高客户满意度。

第二十一章　数据统计分析控制

本章重点阐述检测机构对质量管理体系数据统计分析控制的要求，通过对《特种设备检测机构核准规则》附件 D 第 D6.6 条的相关专业术语进行解释，逐一识别和分析数据统计分析控制涉及的质量控制环节与质量控制点，提出控制要求。本章通过典型案例，剖析数据统计分析控制中各质量控制环节与质量控制点常见的问题与不足。

第一节　规则简析

一、规则原文

D.6.6　数据统计分析控制

应当建立和实施数据统计分析控制程序，分析内容应当包含以下信息：

（1）明确数据信息收集的范围、内容，至少包含客户满意度、与检测质量和安全相关的活动结果、资源的匹配度等；

（2）明确数据分析的方式与方法；

（3）规定数据分析结果的应用要求。

二、条文简析

1. 条文主题

条文提出了检测机构进行数据统计分析的控制要求。

2. 控制目的

控制目的是通过数据统计分析，证实质量管理体系的适宜性和有效性，根据数据分析结果和发展趋势，发现潜在的不符合，采取预防措施，持续改进质量管理体系。

3. 控制范围

检测机构应在程序文件中明确数据来源、数据内容、分析方式方法、分析结果处理及评价等内容。

4. 质量控制环节

为对质量管理体系运行过程中收集的数据实施有效控制，根据《特种设备检测机构核准规则》附件 D 第 D6.6 条的规定，检测机构应当编制数据统计分析控制程序，识别数据统计分析所涉及的过程，各过程涉及的质量控制环节有数据收集、数据统计分析、数据统计分析结果及应用。

5. 职责分配

一般，数据统计分析相关的职责分配如下：

（1）各职能部门负责本部门有关数据的收集、汇总、整理、上报；

（2）技术质量部负责组织数据的汇总和整理；

（3）各职能部门配合技术质量部，实施数据统计分析；

（4）质量负责人对质量管理体系运行的数据统计分析结果进行确认；

（5）涉及公司重大决策的数据统计分析结果应报机构负责人审批。

第二节　数据统计分析

一、质量控制目的

检测机构应对检测过程和质量管理体系运行中的数据进行确定、收集和分析，以证实质量管理体系的适宜性和有效性，根据数据统计分析结果，找出改进机会，积极采取预防措施，改进质量管理体系；同时，数据统计分析结果可作为管理评审的依据，为持续改进机构质量管理体系提供数据支撑。

二、质量控制环节与质量控制点

数据统计分析控制的质量控制环节和质量控制点见表 21–1。

1. 数据收集

（1）数据收集的职责。应明确不同部门和人员在数据收集过程中的职责。不应由检测机构一个部门统一收集数据，而应由各责任部门负责本部门业务运转过程中所形成数据的收集工作。

表 21-1 数据统计分析控制的质量控制环节与质量控制点

控制环节		控制点		控制要求		
序号	名称	序号	名称	主要控制内容	工作见证	责任部门 / 岗位
1	数据收集	（1）	数据收集的职责	明确不同部门和人员在数据收集方面的职责	数据统计分析记录	技术质量部、各职能部门
		（2）	数据收集的实施	明确数据收集的范围、内容、方法和流程等	数据统计分析记录	技术质量部、各职能部门
2	数据统计分析	（3）	数据统计分析职责	明确数据统计分析的主管部门及其职责	数据统计分析记录	技术质量部
		（4）	数据统计分析方法	结合本单位实际情况，明确不同数据的不同统计分析范围、内容、方法、要求等	数据统计分析记录	技术质量部
		（5）	数据统计分析实施	明确数据统计分析实施流程、实施时机和频次，数据统计分析实施见证资料	数据统计分析记录	技术质量部
3	数据统计分析结果及应用	（6）	数据统计分析结果确认	明确数据有效性和结果准确性确认的职责和流程	数据统计分析报告	技术质量部
		（7）	数据统计分析结果的应用	通过数据统计分析结果，可发现潜在不符合，也可发现机构存在的问题和面临的机遇，并作为管理评审输入	数据统计分析报告	技术质量部

（2）数据的确定。应在程序文件中明确收集哪些数据，并确定数据的来源。

收集的数据应与评价质量管理体系和识别改进机会有关。根据《特种设备检测机构核准规则》附录 D 的规定，数据收集的范围和内容至少应包括客户满意度、与检测质量和安全相关的活动结果、资源的匹配度等。检测机构为了更好地改进质量管理体系，数据分析的来源绝不限于上述数据，其他数据收集范围和内容由机构根据自身情况自行确定，根本目的是通过有效的数据分析，找出机构质量管理体系相关变化规律和趋势，及时发现不符合和潜在的不符合，积极采取有效的纠正或预防措施，持续改进质量管理体系。

具体的数据可包括以下内容：

1）检测机构质量目标实现情况的统计数据。该数据包括机构总的质量目标实现情况数据、各部门质量目标实现情况统计数据、不同项目不同时间段质量目标统计数据。

2）质量管理体系运行有关的统计数据。与质量管理体系运行有关的数据，如文件发放及时率、文件更新及时率、文件配备齐全率、人员持证率、设备完好率、纠正和预防措施完成率、安全事故发生率、报告差错率等、法规标准执行率等。

3）客户满意程度数据。该数据包括客户对某一检测项目的满意率、客户对机构整体的满意程度、客户对某单一特性（服务水平、技术水平、服务时效性、价格）等的满意程度、投诉和抱怨数据及处理反馈数据等。

4）管理评审数据。该数据包括管理评审输入各环节所反映的数据和管理评审输出中形成的数据。

5）不符合相关数据。该数据包括质量管理体系日常运行过程中发现的不符合数据、管理评审发现的不符合数据、内审发现的不符合数据、外审发现的不符合数据、检测过程中发现的不符合数据及其他过程发现的与体系运行有关的不符合数据。

6）服务方和供应方相关数据。该数据包括服务方和供应方在服务质量、产品质量、服务或产品交货及时性、价格等方面的数据，如交货及时率、供货合格率等。

数据的来源一般包括如下几个方面：①管理评审；②客户沟通；③投诉和抱怨；④检测过程；⑤检测方法确定；⑥检测工作监督；⑦检测设备管理；⑧检测工作安全；⑨内部审核；⑩不符合处置。

（3）数据收集的实施。应明确数据收集的范围和内容、收集的渠道、收集的方法、收集的频次和时机，对数据收集的有效性进行确认及确认流程，数据的保存、传递和调用要求。各部门和相关人员按规定的要求实施数据收集，并保留数据收集的见证资料。

数据收集渠道可以是上述数据来源涉及的相关程序运行形成的数据，如内审报告、管理评审报告、各类统计报表、报告考评记录、质量目标考核记录、文件评审记录、客户满意度调查等。

收集方法可以采用记录并归类整理、调阅相关数据库、报告系统和管理软件自动统计数据等。

2. 数据统计分析

（1）数据统计分析职责。应明确不同类别数据分析的主体责任部门及其职责分配。

（2）数据统计分析方法。结合本单位实际情况，应明确不同数据的统计分析范围、内容、要求，并确定数据统计分析方法。

各检测机构可根据自身特点，选择适合的数据统计分析方法。通常，数据统计分析可采用以下一种或多种方法：

1）列表法。列表法是将质量管理体系运行相关数据通过绘制表格的形式罗列出来，从中发现数据分布规律。例如，某检测机构内审中发现的不符合项在要素中的分布统计见表 21–2。

表 21–2　某检测机构在内审中发现的不符合项在要素中的分布统计

要素分类	审核要素总数量 / 项	不符合项数量 / 项	不符合项所占比例 /%
质量管理体系	40	8	20.0
管理职责	32	6	18.8
资源配置、管理及技术支持	84	28	33.3
检测实施	108	30	27.8
质量管理体系分析与改进	52	14	26.9

可通过对表 21–2 中的数据进行分析，发现质量管理体系运行中存在的问题。例如，检测实施要素发现的不符合项最多，但由于其审核要素总量多，仅从绝对数量上不能完全反映该要素的真实情况，其不符合所占要素比例反而低于资源配置、管理及技术支持；质量管理体系分析与改进发现的不符合项数量并不多，但所占比例与检测实施部分处于同一个水平线；通过上述数据分析可大致判定，该三部分内容属于质量管理体系的薄弱环节。

为了了解不符合在责任人或责任部门之间的分布，可根据质量手册中规定的质量管理体系要素、职能分配表，将发现的不符合项归类到相应的人员或部门，并绘制表 21–3。

表 21–3　某检测机构在内审中发现的不符合项在部门 / 岗位中的分布统计

部门 / 岗位	不符合项数量 / 项	负责的要素数量 / 项	不符合项所占比例 /%
检测机构负责人	4	18	22.2
质量负责人	16	56	28.6
技术负责人	12	48	25.0

续表

部门 / 岗位	不符合项数量 / 项	负责的要素数量 / 项	不符合项所占比例 /%
综合管理部	32	104	30.8
行政管理部	8	38	21.1
检测项目部	14	52	26.9

根据表 21–3 中不符合项的分布，质量负责人和综合管理部对不符合产生负有的责任占比稍大，根据该单位的组织结构设置和要素、职能分配，该统计表基本反映了检测机构实际情况；其他人员和部门的不符合项占比稍低，但均高于 20%，也反映了质量管理体系的运行是个系统工程，需要各岗位、部门协调配合，才能保证其运行的有效性。

上述统计表是将发现的不符合项分类后进行统计，可以对质量管理体系进行整体、宏观的评价。为了更具体地了解不符合发生的情况并有针对性地分析不符合发生的原因并落实相关责任部门，可以将要素展开，对各要素发现的不符合项在各部门、岗位中的分布情况进行更加具体的统计，见表 21–4。

表 21–4　某检测机构在内审中发现的不符合项分布统计

质量管理体系		机构负责人	质量负责人	技术负责人	检测责任师	综合管理部	行政管理部	检测项目部
D2　质量管理体系	D2.5　文件控制							
	D2.6.1.1 一般要求					2		
	D2.6.1.2 检测记录	2				3		
D3　管理职责	D3.4　管理评审		2		1			
D4　资源配置	D4.1　人员管理			2	2		1	2

表 21–4 可以更直观、更具体地反映不符合项在各要素、部门、岗位中的分布情况。

列表法是数据统计分析的基础，数据均以列表的形式存在。

2）直方图法。为了更直观地了解数据，尤其是在统计数据比较多的情况下，仅靠列表法难以发现数据的规律，可采用直方图法进行数据统计分析。例如，将表 21–2 和表 21–3 的数据利用绘图工具绘制成直方图，如图 21–1 和图 21–2 所示。

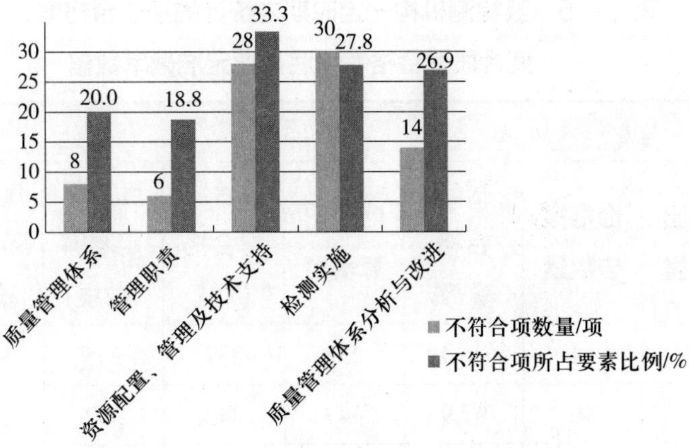

图 21-1　不符合项分布直方图（按要素分）

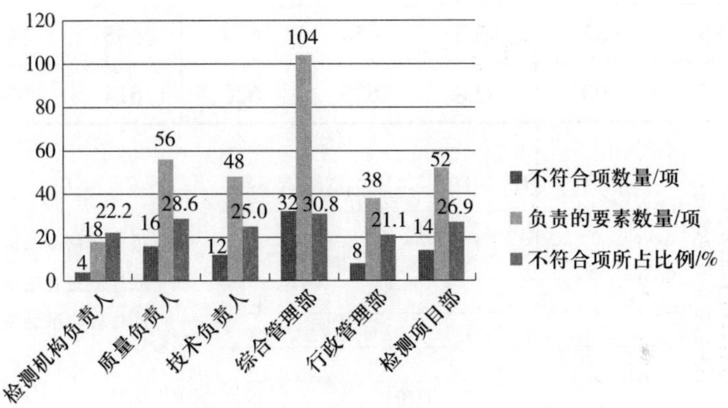

图 21-2　不符合项分布直方图（按部门 / 岗位分）

3）趋势图法。趋势图法主要用于发现数据随时间变化的规律，是通过收集足够数量的数据，以时间为横坐标绘制折线图，从中发现体系运行的变化规律和趋势，寻找体系改进的机会。这是最常用的数据统计分析方法。

例如，对质量目标考核的不同指标绘制折线图，可以直观地反映出不同指标随时间变化的规律。一旦发现某一指标出现异常的变化趋势，按照该趋势发展下去该指标可能无法达到预期的要求，影响总体质量目标的实现，则必须针对该趋势，找出问题发生的原因，采取预防措施，确保质量目标的最终实现。

某检测机构一定时期内统计的报告合格率、底片质量合格率和底片评定准确率数据见表 21–5。

为发现相关数据的变化趋势，可将数据绘制成如图 21–3 所示的趋势图。

表 21-5 某检测机构一定时期内统计的报告合格率、底片质量合格率和底片评定准确率数据

时间	项目							
	报告出具数量	合格报告数量	报告合格率 /%	底片出具数量	底片质量合格数量	底片评定准确数量	底片质量合格率 /%	底片评定准确率 /%
1 月	56	54	96.4	238	232	235	97.5	98.7
2 月	47	46	97.9	347	343	342	98.8	98.6
3 月	68	66	97.1	432	425	430	98.4	99.5
4 月	86	82	95.3	567	545	554	96.1	97.7
5 月	89	83	93.3	654	634	635	96.9	97.1
6 月	97	90	92.8	633	620	614	97.9	97.0

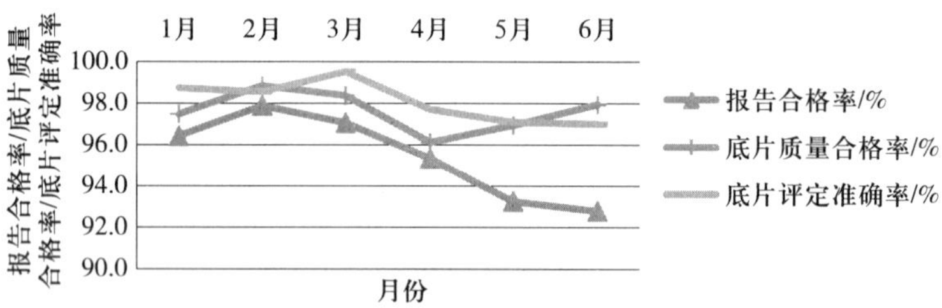

图 21-3 报告考评统计数据趋势图

从图 21-3 可以看出，1—3 月工作量相对较少，底片质量合格率、底片评定准确率和报告合格率均处于较高的水平，且呈现上升的趋势；3 月之后，工作量增加，工期紧，三个指标发生了较大下降。

由于甲方对底片质量验收较为严格，5 月之后变化趋势有所改变，底片质量合格率逐步提高，但底片评定准确率仍然呈下降趋势，下降的原因是甲方主要关注底片质量，而对评定标准不熟悉，同时为了保证工期，验收尺度偏松。

检测报告合格率则呈现大幅度下降，主要原因是工作量偏大，报告出具过程信息量较大，报告考评时发现报告存在较多信息错误，且甲方不关注报告信息，只关注报告结论。

根据该趋势图中所显示的发展趋势，底片评定准确率和报告合格率可能会持续降低，影响最终质量目标的实现。必须分析原因，进行改进，并针对可能发生的潜在不符合采取预防措施，保证质量目标的实现。

（3）数据统计分析实施。在程序文件中明确数据统计分析实施职责、流程、实施

时机和频次，确定数据统计分析实施记录格式，相关责任人员按规定实施，形成实施见证资料。

要充分利用信息化办公系统实现数据的自动统计分析功能，提高数据统计分析效率，保证数据统计分析数据的有效性和结果的准确性。

3. 数据统计分析结果及应用

技术质量部定期组织各部门进行数据统计分析，并对数据有效性和分析结果的准确性进行确认，及时发现不符合和潜在的不符合，采取纠正措施和预防措施，消除不符合发生的原因，持续改进质量管理体系。

三、案例分析

案例 21-1（注：本案例为依据前述数据统计分析控制过程及要求所建立的数据统计分析控制程序示例）

数据统计分析控制程序

编号：××××-××××-×/×

1　目的

对本公司检测和质量管理过程所形成数据的统计分析过程进行控制，保证数据的全面性、完整性和有效性及统计分析结果的准确性，将数据统计分析结果作为管理评审的输入，发现公司存在的问题和质量管理体系改进的机会。

2　适用范围

公司检测和质量管理过程中形成的数据。

3　职责

3.1　公司所有部门和人员均有责任和义务收集相关数据。

3.2　技术质量部负责各部门收集数据有效性的确认工作。

3.3　技术质量部负责对收集的数据进行统计分析，统计分析结果应经质量负责人确认。

3.4　技术质量部负责确定数据统计分析的范围和内容，并经质量负责人确认。

4　控制程序

4.1　数据信息收集的范围和内容

4.1.1　数据信息收集的范围至少应包括客户满意度、与检测质量和安全相关的活动结果、资源匹配度等。

4.1.2　客户满意度的数据收集内容包括服务水平、服务态度、技术水平、服务时效性、合同履行、价格、投诉和抱怨情况等。

与检测质量和安全相关的活动结果数据收集内容包括报告准确率、作业指导文件正确率、底片质量合格率、底片评定准确率、图谱质量合格率、图谱评定准确率、缺陷检出情况、检测安全执行情况、检测安全事故率等。

资源匹配度数据收集内容包括各检测方法人均工作量、人员持证情况与业务开展的匹配程度、设备配置与业务开展的匹配程度等。

4.1.3 数据信息收集的内容和范围不局限于上述内容，其他方面数据信息收集的内容和范围由技术质量部根据公司检测业务开展情况和质量管理体系运行情况进行具体确定，并经质量负责人确认。

4.2 数据信息收集的流程

每年年初由技术质量部确定年度数据信息收集的内容、范围和要求，填写数据信息收集统计表（编号：××××-×××），发放至各部门。各部门和人员按照表格要求随时进行数据收集，并按技术质量部规定的期限将收集的数据经部门负责人确认后报至技术质量部进行数据统计分析。

4.3 数据统计分析

4.3.1 数据统计分析方法

4.3.1.1 列表法：将收集的数据通过绘制表格的形式进行罗列，从中发现数据分布规律。

4.3.1.2 直方图法：又称质量分布图，是一种统计报告图，由一系列高度不等的纵向条纹或线段表示数据分布的情况。一般用横轴表示数据类型，纵轴表示分布情况，直方图法与列表法相比能够更加直观地发现数据分布规律。

4.3.1.3 趋势图法：主要用于发现数据随时间变化的规律，通过收集足够数量的数据，以时间为横坐标绘制折线图，从中发现数据的变化规律和趋势。

上述方法是最常用的三种数据统计分析方法，无论哪种方法，数据设置的信息不同，所反映的数据变化规律也不同。在进行数据统计之前，由技术质量部根据数据统计的目的和要求，提前规定好数据设置信息，保证数据统计的有效性和分析结果的准确性。

当采取其他数据统计分析方法时，由技术质量部根据质量管理的需要提前规划数据统计的具体范围、内容和要求。

4.3.2 数据统计分析实施

各部门将数据提交至技术质量部，技术质量部至少每个季度进行一次数据分析，必要时，还应增加数据分析的频次。质量分析实施情况及分析结果填入数据统计分析记录表（编号：××××-×××）。

4.4 数据统计分析结果及应用

技术质量部组织召开质量分析会，对各部门提交的数据分析结果进行讨论，形成数据分析结论，经质量负责人进行确认，作为管理评审输入。

5 记录控制

5.1 技术质量部负责按照文件控制程序的规定，对数据统计分析控制相关记录表格的编制、编号、标识、发放、回收等过程进行有效控制。

5.2 记录的数据收集、填写、标识、保存和处置等过程的控制按记录控制程序的规定实施。

6 相关程序

6.1 文件控制程序（××××–××××–×/×）。

6.2 记录控制程序（××××–××××–×/×）。

6.3 纠正措施控制程序（××××–××××–×/×）。

6.4 预防措施控制程序（××××–××××–×/×）。

7 支持性文件

7.1 数据信息收集统计表（××××–××××–×/×）。

7.2 数据统计分析记录表（××××–××××–×/×）。

案例 21–2（注：本案例无损检测客户满意度数据统计分析实施记录）

客户满意度数据信息收集统计

提交部门：综合管理部

时间	客户信息反馈总量/条	服务水平反馈量/条	占比/%	技术水平反馈量/条	占比/%	服务时效性反馈量/条	占比/%	资质能力反馈量/条	占比/%	服务态度反馈量/条	占比/%	价格反馈量/条	占比/%	投诉量
1 月	87	4	4.6	6	6.9	10	11.5	2	2.3	3	3.4	5	5.7	0
2 月	98	4	4.1	9	9.2	11	11.2	3	3.1	4	4.1	5	5.1	0
3 月	92	4	4.3	10	10.9	12	13.0	3	3.3	3	3.3	4	4.3	0
4 月	85	3	3.5	11	12.9	10	11.8	5	5.9	2	2.4	3	3.5	0
5 月	78	2	2.6	11	14.1	10	12.8	8	10.3	2	2.6	2	2.6	0
6 月	75	2	2.7	11	14.7	9	12.0	10	13.3	2	2.7	2	2.7	0

说明：

上述数据为某无损检测公司上半年收集的抱怨和投诉情况数据，提交质量管理部对数据进行分析

数据收集人：××× ××××年××月××日

部门审核：××× ××××年××月××日

客户满意度数据统计分析记录

文件编号：××××-××××-×/×　　　　　　　记录编号：

<table>
<tr><td>数据统计
分析内容</td><td>客户满意度数据</td><td>提交部门</td><td>综合管理部</td></tr>
<tr><td>数据收集
记录编号</td><td>××××-×××</td><td>数据统计分析方法</td><td>趋势图法</td></tr>
<tr><td>数据统计
分析结果</td><td colspan="3">相应方法的数据统计结果及数据分析图、曲线等：
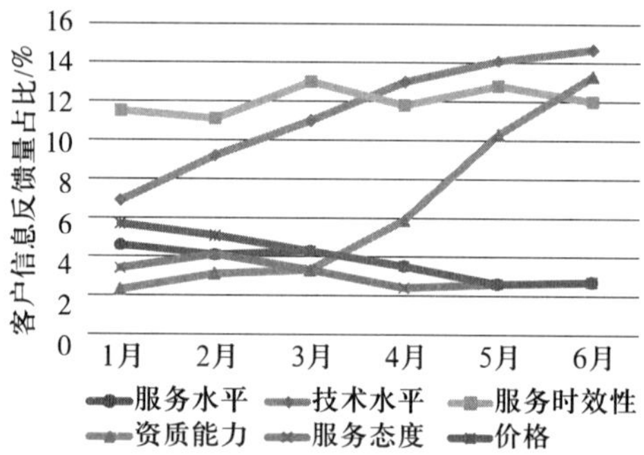

客户满意度数据分析曲线
分析人：×××　　××××年××月××日
确认人：×××　　××××年××月××日</td></tr>
<tr><td>分析结论及
应用说明</td><td colspan="3">（1）服务时效性一直是客户抱怨的重点，所占比例在整个上半年居高不下，反映出公司人员不足、服务流程不合理、工作效率偏低等问题，如果不能得到有效控制，将影响年度质量目标的实现，应考虑采取预防措施。
（2）客户对公司技术水平的要求逐步提高，经分析，很多客户不仅要求检测机构发现缺陷，还要求能够分析缺陷产生的原因并能提供解决方案，了解行业政策并能解读深层次的政策问题，熟悉设备使用管理并能提供技术服务等。检测机构仅提供检测这种单一的服务会影响机构的综合发展和市场竞争力，需要加大力度进行人才培养和人才储备，适应客户和市场的需求。
（3）从趋势图上可以清晰看到，3月后客户对我公司资质能力方面的不满意急剧上升。经调查了解，随着业务的发展，许多客户对质量安全的重视程度增加，对于新技术如TOFD、PA的应用和检测机构的资质等级均有较大提高，我公司的常规C级检测资质已经逐渐不能满足客户要求，必须考虑公司技术能力和资质等级的提高
质量负责人：×××　××××年××月××日</td></tr>
</table>

解析：上述案例为某检测公司对某年度上半年客户满意情况、投诉和抱怨情况进行数据统计分析的典型案例，由综合管理部门通过数据信息收集统计表收集与客户满意度相关的数据并进行整理汇总，形成上述数据信息统计记录，但仅从统计数据难以

直观地发现问题和数据变化的规律。

为了更直观地发现数据变化规律，按照程序文件的规定，采用趋势图法进行数据统计分析，横坐标为时间，纵坐标为客户不满意的内容在所有不满意中所占的比例，即可直观地显示出各项不满意内容随时间变化的规律，并据此得出数据统计分析记录表中的分析结论。

根据分析结论，必要时采取预防措施，及时消除潜在的不符合；分析结论又作为管理评审输入，为检测机构决策提供依据，有效地防范风险，应对机遇，在市场竞争中占据有利地位。

第二十二章　与政府、行业和客户关系

本章重点阐述检测机构对质量管理体系与政府、行业和客户关系的控制要求，通过对《特种设备检测机构核准规则》附件D第D7条的相关专业术语进行解释，逐一识别和分析所涉及的质量控制环节和质量控制点，提出控制要求。本章通过典型案例，列举了检测机构客观和公正控制程序以及引用的记录样表，供检测机构参考。

第一节　规则简析

一、规则原文

D7　与政府、行业和客户关系

D7.1　接受政府监督管理

（1）明确按照规定进行资质核准；

（2）明确按照规定接受监督检查，并且对存在的问题进行整改；

（3）机构名称、住所、办公地址等发生变化时，应当及时履行变更手续；

（4）应当根据每年检测发现的具体问题，进行系统分析，向住所所在地监察机构提出风险管控建议。

D7.2　客观、公正和保密

客观、公正、独立地开展检测工作，履行保密义务等。

D7.3　行业自律

积极参与特种设备检测行业组织构建的特种设备检测行业诚信管理体系。

D7.4　能力评价与验证

积极参加由具有公正性地位的特种设备检测行业组织或者技术机构组织的检测能力评价与验证活动，促进检测能力保持和改进。

二、术语

1. 客观性

客观性指独立于主观感受和个人偏见的性质或特征。客观性强调基于事实、证据和逻辑的分析，以尽量不受主观情感或个人立场的影响。通过采用客观的观点和方法，组织或机构可以更好地理解自身的情况，做出明智的决策，并避免个人偏见的影响。在各种行业或领域中，客观性被认为是一种重要的价值观和标准，用来确保信息的准确性和可靠性。

2. 独立性

独立性指一个组织或机构在进行决策和执行任务时能够不受外部的干扰和影响。机构独立性的实质是确保该机构能够自主、公正地履行其职责，而不受任何相关方的控制或压力干涉。机构独立性对于确保公正、透明和有效的决策与行动至关重要。这种独立性有助于防止腐败、滥权和干预，并增强机构的信任。

3. 公正性

公正性指检测机构在运作和决策过程中恪守公正原则，公平、中立地对待各方利益，并依据事实、规则和法律来进行决策。它能够保障相关方的权益，维护社会公平。公正的机构能够增强相关方对机构的信任，为机构健康、良性发展创造有利条件。

4. 保密

保密指检测机构对于特定信息或活动采取措施，以防止其泄露给未经授权的个人或组织。保密的目的是确保机构和相关方的核心利益、业务操作、知识产权、商业机密或敏感信息得以保护。当然，机构保密需要在合法和合理的范围内进行，遵守相关法律法规，并平衡保密与信息公开的需求。

三、条文简析

1. 条文主题

条文对检测机构与政府、行业和客户关系提出管理和控制要求。

2. 控制目的

控制目的是理顺和处理检测机构与政府、行业和客户的关系。

（1）与政府之间的关系。检测机构应当积极接受各级政府部门的监督管理，及时上报有关情况，包括接受资质核准、接受监督检查、进行持证人员执业公示、上报风险分析报告和管控建议等。

（2）与行业之间的关系。根据《中华人民共和国特种设备安全法》第九条“特种设备行业协会应当加强行业自律，推进行业诚信体系建设，提高特种设备安全管理水平”和《特种设备检测机构核准规则》附件 D 第 D7.3 条“积极参与特种设备检测行业组织构建的特种设备检测行业诚信管理体系”的要求，检测机构应当积极参加行业组织的各项活动，做好检测行业自律行为。例如，建立行业黑名单制度，检验检测人员的动态预警机制，执业人员公开查询机制，工程项目备案制度，行业投诉、举报调查、处理机制；开展检测行业信息化建设，检测机构间的比对和能力验证，以及针对性的专项培训等。

（3）与客户之间的关系。检测机构应当与客户间建立良好的沟通，通过多种渠道征询客户的意见，与客户保持良好的合作，从而更好地服务客户。这也是践行“以客户为关注焦点”管理原则的具体体现。

3. 条款解析

（1）接受政府监督管理。《中华人民共和国特种设备安全法》明确要求对检测机构实施资格核准，并对检测机构核准及基本条件提出了明确的要求；对检测机构及其检验检测人员的检测行为提出了管理和控制要求。《中华人民共和国特种设备安全法》第五十七条明确规定对检测机构应当进行监督检查，第六十一条、第六十二条和第六十三条规定了检测机构在接受监督检查时，检查人员的权力以及特种设备检测基本义务。

《特种设备安全监督检查办法》规定了对检测机构实施监督检查的种类（包括常规监督检查、专项监督检查、证后监督检查和其他监督检查）、监督检查程序、检查内容、检查要求、法律责任等。《特种设备检测机构核准规则》规定了检测机构核准项目、核准条件、核准程序、核准要求等。

《特种设备检验人员考核规则》规定，检验人员取得检验人员证后，应当由聘用单位按照执业公示的相关规定办理执业公示手续。检验人员只能在一个检验检测机构执业，变更执业机构的，应当及时办理执业公示变更手续。《特种设备检测机构核准规则》规定，申请单位应当为聘用的检验检测人员在全国特种设备检验检测人员执业公示与查询系统办理执业公示手续。

另外，《特种设备检测机构核准规则》规定，检测机构应当根据每年检测发现的具体问题，进行系统分析，向住所所在地监察机构提出风险管控建议。

（2）客观、公正和保密。检测机构及其人员应当遵守国家相关法律法规的规定，遵循客观独立、公平公正、诚实信用原则，恪守职业道德，承担社会责任；公正、诚信地从事检测活动，确保检测机构及其人员与检测委托方、数据和结果使用方或者其他相关方不存在影响公平公正的关系；检测机构的管理层和人员不会受到不正当的压力和影响，能独立开展检测活动，确保检测数据、结果的真实性、客观性、准确性和可追溯性；检测机构应当按照有关法律法规保护客户的秘密和所有权，制定有关措施，并有效实施，以保证客户的利益不被侵害。

《中华人民共和国特种设备安全法》第五十二条第一款规定，特种设备检验、检测工作应当遵守法律、行政法规的规定，并按照安全技术规范的要求进行。第五十三条第一款规定，特种设备检验、检测机构及其检验、检测人员应当客观、公正、及时地出具检验、检测报告，并对检验、检测结果和鉴定结论负责。第五十五条规定，特种设备检验、检测机构及其检验、检测人员对检验、检测过程中知悉的商业秘密，负有保密义务。特种设备检验、检测机构及其检验、检测人员不得从事有关特种设备的生产、经营活动，不得推荐或者监制、监销特种设备。第九十三条第一款第（五）项明确了泄露检验、检测过程中知悉的商业秘密的法律责任。

（3）行业自律。加强特种设备行业自律，是国家针对特种设备检测行业健康发展提出的法定要求。《中华人民共和国特种设备安全法》第九条规定，特种设备行业协会应当加强行业自律，推进行业诚信体系建设，提高特种设备安全管理水平。第五十二条第二款规定，特种设备检验、检测机构及其检验、检测人员应当依法为特种设备生产、经营、使用单位提供安全、可靠、便捷、诚信的检验、检测服务。《特种设备检测机构核准规则》附件 D 第 D7.3 条规定，积极参与特种设备检测行业组织构建的特种设备检测行业诚信管理体系。

为加强社会信用体系建设，深入推进“放管服”改革，进一步发挥信用在创新监管机制、提高监管能力和水平方面的基础性作用，更好激发市场主体活力，推动高质量发展，国务院办公厅发布了《国务院办公厅关于加快推进社会信用体系建设构建以信用为基础的新型监管机制的指导意见》，对推进社会信用体系建设具有重要意义。行业自律通常包括对国家法律法规的遵守和贯彻，对行规行约的遵守。行业自律是行业规范性建设的需要，是构建行业诚信管理体系的需要，也是行业发展的必然产物。行业自律的内涵主要包括以下 5 个方面：

1）严格执行相关的法律、法规、规章、安全技术规范和标准。

2）制定和认真执行行规行约。行规和行约是行业自我管理、自我约束的一种措施。行规和行约的制定和执行是推动行业健康发展不可或缺的手段。

3）向客户提供优质、规范的服务。

4）行业自律也是为了维护行业利益，避免恶性竞争，维护行业持续健康发展。

5）行业协会是行业自律的组织者、推动者和监督者。

（4）能力评价与验证。《特种设备检测机构核准规则》对检测机构积极参加行业组织开展的检测机构能力评价给予了充分的肯定和认可，明确申请单位应当具有核准范围内开展检测工作的能力，鉴定评审机构应当采取报告评价、跟踪检测过程或者采集能力验证结果等方式对申请单位相关检测能力进行确定。《特种设备检测机构核准规则》附件 D 第 D5.9 条明确，应当建立和实施检验质量监督控制程序，制订监督计划，明确监督的组织、方式、实施要求和结果处置等。监督可以选用参与检测能力评价与验证活动等。《特种设备检测机构核准规则》附件 D 第 D7.4 条明确，积极参加由具有公正性地位的特种设备检测行业组织或者技术机构组织的检测能力评价与验证活动，促进检测能力保持和改进。

4. 职责分配

与政府、行业和客户关系，通常涉及检测机构的管理层、技术质量部、综合管理部、检测部、各业务管理部等。

（1）技术质量部组织接受资质核准、监督检查、检测数据传输、协助动态监管、履行变更手续、行业自律和能力评价等。

（2）各业务管理部和检测部负责落实公正性、独立性和履行保密义务。

第二节　接受政府监督管理

一、质量控制目的

质量控制目的是确保检测机构的相关工作符合特种设备法律、法规、规章、安全技术规范以及相关标准的规定和要求，确保依法检测，行为合法。

二、质量控制点

检测机构接受政府监督管理方面的质量控制点包括资质核准、接受监督检查、报送风险管控建议、检验检测人员执业公示等。

1. 资质核准

依据《中华人民共和国特种设备安全法》第五十条的规定，从事该法规定的监督检验、定期检验的特种设备检验机构，以及为特种设备生产、经营、使用提供检测服务的检测机构，应当具备一定的条件，并经负责特种设备安全监督管理的部门核准，方可从事检验、检测工作。另外，《特种设备检测机构核准规则》1.4 条规定，检测机构应当经过核准，取得中华人民共和国特种设备检验检机构核准证后，方可在核准范围内从事特种设备检测工作；该规则具体规定了核准条件、程序及管理要求。

（1）核准条件。《中华人民共和国特种设备安全法》规定，特种设备检测机构应有与检验检测工作相适应的检验检测人员，有与检验检测工作相适应的检验检测仪器和设备，有健全的检验检测管理制度和责任制度等。《特种设备检测机构核准规则》对核准条件进行了细化和具体，包括机构法律地位、检测人员配备及资格和数量要求、关键岗位人员配置及资格要求、人员管理要求、场地与设施的要求、设备配置要求、质量管理体系建立及实施要求、检测能力要求、信息化建设要求、法律法规文件配置要求、检测管理要求等。

（2）核准分类。核准分为首次核准（适用于机构第一次申请取得特种设备检测核准资质证书）、增项核准（检测机构取得核准证后，再增加核准项目、增加分公司、增加分支机构、增加校验场地、增加检测范围的情况）、延续核准（适用于检测机构在核准证有效期届满以前，需要继续从事特种设备检测工作的情况）、变更核准（检测机构在核准证有效期之内，变更单位名称、住所、办公地址等信息的）。

（3）核准程序。申请程序分为申请（按规定的格式填写申请书，并且确保所提交申请资料的真实性）、受理（在5个工作日内受理或一次性告知需要补正的内容）、鉴定评审（在10个工作日内协商鉴定评审计划，评审方式可以是现场评审、资料评审、线上评审等）、审查和发证（在20个工作日内完成审批和发证，证件包括纸质版的证书和电子版的证书）。

（4）质量管理体系建立及实施。检测机构应当按照《特种设备检测机构核准规则》建立及实施质量管理体系。

2. 接受监督检查

《中华人民共和国特种设备安全法》第五十七条第一款规定："负责特种设备安全监督管理的部门依照本法规定，对特种设备生产、经营、使用单位和检验、检测机构实施监督检查"。另外，《特种设备安全监督检查办法》第二条规定："市场监督管理部门对特种设备生产（包括设计、制造、安装、改造、修理）、经营、使用（含充装，下同）单位和检验、检测机构实施监督检查，适用本办法"。该办法具体规定了监督检查分类、监督检查内容、监督检查程序、法律责任等。

（1）监督检查分类。特种设备安全监督检查分为常规监督检查（市场监督管理部门依照年度常规监督检查计划，对特种设备生产、使用单位实施的监督检查）、专项监督检查（市场监督管理部门为防范区域性、系统性风险，做好重大活动、重点工程以及节假日等重点时段安全保障，或者根据各级人民政府和上级市场监督管理部门的统一部署，在特定时间内对特定区域、领域的特种设备生产、经营、使用单位和检验、检测机构实施的监督检查）、证后监督检查（市场监督管理部门对其许可的特种设备生产、充装单位和检验、检测机构是否持续保持许可条件、依法从事许可活动实施的监督检查）和其他监督检查（市场监督管理部门针对其他部门移送、上级交办、投诉、举报等途径和检验、检测、监测等方式发现的特种设备安全违法行为或者事故隐患线索，根据需要对特种设备生产、经营、使用单位和检验、检测机构实施的监督检查）。

（2）监督检查内容。常规监督检查的项目和内容按照《市场监管总局办公厅关于实施〈特种设备安全监督检查办法〉若干问题的意见》的规定执行。专项监督检查工作方案中，根据检查的目的规定专门的监督检查项目和内容，或者参照常规监督检查的项目和内容执行。其他监督检查，根据违法行为或事故线索，在监督检查方案中确定针对性的监督检查项目和内容。

（3）监督检查程序。被检查机构有权要求检查人员出示执法证件，至少有 2 名检查人员应当持有有效的执法证件；被检查单位应当积极配合检查人员开展检查工作，并且在专项检查之前，应当按照专项监督检查方案开展自查自纠；被检查单位应当在监督检查记录上签字，对检查情况进行确认；被检查单位应当及时提供检查所需的材料；被检查单位应当接受安全监察指令，对存在的问题进行改进或者消除事故隐患，并按照要求停止违法行为、采取措施消除事故隐患；对有证据表明不符合安全技术规范、存在事故隐患、达到报废条件或已报废的特种设备，被检查单位应配合查封或扣押；被检查单位根据监察指令在规定时间内完成改正、消除事故隐患，提交整改报告，并配合市场监督管理部门进行复查。

（4）法律责任。对在监督检查中不配合检查的行为，以及专项监督检查中未按照检查方案进行自查自纠、隐匿证据、提供虚假材料、未在规定期限改正、逾期未改正的行为进行处罚。

3. 报送风险管控建议

根据《特种设备检测机构核准规则》附件 D 第 D7 条的规定，检测机构应当对年度检测工作中发现的问题进行分类统计分析，寻求特种设备存在的规律性风险。

4. 检验检测人员执业公示

《中华人民共和国特种设备安全法》第五十一条第二款规定，特种设备检验、检测机构的检验、检测人员不得同时在两个以上检验、检测机构中执业；变更执业机构的，应当依法办理变更手续。《特种设备无损检测人员考核规则》《特种设备检验人员考核规则》《特种设备检测机构核准规则》明确规定了检验检测人员的聘用单位在人员执业公示工作中的义务，即必须为聘用的检验检测人员办理执业公示手续。另外，《特种设备检验检测人员执业注册管理办法》对检验检测人员的执业公示作出了具体规定，包括公示类别、公示条件、公示申请、公示程序等。

（1）公示类别。公示包括初始公示（执业单位在聘用已经取得中华人民共和国特种设备检验检测人员证的人员并拟安排其代表本单位从事相应的检验检测工作时）、续期公示（公示期满需要继续在现执业单位执业的，执业单位在期满前 30 日，按照规定的程序申请与办理的公示）、变更公示（在公示有效期内，特种设备检验检测人员变更执业单位，由现执业单位按照规定的程序为其申请与办理的公示。每人满 12 个月只能变更公示 1 次执业单位）。

（2）公示条件。申请执业公示的人员，必须满足：①取得由国家市场监督管理总局或省市场监督管理局颁发的中华人民共和国特种设备检验检测人员证，且该证书在有效期内；②特种设备检验检测人员的执业单位，必须是经国家特种设备安全监督管理部门核准或其核准申请已被受理的特种设备检验检测机构；③执业人承诺恪守行规和职业道德准则，遵纪守法，能够承担规定的岗位职责；④与执业单位签订有效劳动合同或办理正式聘用手续。执业单位变更时，若原合同期未满，应当有与前执业单位解除劳动合同或聘用关系的相关见证文件等。

（3）公示申请。初始公示时应当提交申请表（“现执业单位授权声明”栏必须签署意见）、中华人民共和国特种设备检验检测人员证复印件、身份证复印件、与执业单位签订的劳动合同（聘用合同）复印件、执业单位组织机构代码证书复印件等。续期公示应当提交申请表（必须注明原公示项目及有效期）、续期公示的原因及相应证明文件（如与执业单位续签的劳动合同）等。变更公示应当提交申请表（必须注明原注册项目及有效期）、与前执业单位已解除劳动合同的相应见证资料（如约定聘用期已满的原劳动合同或者双方解除劳动合同所签署的文件）、与现执业单位签订的劳动合同及现执业单位组织机构代码证书复印件等。

（4）公示程序。执业公示程序：①由执业单位向中国特种设备检验协会提出公示申请；②中国特种设备检验协会对申请资料进行审查，对于符合公示条件者，于 5 个工作日之内公布批准公示信息并通过网站予以公告；③依公示人或者其执业单位的要求，公布公示情况。另外，持证人在办理执业变更公示时，应当由原执业单位在系统中办理注销之后，持证人方可变更到新单位进行执业公示。持证人正常离职时，原执业单位应按相关规定及时为其出具离职证明，并尽快为其在公示系统办理注销手续。

三、控制要求

1. 资质核准

检测机构应当建立程序文件或者管理制度，对核准工作进行管理和控制。

（1）识别时机。识别检测机构可能存在的核准类别，如首次核准、增项核准、延续核准、变更核准，以及核准可能启动的时机和条件。

（2）明确职责。应当明确核准工作的职能部门，明确其职责和工作要求。

（3）制定流程。鉴定评审的工作流程通常包括准备、申请、再准备、现场评审、问题整改及提交整改材料。

1）准备。在提交申请之前，应识别核准的类别。以延续核准为例，需要梳理原有的核准项目、本次是否增项、是否有不需要延续的项目、检验检测人员情况、设备设施情况、质量管理体系覆盖基本情况、检测业绩情况、机构的法律地位、机构的规模情况等。

2）申请。按照规定的格式向核准机构提出申请，一般均会规定申请的格式，如网上申请或纸质申请，申请单位应当确保所提交资料的真实性。检测机构应当向省（自治区、直辖市）级核准机关提出申请。需要填写的内容按照《特种设备检测机构核准规则》附件 E 的规定。核准机关应当在 5 个工作日内给出受理意见，或一次性告知需要申请单位补正的内容。如果有需要补正的内容，申请单位按照要求进行补正。最终，申请单位应当接到纸质的或电子版的《特种设备行政许可受理决定书》。

3）再准备。申请受理后，检测机构应当细致梳理核准有关的工作，细化准备要求，包括资源条件（如法律地位，检验检测人员资格证明、合同、社会保险缴纳证明，检验检测设备、设施证明，有关人员任命证明，质量管理体系文件，各程序要求实施的证明，检测业绩及报告、记录、工艺等）。

4）现场评审。根据要求做好评审配合事宜，提供真实、准确的见证材料。

5）问题整改。对鉴定评审中发现的问题及时进行整改，并向鉴定评审机构提交整改材料。

2. 接受监督检查

检测机构应当建立程序文件或者管理制度，对接受监督检查工作进行管理和控制。

（1）明确职责。应当识别接受监督检查信息收集的职责、工作职能部门和工作要求。

（2）配合监督检查。根据要求做好监督检查的配合事宜，提供真实、准确的见证材料。

（3）问题整改。对监督检查中发现的问题及时进行整改，并向实施监督检查的机关提交整改材料。

3. 报送风险管控建议

检测机构应当建立程序文件或者管理制度，对报送风险管控建议进行管理和控制。

（1）明确时机和职责。应当明确报送风险管控建议的责任部门，识别报送的时机。

（2）制定收集、分析的要求。应当明确检测问题收集的范围，明确问题分类的基本原则和要求。

（3）制定数据分析方法。针对检测问题，进行合理的分类，使用合理、有效的分析方法，对检测问题进行分析，得到有规律性和指导意义的结论和意见。

（4）起草、报送报告。根据数据分析结果，起草风险管控报告，按规定的程序进行审核和批准后，报送当地特种设备安全监督管理部门。

4. 检验检测人员执业公示

检测机构在建立人员控制程序时，应当明确检验检测人员执业公示管理要求。

（1）明确时机和职责。应当明确检验检测人员进行执业公示的时机，如首次取证后、公示即将到期等，明确检验检测人员执业公示的职能部门及其职责和工作要求。

（2）识别公示报送材料。明确申请执业公示应当提交的申请材料，明确材料准备的职责。

（3）结果使用。及时查询执业公示结果，只有进行执业公示的检验检测人员，方可在本机构从事特种设备检验检测活动。

第三节 与客户有关的过程管理

一、质量控制目的

与客户建立良好的沟通，了解客户需求，高效处理投诉和抱怨，更好地服务客户。

二、质量控制点

1. 以客户为关注焦点

以客户为关注焦点是质量管理最基本的原则，提出客户是机构一切活动、行为、思维的集中点，体现了质量管理中最核心的指导思路。质量管理的核心是将客户置于机构经营的核心地位，将客户的需求和满意度放在首要位置，以确保机构的服务能够最大限度地满足客户的期望和要求。

（1）理解客户需求。检测机构要深入了解客户的需求和既定的期望，通过调研、分析和互动等方式，获取客户的反馈和意见，以便更好地满足他们的需求。

（2）提高服务质量。确保服务质量达到或超出客户的期望，以满足他们的需求和要求。

（3）提供个性化服务。检测机构要根据客户的个体需求，提供差异化、个性化的服务，以满足不同客户的不同需求。

（4）保障质量和持续改进。检测机构要确保服务的质量，不断改进和创新，以提高客户的满意度和忠诚度。

（5）主动沟通与反馈。检测机构要与客户建立积极的沟通渠道，主动获取客户的反馈和建议，并及时回应和解决客户的问题和困扰。

（6）强调客户体验。检测机构要关注客户在使用服务的整个过程中的感受和体验，优化用户界面、流程和服务，提供愉快、方便和高效的体验。

2. 与客户有关的过程管理控制

（1）将与客户有关的过程管理贯穿于检测机构质量管理活动的全程。

（2）与客户进行有效的沟通，充分、准确地了解客户需求，为持续改进提供依据。

（3）建立和完善服务流程，包括客户接待、业务洽谈、合同控制、检测实施、检测结果通知以及满意度调查、处理投诉和抱怨等。

三、控制要求

检测机构在建立和实施质量管理体系时，应当在以下方面明确控制要求，突出服务客户的中心思想。

1. 质量方针和质量目标

检测机构的质量方针表达了机构对质量的承诺、目标和价值观，应当着重强调机构对客户的承诺和关注，它指导检测机构的质量管理活动应以满足客户需求和提供优质产品或服务为中心。质量目标是检测机构在质量管理方面所追求的具体成果或改进方向，要充分体现服务质量满足客户要求的重要性。因此，检测机构在建立质量方针和质量目标时，应当突出在服务客户、满足客户要求方面的持续追求。

2. 合同控制

一般检测机构设置市场部门，负责业务洽谈、接待和合同签订等工作。应当明确市场部门的职责，明确业务洽谈、接待和合同签订的要求。相关部门应当根据需求给予密切配合。工作人员在业务洽谈和接待时应当向客户明确与检测有关的法律、法规、规章、安全技术规范以及相关标准的要求，如实介绍检测机构的条件和能力，明确告知检测程序、服务承诺和接受社会监督等事项。

3. 检测实施

在依法依规的前提下，检测机构应当尽可能满足客户要求。检测机构应当根据双方签订的合同实施检测，及时为客户出具检测结果。检测机构应敦促客户配合机构改善现场检测条件，确保现场检测条件满足检测工作和安全的需要。当检测过程中发生任何延误或主要偏离时，检测机构应当及时通知客户，获得客户的确认或建议。当客户对出具的检测报告有异议、拒绝接受检测结果时，检测机构应当对客户的意见进行认真的调查、分析和处理。

4. 征求客户意见和客户满意度调查

检测机构应当按规定对客户进行定期或不定期的回访，征求客户意见，可以采用信函、电话、传真、现场沟通等形式进行回访，如实记录回访结果。检测机构应当组织质量、业务、检测、行政部门，不定期召开各种专题会议，认真搜集、分析客户反馈的意见、信息，改进质量管理体系、检测工作和对客户的服务。

5. 投诉处置

当发生客户申诉、投诉与抱怨时，检测机构相关职能部门应当及时受理，启动相关程序，组织开展投诉调查处理工作。如果调查表明投诉不成立，应当立即答复客户或其他相关方，并作出必要的解释和沟通。如果调查表明投诉内容属实，相关职能部门应当提出处理意见，由有关部门对投诉内容进行纠正，并在规定时间内书面答复客户或其他相关方。必要时，及时采取纠正措施或启动预防控制措施。

四、文件化过程

检测机构应当将与客户有关的过程管理贯穿于检测机构质量管理活动的全程。检测机构应当制定充分体现服务客户的质量方针和质量目标；制定合同控制程序，对业务洽谈、投标、合同等进行控制；制定检测过程控制程序，对检测实施、检测结果通报、接受客户监督等进行明确和控制；制定客户满意度调查程序，通过各种渠道收集、分析客户的满意度，用于指导质量管理的改进；制定投诉控制程序，对客户投诉进行调查处置，解决在服务客户过程中存在的问题，提升服务质量。

第四节　客观、公正和保密

一、质量控制目的

质量控制目的是确保检测工作及技术服务工作的客观性、公正性、保密性，避免检测机构和检测人员卷入任何可能降低技术能力、公正性、判断或运作诚实性、信任程度的事件中；保护客户和检测机构的商业信息、技术信息、电子信息等数据资料，确保信息安全。

二、质量控制点

（1）检测机构应当制定有关客观性、公正性、履行保密义务等方面的自我声明，并向社会和所有客户公布。

（2）检测机构应当制定客观性和公正性服务程序或管理制度，明确客观性和公正性的基本要求；制定检测机构在实施检测服务过程中确保客观性、公正性和独立性的措施，明确违规处罚规定等。

（3）检测机构应当制定保密服务程序或管理制度，明确保密的基本要求；制定检测机构在实施检测服务过程中保密的措施，明确违规处罚规定等。

三、案例与分析

案例 22–1（注：本案例为依据前述客观和公正控制过程及要求所建立的客观和公正控制程序示例）

客观和公正控制程序

1　目的

规范全体人员行为，确保检测工作的客观性、公正性、独立性。

2　适用范围

客观和公正控制程序适用于全体人员，避免其卷入任何可能影响客观性、公正性、独立性的事件中。

3　职责

3.1　总经理决定对违规人员进行处理。

3.2　综合管理部组织有关客观性、公正性、独立性培训。

4　工作程序

4.1　客观性、公正性、独立性准则

a. 检测活动应当独立于委托方及有关各方。

b. 全体人员不得从事任何可能影响检测结论判断客观性、公正性和独立性的活动。

c. 所有相关方都可获得本公司的检测服务，禁止不正当的财务或其他条件。

d. 全体人员应当遵守非歧视原则，对客户的产品一视同仁，所出具的检测报告、数据、结论不受任何来自内部和外部行政、商业、财务和其他方面的干预和影响。

e. 全体人员应秉公检测，不提供假数据，不出具虚假检测报告。

f. 在同客户签订合同或委托协议时，客观、如实地介绍本公司检测能力，做到诚实可信。

g. 保证履行合同或协议。

4.2　保证客观性、公正性、独立性措施

a. 由综合管理部组织对全体人员进行客观性、公正性、独立性教育，执行人员管理控制程序的规定。

b. 综合管理部及检测部负责人在开展工作时，应当加强对工作人员客观性、公正性、独立性的监督。

c. 接受来自客户和社会有关各方的监督。

d. 由综合管理部与每位员工签订客观性、公正性、保密性保密承诺书。

4.3　违规处理

4.3.1　综合管理部负责收集违反客观性、公正性、独立性的不符合事实，包括但不限于：

a. 利用职务之便，为谋取个人利益或其他原因违反本程序 4.1 条的；

b. 违反工作程序，产生重大差错或造成不良社会影响的；

c. 滥用职权或越权违规操作的；

e. 弄虚作假，提供假数据，出具虚假报告的。

4.3.2　由综合管理部填写违反客观性、公正性、独立性处理单，并提出处理意见，经技术负责人审核，报总经理批准后，按规定进行处理，严重者将追究法律责任。

5　有关记录表格

客户满意度调查表（×/×××–01），客观性、公正性、保密性保密承诺书（×/×××–02），违反客观性、公正性、独立性处理单（×/×××–03）。

客户满意度调查

尊敬的客户：
请允许占用您宝贵的时间，就我们的校验服务质量听取您善意的意见和建议，以便改进我们的工作，更好地向您提供满意的服务。如果调查活动影响了您繁忙的工作，对此我们表示歉意并衷心感谢您对我们调查工作的密切配合！
日期：

请您在以下内容和提问中做出满意、基本满意和不满意的选择。

接待人员的服务态度：	满意□	基本满意□	不满意□
业务接待人员的技术水平：	较高□	不 太 高□	太　低□
校验服务质量：	满意□	基本满意□	不满意□
校验及时性：	及时□	基本满意□	不及时□
报告发放及时性：	及时□	基本满意□	不及时□
服务价格：	适中□	可以接受□	不满意□
其他：	满意□	基本满意□	不满意□

您对我们工作的建议：

机构名称：
通信地址：
邮　　编：　　　　　　联 系 人：　　　　　　电　　话：

当您协助我们完成了本调查表的调查后，按照以下地址寄回给我们：
地　　址：
邮政编码：　　　　　　邮　　箱：
联 系 人：　　　　　　电　　话：

客观性、公正性、保密性保密承诺

本人在从事安全阀校验工作前，已充分了解公司对于客观性、公正性、保密性以及相关工作纪律的规定，在此本人郑重承诺：

1. 遵守国家法律法规，遵守公司有关人员工作守则与工作纪律。

2. 严格按规定的工作程序和要求执行校验工作任务。

3. 以严肃、认真的态度和科学的方法，公正廉洁、客观地实施校验工作，保障校验质量。

4. 对在校验过程中所做的记录、报告、结论的客观性、真实性、正确性负责。

5. 严格保守客户和本公司的商业、技术、管理秘密，未经其书面许可不向第三方透露。

6. 违反法律法规及公司工作纪律、规定时，接受相应处分，造成客户或本公司经济损失的，愿意根据本人所负责任部分承担相应经济赔偿责任或相应法律责任。

承诺人：（签字）　　　　　　　　　　　　　　　日期：

违反客观性、公正性、独立性处理单

<table>
<tr><td>来源</td><td></td></tr>
<tr><td colspan="2">违反客观性、公正性、独立性问题描述：

签名：　　　　　　　　日期：</td></tr>
<tr><td colspan="2">处理意见：

审核：　　　　　　　　日期：
批准：　　　　　　　　日期：</td></tr>
<tr><td colspan="2">处理情况：
签名：　　　　　　　　日期：
审核：　　　　　　　　日期：
批准：　　　　　　　　日期：</td></tr>
<tr><td colspan="2">备注：</td></tr>
</table>

第五节　行业自律与能力评价

一、质量控制目的

质量控制目的是为检测机构的可持续发展和能力建设提供保障，扩大检测机构的行业影响力和公信力，提升检测机构核心竞争力和品牌价值，同时作为检测机构检测工作质量的有效保证形式。

二、质量控制点

1. 检测机构诚信体系建设

构建行业诚信管理体系是行业自律的重要内容之一。检测机构可以根据行业管理和机构自身的发展需要，主动开展必要的活动。

（1）必要性。2014 年 6 月，国务院印发《社会信用体系建设规划纲要（2014—2020 年）》，部署加快建设社会信用体系，明确要求加强检测检疫质量诚信体系建设。2015 年 9 月，《检验检测机构诚信基本要求》（GB/T 31880—2015）正式发布，从法律要求、技术要求、管理要求以及责任要求等方面明确了检验检测机构进行诚信建设的具体要求。

（2）诚信体系构建方法。检测机构可参照《检验检测机构诚信基本要求》（GB/T 31880—2015），建立、实施和保持覆盖所有部门与人员、试验场所以及检验检测活动的诚信管理体系，并持续改进。检测机构从法律要求、人员能力、设备设施、样品管理、标准方法、环境条件、能力验证、报告证书、组织、管理体系、独立性和公正性、人员管理、记录控制、客户服务、分包管理、诚信文化、诚信保障、责任要求等方面，结合自身业务特点，建立诚信管理体系。

2. 诚信体系实施

检测机构通过建立和实施诚信管理体系，定期向社会公开发布诚信自我声明及社会责任报告，向主管部门提交合规性评价报告等，提高政府、社会和客户的信任度。

3. 能力评价

能力评价至少包括检测机构和检验检测人员能力评价，既是检测机构检测质量保证的一种形式，也可以将其作为检测工作质量监督的一种方式。检测机构应当积极参与能力评价（包括能力比对和能力验证），其作用、意义、组织详见本书中第十七章检测质量监督控制。